向为创建中国卫星导航事业

并使之立于世界最前列而做出卓越贡献的北斗功臣们

致以深深的敬意！

“十三五”国家重点出版物
出版规划项目

卫星导航工程技术丛书

主　编　杨元喜
副主编　蔚保国

民用航空卫星导航增强新技术与应用

New Technologies and Applications of GNSS Augmentation for Civil Aviation

朱衍波　编著

国防工业出版社
·北京·

内 容 简 介

双频多星座导航增强技术已经成为国际民航下一代航空运输系统的核心技术。本书系统深入地阐述了双频多星座导航增强技术的概念、基本原理、技术方法及其完好性监测技术。全书共6章:首先概述现有的卫星导航增强技术及民航对卫星导航的应用需求,以及多星座卫星导航系统的运行概念;然后依次阐述先进接收机自主完好性监测技术、双频多星座星基增强技术、双频多星座地基增强技术和实时精密定位系统理论与方法等;最后介绍卫星导航技术在飞行校验以及四维航迹运行中的新应用等。

本书从民航空管的实际应用需求出发,强调理论研究与工程实践相结合,将相关理论技术与民航工程实践紧密联系。本书可供空中交通信息工程及控制、空中交通管制、航空导航等相关专业的科研与工程技术人员使用,也可作为大学相关专业的研究生教材。

图书在版编目(CIP)数据

民用航空卫星导航增强新技术与应用 / 朱衍波编著.
—北京 : 国防工业出版社, 2021.3
(卫星导航工程技术丛书)
ISBN 978-7-118-12193-3

Ⅰ. ①民… Ⅱ. ①朱… Ⅲ. ①卫星导航-全球定位系统-应用-民用航空-航空导航-研究 Ⅳ. ①V249.3

中国版本图书馆 CIP 数据核字(2020)第 176527 号

审图号 GS(2020)4748 号

※

国防工业出版社出版发行
(北京市海淀区紫竹院南路23号 邮政编码100048)
天津嘉恒印务有限公司印刷
新华书店经售

*

开本 710×1000 1/16 **插页** 10 **印张** 18 **字数** 337 千字
2021 年 3 月第 1 版第 1 次印刷 **印数** 1—2000 册 **定价** 128.00 元

(本书如有印装错误,我社负责调换)

国防书店:(010)88540777 书店传真:(010)88540776
发行业务:(010)88540717 发行传真:(010)88540762

孙家栋院士为本套丛书致辞

探索中国北斗自主创新之路
凝练卫星导航工程技术之果

当今世界，卫星导航系统覆盖全球，应用服务广泛渗透，科技影响如日中天。

我国卫星导航事业从北斗一号工程开始到北斗三号工程，已经走过了二十六个春秋。在长达四分之一世纪的艰辛发展历程中，北斗卫星导航系统从无到有，从小到大，从弱到强，从区域到全球，从单一星座到高中轨混合星座，从 RDSS 到 RNSS，从定位授时到位置报告，从差分增强到精密单点定位，从星地站间组网到星间链路组网，不断演进和升级，形成了包括卫星导航及其增强系统的研究规划、研制生产、测试运行及产业化应用的综合体系，培养造就了一支高水平、高素质的专业人才队伍，为我国卫星导航事业的蓬勃发展奠定了坚实基础。

如今北斗已开启全球时代，打造“天上好用，地上用好”的自主卫星导航系统任务已初步实现，我国卫星导航事业也已跻身于国际先进水平，领域专家们认为有必要对以往的工作进行回顾和总结，将积累的工程技术、管理成果进行系统的梳理、凝练和提高，以利再战，同时也有必要充分利用前期积累的成果指导工程研制、系统应用和人才培养，因此决定撰写一套卫星导航工程技术丛书，为国家导航事业，也为参与者留下宝贵的知识财富和经验积淀。

在各位北斗专家及国防工业出版社的共同努力下，历经八年时间，这套导航丛书终于得以顺利出版。这是一件十分可喜可贺的大事！丛书展示了从北斗二号到北斗三号的历史性跨越，体系完整，理论与工程实践相结合，突出北斗卫星导航自主创新精神，注意与国际先进技术融合与接轨，展现了“中国的北斗，世界的北斗，一流的北斗”之大气！每一本书都是作者亲身工作成果的凝练和升华，相信能够为相关领域的发展和人才培养做出贡献。

“只要你管这件事，就要认认真真负责到底。”这是中国航天界的习惯，也是本套丛书作者的特点。我与丛书作者多有相识与共事，深知他们在北斗卫星导航科研和工程实践中取得了巨大成就，并积累了丰富经验。现在他们又在百忙之中牺牲休息时间来著书立说，继续弘扬“自主创新、开放融合、万众一心、追求卓越”的北斗精神，力争在学术出版界再现北斗的光辉形象，为北斗事业的后续发展鼎力相助，为导航技术的代代相传添砖加瓦。为他们喝彩！更由衷地感谢他们的巨大付出！由这些科研骨干潜心写成的著作，内蓄十足的含金量！我相信这套丛书一定具有鲜明的中国北斗特色，一定经得起时间的考验。

我一辈子都在航天战线工作，虽然已年逾九旬，但仍愿为北斗卫星导航事业的发展而思考和实践。人才培养是我国科技发展第一要事，令人欣慰的是，这套丛书非常及时地全面总结了中国北斗卫星导航的工程经验、理论方法、技术成果，可谓承前启后，必将有助于我国卫星导航系统的推广应用以及人才培养。我推荐从事这方面工作的科研人员以及在校师生都能读好这套丛书，它一定能给你启发和帮助，有助于你的进步与成长，从而为我国全球北斗卫星导航事业又好又快发展做出更多更大的贡献。

2020 年 8 月

祝贺卫星导航工程技术丛书

圆满出版

杨元喜

于 2019 年第十届中国卫星导航年会期间题词。

期待卫星导航工程技术丛书

助力中国北斗系统发展

周成虎

于 2019 年第十届中国卫星导航年会期间题词。

卫星导航工程技术丛书
编审委员会

卫星导航工程技术丛书
编写委员会

主　　编　杨元喜

副 主 编　蔚保国

委　　员　(按姓氏笔画排序)

尹继凯　朱衍波　伍蔡伦　刘　利
刘天雄　李　隽　杨　慧　宋小勇
张小红　陈金平　陈建云　陈韬鸣
金双根　赵文军　姜　毅　袁　洪
袁运斌　徐彦田　黄文德　谢　军
蔡志武

丛书序

宇宙浩瀚、海洋无际、大漠无垠、丛林层密、山峦叠嶂，这就是我们生活的空间，这就是我们探索的远方。我在何处？我之去向？这是我们每天都必须面对的问题。从原始人巡游狩猎、航行海洋，到近代人周游世界、遨游太空，无一不需要定位和导航。

正如《北斗赋》所描述，乘舟而惑，不知东西，见斗则寤矣。又戒之，瀚海识途，昼则观日，夜则观星矣。我们的祖先不仅为后人指明了“昼观日，夜观星”的天文导航法，而且还发明了“司南”或“指南针”定向法。我们为祖先的聪颖智慧而自豪，但是又不得不面临新的定位、导航与授时(PNT)需求。信息化社会、智能化建设、智慧城市、数字地球、物联网、大数据等，无一不需要统一时间、空间信息的支持。为顺应新的需求，“卫星导航”应运而生。

卫星导航始于美国子午仪系统，成形于美国的全球定位系统(GPS)和俄罗斯的全球卫星导航系统(GLONASS)，发展于中国的北斗卫星导航系统(BDS)(简称“北斗系统”)和欧盟的伽利略卫星导航系统(简称“Galileo 系统”)，补充于印度及日本的区域卫星导航系统。卫星导航系统是时间、空间信息服务的基础设施，是国防建设和国家经济建设的基础设施，也是政治大国、经济强国、科技强国的基本象征。

中国的北斗系统不仅是我国 PNT 体系的重要基础设施，也是国家经济、科技与社会发展的重要标志，是改革开放的重要成果之一。北斗系统不仅“标新”“立异”，而且“特色”鲜明。标新于设计(混合星座、信号调制、云平台运控、星间链路、全球报文通信等)，立异于功能(一体化星基增强、嵌入式精密单点定位、嵌入式全球搜救等服务)，特色于应用(报文通信、精密位置服务等)。标新立异和特色服务是北斗系统的立身之本，也是北斗系统推广应用的基础。

2020 年 6 月 23 日，北斗系统最后一颗卫星发射升空，标志着中国北斗全球卫星导航系统卫星组网完成；2020 年 7 月 31 日，北斗系统正式向全球用户开通服务，标志着中国北斗全球卫星导航系统进入运行维护阶段。为了全面反映中国北斗系统建设成果,同时也为了推进北斗系统的广泛应用,我们紧跟北斗工程的成功进展,组织北斗系统建设的部分技术骨干,撰写了卫星导航工程技术丛书,系统地描述北斗系统的最新发展、创新设计和特色应用成果。丛书共26个分册,分别介绍如下:

卫星导航定位遵循几何交会原理,但又涉及无线电信号传输的大气物理特性以及卫星动力学效应。《卫星导航定位原理》全面阐述卫星导航定位的基本概念和基本原理,侧重卫星导航概念描述和理论论述,包括北斗系统的卫星无线电测定业务(RDSS)原理、卫星无线电导航业务(RNSS)原理、北斗三频信号最优组合、精密定轨与时间同步、精密定位模型和自主导航理论与算法等。其中北斗三频信号最优组合、自适应卫星轨道测定、自主定轨理论与方法、自适应导航定位等均是作者团队近年来的研究成果。此外,该书第一次较详细地描述了"综合PNT"、"微PNT"和"弹性PNT"基本框架,这些都可望成为未来PNT的主要发展方向。

北斗系统由空间段、地面运行控制系统和用户段三部分构成,其中空间段的组网卫星是系统建设最关键的核心组成部分。《北斗导航卫星》描述我国北斗导航卫星研制历程及其取得的成果,论述导航卫星环境和任务要求、导航卫星总体设计、导航卫星平台、卫星有效载荷和星间链路等内容,并对未来卫星导航系统和关键技术的发展进行展望,特色的载荷、特色的功能设计、特色的组网,成就了特色的北斗导航卫星星座。

卫星导航信号的连续可用是卫星导航系统的根本要求。《北斗导航卫星可靠性工程》描述北斗导航卫星在工程研制中的系列可靠性研究成果和经验。围绕高可靠性、高可用性,论述导航卫星及星座的可靠性定性定量要求、可靠性设计、可靠性建模与分析等,侧重描述可靠性指标论证和分解、星座及卫星可用性设计、中断及可用性分析、可靠性试验、可靠性专项实施等内容。围绕导航卫星批量研制,分析可靠性工作的特殊性,介绍工艺可靠性、过程故障模式及其影响、贮存可靠性、备份星论证等批产可靠性保证技术内容。

卫星导航系统的运行与服务需要精密的时间同步和高精度的卫星轨道支持。《卫星导航时间同步与精密定轨》侧重描述北斗导航卫星高精度时间同步与精密定轨相关理论与方法,包括:相对论框架下时间比对基本原理、星地/站间各种时间比对技术及误差分析、高精度钟差预报方法、常规状态下导航卫星轨道精密测定与预报等;围绕北斗系统独有的技术体制和运行服务特点,详细论述星地无线电双向时间比对、地球静止轨道/倾斜地球同步轨道/中圆地球轨道(GEO/IGSO/MEO)混合星座精密定轨及轨道快速恢复、基于星间链路的时间同步与精密定轨、多源数据系统性偏差综合解算等前沿技术与方法；同时，从系统信息生成者角度，给出用户使用北斗卫星导航电文的具体建议。

北斗卫星发射与早期轨道段测控、长期运行段卫星及星座高效测控是北斗卫星发射组网、补网，系统连续、稳定、可靠运行与服务的核心要素之一。《导航星座测控管理系统》详细描述北斗系统的卫星/星座测控管理总体设计、系列关键技术及其解决途径，如测控系统总体设计、地面测控网总体设计、基于轨道参数偏置的 MEO 和 IGSO 卫星摄动补偿方法、MEO 卫星轨道构型重构控制评价指标体系及优化方案、分布式数据中心设计方法、数据一体化存储与多级共享自动迁移设计等。

波束测量是卫星测控的重要创新技术。《卫星导航数字多波束测量系统》阐述数字波束形成与扩频测量传输深度融合机理，梳理数字多波束多星测量技术体制的最新成果，包括全分散式数字多波束测量装备体系架构、单站系统对多星的高效测量管理技术、数字波束时延概念、数字多波束时延综合处理方法、收发链路波束时延误差控制、数字波束时延在线精确标校管理等，描述复杂星座时空测量的地面基准确定、恒相位中心多波束动态优化算法、多波束相位中心恒定解决方案、数字波束合成条件下高精度星地链路测量、数字多波束测量系统性能测试方法等。

工程测试是北斗系统建设与应用的重要环节。《卫星导航系统工程测试技术》结合我国北斗三号工程建设中的重大测试、联试及试验，成体系地介绍卫星导航系统工程的测试评估技术，既包括卫星导航工程的卫星、地面运行控制、应用三大组成部分的测试技术及系统间大型测试与试验，也包括工程测试中的组织管理、基础理论和时延测量等关键技术。其中星地对接试验、卫星在轨测试技术、地面运行控制系统测试等内容都是我国北斗三号工程建设的实践成果。

卫星之间的星间链路体系是北斗三号卫星导航系统的重要标志之一，为北斗系统的全球服务奠定了坚实基础，也为构建未来天基信息网络提供了技术支撑。《卫星导航系统星间链路测量与通信原理》介绍卫星导航系统星间链路测量通信概念、理论与方法，论述星间链路在星历预报、卫星之间数据传输、动态无线组网、卫星导航系统性能提升等方面的重要作用，反映了我国全球卫星导航系统星间链路测量通信技术的最新成果。

自主导航技术是保证北斗地面系统应对突发灾难事件、可靠维持系统常规服务性能的重要手段。《北斗导航卫星自主导航原理与方法》详细介绍了自主导航的基本理论、星座自主定轨与时间同步技术、卫星自主完好性监测技术等自主导航关键技术及解决方法。内容既有理论分析，也有仿真和实测数据验证。其中在自主时空基准维持、自主定轨与时间同步算法设计等方面的研究成果，反映了北斗自主导航理论和工程应用方面的新进展。

卫星导航“完好性”是安全导航定位的核心指标之一。《卫星导航系统完好性原理与方法》全面阐述系统基本完好性监测、接收机自主完好性监测、星基增强系统完好性监测、地基增强系统完好性监测、卫星自主完好性监测等原理和方法，重点介绍相应的系统方案设计、监测处理方法、算法原理、完好性性能保证等内容，详细描述我国北斗系统完好性设计与实现技术，如基于地面运行控制系统的基本完好性的监测体系、顾及卫星自主完好性的监测体系、系统基本完好性和用户端有机结合的监测体系、完好性性能测试评估方法等。

时间是卫星导航的基础，也是卫星导航服务的重要内容。《时间基准与授时服务》从时间的概念形成开始：阐述从古代到现代人类关于时间的基本认识，时间频率的理论形成、技术发展、工程应用及未来前景等；介绍早期的牛顿绝对时空观、现代的爱因斯坦相对时空观及以霍金为代表的宇宙学时空观等；总结梳理各类时空观的内涵、特点、关系，重点分析相对论框架下的常用理论时标，并给出相互转换关系；重点阐述针对我国北斗系统的时间频率体系研究、体制设计、工程应用等关键问题，特别对时间频率与卫星导航系统地面、卫星、用户等各部分之间的密切关系进行了较深入的理论分析。

卫星导航系统本质上是一种高精度的时间频率测量系统，通过对时间信号的测量实现精密测距，进而实现高精度的定位、导航和授时服务。《卫星导航精密时间传递系统及应用》以卫星导航系统中的时间为切入点，全面系统地阐述卫星导航系统中的高精度时间传递技术，包括卫星导航授时技术、星地时间传递技术、卫星双向时间传递技术、光纤时间频率传递技术、卫星共视时间传递技术，以及时间传递技术在多个领域中的应用案例。

空间导航信号是连接导航卫星、地面运行控制系统和用户之间的纽带，其质量的好坏直接关系到全球卫星导航系统（GNSS）的定位、测速和授时性能。《GNSS 空间信号质量监测评估》从卫星导航系统地面运行控制和测试角度出发，介绍导航信号生成、空间传播、接收处理等环节的数学模型，并从时域、频域、测量域、调制域和相关域监测评估等方面，系统描述工程实现算法，分析实测数据，重点阐述低失真接收、交替采样、信号重构与监测评估等关键技术，最后对空间信号质量监测评估系统体系结构、工作原理、工作模式等进行论述，同时对空间信号质量监测评估应用实践进行总结。

北斗系统地面运行控制系统建设与维护是一项极其复杂的工程。地面运行控制系统的仿真测试与模拟训练是北斗系统建设的重要支撑。《卫星导航地面运行控制系统仿真测试与模拟训练技术》详细阐述地面运行控制系统主要业务的仿真测试理论与方法,系统分析全球主要卫星导航系统地面控制段的功能组成及特点,描述地面控制段一整套仿真测试理论和方法,包括卫星导航数学建模与仿真方法、仿真模型的有效性验证方法、虚-实结合的仿真测试方法、面向协议测试的通用接口仿真方法、复杂仿真系统的开放式体系架构设计方法等。最后分析了地面运行控制系统操作人员岗前培训对训练环境和训练设备的需求,提出利用仿真系统支持地面操作人员岗前培训的技术和具体实施方法。

卫星导航信号严重受制于地球空间电离层延迟的影响,利用该影响可实现电离层变化的精细监测,进而提升卫星导航电离层延迟修正效果。《卫星导航电离层建模与应用》结合北斗系统建设和应用需求,重点论述了北斗系统广播电离层延迟及区域增强电离层延迟改正模型、码偏差处理方法及电离层模型精化与电离层变化监测等内容,主要包括北斗全球广播电离层时延改正模型、北斗全球卫星导航差分码偏差处理方法、面向我国低纬地区的北斗区域增强电离层延迟修正模型、卫星导航全球广播电离层模型改进、卫星导航全球与区域电离层延迟精确建模、卫星导航电离层层析反演及扰动探测方法、卫星导航定位电离层时延修正的典型方法等,体系化地阐述和总结了北斗系统电离层建模的理论、方法与应用成果及特色。

卫星导航终端是卫星导航系统服务的端点,也是体现系统服务性能的重要载体,所以卫星导航终端本身必须具备良好的性能。《卫星导航终端测试系统原理与应用》详细介绍并分析卫星导航终端测试系统的分类和实现原理,包括卫星导航终端的室内测试、室外测试、抗干扰测试等系统的构成和实现方法以及我国第一个大型室外导航终端测试环境的设计技术,并详述各种测试系统的工程实践技术,形成卫星导航终端测试系统理论研究和工程应用的较完整体系。

卫星导航系统 PNT 服务的精度、完好性、连续性、可用性是系统的关键指标,而卫星导航系统必然存在卫星轨道误差、钟差以及信号大气传播误差,需要增强系统来提高服务精度和完好性等关键指标。卫星导航增强系统是有效削弱大多数系统误差的重要手段。《卫星导航增强系统原理与应用》根据国际民航组织有关全球卫星导航系统服务的标准和操作规范,详细阐述了卫星导航系统的星基增强系统、地基增强系统、空基增强系统以及差分系统和低轨移动卫星导航增强系统的原理与应用。

与卫星导航增强系统原理相似，实时动态(RTK)定位也采用差分定位原理削弱各类系统误差的影响。《GNSS 网络 RTK 技术原理与工程应用》侧重介绍网络 RTK 技术原理和工作模式。结合北斗系统发展应用，详细分析网络 RTK 定位模型和各类误差特性以及处理方法、基于基准站的大气延迟和整周模糊度估计与北斗三频模糊度快速固定算法等，论述空间相关误差区域建模原理、基准站双差模糊度转换为非差模糊度相关技术途径以及基准站双差和非差一体化定位方法，综合介绍网络 RTK 技术在测绘、精准农业、变形监测等方面的应用。

GNSS 精密单点定位(PPP)技术是在卫星导航增强原理和 RTK 原理的基础上发展起来的精密定位技术，PPP 方法一经提出即得到同行的极大关注。《GNSS 精密单点定位理论方法及其应用》是国内第一本全面系统论述 GNSS 精密单点定位理论、模型、技术方法和应用的学术专著。该书从非差观测方程出发，推导并建立 BDS/GNSS 单频、双频、三频及多频 PPP 的函数模型和随机模型，详细讨论非差观测数据预处理及各类误差处理策略、缩短 PPP 收敛时间的系列创新模型和技术，介绍 PPP 质量控制与质量评估方法、PPP 整周模糊度解算理论和方法，包括基于原始观测模型的北斗三频载波相位小数偏差的分离、估计和外推问题，以及利用连续运行参考站网增强 PPP 的概念和方法，阐述实时精密单点定位的关键技术和典型应用。

GNSS 信号到达地表产生多路径延迟，是 GNSS 导航定位的主要误差源之一，反过来可以估计地表介质特征，即 GNSS 反射测量。《GNSS 反射测量原理与应用》详细、全面地介绍全球卫星导航系统反射测量原理、方法及应用，包括 GNSS 反射信号特征、多路径反射测量、干涉模式技术、多普勒时延图、空基 GNSS 反射测量理论、海洋遥感、水文遥感、植被遥感和冰川遥感等，其中利用 BDS/GNSS 反射测量估计海平面变化、海面风场、有效波高、积雪变化、土壤湿度、冻土变化和植被生长量等内容都是作者的最新研究成果。

伪卫星定位系统是卫星导航系统的重要补充和增强手段。《GNSS 伪卫星定位系统原理与应用》首先系统总结国际上伪卫星定位系统发展的历程，进而系统描述北斗伪卫星导航系统的应用需求和相关理论方法，涵盖信号传输与多路径效应、测量误差模型等多个方面，系统描述 GNSS 伪卫星定位系统(中国伽利略测试场测试型伪卫星)、自组网伪卫星系统(Locata 伪卫星和转发式伪卫星)、GNSS 伪卫星增强系统(闭环同步伪卫星和非同步伪卫星)等体系结构、组网与高精度时间同步技术、测量与定位方法等，系统总结 GNSS 伪卫星在各个领域的成功应用案例，包括测绘、工业控制、军事导航和 GNSS 测试试验等，充分体现出 GNSS 伪卫星的“高精度、高完好性、高连续性和高可用性”的应用特性和应用趋势。

GNSS 存在易受干扰和欺骗的缺点，但若与惯性导航系统(INS)组合，则能发挥两者的优势，提高导航系统的综合性能。《高精度 GNSS/INS 组合定位及测姿技术》系统描述北斗卫星导航/惯性导航相结合的组合定位基础理论、关键技术以及工程实践，重点阐述不同方式组合定位的基本原理、误差建模、关键技术以及工程实践等，并将组合定位与高精度定位相互融合，依托移动测绘车组合定位系统进行典型设计，然后详细介绍组合定位系统的多种应用。

未来 PNT 应用需求逐渐呈现出多样化的特征，单一导航源在可用性、连续性和稳健性方面通常不能全面满足需求，多源信息融合能够实现不同导航源的优势互补，提升 PNT 服务的连续性和可靠性。《多源融合导航技术及其演进》系统分析现有主要导航手段的特点、多源融合导航终端的总体构架、多源导航信息时空基准统一方法、导航源质量评估与故障检测方法、多源融合导航场景感知技术、多源融合数据处理方法等，依托车辆的室内外无缝定位应用进行典型设计，探讨多源融合导航技术未来发展趋势，以及多源融合导航在 PNT 体系中的作用和地位等。

卫星导航系统是典型的军民两用系统，一定程度上改变了人类的生产、生活和斗争方式。《卫星导航系统典型应用》从定位服务、位置报告、导航服务、授时服务和军事应用 5 个维度系统阐述卫星导航系统的应用范例。“天上好用，地上用好”，北斗卫星导航系统只有服务于国计民生，才能产生价值。

海洋定位、导航、授时、报文通信以及搜救是北斗系统对海事应用的重要特色贡献。《北斗卫星导航系统海事应用》梳理分析国际海事组织、国际电信联盟、国际海事无线电技术委员会等相关国际组织发布的 GNSS 在海事领域应用的相关技术标准，详细阐述全球海上遇险与安全系统、船舶自动识别系统、船舶动态监控系统、船舶远程识别与跟踪系统以及海事增强系统等的工作原理及在海事导航领域的具体应用。

将卫星导航技术应用于民用航空，并满足飞行安全性对导航完好性的严格要求，其核心是卫星导航增强技术。未来的全球卫星导航系统将呈现多个星座共同运行的局面，每个星座均向民航用户提供至少 2 个频率的导航信号。双频多星座卫星导航增强技术已经成为国际民航下一代航空运输系统的核心技术。《民用航空卫星导航增强新技术与应用》系统阐述多星座卫星导航系统的运行概念、先进接收机自主完好性监测技术、双频多星座星基增强技术、双频多星座地基增强技术和实时精密定位技术等的原理和方法，介绍双频多星座卫星导航系统在民航领域应用的关键技术、算法实现和应用实施等。

本丛书全面反映了我国北斗系统建设工程的主要成就，包括导航定位原理，工程实现技术，卫星平台和各类载荷技术，信号传输与处理理论及技术，用户定位、导航、授时处理技术等。各分册：虽有侧重，但又相互衔接；虽自成体系，又避免大量重复。整套丛书力求理论严密、方法实用，工程建设内容力求系统，应用领域力求全面，适合从事卫星导航工程建设、科研与教学人员学习参考，同时也为从事北斗系统应用研究和开发的广大科技人员提供技术借鉴，从而为建成更加完善的北斗综合 PNT 体系做出贡献。

最后，让我们从中国科技发展史的角度，来评价编撰和出版本丛书的深远意义，那就是：将中国卫星导航事业发展的重要的里程碑式的阶段永远地铭刻在历史的丰碑上！

杨元喜

2020 年 8 月

前 言

全球卫星导航系统(GNSS)具备全球、全天候、高精度导航能力,其在民用航空(简称"民航")的应用可有效提高飞行精度和灵活性,提升繁忙航路和终端区的空域容量、保障复杂地形和气象条件下机场的运行安全。全球卫星导航系统已经成为国际民航下一代航空运输系统的重要基础设施。为满足民航运行要求,提出了卫星导航增强技术,包括空基增强、星基增强和地基增强,可满足不同飞行阶段对导航系统的精度、完好性、连续性和可用性的需求。

随着民航飞行范围的不断拓展和空中交通流量的持续增加,空域运行环境日渐复杂,这对全球卫星导航系统及其增强技术提出了新的要求。科学技术的进步使得全球卫星导航技术与系统得以更新换代。未来的全球卫星导航系统将呈现多个星座共同运行的局面,每个星座均向民航用户提供至少两个频率的导航信号。双频多星座卫星导航技术可有效消除现有单频卫星导航技术的最大误差源——电离层误差,并通过提供冗余信号以提高导航的可靠性和可用性。基于双频多星座卫星导航的增强技术及其应用已经成为国际民航界的研究热点,也是各航空强国争相研发的高新技术。

我国自主设计、自主建设和自主运行的北斗卫星导航系统已于2020年正式提供全球服务。考虑主权和安全性等问题,我国民航下一代航空运输系统的导航系统将以北斗卫星导航系统为核心,兼容美国全球定位系统(GPS)、俄罗斯全球卫星导航系统(GLONASS)和欧盟Galileo系统等星座。同时,我国正在实施民航强国战略,努力提高新技术的自主研发能力和装备的国产化水平。

本书作者自1995年起开始从事卫星导航及其民航应用技术的研究,开展了我国民航卫星导航地基完好性监测系统和地基增强系统的技术攻关与研发工作,同时紧密围绕民航行业应用需求,积极推动卫星导航增强技术的工程化应用。本书的著述是基于作者20余年来在卫星导航增强及民航应用领域的技术研究和工程实践工作,反映了卫星导航增强技术及应用的最新研究成果。本书系统阐述多星座卫星导航系统运行概念、先进接收机自主完好性监测技术、双频多星座星基增强技术、双频多星座地基增强技术和实时精密定位技术等的原理和方法,介绍双频多星座卫星导航系统在民航领域应用的关键技术。书中所涉及的卫星导航技术和卫星导航增强技术的基本概念，读者可以参考本丛书系列中的《卫星导航定位原理》、《卫星导航系统完好性原理与方法》和《卫星导航增强系统原理与应用》等分册。

在本书的出版过程中，得到中国工程院张军院士的鼓励与支持，在此向他表示深深的谢意！在本书的章节编写过程中，得到北京航空航天大学施闯教授、蔡开泉教授、李锐高级工程师、薛瑞教授和王志鹏教授等多位老师，以及民航数据通信有限公司的王永超高级工程师等专家的无私帮助，在此一并向他们表示感谢！同时，本书参考了大量的文献，作者尽可能一一注明，但由于文献较多，疏漏在所难免，在此向被遗漏的文献作者表示歉意，并向所有参考文献的作者表示衷心的感谢！特别感谢国防工业出版社的编辑们！本书能够得以顺利出版发行，与他们的耐心指导和辛勤工作是分不开的。

由于本领域可供借鉴的专著鲜见，所开展的研究尚处于起步阶段，书中不足之处在所难免。真诚期望各位专家与学者能够提出宝贵的意见和建议。

作者

2020 年 8 月

目录

第1章　绪　　论

1.1　引　　言

在民用航空空中交通管理系统中，导航技术是引导飞机安全高效飞行的基础。导航技术通过确定空域、航线关键位置点，为飞机提供飞行的时间和空间基准，引导飞机安全准确地沿选定路线飞行，准时到达目的地。空管导航技术对精度和安全性要求较高，其要求由飞行阶段、空中态势和空中交通管制程序共同决定。空管导航技术的发展先后经历了目视导航、陆基无线电导航系统等传统导航技术阶段，现已进入以卫星技术为核心的星基导航技术阶段。

随着航空运输量迅速增长，越洋飞行、远距离飞行和极地飞行日益频繁，呈现全球化、高密度等运行特征。而传统的陆基无线电导航系统利用机载设备接收地面导航台信号，在面对洋区、高原等地航路飞行任务时，存在以下局限性。

(1) 在导航精度方面：传统陆基导航系统的导航精度受限，为保障飞行安全，要求飞机之间以及飞机与障碍物之间保持较大的安全间隔，限制了空域资源的有效使用，难以满足高密度飞行的运行需求。

(2) 在导航覆盖范围方面：在传统陆基无线电导航模式下，由于导航源为地面导航台，因而作用距离有限，易受地形遮挡，飞行效率受限。并且，导航台建站受环境条件限制，在洋区、沙漠、偏远地区布设困难，维修成本高。

(3) 在运行安全保障方面：陆基无线电导航系统的覆盖范围和精度制约了机场终端区进近、复飞、离场程序的设计，尤其对于地形复杂的高原机场，陆基无线电导航系统提供的导航能力不足，难以保障飞机的安全起降。

为应对空管系统的发展，适应航空运输量的全球迅猛增长，发展空管导航新技术势在必行，而卫星导航技术的出现及发展则为空管导航技术带来了革命性的变化。卫星导航通过接收导航卫星发送的导航定位信号，并以导航卫星作为动态已知点，实时测定载体的位置和速度，进而完成导航。卫星导航技术以其实时、高精度、全球覆盖的特点使飞机在飞行过程中能够连续、准确地定位，从而缩小飞机间安全运行间隔、提高空域利用率；同时，飞机可以减少对地面无线电导航设备的依赖，实现全球化运行。随着新航行系统的推进，卫星导航系统将逐渐取代传统的陆基无线电导航系统。

目前，各国使用的卫星导航定位系统主要是美国的全球定位系统(GPS)。GPS

定位精度可达米级，能够实现全球覆盖，若采用卫星导航增强技术，定位精度可达亚米级，服务能力可满足全部飞行阶段的导航需求，且具有全球一致性。为保障空管导航精度和完好性指标，满足日益提高的空管运行需求，卫星导航增强技术被广泛研究和采用，主要包括卫星导航空基增强系统（ABAS）、星基增强系统（SBAS）和地基增强系统（GBAS）。其中，ABAS 技术利用 GPS 接收机内部的冗余信息或飞机上的其他辅助信息（如气压高度表、惯性导航等），实现 GPS 卫星故障的检测和排除；SBAS 技术利用地球静止轨道（GEO）卫星向地球广播导航误差修正信息，接收机利用此信息通过广域差分技术提高定位精度，通过完好性监视技术改善导航完好性；GBAS 技术利用局域差分技术得到比广域差分更高的精度，利用局域完好性监视技术改善导航完好性。

随着新一代空管系统的发展，不同国家乃至地区采用的空管导航系统各有不同。为了提升空管运行能力，国际民航组织（ICAO）在整合各国区域导航和所需性能导航运行实践和技术标准的基础上，提出了基于性能的导航（PBN），即依据航空导航的能力实施空管运行。PBN 运行的导航设施主要是提供全球覆盖、全天候、连续、高精度导航的全球卫星导航系统（GNSS）。PBN 在保证航空运行安全的基础上，提高了飞行灵活性并增加空域利用效率，同时由于更有把握确定飞机的位置，提高了空域的运行安全程度，尤其适合于繁忙航路、地形和气象条件复杂地区的飞行，是降低机场最低运行标准的关键手段[1]。

1.2 全球卫星导航系统概述

ICAO 提出了 GNSS 概念，包括导航星座、增强技术和机载接收机等主要元素，并定义了各飞行阶段的 GNSS 性能需求。

1.2.1 民用航空对卫星导航的应用需求

ICAO 在 GNSS 标准与建议措施（SARPs）中定义了各飞行阶段中 GNSS 应满足的性能需求[2]，包括精度、完好性、连续性和可用性，如表 1.1 所列。

表 1.1 “ICAO GNSS SARPs”中规定的 GNSS 性能需求

飞行阶段	精度(95%)		完好性	告警时间	连续性	可用性
	水平	垂直				
航路	3.7km	N/A	$(1-10^{-7})/h$	5min	$(1-10^{-4})/h$ ~ $(1-10^{-8})/h$	0.99 ~ 0.99999
航路，终端区	0.74km	N/A	$(1-10^{-7})/h$	15s	$(1-10^{-4})/h$ ~ $(1-10^{-8})/h$	0.99 ~ 0.99999
NPA	220m	N/A	$(1-10^{-7})/h$	10s	$(1-10^{-4})/h$ ~ $(1-10^{-8})/h$	0.99 ~ 0.99999

（续）

飞行阶段	精度(95%)		完好性	告警时间	连续性	可用性
	水平	垂直				
APV-Ⅰ	16m	20m	$(1-2\times10^{-7})$/进近	10s	$(1-8\times10^{-6})$/15s	0.99~0.99999
APV-Ⅱ	16m	8m	$(1-2\times10^{-7})$/进近	6s	$(1-8\times10^{-6})$/15s	0.99~0.99999
CAT Ⅰ	16m	6~4m	$(1-2\times10^{-7})$/进近	6s	$(1-8\times10^{-6})$/15s	0.99~0.99999

注：NPA—非精密进近；APV—垂直引导进近；N/A—不适用，下同；CAT Ⅰ—Ⅰ类精密进近

表1.1中各飞行阶段所对应的告警门限如表1.2所列。

表1.2 各飞行阶级所对应的告警门限

告警门限	航路（洋区/低密度）	航路（本土）	航路，终端区	NPA	APV-Ⅰ	APV-Ⅱ	Ⅰ类精密进近
水平	7.4km	3.7km	1.85km	556m	40m	40m	40m
垂直	N/A	N/A	N/A	N/A	50m	20m	35~10m

表1.1中，精度反映了卫星导航系统所提供的位置与真实位置的符合程度；完好性反映了卫星导航系统向用户提供的位置信息的可信度；连续性反映了卫星导航系统向用户提供连续导航服务的能力。当以上3种指标都满足相应的运行需求时，导航服务满足可用性[2-3]。

应注意，上述性能是由“GNSS元素与一个无故障GNSS接收机的组合”实现的，其中无故障接收机的概念是假定的、有一般的精度和告警时间性能的接收机，并假定其没有影响完好性、可用性和连续性性能的故障[2-3]。

各国家和地区的空中航行服务提供商(ANSP)根据本国家和地区的实际运行需求，适当地选择GNSS元素的组合以提供所需的导航性能。

1.2.1.1 精度

GNSS精度表征了估计或测量的位置与实际位置的一致程度。GNSS估计位置和实际位置之间的差异为定位误差，其应在95%的时间内不大于精度指标的要求。“ICAO GNSS SARPs”中定义了航路到Ⅰ类精密进近运行的精度需求，低于Ⅰ类精密进近的运行需求定义在GBAS SARPs中。

传统陆基导航系统，如甚高频全向信标(VOR)和仪表着陆系统(ILS)等，其精度具有相对的可重复性，所以在很短的一段时间内进行测量，就可以得到其精度指标，并可以认为系统精度在测试后保持不变。然而，GNSS卫星在轨道的运行和信号传播介质的波动等因素会导致GNSS误差特性在几小时内发生不可忽视的变化。因此，传统陆基导航系统的基于一段时间滑动窗口的测量进行精度评估的方法不适用于GNSS。

由于增强系统和用户接收机采用了滤波算法，因此GNSS误差是随时间缓慢变化的，在几分钟的时间段内可获得的独立样本数量很少。对精密进近应用，这意味着

有5%的可能性，在整个进近过程中定位误差均超过所需精度要求。然而，考虑到GNSS精度的描述方法不同，实际中上述情况发生的可能性很低。因此，GNSS的精度是针对定位误差的每个样本的概率定义的，而不是指在特定的一段时间内所测量的样本的百分比。

此外，GNSS精度会随着不同的卫星几何分布而变化。GNSS必须在最差的卫星几何分布条件下依然满足精度的要求。对于大量的独立样本，应至少有95%的样本满足精度要求，并应按照最坏的几何分布对误差数据进行放大以准确地评估实际运行中的GNSS精度。例如，假设在水平精度衰减因子(HDOP)不大于6时，GNSS可支持非精密进近，则应在一段较长的时间内采集卫星测距误差样本，并将误差数据根据最差几何进行放大，放大后的误差必须在95%的概率下小于220m。考虑到误差样本的相关性，样本总数必须足够充分以保证统计结果的代表性。

Ⅰ类精密进近中的GNSS精度需求是由ILS的性能等效转换而得到的。然而，根据对ILS标准的不同解释，不同机构确定了许多不同的精度性能需求数值。因此，"ICAO GNSS SARPs"中Ⅰ类精密进近的垂直定位精度需求不是一个数值，而是一个范围。其中的最小值作为GNSS的一个保守值。由于GNSS的误差特性与ILS不同，使用精度需求范围内的较大值也有可能实现Ⅰ类运行，并可以增加运行的可用性。基于GNSS的Ⅰ类精密进近的垂直定位精度的最大值已经被提议作为一个合适的数值，但有待验证。

1.2.1.2 完好性

完好性是对整个系统所提供信息的正确性的可信度的一种度量。完好性指当系统不能用于指定运行时，及时、有效地向用户报警的能力。

在航路和终端区飞行阶段，GNSS空间信号同时服务于多架飞机，系统失效的影响将远大于传统的陆基导航设备。因此，对GNSS完好性的性能要求极为严格，为$(1-10^{-7})/\mathrm{h}$。对于垂直引导进近(APV)程序和精密进近运行，GNSS空间信号的完好性要求与ILS一致。

"ICAO GNSS SARPs"的性能要求中的告警门限表示安全运行所允许的最大位置误差，当定位误差超过告警门限时，系统应告警。ILS通过监测设备的关键参数实现完好性监测。然而，GNSS定位误差受卫星几何分布的影响，因此设置定位域告警门限以对定位域性能进行限制。对于每一个运行阶段，有相应的水平告警门限/侧向告警门限(HAL/LAL)，其中对于垂直引导进近，还定义了垂直告警门限(VAL)。与精度需求类似，Ⅰ类精密进近的垂直告警门限要求也是一个范围。其中最小的垂直告警门限(10m)是基于ILS性能的保守假设确定的。通常故障情况下，使用不大于最大值(35m)的垂直告警门限也满足Ⅰ类精密进近的超障要求。然而，使用任何超过10m的垂直告警门限值时都要进行系统级的安全分析。

GNSS性能受核心星座的几何构型影响而随时间变化。因此，在SBAS和GBAS中通过保护级来处理这种变化。当SBAS和GBAS的地面系统故障导致风险时，其

风险也应体现在保护级上。GNSS 性能也受到大气因素的影响，特别是电离层。电离层的空间和时间变化可能会导致附加的电离层延迟误差，并且这种误差在 SBAS 或 GBAS 中无法校正。在少数罕见的情况下，由于电离层异常活动导致的 SBAS 或 GBAS 定位误差可以大到足以产生危险误引导信息，因此在 SBAS 或 GBAS 中都应考虑此类事件发生的可能性。影响 GNSS 性能的另一个环境因素是地面参考接收机的多路径（简称“多径”）效应，它取决于监测站天线的物理环境，卫星仰角（即“高度角”）和时间，也必须被 SBAS 或 GBAS 监测。

GNSS 的完好性的最终实现是基于航电设备的完好性计算，以确保飞机定位误差不会超过当前运行允许的最大值。航电设备计算与告警门限相应的水平保护级/侧向保护级（HPL/LPL）和垂直保护级（VPL）。术语 HAL/HPL 用于 ABAS 和 SBAS，而 LAL/LPL 用于 GBAS。当任何保护级超过相应的告警门限时，航电设备必须报警，机组成员必须执行既定程序。

1.2.1.3 连续性

GNSS 服务的连续性是指在计划的运行过程中，在没有预期外中断的情况下，系统执行其功能的能力。连续性衡量在航空运行期间导航设备不间断地向用户提供所需导航服务的能力。

导航服务中断可由以下两类原因导致。

（1）内部原因：接收机用户算法导致的服务中断。

在无故障情况下，接收机误检测到故障并产生误警将导致服务的中断；在有故障的情况下，故障排除失败，或在成功排除故障后系统仍无法满足特定运行所需的性能要求时，也会导致服务的中断。

（2）外部原因：接收机以外的因素导致的服务中断。

例如，卫星的非计划中断（USO）、射频干扰（RFI）或者电离层闪烁（IS）等。

连续性以概率形式的连续性风险作为量化指标。连续性风险是指在特定运行过程中导航系统中止提供满足所需性能要求的导航信息的概率（假设在该运行开始时导航信息可满足要求）。对不同的飞行阶段，连续性的定义有所不同。

在航路到终端区飞行阶段，连续性是指每飞行小时内导航服务可用时间所占的百分比。在这些飞行阶段中，GNSS 可能同时向多架飞机提供导航服务，其数量取决于特定空域的交通密度。因此，连续性的指标为一个区间。对于交通密度低、空域复杂性低的航路空域，连续性要求较为宽松，风险不大于$(1\times10^{-4})/h$即可；而对于高密度和复杂空域，故障会影响大量的飞机，因此连续性要求较为严格，风险不大于$(1\times10^{-8})/h$。

连续性需求还由所在空域所具备的导航手段决定。在交通密度大、复杂性高的空域，如果存在可以取代 GNSS 的备用导航设施，或者具有一定的手段可以减轻导航系统中断的影响，如使用空管监视雷达和空中交通管制干预以确保飞机间保持足够的安全间隔，则可以使用连续性的中间值。

在进近和着陆飞行阶段，所需连续性要求与复飞风险有关，因此认为每架飞机相互独立。复飞发生在飞机下降到决断高度，而飞行员无法利用继续目视参考点的时候。在这一飞行阶段的运行过程中的服务中断风险被归一化到15s的时间间隔内。因此，进近和着陆飞行阶段的连续性是指每15s内导航服务可用时间所占的百分比。

1.2.1.4 可用性

GNSS的可用性是指系统导航服务可用时间占总时间的百分比，描述了导航系统在特定区域内提供可用导航服务的能力。在GNSS可用的时间段内，系统应向机组人员、自动驾驶仪或其他管理飞机飞行的系统提供可靠的导航信息。

ICAO的规范给出一个适用于所有飞行阶段的范围值。在特定空域内的GNSS可用性要求来源于所需要的服务水平，并充分评估服务降级对运行的影响。例如，要使用GNSS替代传统陆基导航系统，则GNSS可用性应与陆基导航设施所提供的导航服务的可用性相当。

对于航路飞行阶段，确定所需的GNSS可用性指标时应考虑的因素如下。

(1) 交通密度和空域复杂性。

(2) 其他助航设备。

(3) 雷达监视范围。

(4) 空中交通和飞行程序。

(5) GNSS故障持续时间。

可用性指标的下限(99%时间可用)仅满足在交通密度和复杂性低的空域内使用GNSS作为主用导航手段的要求。更高的可用性指标可满足使用GNSS作为唯一导航手段的要求。GNSS增强系统的可用性受限于核心星座的可用性。因此在确定GNSS增强系统可用性指标时还应考虑核心星座性能下降的可能性并评估其影响，并应制定相应的处理程序应对此类状况。

对于进近和着陆飞行阶段，确定所需的GNSS可用性指标时应考虑的因素如下。

(1) 交通密度和复杂性。

(2) 引导进近到备降机场的程序。

(3) 用于备降机场的导航系统。

(4) 空中交通和飞行程序。

(5) 故障持续时间。

(6) 故障的地理范围。

由于GNSS故障有可能影响多个进近程序，因此，在设计GNSS进近程序时，必须考虑故障的持续时间并选择合适的备降机场和程序。

GNSS的故障因素多，包括卫星故障、电离层和对流层误差、接收机误差等。此外，卫星相对于一个覆盖区域的运动存在缓慢变化，而且卫星故障可能需要很长时间才能恢复，这些都会导致GNSS的可用性难以直接测量。准确地测量出GNSS的可用性可能需要许多年，以便测量时间远超过卫星的平均无故障时间和平均维修时间。

因此,GNSS 的可用性指标应该通过设计、分析和建模决定,而不是直接测量。

在 GNSS 可用性较低的地方,仍可以使用 GNSS 服务。这是由于 GNSS 卫星的运动,使几何分布不足导致的服务不可用,可在没有任何维护的情况下在一段时间后恢复。在这种情况下使用 GNSS,需要对 GNSS 服务的可用时间段进行准确预测,并基于预测规定 GNSS 导航服务的工作时间。需要注意的是,即便对 GNSS 的可用性进行了预测,仍有可能出现未预测的故障导致连续性风险和运行中断。

1.2.2 现有卫星导航星座

目前,正式被 ICAO 采纳的卫星导航星座包括 GPS 和俄罗斯全球卫星导航系统(GLONASS)。

1.2.2.1 GPS

世界上第一个卫星导航系统是 1964 年投入使用的美国海军卫星导航系统(NNSS),亦称 Transit 系统。Transit 显示出了卫星导航巨大的优越性和应用潜力,但其不能连续定位,单次定位时间较长、精度较差,难以满足高动态用户需求,促使研究人员寻找更理想的卫星导航方案。

美国海军研究实验室(NRL)提出了名为 TIMATION(Time + Navigation)的方案,用 12 ~ 18 颗轨道高度为 10000 km 的卫星组成全球定位网,并于 1967 年、1969 年和 1974 年相继发射了 3 颗搭载铯原子钟的 TIMATION 卫星,验证了星载原子钟的可行性。与此同时,美国空军提出了代号为 621B 的试验计划,以每星群 4 ~ 5 颗卫星组成 3 ~ 4个星群,这些卫星中的 1 颗采用同步轨道、其余均为周期为 24 h 的倾斜轨道,播发基于伪随机噪声(PRN)码的卫星测距信号。1973 年,美国国防部综合采纳了两军所试验的技术方案,提出导航卫星定时和测距(NAVSTAR)计划,成立了联合项目办公室(JPO),由空军联合诸军种研制 GPS。计划原定分为 3 个阶段:第一阶段(1973 年—1978 年)开展系统原理和方案研究,第二阶段(1979 年—1983 年)进行系统试验研究,第三阶段(1984 年—1988 年)进行系统应用研究,1988 年投入运行。

第一颗具备 GPS 基本特征的试验卫星于 1977 年发射。随后在 1978 年—1984 年间,10 颗 GPS 原型卫星(型号为 Block Ⅰ)相继发射。但是,1987 年“挑战者”航天飞机失事后,原定由航天飞机发射 GPS 卫星的计划搁浅。直到 1989 年,第二代 GPS 卫星(称为 Block Ⅱ)才由其他火箭发射。最终,到 1993 年 12 月,GPS 在轨卫星数达到 24 颗,包括最初的试验星 Block Ⅰ、第二代卫星 Block Ⅱ及其改进型 Block ⅡA,满足了设计性能要求,具备了初始运行能力(IOC)。1995 年美国宣布 GPS 达到完全运行能力(FOC),在轨卫星数为 24 颗,全部为 Block Ⅱ和 Block ⅡA 型卫星。GPS 全部研发过程历经 22 年,据称耗资 300 亿美元。

在 GPS 的建设过程中,其星座方案几经变化。最初的方案是 24 颗卫星,分布在 3 条轨道上,轨道倾角为 63°。后来,由于美国国防预算紧缩,GPS 星座方案改为 18 颗卫星,轨道平面数增加到 6 个,倾角降低为 55°。由于这个方案不能提供满意的全球、全天候覆盖,JPO 于 1986 年在其上又增加了 3 颗工作备份卫星,后又改为 21 颗工作卫星加 3 颗热备份卫星,最终形成了 24 颗卫星的星座。

GPS 由空间卫星、地面控制段和用户设备 3 个部分组成,其工作流程可简述为:每颗卫星均向地面广播导航信号,其中包含有轨道信息;地面监控部分接收、测量每颗卫星的信号,确定卫星的精确轨道,并上发给卫星,由卫星在导航信号中发送;用户设备接收卫星的导航信号,测量出到卫星的距离,并根据导航信号中的轨道信息推算卫星的瞬时位置,从而解算出自身的精确位置。

GPS 的标准星座由 24 颗卫星组成,分布在 6 个轨道上,每个轨道上不均匀地分布着 4 颗卫星。卫星运行在近圆形的轨道上,轨道偏心率为 0.003,轨道面与赤道平面的倾角为 55°,每个轨道面升交点之间相隔 60°。卫星高度为 20200 km,运行周期 11h 58min。对地面固定点上的用户而言,天空中可见的 GPS 卫星几何分布大约每 23h 56min 重复一次。目前,在轨工作的 GPS 卫星约在 32 颗左右,除了在少数的高纬度地区,地面上的用户平均可见的卫星数量在 10 颗左右。

GPS 地面控制段包含监测站、主控站和注入站。监测站共有 6 个,分别位于美国 Hawaii、Colorado Springs 和 Florida Cape Canaveral、南大西洋 Ascencion Island、印度洋的 Diego Garcia 和南太平洋的 Kwajalein。监测站在主控站控制下自动进行 GPS 卫星的连续监测和数据采集,装备双频 GPS 接收机、高精度原子钟、计算机和环境传感器。GPS 主控站位于美国 Colorado 的 Falcon 空军基地。主控站处理监测站信息来决定每颗卫星的钟差和轨道状态,更新卫星的导航信息,调整卫星轨道,监视卫星工作状态,并在卫星失效时启用备用卫星。主控站还负责协调整个地面监控部分的工作。注入站的主要工作是将主控站发来的卫星导航电文和控制命令等发送给相应的卫星。

GPS 使用 L1 频率(1575.42 MHz)上的 C/A 码为全球用户提供标准定位服务(SPS)[4],采用 L2 频率(1227.6 MHz)上的 P(Y)码提供精密定位服务(PPS)[5]。PPS 定位精度更高,但它使用的 P(Y)码是加密的,只供授权机构使用。GPS 使用码分多址(CDMA),即所有卫星都在相同频率上广播导航信号,通过发射独特的 PRN 码进行区分。广播的导航信息有 3 个主要部分:第一部分包含 GPS 日期和时间,以及卫星状态和健康标示符;第二部分包含轨道信息,称作星历,用于接收机计算卫星位置;第三部分称为历书,提供所有卫星的位置和伪距随机噪声码,用于接收机决定哪颗卫星可见。为了防止敌对方使用 SPS,美国早先在 SPS 上增加了选择可用性(SA)功能,主动降低 SPS 定位精度,但影响了 GPS 的国际竞争力。美国政府已于 2000 年 5 月 2 日起终止了 SA。

1994 年,美国政府承诺向国际民航提供 GPS 标准定位服务(GPS SPS),并在 2007 年重新确认:“美国政府承诺提供一个连续的、全球范围内的 GPS SPS 信号,不直接向用户收费,为世界各地提供民用天基定位、导航与授时(PNT)服务(包括 GPS SPS 增强系统),并提供开放的免费途径来获得必要的信息以研发使用这些服务的设

备。”ICAO 接受了这两项提议。目前,GPS 已经成为国际民航普遍使用的重要星基导航手段。

GPS SPS 性能标准定义的民航用户性能标准是在 24 颗卫星的标准星座条件下的基本性能。GPS 的实际性能在大多数时间内均优于 SPS 设计的水平(参见美国海岸警卫队导航中心网站(www.navcen.uscg.gov))。此外,美国联邦航空管理局(FAA)建立了国家卫星测试平台(NSTB),目前已有 40 多个地面监测站,实时监测 GPS 性能并进行长期统计分析。NSTB 提供的服务见网站 www.nstb.tc.faa.gov。

“ICAO GNSS SARPs”中规定了 GPS SPS 的定位精度应满足表 1.3。

表 1.3 “ICAO GNSS SARPs”中规定的 GPS SPS 定位精度

误差	全球平均(95%)	最差地点(95%)
水平定位误差/m	13	36
垂直定位误差/m	22	77

应注意,表 1.3 中定义的 GPS SPS 定位误差只考虑空间和控制段对定位误差的影响,即卫星时钟和星历误差。

除空间和控制段外的 GPS SPS 定位误差因素主要包括电离层和对流层延迟误差、多径效应造成的误差和接收机测量噪声。在 GPS 接收机标准中,包括美国联邦航空管理局的 FAA TSO-C129A、航空无线电技术委员会(RTCA)DO-208 和欧洲民用航空设备组织的 EUROCAE ED-72,以及上述规范的等同文件,对这些误差进行了解释。对于满足上述标准要求的基本型 GPS 接收机,要求在存在干扰和 SA 的情况下,定位精度在水平方向上优于 100m(95%)、垂直方向上优于 156m(95%)。

自 SA 停用以来,GPS 用户定位精度在全球范围内平均的典型值为水平 33m、垂直 73m(95%)。这个指标基于以下假设条件计算得到:GPS 的 24 颗卫星星座中最坏的两颗卫星失效,电离层延迟误差为 7m(1σ),对流层延迟误差为 0.25m(1σ),以及接收机噪声误差为 0.80m(1σ)。需要说明的是,电离层延迟误差是 SA 停用后 GPS SPS 的主要误差,其与用户的地磁纬度、太阳活动水平、电离层活动水平、不同季节和时间相关,在大多数情况下不会超过 7m,但在太阳活动最频繁时可能在短时间内远远超过 7m。

“ICAO GNSS SARPs”中规定的 GPS SPS 精度指标还包括时间传输精度和测距精度。GPS SPS 的时间传输误差在 95% 的时间内不应该超过 40ns。对任意一颗 GPS 卫星,在正常工作条件下,其距离误差不超过 30m 或导航电文中用户测距精度(URA)的 4.42 倍;距离率误差不超过 0.02m/s;距离加速度误差不超过 0.007m/s^2。当 GPS 卫星出现故障时,其测距精度将超过上述规定的范围。距离率误差和距离加速度误差是在 GPS 的覆盖范围内,间隔 3s 测量得到的卫星距离变化率误差和卫星距离加速度误差的最大值。所有 GPS 卫星测距误差的均方根(RMS)误差应不大于 6m。这是在覆盖范围内所有位置点、任意连续的 24h 内的所有 GPS 卫星的测距误差的 RMS 的平均值。

GPS SPS 的水平定位服务和垂直定位服务的可用性在全球范围内的平均值应大于99%，在最差的地点也应大于 90%。在任意一个地点，SPS 可用性的定义为：在任意 24h 内，由空间段和控制段导致的水平或垂直定位误差，在 95% 置信度条件下不超过相应的阈值（水平方向 36m，垂直方向 77m）。因此，可用性指标是通过仿真分析得到，而不是实际测量得到的，与卫星星座中的卫星数量及其可用的概率相关。GPS SPS 可用性分析中假设任一时刻在轨卫星数量大于 24 颗的概率为 95%，其中至少有 21 颗发射可用测距信号的健康卫星的概率为 98%。

GPS SPS 的主要服务故障定义为：卫星健康状况标识为可用的 GPS 卫星的测距误差（仅考虑空间段误差）大于 30m 或导航电文中 URA 参数的 4.42 倍。GPS 发生主要服务故障的频率不超过每年 3 次。假设主要服务故障每次持续时间为 6h，则在 GPS 覆盖范围内的任意地点，在任一时刻卫星测距误差小于 30m 或导航电文中 URA 参数 4.42 倍的概率应至少为 99.94%。

GPS SPS 的覆盖范围为地球表面到 3000km 高度。这是由于 GPS 卫星广播的导航信号波束范围较宽，对地球表面高度 3000km 以下的用户，其所能看见的卫星不随着所在位置高度变化而改变。事实上，如果不对定位所使用的 GPS 卫星的仰角做出限制，高空中的用户还能见到比地表用户更多的、仰角为负值的卫星。使用负仰角卫星进行定位可以改善卫星的几何分布，特别是垂直方向。然而，这些卫星的导航信号更容易受到大气层和多径效应的影响，因此测距误差较大。

GPS SPS 向用户提供的位置信息基于 1984 世界大地坐标系（WGS-84），提供的时间信息以协调世界时（UTC）为参考。ICAO 规定，当 GNSS 元素使用了非 WGS-84 坐标系或 UTC 参考时间时，应提供相应的转换方法和转换参数。

1.2.2.2 GLONASS

在 20 世纪 60 年代，苏联也有一个与美国海军 Transit 类似的卫星定位系统Tsiklon。出于同美国类似的考虑，苏联也希望建设一个新的卫星导航系统，可以实现实时、高动态和高精度的定位。于是，在 1968 年，苏联国防部、科学院和海军联合起来，共同研究新的卫星导航系统方案，以期为陆、海、空、天武装力量提供所需导航服务。

20 世纪 70 年代中期，苏联正式提出 GLONASS 计划。1982 年 10 月 12 日，第一颗 GLONASS 卫星发射升空，比 GPS 晚了约 5 年。1982 年—1985 年的时间段称为运行前阶段，主要是开展 GLONASS 卫星和地面系统的实验测试，并对前期设计的初步方案进行修正。早期的 GLONASS 卫星设计寿命仅为一年，经改进后平均可达 14 ~ 17 个月。1986 年—1993 年是 GLONASS 的正式建设阶段，开始密集地发射卫星。1987 年发射的 12 颗 GLONASS 卫星设计寿命为两年，但其中 6 颗发射失败。1988 年以后的 43 颗 GLONASS 卫星提高了抗辐射能力，设计寿命提高到 3 年。1990 年开始研制的 GLONASS-M 型卫星才将设计寿命提升到 5 年以上。在 1991 年苏联解体之后，俄罗斯继承了 GLONASS，交由空军管理。1993 年 9 月 24 日，俄罗斯宣布 GLONASS 开

始运行，但此时在轨卫星数量并没有达到设计的24颗。1995年12月14日，俄罗斯成功地以一箭三星的方式发射了3颗GLONASS卫星，这是当年的第3次成功发射，使GLONASS的在轨卫星达到24颗工作卫星+1颗备用卫星的布局。经过数据加载、调整和检验，1996年1月18日，俄罗斯宣布GLONASS达到了FOC，仅比GPS晚约1年。

GLONASS的建设历经13年，总投资约20亿美元。GLONASS系统建设经历了国家政体变化周折，但仍维持每年3～9颗卫星的发射量，期间共发射73颗卫星，其中6颗卫星发射失败，曾在轨有效工作过的卫星共67颗，但由于早期卫星寿命较短，先后有40颗卫星退出服务。

由于经济衰退的影响，在1996年GLONASS达到FOC后的数年内，俄罗斯一直未能发射新的卫星。由于在轨卫星逐渐达到寿命而终止运行，GLONASS星座中正常工作的卫星数量逐年下降，并在2001年达到最低的6颗。这严重影响了GLONASS的国际竞争力，使GPS独占国际市场。2001年，俄罗斯政府批准了为GLONASS提供足够的资金的计划，研制并发射了GLONASS-M和GLONASS-K两种新的卫星。2011年，GLONASS重新达到FOC，并一直保持到现在。

GLONASS的系统组成和工作原理与GPS类似。

GLONASS空间部分由24颗卫星组成，分布在3个偏心率不大于0.01的近圆轨道上，升交点经度间隔120°，每个轨道上均匀分布8颗卫星，其中7颗为工作卫星、1颗为备份卫星。在地球上的任意地点，在99%以上的时间可以见到5颗以上的GLONASS卫星。并且，GLONASS卫星轨道倾斜角为64.8°，比GPS的55°高，因此对俄罗斯、北欧和加拿大等高纬度地区覆盖更好。GLONASS卫星高度19100km，运行周期为11h 15min，约每8天运行17周。

GLONASS的控制段包括多个遥测、跟踪和指挥（TT&C）站和1个系统控制中心（SCC）。在俄罗斯境内有5个遥测遥控站，位于Saint Petersburg、Schelkovo、Yenisseisk、Komsomolsk-on-Amur和Ussunysk，在俄罗斯境外、以前的苏联境内还有7个配置雷达和激光测距设备的地面站，共同监测GLONASS的每颗卫星。SCC位于Moscow，主要功能是处理从各监测站获得的测量数据，计算卫星轨道参数，通过上行站向卫星发送控制指令和导航信息，并确保整个控制段系统的运行与协调。由于GLONASS的地面监测站都位于苏联国家境内，因此多半时间无法被地面监控站跟踪，使得卫星出现故障时可能要经过数小时才能被地面系统检测到。苏联曾计划在古巴、安哥拉等国设置地面观测站，但因苏联解体而未能实施。目前，俄罗斯正计划在巴西、西班牙、印度尼西亚和澳大利亚等国建立地面监测站。

GLONASS卫星广播的导航信号，在L1频段（1559～1610MHz）由标准精度通道（CSA）码信道调制，包含导航数据信息。GLONASS采用频分多址（FDMA），每个卫星发送不同频率的载波信号。GLONASS接收机通过给跟踪通道分配不同的频率来区分从所有可见卫星接收到的全部信号。每个卫星发送的导航数据报文提供关于发送卫星的状态信息与卫星星座的其余卫星信息,包括卫星坐标、速度、加速度矢量分量、卫星健康状态信息和修正的 GLONASS 系统时间。从用户角度看,GLONASS 卫星传输的主要信息元素是时钟校正参数和卫星位置(星历)。GLONASS 时钟校正值提供了各颗卫星时间和 GLONASS 系统时间之间的差值,以 UTC 为参考。星历信息包括每半小时每颗卫星在地心地固坐标系中的三维位置、速度和加速度信息。对于半小时历元之间的某个时间,用户使用半小时标记测量时间之前和之后的位置、速度和加速度信息,插值得到该卫星的坐标。

有关的 GLONASS 其他信息,包括 GLONASS 接口控制文件,可以参见网站: www. glonass-ianc. rsa. ru。

GLONASS 最初是作为一个军用系统建设的。但到了 1988 年 5 月,苏联向 ICAO 宣布将免费向全球提供 GLONASS 民用导航服务。俄罗斯继承了这一承诺,其联邦空间局被委任为 GLONASS 的系统维护、发展以及民用和有关国际合作的协调者。1991 年,俄罗斯公布了 GLONASS 的空间信号接口控制文件(ICD)。1995 年,俄罗斯政府颁布第 237 号令,正式将 GLONASS 民用服务用法律的方式确定下来。1996 年,ICAO 接受了俄罗斯关于 GLONASS 民航服务的承诺:“……确认,代表俄罗斯联邦,在第十次空中航行会议提出的有关为世界航空界提供标准精度的 GLONASS 通道,为期至少 15 年,不会从用户处直接收费”。2007 年 5 月 18 日,俄罗斯总统普京签署法令,保证 GLONASS 民用信号的使用将不受任何限制。

“ICAO GNSS SARPs”中的 GLONASS CSA 标准与 GPS SPS 类似。

GLONASS CSA 的精度如下。

(1) 空间和控制部分精度。

在全球任意地点的平均值为水平 5m 和垂直 9m(95%),在最差地点为水平 12m 和垂直 25m(95%)。

(2) 时间传输精度。

时间传输误差在 95% 时间内不应该超过 700ns。

(3) 距离域精度。

① 任一卫星距离误差不应超过 18m。

② 任一卫星距离率误差不超过 0. 02m/s。

③ 任一卫星距离加速度误差不超过 0. 007m/s^2。

④ 所有卫星距离误差的均方根(RMS)误差为 6m。

GLONASS CSA 可用性如下。

(1) 水平服务可用性≥99%(全球平均,95% 的置信水平下阈值 12m)。

(2) 垂直服务可用性≥99%(全球平均,95% 的置信水平下阈值 25m)。

(3) 水平服务可用性≥99%(最差位置,95% 的置信水平下阈值 12m)。

(4) 垂直服务可用性≥99%(最差位置,95% 的置信水平下阈值 25m)。

GLONASS CSA 可靠性应在如下限值内。

(1) 重大服务故障频率每年不超过3次(全球平均)。

(2) 可靠性:不低于99.7%(全年平均)。

GLONASS CSA覆盖范围应从地球表面到2000km高度。

1.2.3 卫星导航增强技术

如表1.1中所列,GPS的定位精度已经可以满足民航飞机从航路到非精密进近阶段对精度的要求(航路为3.7km,非精密进近为220m)。然而,实际运行中,在少数情况下,卫星导航系统会发生故障从而使定位严重偏离真实位置,发生主要服务失效故障。GPS SPS性能标准给出了主要服务失效概率的保守假设,即每年3次失效,每次失效时间不超过6h,对应的每颗卫星故障概率约为10^{-5}/h。GPS主要服务失效的概率远大于航空卫星导航的完好性需求。因此,卫星导航系统本身将无法满足航空运行的完好性需求,必须进行完好性监测[6-7]。

"ICAO GNSS SARPs"中定义了4种增强系统:ABAS、SBAS、GBAS和地基区域增强系统(GRAS),增强了现有核心卫星星座性能,使其符合民航要求。

1.2.3.1 ABAS

ABAS的定义为:利用其他可用的机载设备信息增强从GNSS元素获得的信息,和/或与GNSS元素信息综合,以确保飞机按照规定的要求运行。ABAS是GNSS机载航电设备中的一种完好性监测算法,因此不需要地面设备的辅助。ABAS使用冗余测距量提供完好性监测,以支持故障检测(FD)或故障检测与排除(FDE)。FD功能是检测由一个卫星伪距超差导致的潜在定位误差。FDE功能可以识别并排除故障的卫星,从而使GNSS导航不中断。

常用的ABAS有两种:①接收机自主完好性监测(RAIM),仅使用全球卫星导航系统的信息;②飞机自主完好性监测(AAIM),也使用从其他机载传感器,如惯性基准系统(IRS)获得的信息。

RAIM需要冗余的卫星观测量(至少5颗卫星并具有良好的几何分布),以检测有故障的信号并向机组告警。RAIM FDE算法则需要6颗星。由于核心星座轨道的特性,RAIM的FD和FDE可用性在中纬度略低,在赤道和高纬度地区较高。冗余信号的要求意味着RAIM不是100%可用,所以批准GPS/RAIM运行时通常要考虑运行上的限制。在RAIM的增强下,GNSS可以满足航路、终端区、非精密进近飞行阶段的运行要求,其中航路飞行阶段的RAIM可用性最高,非精密进近飞行阶段的RAIM可用性最低。一些国家已经批准了在国内空域和海洋及偏远地区利用GPS作为唯一的导航服务。这些情况下,航电设备需要FDE。在该批准下,商用飞机可能需要装备双系统以确保连续性,运营商必须执行飞行前预测,确保在计划的所有飞行阶段都有足够的可见卫星支持飞行服务。

AAIM使用GNSS信息与非GNSS信息进行集成,以提高导航性能。气压高度计可被用来提供一个额外的测量,能降低1颗RAIM的FD和FDE所需的可见卫星数目。当有足够的可见卫星,但其几何布局不足以支持完好性功能时,气压辅助有助于提高可用性。需要注意的是 RAIM 气压辅助和用于支持垂直引导的气压垂直导航功能不同。RAIM 与 IRS 的短期精度的组合使用,可降低信号干扰的影响或电离层事件导致的服务中断。AAIM 至少可以提高 RAIM 的可用性,并在适当的组合方式下,可以进一步提高定位精度和 RAIM 的完好性。特别是,随着 GNSS 在轨卫星数量和测距精度的提升,国际民航界正在积极研究使用 GNSS 和 IRS 的组合以满足精密进近运行需求的方法。航空无线电技术委员会(RTCA)和欧洲民用航空设备组织(EUROCAE)均成立了相关专家组,开展相关技术标准的研究工作。

1.2.3.2 SBAS

SBAS 的定义是用户从星基发射机接收增强信息的广域覆盖增强系统,由地面基础设施、SBAS 卫星和 SBAS 机载接收机组成。

SBAS 地面基础设施包括参考站和中心站。参考站广域分布,位置是事先精确测定的,它实时接收导航卫星的信号,测量卫星到参考站接收机之间的伪距,连续地向主站提供数据。中心站利用全部参考站的数据评估卫星信号的有效性,计算星历误差、时钟误差和电离层的校正值及其不确定性参数,并发送给 SBAS 卫星。如果检测到故障卫星,则 SBAS 会发送“禁用”,如果卫星未被任何一个监控站监测到,则 SBAS 将发送“未被监测”。

SBAS 卫星向 SBAS 机载接收机转发中心站发来的增强电文。

SBAS 机载接收机用核心星座的测距信号和 SBAS 卫星的增强信息,通过使用广播星历及时钟校正,并利用格网点内插计算接收机到卫星传播路径上的电离层校正,经过差分校正后计算得到三维位置;通过广播的完好性参数计算 HPL 和 VPL,并与对应的 HAL 和 VAL 比较,在超过告警门限时向机组人员告警。

“ICAO GNSS SARPs”中规定了 SBAS 的功能如下。

(1) 测距:由一颗 SBAS 卫星提供一个附加的伪距信号。

(2) GNSS 卫星状态:确定并发送 GNSS 卫星健康状态。

(3) 基本差分校正:确定并发送 GNSS 卫星的星历和时钟校正信息。

(4) 精确差分校正:确定并发送电离层校正信息。

如果 SBAS 同时具备上述 4 项功能,则其与核心卫星座一起可以支持航路、终端区和进近运行(包括 I 类精密进近,但受限于地理条件和当地电离层状况)。

SBAS 的主要性能如下。

(1) 除大气的影响外,SBAS 卫星的测距误差不应该超过 25m(95%)。

(2) 任意 1h 内距离误差超过 150m 的概率不应该超过 10^{-5}。

(3) 任意 1h 内非计划中断的概率不应该超过 10^{-3}。

(4) 距离率误差不应该超过 2m/s。

(5) 距离加速误差不应该超过 $0.019\mathrm{m/s^2}$。

SBAS 可以为机场提供具备垂直引导的精密进近能力,降低最低运行标准,提高

机场的可用性,并使机场获得安全效益。使用 SBAS 精密进近不需要在机场部署任何 SBAS 基础设施,但仍然需要满足最低运行标准的其他条件,如跑道和灯光。

SBAS 通过 GEO 卫星转发的增强电文可以在一个非常广阔的范围内被机载接收机收到,但 SBAS 并不能保证在所有能够收到增强电文的地区都能提供精确和可靠的增强服务。因此,在 SBAS 的 GEO 卫星覆盖区域内,各国应对 SBAS 实际性能进行验证,批准设立支持 SBAS 运行的服务区域。在覆盖区域内的非 SBAS 拥有国也可以通过与 SBAS 提供商合作安装集成的参考/监测站,或者通过批准使用 SBAS 信号,从而设立服务区域。

在 SBAS 服务区域的边缘附近,完好性和可用性可能出现问题。国家在这些区域应该完成可用性研究,使用模拟手段或者在某些情况下收集数据,并在可用性降低将导致运行问题的区域避免实施 SBAS 进近。电离层改正是达到支持 APV 服务精确性和完好性的关键。这就需要可测量电离层延迟的广域分布的参考站网。电离层在赤道地区非常活跃,因而要在赤道地区提供垂直引导进近,当前架构的 SBAS 面临巨大的技术挑战。

现有和即将投入运行的 SBAS 有广域增强系统(WAAS)、欧洲静地轨道卫星导航重叠服务(EGNOS)、GPS 辅助型地球静止轨道卫星增强导航(GAGAN)系统、多功能卫星(星基)增强系统(MSAS)和差分校正和监测系统(SDCM),它们虽然体系结构不同,但都在相同的频率(GPS L1)上广播标准消息格式的电文,所以从机载设备的角度是可以互操作的,即可在任何 SBAS 的覆盖区域内正常工作。ICAO 建议各国或地区应确保不在 SBAS 的有效服务范围内为飞机设置运行限制。这是因为目前的 SBAS 机载接收机标准中没有取消一个特定 SBAS 的能力,因此,如果一个国家没有批准使用 SBAS 信号,那么使用 SBAS 航电设备的飞行员将不得不关闭 SBAS 机载接收机,导致无法实施 GNSS 运行。

SBAS 航电设备分为 4 类,支持不同的性能要求如下。

(1) Ⅰ类设备支持航路、终端区和水平导航(LNAV)进近运行。

(2) Ⅱ类支持从航路直到 LNAV/垂直导航(VNAV)进近运行。

(3) Ⅲ类和Ⅳ类支持航路、终端区和 4 种进近运行:带垂直引导的航向定位性能(LPV)、航向定位性能(LP)、LNAV/VNAV 和 LNAV。

上述 4 类 SBAS 航电设备都要求能够跟踪正在为当前位置广播增强电文的 GEO 卫星,并且能够从一个卫星快速切换到另一个卫星播发的 SBAS 数据,以最大程度地保证 SBAS 功能的连续性。对于航路,终端区和水平导航的进近程序,对航电设备的最低要求将允许使用任何 SBAS 服务提供商或者混合使用多个 SBAS 服务提供商的信息。对 APV 运行,SBAS 航电设备必须仅使用指定的 SBAS 服务提供商的数据。

完好性是 SBAS 的关键,由 SBAS 地面网络、空间信号传输、SBAS 机载设备等多种因素共同决定。对于卫星的状态和基本校正功能,星历和时钟校正的不确定性是由该 SBAS 地面网络决定的。对上述原因导致的不确定性,SBAS 将其视为零均值正态分布,描述每个测距源的用户差分距离误差(UDRE)。SBAS 机载接收机通过把伪距误差模型投影到位置域来计算导航解的误差模型。HPL 以一定的概率(源自完好性需求)提供一种对水平位置误差的约束。同样,VPL 提供了一个垂直位置误差的约束。如果计算的 HPL 超出某一特定运行的 HAL,则表明 SBAS 完好性就不足以支持这种运行。对于 VPL 超过 VAL 也是如此。

对于精密差分功能,电离层校正的不确定性建模为零均值正态分布,用于描述使用电离层校正后每个测距源的残余用户电离层测距误差(UIRE)。分布的方差由一个采用了广播格网点电离层垂直延迟改正数误差(GIVE)的电离层模型决定。另外,在有限的概率下,SBAS 接收机不能接收 SBAS 电文。为了在这种情况下继续导航,SBAS 会在空间信号中广播降级参数,用于描述额外的残余误差。残余误差产生的原因是使用了旧的增强数据对新的观测量进行差分校正。残余误差模型用来进一步校正 UDRE 方差和 UIRE 方差。

SBAS 的供应商应确定 UDRE 和 GIVE 的方差,从而使保护级完好性需求得到满足,同时不影响可用性。单个 SBAS 的性能取决于网络配置、地理范围和密度、使用的测量类型和质量以及用来处理数据的算法,典型误差处理包括以下几种。

(1) 残余时钟和星历误差:残余时钟误差由很多接收机共同造成,因此描述为零均值正态分布。残余星历误差取决于用户的位置。SBAS 供应商将确保所定义服务区域内所有用户的残差反映在 σ_{UDRE} 中。

(2) 垂直电离层误差:因为很多接收机对电离层估计有影响,残余电离层误差描述为零均值正态分布。误差来自测量噪声、电离层模型和电离层的空间不相关性。电离层误差导致的定位误差因电离层本身的正相关性而减小。此外,残留电离层误差分布有截尾,即电离层不能产生一个负延迟,而且有一个最大的延迟。

(3) 航空器元素的误差:包括多径误差和接收机影响。多径误差可使用标准模型。接收机影响可从精度需求中提取并外推到典型的信号条件。飞机对多径的影响包括了飞机本身的反射。其他物体反射产生的多径误差不包括在内。如果经验表明,这些错误是不可忽略的,则必须考虑对它们进行处理。

(4) 对流层的误差:接收机必须使用模型校正对流层的影响。

1.2.3.3 GBAS

GBAS 的定义为用户直接从地基发射机接收增强信息的增强系统。GBAS 由地面和空中两部分系统组成。典型的 GBAS 地面系统由多个参考接收机、一个数据处理系统以及一个甚高频数据广播(VDB)发射机和天线构成。GBAS 地面系统也可以包含多个 VDB 发射机和天线,共享一个相同的 GBAS 地址(GBAS ID)和频率,广播相同的数据。GBAS 空中部分即机载接收机。GBAS 地面系统可为覆盖范围内的所有机载设备提供可视 GNSS 卫星的校正值和完好性信息,以及飞机的进近数据。

"ICAO GNSS SARPs"中规定了 GBAS 的功能如下。

(1) 提供本地相关的伪距校正。

(2) 提供 GBAS 相关数据。

(3) 支持精密进近时提供最终进近航段数据。

(4) 提供预测的测距源有效数据。

(5) 提供 GNSS 测距源的完好性监视。

GBAS 电文应包括如下信息。

(1) 伪距校正,基准时间和完好性数据。

(2) GBAS 相关数据。

(3) 提供精密进近时的最后进近段数据。

(4) 测距源有效性数据。

GBAS 地面子系统提供两种服务:进近和定位服务。进近服务在Ⅰ类精密进近、APV 和非精密进近(NPA)的有效区域内提供偏离引导,未来还将支持Ⅱ/Ⅲ类精密进近。GBAS 最多可为同一条跑道提供 49 个不同的进近程序,并且这些进近可以有不同的下滑角和/或可有不同的阈值。定位服务提供水平位置信息,以支持服务区内的区域导航(RNAV)运行。当 GBAS 工作在定位服务时,它会提供一个可以用做机载导航或广播式自动相关监视(ADS-B)位置信息源输入的位置、速度和时间数据。

GBAS 地面子系统可以有以下多种配置。

(1) 仅支持Ⅰ类精密进近。

(2) 支持Ⅰ类精密进近和 APV,还广播附加的星历定位误差门限参数。

(3) 支持Ⅰ类精密进近、APV 和 GBAS 定位服务,同时广播(2)中提到的星历定位误差门限参数。

(4) 支持在 GRAS 使用区域内的 APV 和 GBAS 定位服务。

GBAS 地面子系统的安装需要特别考虑参考接收机天线和 VDB 天线的选址,满足障碍物限制的要求。

参考接收机天线的位置应选择在一个没有障碍物的空旷地区,以便接收尽可能低仰角的卫星信号。一般来说,对仰角大于 5°的 GNSS 卫星的遮挡都将降低系统的可用性。参考接收机天线的设计和选址还应限制多径信号对有用信号的干扰。天线的安装应具有足够的高度,以降低天线下方的反射信号造成的长延迟多径效应,并防止天线被大雪覆盖,或受到维修人员或地面交通的干扰。天线附近的任何金属结构,如气孔、管道和其他天线等,应处于天线近场效应以外。此外,除了每个参考接收机天线各自的多径误差,也必须考虑它们之间的相关性。因此,多个参考接收机天线位置的设置应使其多径误差相互独立。

VDB 天线放置的位置应该使从天线到覆盖区域内任意点都有通畅的视线,还应考虑 VDB 天线到机载接收机天线的最小间隔,保证信号场强不会超过机载接收机允许的最大值。为了在保证对机场覆盖的同时,使得 VBD 天线选址具有一定的灵活性,VDB 信号的实际覆盖范围需要比 GBAS 提供服务的区域大很多。一般来说,增加 VDB 天线高度可为处于低处的用户提供足够的信号强度，但也可能导致超出预期的多径导致 GBAS 服务失效。因此，必须通过认真分析得到一个合适的天线高度，既能满足整个覆盖范围内的信号强度要求，还能避免多径和障碍物的影响。

当机场的地形或障碍物限制 VDB 信号，无法在覆盖范围内所有地点均达到所需的场强时，可使用多发射天线改善 VDB 覆盖范围。GBAS 地面系统可使用一个或多个额外的 VDB 天线，安装在不同的位置以提供多条信号传播路径，符合覆盖范围的要求。当使用多天线系统时，应满足最大和最小数据广播速率和场强要求，避免运行中信号强度和传输速率变化超过机载接收机的接收和处理能力，降低机载接收机处理过程中出现丢失或重复信息的问题。

按照 ICAO 非目视助航进近和着陆的标准建议措施和战略，工业界开发了可集成多种提供进近服务的系统——多模接收机（MMR）。该接收机可以支持基于 ILS，微波着陆系统（MLS），GBAS 或者可能的 SBAS 的精密进近运行。类似于 ILS 和 MLS，GBAS 接收机提供相对最后进近航道和下滑道定义的侧向和垂向引导。接收机采用了通道方案来选择 VDB 频率和识别规定了路径的特定最后进近航段（FAS）数据块。每一个不同的程序使用不同的信道。对于精密进近，GBAS 接收机按照 ILS 类似方式开发，以简化 GBAS 与现有航空电子设备的集成，降低机组人员培训要求。

GBAS 支持Ⅰ类精密进近空间信号的完好性风险为 2×10^{-7}。空间信号的完好性风险可分为地面系统完好性风险和保护级完好性风险。地面系统的完好性风险包括地面系统故障，以及核心星座和 SBAS 故障（如信号质量问题，星历故障）。保护级完好性风险包括无故障风险和单参考接收机故障风险。

GBAS 地面系统定义了一系列参数，描述每个距离源的伪距校正误差不确定性，不确定性的模型均为零均值正态分布模型。机载接收机利用上述误差不确定性模型参数计算导航解误差模型，将伪距误差模型投影到定位域。机载接收机计算 LPL 和 VPL，如果超过了 LAL 或 VAL，则表明 GBAS 的完好性不足以支持正常运行。GBAS 定义了两个保护级，一个是基于所有参考接收机均无故障的假设（H0），另一个是基于一个参考接收机包含故障的假设（H1）。另外，GBAS 还计算由于星历故障产生的位置误差容限，包括侧向误差容限（LEB）和垂直误差容限（VEB）。

GBAS 所处理的主要完好性风险源包括如下几种。

（1）地面系统的校正伪距误差：来源包括参考接收机的噪声、多径，及天线相位中心的校准误差。参考接收机噪声是一个零均值正态分布的误差，而多径和天线相位中心校准误差是较小的非零均值误差。

（2）残留对流层误差和电离层：GBAS 播报的电离层参数和对流层参数能模拟 GBAS 参考点和飞机之间的电离层和对流层的影响，这两类误差都可以很好地由一个零均值的正态分布描述。

（3）机载接收机的校正伪距误差：主要为机载接收机的噪声。

（4）机身多径误差：经验表明这些误差不能忽略，在应用中必须考虑这些误差，

并放大地面系统广播数据中的校正伪距误差参数。

(5) 星历误差的不确定性:由星历误差(定义为卫星的真实位置与由广播数据确定的卫星位置的差值)造成的伪距误差在空间上相关,因此在不同地点接收机的伪距误差不同。当用户比较接近 GBAS 参考点时,星历误差的残差非常小,而对于远离 GBAS 参考点的用户,可以采用以下两种方法处理。①地面系统负责确保卫星星历故障时的完好性风险。这要求地面系统具备星历故障源的检测手段,并可能限制飞机与 GBAS 参考点之间的距离不能太远。②地面系统播发的附加星历误差容限参数,能使机载接收机能够计算星历误差导致的定位误差容限。

1.2.4 GNSS 脆弱性

随着 GNSS 应用的不断增长,人们逐渐认识到 GNSS 也可能遭受人为的、恶意的破坏。由于航空运输体系对 GNSS 的依赖逐渐增长,导致在出现 GNSS 服务中断时将产生极为严重的后果。

1998 年 5 月,根据美国白宫要求,交通部联合国防部开始评估依赖 GPS 的国家交通设施脆弱性。作为此评估项目的结果,2001 年 8 月,Volpe 国家运输系统研究中心发布了"Vulnerability Assessment of the Transportation Infrastructure Relying on the Global Positioning System"。同时期,FAA 启动了从陆基系统向基于 GPS 的星基系统的过渡计划。考虑到该计划的健壮性(Robustness)以及依赖 GPS 所带来的风险是否已经被充分解决,FAA 协同美国航空运输协会(ATA)和飞机拥有者与飞行员协会(AOPA),指派 Johns Hopkins University 的应用物理实验室(APL)进行了一项研究。APL 于 1999 年 1 月提交了 GPS 风险评估研究最终报告(GPS Risk Assessment Study Final Report)。

评估发现,在实际应用中,由于到达用户天线端的信号功率极低,因此 GNSS 非常容易受到电离层活动、无线电干扰等的影响,导致性能降低甚至服务中断。由于 GNSS 通常同时服务于多架飞机,所以干扰可能会影响广泛的地理区域。当前的 GPS,GLONASS 和 SBAS 共用单个频带,这使得故意干扰 GNSS 信号更容易,也使得无意干扰的可能性更大。评估报告建议,GPS 必须被增强以满足所需性能,并且必须采取措施降低故意干扰的影响。

1.2.4.1 无意干扰

GPS 和 GLONASS 都按照国际电信联盟(ITU)备案使用分配给卫星无线电导航业务(RNSS)的 1559 ~ 1610MHz 和 1164 ~ 1215MHz 频段。这些由 RNSS 和航空无线电导航业务(ARNS)共享。伽利略卫星导航系统(Galileo 系统)和北斗卫星导航系统也由 ITU 规定。

有许多影响 GNSS 的潜在的带内和外干扰源,包括移动和固定甚高频通信、电视台谐波、某些雷达、移动卫星通信系统和军用系统。有效的频谱管理是减少针对 GNSS 信号的无意和有意干扰的可能性主要方式。这包括建立实施法律/法规来控制频谱的使用和仔细评估新增加的频谱分配。

对全球卫星导航系统的干扰可能来自机载系统，包括甚高频系统、卫星通信设备和便携式电子设备。这种干扰可以通过多种方式避免，如合理地安装 GNSS 航电设备（屏蔽干扰、天线分离和带外滤波等）、与其他飞机系统集成以及限制便携式电子设备的使用。

1.2.4.2 故意干扰和欺骗

对 GNSS 的故意干扰很少发生，但其风险依然存在。GNSS 用于许多领域：金融、安全、交通、农业、通信、气象预报和科研等，针对非航空用户的干扰同样可能影响航空器运行，其中一个重点是影响车辆跟踪系统的多种干扰器。干扰的可能性与人口密度和可能的动机相关，在海洋和人烟稀少的地区几乎不存在，而在靠近主要人口中心的区域最高。在 GNSS 服务中断的情况下，测距仪（DME）是一种可用的应对措施。虽然 DME 与 GNSS 共用一个频带，但 DME 的干扰阈值比 GNSS 高得多，所以带内干扰不大可能影响 DME。

欺骗是广播类 GNSS 的信号并导致航空电子设备计算错误的位置和提供错误的引导。对 GNSS 的欺骗在技术上复杂得多，因此发生的可能性更小。为了不被检测，欺骗需要准确的目标飞机的位置信息。将欺骗信号与目标接收器的动态行为匹配并维持足够的信号强度以保证接收器锁定欺骗信号将非常困难。如果航空电子设备对欺骗信号保持锁定状态，则可以使用各种方法检测：综合航电可能会提示全球卫星导航系统和 IRS 或 DME 位置之间有差异；驾驶员可以通过仪表和显示器的正常监控来注意到偏差；在雷达环境下，管制员可以发现偏差。另外，在区域内锁定到欺骗信号的所有其他航空器会显示和目标飞机相同的位置。如果飞机确实偏离航道，近地告警系统（GPWS）和机载防撞系统（ACAS）会提供保护，防止与地面或其他飞机相撞。

1.2.4.3 电离层和太阳活动的影响

电离层是指被部分电离的大气上层区域。GNSS 信号延迟时间取决于电离粒子密度，其本身依赖于太阳辐射和其他能量爆发的强度。系统设计必须考虑到由于迅速大幅电离层延迟的变化造成测距误差。太阳风暴可引起严重的电离层闪烁，导致一个或多个卫星信号暂时中断。由于闪烁导致中断的可能性取决于地理区域。电离层效应对航路到 NPA 运行阶段的影响微乎其微。

电离层效应的类型和严重性随太阳活动水平、不同区域、一年或者一天中不同时间等因素而变化。罕见的太阳风暴可能导致电离层延迟较大的变化，从而在广泛的区域内影响接收机。太阳活动每隔 11 年出现 1 次峰值。

严重的闪烁可能会干扰卫星信号，但它发生在局部区域内，不会同时大范围地影响电离层。因此，由于闪烁导致的信号跟踪中断很短暂，但可能在几小时期间反复发生。这可能会导致 GNSS 在一个持续时间内服务降级或暂时不可用，其取决于接收机的快速重新捕获信号的能力。闪烁在中纬度地区几乎是不存在的。在赤道地区，严重的闪烁相当普遍，通常发生在日落之后和午夜前。中度闪烁经常发生在高纬度

地区,并且可以在电离层风暴期间达到严重水平。

在中纬度地区,严重的电离层风暴可能会偶尔导致SBAS APV服务中断,而在赤道地区服务中断会更频繁。窄而细长形状的低密度区域称为等离子泡,其中电离粒子的密度下降远低于周边,将导致电离层延迟较大的空间和时间变化,构成了星基增强系统完好性的重大挑战。因此,在赤道地区提供单频SBAS APV服务是不现实的。

GNSS接收机使用一个简单的理论电离层模型计算电离层改正,可以减小约50%的电离层延迟误差。SBAS减少这些误差到米级,并保证校正的完好性。星基增强系统还可以检测到可能威胁完好性的电离层风暴,并确保当系统无法应对时,中止APV服务的运行。GBAS考虑了所有误差源的伪距校正,电离层严重扰乱时也能继续提供完好性信息。但是,如果严重的闪烁引起航空电子设备或GBAS站失去锁定足够的卫星信号,GBAS服务就会中断。

1.3 全球卫星导航系统的发展

随着现有系统的改进和新系统、新信号的引进,GNSS的性能将更加完善。此外,新的核心星座和增强技术也在发展中,这将提供明显的安全和效率效益,并为未来获得更多的效益提供了基础。

1.3.1 核心星座的发展

除了正在运行的GPS和GLONASS,北斗卫星导航系统(BDS)和Galileo系统正在部署。这些系统都将提供多个频点的信号。多星座多频GNSS信号的使用将提高GNSS服务的性能。由于较高的功率、更大带宽和先进信号设计,新信号的干扰抑制和抗干扰能力很强。组合使用多个独立系统信号会提高服务性能、覆盖范围和健壮性,在有干扰或个别系统故障的情况下GNSS服务仍能满足性能要求。

多座星GNSS将大幅增加卫星个数,改善服务的可用性和连续性,特别是在电离层闪烁能造成某些卫星失锁的地区。此外超过30颗的可互操作的测距源可用性使ABAS可在全球范围内提供满足最低要求的垂直引导进近功能,长远来看甚至有可能不再需要外部增强信号。

使用第二频率允许航空电子设备实时计算电离层延迟,从而有效地消除了主要误差源。未来的SBAS将能够近乎100%地满足最低60m的APV服务,甚至在赤道区域也能满足。此外,多频率信号是一种有效抑制意外干扰的方法,因为干扰源几乎不可能同时影响多个GNSS频率。

使用多个独立星座所提供的容错能力,可应对某核心主要系统故障导致服务中断风险,消除了一些国家关于受制于某一个在其控制之外的GNSS星座的顾虑。

1.3.1.1 GPS

GPS正朝着增强系统的健壮性,提升系统的可用性并减少GPS增强系统的复杂度的方向发展，以此来满足民航用户的需求。

GPS 将在 L1 频率（1575.42MHz）上播发 L1C 民航应用信号。预计 L1C 信号有更高的功率和其他特点来提高接收机对其的跟踪能力，并与 Galileo 系统有着更高的兼容性。可满足民用航空安全要求的另一信号（L5）的频率是 1176.45MHz。L5 信号比目前的 L1 信号更健壮，将在 Block IIF 卫星上实现。目前 L2（1227.60MHz）不是 GPS SPS 的一部分，很多民航用户，包括 SBAS 提供者，采用无码或半无码双频接收机以满足各自的要求。L2 并不在受保护的航空频带中，所以它将不会直接被用于航空应用。依赖无码和半无码 L2 信号的用户将转变到 L2C 或 L5。

GPS Ⅲ计划完善 L1、L2 和 L5 信号，这些信号能够达到在接下来的 30 年的民用和军用要求。其目标是在 2030 后全面过渡到 GPS Ⅲ。需要解决的挑战包括：满足军用和民用的 GPS 用户需求；确定完成运行目标所要求的 GPS Ⅲ系统需求；为满足直至 2030 的用户需求而保持技术变化的弹性；为满足不断依赖精密定位和授时的全球范围的应用提供可靠性。

1.3.1.2 GLONASS

目前 GLONASS 星座由 GLONASS-M 卫星组成，该卫星具有 7 年的使用寿命及完善的技术。接下来的更新升级将开发 GLONASS-K 卫星，该卫星将拥有更好的精度、超过 10 年的使用寿命，并在 L1 频段（1559 ~ 1610MHz）和 L3 频段（1164 ~ 1215MHz）上向民用用户播发标准精度的信号。

除了在 L1 频段内广播 CSA 导航信号，GLONASS-K 卫星还将在 L1 和 L3 频带内播发新的 CDMA 导航信号。GLONASS-K 后续的升级将引入接收和转发遇险搜救空间系统—搜救卫星跟踪系统（COSPAS-SARSAT），即国际搜救卫星系统的灾难信号。

1.3.1.3 Galileo 系统

Galileo 系统由欧盟运营。Galileo 系统完全部署后（在 2019/2020 年完成）包含了三个轨道面的 30 颗中轨卫星（27 颗工作卫星和 3 颗备用卫星）组成的星座、位于欧洲的控制中心和部署于全球的监测站和上行站网络。

Galileo 全球信号将提供开放、商用、公共管理的服务。Galileo 系统还将提供兼容 COSPAS-SARSAT 的搜寻与援救（SAR）服务。开放的服务信号将与标准化的增强系统一起支持航空应用，提供 3 种频率：1575.420MHz、1191.795MHz、1176.450MHz，即 E1、E5b 和 E5a。随着星座部署逐步完成，服务能力将逐渐达到完整性能。当能提供稳定的服务时，Galileo 系统的开放服务将提供给航空用户使用。

ICAO 导航系统专家组正在根据 Galileo 服务实施计划，按阶段为 Galileo 系统制定 SARPs。Galileo 系统与 GPS 是兼容和可互操作的。

1.3.1.4 北斗卫星导航系统

中国建立了北斗卫星导航系统，并开始提供卫星导航服务。北斗卫星导航系统的运行方式与 Galileo 系统和下一代 GPS 相似，采用相同的频带和信号结构。它的星座包括 3 颗地球同步卫星和 27 颗非同步卫星，将提供全球范围覆盖。在 2012 年 12

月27日,中国正式宣布北斗卫星导航系统开始提供初步运行服务。2020年7月31日,北斗三号全球卫星导航系统正式开通,标志着北斗“三步走”发展战略圆满完成,北斗迈进全球服务新时代。

北斗卫星导航系统播发的标准时间与国际计量局保持的UTC时间建立联系,时间偏差保持在50ns之内。为了确保互操作,北斗将测量和播发其和GPS/Galileo系统时间之间的偏差。北斗系统采用北斗坐标系(BDCS),坐标系定义符合国际地球自转服务(IERS)规范,采用2000中国大地坐标系(CGCS 2000)的参考椭球参数,对准于最新的国际地球参考框架(ITRF),每年更新一次。对于大多数应用,可以忽略BDCS与ITRF之间的差别。

北斗卫星导航系统将提供两种全球服务:免费的开放服务,对所有用户开放;授权服务确保即使在复杂的环境中也具备高可靠性。另外,还将提供两种区域性的服务:广域差分服务和短报文服务。

关于北斗卫星导航系统的更多信息,将逐步在北斗官方网站 www.beidou.gov.cn 发布。

1.3.2 卫星导航增强技术的发展

1.3.2.1 ABAS

多星座多频的可用使得开发支持全球范围的从航路到NPA再到APV的先进RAIM技术成为可能。先进接收机自主完好性监测(ARAIM)研究确定的需求包括:核心星座和卫星可靠性的参数更新或按小时尺度由某种增强信号提供的ARAIM完好性支持电文。ARAIM完好性支持电文可由核心星座通过完好性数据通道或SBAS卫星播发。ARAIM监测算法将检测快速发生的卫星故障,并从定位解算中排除故障卫星来保护用户。该概念还需要进一步的研究、发展和验证,但从长远的角度来看,它可以简化对于核心星座或SBAS的完好性要求。至少需要两个核心星座才能提供满足基于ARAIM的APV服务。

大多数具有GNSS(GPS或GPS和GLONASS)功能的商用航空运输机目前结合了GNSS和惯性测量,然而,GNSS和惯性集成在制造商的物理实现、功能和技术性能方面差异很大。工业标准化机构需要进一步考虑将额外的GNSS元素集成到现有ABAS(GPS/惯性)中所能得到的收益,以确定最佳架构。预计SARPs不需要任何额外的规定来促进双频多星座(DFMC)GNSS和惯性系统的整合。

1.3.2.2 SBAS

目前一些SBAS的地球同步卫星具有L1和L5频率上的测距信号。双频SBAS和相关航空电子设备的发展具有显著的技术效益。SBAS的发展也包括对多个GNSS星座的增强,有望达到Ⅱ类精密进近(CAT Ⅱ)的能力。因为电离层延迟是频率的函数,在没有闪烁时双频机载设备可以修正该延迟。这样就无需广播格网点电离层延迟和估计误差。这将有可能在赤道地区达到APV级别的服务。

ICAO 导航专家组(NSP)正在制定 SBAS DFMC 服务的 SARPs 草案。该草案提出,SBAS L5 信号将提供支持增强核心星座双频测量的能力。SBAS 服务提供商将继续提高现有系统的功能,扩大 SBAS 的服务领域,如下所述。

(1) 正在开发 WAAS 修改以提供双频服务。正在开发改进的完好性算法可以提高可用性和连续性。当足够数量的支持 L1/L5 的 GPS 卫星运行时,还将在 WAAS GEO 上使用 L5 信号引入双频服务。

(2) 从多功能传输卫星(MTSAT)的增强系统到准天顶卫星系统(QZSS)的过渡正在进行中,并且计划将使用来自 QZSS 的 L5 增强信号为未来 GNSS 核心星座提供星基增强。

(3) EGNOS 升级版(EGNOS V3)正在开发中,将增强 Galileo 系统 E1 和 E5a 以及 GPS L1 和 L5 信号。两个核心星座将提供改进的几何形状,并且预期可以提供更低的保护水平和更高的连续性水平。

(4) 俄罗斯联邦在发展 SDCM 方面取得了进展,并且在未来计划升级 SDCM 以提供 GPS 和 GLONASS 卫星的双频增强。

(5) 中国北斗星基增强系统(BDSBAS)的发展正在进行中,计划提供双频服务以增强 BDS 和 GPS,并将在稍后阶段考虑增强 GLONASS 和 Galileo 系统。

(6) 印度正在制定 GAGAN 的计划,以在 2025 年—2028 年期间增加 GPS L1 和 L5 信号,未来可能增强其他星座。

(7) 非洲及马达加斯加航空安全管理局(ASECNA)SBAS 的开发工作正在进行中,计划从 2021/2022 开始提供 L1 初始服务,以便在 2028 年—2030 年之后增强 GPS 和 Galileo 系统。

1.3.2.3 GBAS

目前的 GBAS 是基于单频的,并提供 CAT Ⅰ 进近服务。GBAS 发展将首先制定能够运行在更低的最低高度,并最终能够进行 CAT ⅢB 进近的标准。可支持 CAT Ⅱ/Ⅲ运行的 SARPs 修订版引入了新的 GBAS 进近服务类型(GAST)概念,目前正对标准进行运行验证。接下来 GBAS 将扩展系统,以发挥多星座多频率的优势。多频的使用能够更可靠地监测和检测由电离层异常导致的误差。多星座的使用能提供更好的几何分布,以满足支持 CAT Ⅱ/Ⅲ运行和抑制共模误差的要求。这些发展可支持许多增强的运行能力,例如:场面引导和控制,态势感知的场面监视,冲突检测和告警,低能见度的滑行引导,带引导的离场程序,复杂进近路径,更低标准的 CAT Ⅰ、CAT Ⅱ。

1.4 GNSS 在民航中的应用

1.4.1 各国对 GNSS 航空应用的政策

20 世纪 90 年代美国的 GPS 和俄罗斯的 GLONASS 先后投入运行,推动了航空导

航技术的发展。在导航技术不断发展的基础之上，出现了新的航空运行方式和概念，如 RNAV、PBN 等。新的运行方式不仅大大提高了飞行效率，同时也推动了空中交通管理技术的进步。为此，美国、欧洲和澳大利亚等分别针对实际应用情况，结合导航技术发展战略制定了未来导航技术与应用政策，以作为实施导航技术与应用发展的指导。我国民航也研究并制定了相关政策。

1.4.1.1　美国

20 世纪 90 年代，美国的无线电导航政策逐渐明确了在交通运输中快速推进 GPS 及其增强系统的使用，进而取代现有的陆基无线电导航系统。然而，在 90 年代末由于以下几个原因导航技术政策发生了变化。

(1) 现有的卫星导航系统是由一个国家控制和运行的系统，而且是以国家安全和战略作为首要目标的系统。为了保证导航信息的连续，世界交通运输，尤其是航空运输完全依赖于这种系统风险太大。

(2) 覆盖范围大是卫星导航系统的主要优势，但是如果系统出现故障或受到破坏，则将使众多用户的航行受到影响，因此，不能单纯依靠卫星导航系统。

(3) 卫星导航抗干扰能力较低，尤其对恐怖分子攻击的承受能力差。

尽管 ICAO 和国际海事组织(IMO)正在设法逐步解决或减轻卫星导航系统的这些弱点的影响，但是急切要用卫星导航系统完全取代陆基导航系统的想法目前还不切实际。陆基导航仍然有存在和继续使用的如下理由。

(1) 陆基无线电导航系统已建成成熟的基础设施，覆盖了世界交通运输的主要航路，是人们熟悉而且已建立高信任度的导航手段。

(2) 陆基无线电导航系统是由世界各国分头建立和运行的，并按国际协议和标准而划一地建设系统，因而已经在国家主权和国际通航方面实现了比较良好的平衡。

(3) 陆基无线电导航系统由于信号功率大，作用距离近，不易受大干扰，同时整个系统的抗干扰能力较强。

目前美国的无线电导航政策已修改为：交通运输逐步过渡到以卫星导航作为主要导航系统，而陆基无线电导航作为冗余和备用系统。当然在实施这项政策时需要相当长时间的过渡，最终保留一定数量的陆基无线电导航系统，以备卫星导航系统失效时可为交通运输提供最基本的导航服务。

FAA 的无线电导航系统将从陆基导航系统向星基导航系统发展，提高导航的精度、安全性和可用性，同时将考虑 GPS 的可靠性，寻求合适的备份导航系统。其过渡计划将以导航系统服务性能为基础对导航辅助设施进行缩减，对导航系统进行优化，凸显系统的运行能力和对商业航空与通用航空等不同机载设备的适用性。

为确保地基导航设备满足国家空域系统(NAS)安全性需求，保证商业飞行运行的能力和效率，FAA 保留目前部分导航设施，为航路导航、NPA 和精密进近提供冗余和备份能力。FAA 将保留现存的 DME 网络以提供冗余的 RNAV 能力，保留一小部分 VOR 和无方向信标(NDB)作为最小运行网络，提供导航系统备份能力。保留部分支持 CAT Ⅰ的 ILS 和所有支持 CAT Ⅱ/Ⅲ运行的 ILS,作为卫星导航的备份,在 GPS 受到干扰时提供精密进近能力。

1.4.1.2 欧洲

欧洲航空安全组织(EUROCONTROL)于 2008 年 5 月 15 日颁布的"Navigation Application & Navaid Infrastructure Strategy for the ECAC Area Up to 2020",从航路、终端区、进近和着陆及导航设施评估 4 个方面对欧洲导航技术体系的发展进行了规划。欧洲的 GNSS 应用政策与美国基本相同,不同之处在于欧洲采用 Galileo 卫星导航系统,通过建立通用数据交换网络、雷达监视网络和广播式自动相关监视系统,实现对欧洲高空空域的统一协调指挥,最大程度地提高空域安全、容量和效率。

1.4.1.3 澳大利亚

澳大利亚预期在 10 年—15 年内实现由陆基导航到星基导航和组合导航系统的过渡,并将陆基导航作为此系统的备用系统。此计划与 ICAO 的亚太区域计划和美国的计划类似。

1.4.1.4 中国

为满足空中航行服务对导航技术应用的需求,提高空中交通安全保障能力,提升运行效率,实现国家核心战略在民航行业落地,保障民航的安全运行和快速发展,中国民航制定了《中国民用航空导航技术应用政策》[8]。

基于中国民用运输航空运行需求和导航技术发展现状,民用运输航空导航技术应用的总体策略如下。

(1)完善陆基导航设施布局,满足传统仪表运行和 PBN 运行需求。

(2)稳步推进星基导航技术的应用。

(3)从陆基导航向星基导航过渡,维持运行安全所需的陆基导航系统。

中国民航将积极推动我国北斗卫星导航系统应用于民航所必要的地面和机载设备研制、系统和运行标准制定,以及应用示范等工作。在我国北斗卫星导航系统满足民航应用需求后,建立以我国北斗卫星导航系统为核心、兼容 GPS 等卫星星座的应用体系。同时继续加强卫星导航完好性监视和增强的技术研究,鼓励建设和完善自主知识产权的卫星导航增强系统,推进相关试验、验证和应用。卫星导航增强系统与卫星星座共同为民用航空提供导航服务。此外,还将推进自主 GNSS 完好性监测网的建设,鼓励与相关 GNSS 完好性监测(增强)系统信息共享,提供 GNSS 完好性的参考。

1.4.2 双频多星座 GNSS 运行概念

目前民用航空使用 GNSS 主要是基于单一 GNSS 卫星星座的单一频率,即美国 GPS 星座的 L1 频率,这为全球实施 PBN 和 ADS 提供了基础。自从在航空领域引入 GNSS 以来,对 GNSS 的位置和时间的依赖性日益增加。

目前,美国的 GPS、俄罗斯的 GLONASS、欧洲的 Galileo 系统和中国的 BDS 均已

提供双频信号。一些国家和地区也计划部署DFMC SBAS。GBAS已经支持单频双星座GNSS,并将会发展为支持DFMC。DFMC GNSS可以提高健壮性和导航性能。双频率的使用将有助于减轻影响单一频率的电离层干扰和射频干扰缺陷。多星座的可用性将有助于减轻电离层闪烁和单星座内卫星不足的风险。

ICAO SARPs针对DFMC GNSS的核心星座和增强系统目前正在开发中。航空工业界已经启动了DFMC GNSS的航空电子设备标准化活动。ICAO预计DFMC GNSS的应用将在2025年—2028年的时间段内。为此,ICAO提出了DFMC GNSS运行概念,用于帮助各国尽量减少在接受和使用当前和未来GNSS元素时的监管和机构障碍。

1.4.2.1 互操作性

互操作性对于最大限度地发挥DFMC GNSS的优势至关重要,能够充分利用信号的共同点,简化标准、提高后向兼容性,并增强设备的多用途功能。实现DFMC GNSS服务和机载设备之间的互操作性的挑战主要来源于管理新信号和GNSS元素的系统复杂性,具有不同GNSS元素国家的认证,以及增强系统(增强不同GNSS星座或信号的组合)之间的过渡,主要体现在以下方面。

1)协议框架方面

GNSS的每个元素都有一个坐标参考基准,各个测量值均参照该基准。这些基准非常接近但不完全相同。ICAO已将WGS-84作为所有航空信息发布的参考基准。因此,无论使用哪种GNSS元素,导航传感器的输出都应参考WGS-84。

2)时间框架方面

4个核心星座中的每一个都保持它自己的系统时间。将多个系统的测量值进行结合时,不同系统间的时间变化就会变得很重要。多星座接收机需要计算多个导航星座之间的时间偏移。

1.4.2.2 DFMC GNSS服务提供者

1)核心星座服务提供商和ARAIM的完好性支持电文(ISM)生产商

来自核心星座的信号总是与ABAS、SBAS或GBAS结合使用,为航空用户提供最终导航服务。核心星座服务提供商没有与其他国家或SBAS或GBAS服务提供商建立双边契约关系或协议(例如服务水平协议),但是他们向ICAO提供承诺书以遵守ICAO理事会根据ICAO公约通过的相应SARPs规定。ICAO已经接受了美国就GPS和俄罗斯联邦就GLONASS提供的资料,并预计将为新的GNSS元素和信号(例如GPS L5、GLONASS L3、Galileo系统和BDS)提供类似的机制。预计核心星座服务提供商将发布并遵守信号(或接口)规范和性能标准,提供及时的服务状态通知,以便准备航行通告(NOTAM)并发布定期的性能报告,证明系统的实际性能符合SARPs。这些性能报告应符合GNSS手册中关于GNSS监测的规定,并可由各国用于支持使用核心星座。

支持ARAIM增强所需的完好性数据仍在开发中,预计将通过由ISM生成器

(ISMG)实体为特定星座生成 ISM。ISM 参数来源于 GNSS 星座性能承诺以及通过地面站网络观测到的测量结果。预计每个星座将有一个单一的 ISMG 需要根据 ISM 标准在其原籍国的监管机构获得批准,这些标准将包含在附件 10 中的未来 ICAO SARPs 中。必须在 ISMG 实体和 ISM 的传播通道之间建立适当的机制,以确保数据的完好性。传播方案可以是通过 GNSS 信号或通过其他方式进行识别,并独立于 ISM 内容而生成。

2) SBAS 服务提供者

根据 SARPs,SBAS 服务提供商负责提供一个或多个核心星座的增强服务。宣布遵守 SARPs 的承诺书将发送给 ICAO。不同的 SBAS 可能会增强不同的 GNSS 核心星座和频率。在某些情况下,当向多个国家提供 SBAS 服务时,可以在各国之间或 SBAS 服务提供商与 ANSP 之间建立服务水平协议,以确定各方的责任和将提供的服务。预计 SBAS 服务提供商将确定其服务并确保初始和持续的审批流程以保持对 SARPs 的遵守。预计 SBAS 服务提供者将及时提供服务通知,以便编制航行通告,并发布定期性能报告,证明符合 SARPs。

3) GBAS 服务提供者

根据 SARPs,GBAS 服务提供商提供一个或两个核心星座的增强服务。ANSP 运行 GBAS 以支持对特定机场的进近运行和/或在 GBAS 地面站周围地区提供横向定位服务。

1.4.2.3 GNSS 认证

根据国际民航公约,每个国家都有权力和责任控制飞机的运行并管理其主权领空内的安全和适用法规。要在一个国家使用特定的 GNSS 元素,必须考虑不同类型的认证如下。

(1) GNSS 要素的技术认证。在任何 GNSS 元素考虑用于航空使用之前,其系统必须得到许可,并且必须为航空使用提供服务。GNSS 元素许可应用于核心星座及其信号(例如 GPS L1 和 L5)、SBAS 和 GBAS。在某些情况下,SBAS 和 GBAS 服务提供商受制于区域/国家许可流程。目前,GPS 和 GLONASS 服务分别获得美国和俄罗斯联邦的多模式使用许可,而 SBAS 和 GBAS 则由地区或国家航空主管部门批准(例如,GAGAN 由印度机场管理局开发,并通过其监管机构民用航空管理总局(DGCA)的技术认可;GBAS 台站由当地航空管理局技术认可)。

(2) 适用于机载设备的适航认证。根据 ICAO 附件 8 的规定,该许可对应于飞机和相关的 GNSS /导航设备。适航许可必须确保航空电子设备仅使用经批准并可用于航空使用的 GNSS 元素。适航许可可以由飞机制造商所在国的地区监管机构或国家监管机构发布,并可能由其他国家监管机构参与。美国联邦航空管理局/欧洲航空安全局/中国民用航空局还对包括 GNSS 航空电子设备在内的单个设备项目发出技术标准指令(TSO/ETSO/CTSO)(技术标准规定/欧洲技术标准规定/中国民用航空技术标准规定)。其他国家的监管机构正在或计划逐步采用与 TSO 类似的流程。

(3) 适用于运营商的运营认证。根据 ICAO 附件 6 的规定,许多国家监管机构向在该国注册的商业运营商颁发运营批准,批准适用于国内和国际运营。运营商也可能会受到运营国的业务批准。运营批准包含与特定飞行阶段相关的特定授权,限制和条件,并在运营规范中有详细说明。

(4) GNSS 元素在特定空域的认证。各国有责任接受在其空域内将 GNSS 元素应用于航空飞行程序。国家监管机构发布对导航信号、所需的导航规范和单个仪表飞行程序的许可。这些许可是在国家航空资料汇编(AIP)中公布的,并且是航空器导航数据库中编码程序的基础。迄今为止,许多国家尚未颁布对所有飞行阶段使用所有 GNSS 元素的许可,且尚未确定 GNSS 元素可以在其领空内导航的条件。

1.4.2.4 DFMC GNSS 在航空中的使用

DFMC GNSS 航空电子设备将支持以下主要类型应用。

(1) 支持所有现有和未来的 PBN 导航规范。

(2) SBAS 和 GBAS 精密进近及长期垂直方向先进接收机自主完好性监测(V-ARAIM)广播式自动相关监视(ADS-B)和合同式自动相关监视(ADS-C)。

(3) 特殊功能,如定时/同步、地形回避预警系统(TAWS)等。

(4) 定位以支持自主遇险跟踪(ADT)。

DFMC GNSS 能力的引入要求对空中交通管理(ATM)运行环境尽可能透明,不应增加空中交通管制(ATC)和机组人员的工作量。在此方面,上述应用中使用 DFMC GNSS 接收机需要向后兼容使用单星座单频的接收机。

为了确保与现有系统和操作的向后兼容性,DFMC 的引入不应该降低单星座 L1 所实现的运行能力。

DFMC GNSS 支持的导航应用包括以下 2 种。

1) 基于性能的导航

DFMC GNSS 将支持所有目前的 PBN 应用,针对缺陷提高健壮性,并且将实现该《运行概念(CONOPS)》的第 5 节所述的演变,并有望成为全球可用的基于 GNSS 的 CAT Ⅰ业务的支持技术。

如果改进后的性能能够开发创新应用,假设有足够的通信和监视功能,则预计新的导航规范将由 ICAO PBN 研究组(SG)制定,并在 PBN 手册中详细说明。

DFMC GNSS 提供的健壮性不会完全消除当前 GNSS 的所有已知漏洞。因此,在某些地区(例如高复杂度和高交通密度的空域),ANSP 可能需要维持一定数量的地面导航设备,以确保可以继承之前的各项能力。未来可能开发备份定位、导航和授时(APNT)能力,从而提供与 GNSS 同等性能的能力,取代现有的支持非精密进近航路的地基助航。

2) 精密进近

SBAS 和 GBAS 目前支持 CAT Ⅰ运行。在不久的将来,GBAS 还将支持中纬度地区的Ⅱ类/Ⅲ类自动着陆运行,预计 DFMC GBAS 将能够支持所有纬度地区稳健的Ⅱ

类/Ⅲ类运行。

一些国家正在开展 SBAS DFMC 的研发活动，以确定 SBAS DFMC 是否也可以支持 CAT Ⅰ自动着陆和决断高度低于 200 英尺(1 英尺 =30.48cm)的运行。

将 ARAIM 功能扩展到垂直域将使 GNSS DFMC 服务能够在全球范围内中长期阶段实现与 CAT Ⅰ相当的所需导航性能(RNP)进近(APCH)。

提供 L1 和 DFMC 服务的 SBAS 服务提供商可以为相同的服务性能等级(例如 APV-Ⅰ)声明不同的服务区域。有必要找到一个最佳的实施解决方案，以最大限度地提高 DFMC SBAS 可以带来的运营效益，同时保持 SBAS L1 用户的安全。

1.4.2.5　DFMC GNSS 实施

双频 GNSS 核心星座虽然在技术上能够相互兼容，但其设计并非专门针对民用航空的需求。同时，由于各个国家或国家集团为了保证其自身的优先权，使得它一直被作为一个独立项目来实施。

GNSS 核心星座进行部署和验证的进度计划表已经确定。但是，在编写本 CONOPS时，没有明确规定向 ICAO 提交的民用航空使用承诺书的流程和时间表。

SBAS 互操作工作组和国际 GBAS 工作组正在协调开展 DFMC SBAS 和 GBAS 增强系统的技术工作。该议题特定的美欧工作组正在承担 ARAIM 的技术研究工作。

EUROCAE 工作组(WG)62 和 RTCA 特别委员会(SC)159 的职权范围给出了准备和验证最低运行性能标准(MOPS)不同模型的规划，包括 ARAIM、SBAS 和 GBAS 增强系统。然而，这些增强系统的实施和标准的验证取决于与航空运行使用相关的核心星座的可用性。从单频到双频增强服务的过渡预期将在很长一段时间内分阶段进行。

CONOPS 给出了 DFMC GNSS 实施的计划表，如图 1.1 所示。

对图 1.1 有两点说明如下。

(1) 时间轴表明，DFMC GNSS 的运行将于航空器设备实施后开始。而一些关于 DFMC GNSS 功能的初步介绍可能会在更早的时候开始。

(2) 该高级时间表不排除更早地引入单频双星座运行，例如某些国家早已准备使用 GPS + GLONASS。

DFMC GNSS 实施面临的主要挑战如下。

(1) ICAO、各国、各行业和其他航空利益相关方面临的挑战是需要在确保当前设备后向兼容性以及限制 DFMC 航电技术复杂性的同时，解决国家对使用特定 GNSS 要素的需求，制定和实施规范，以实现长期目标。

(2) 以成本效率衡量 DFMC GNSS 航电技术的标准化和开发，以合理的复杂性和成本应对技术和互操作性挑战。

(3) 解决运营问题(例如混合机队交通)，以确保在 ATM 系统中的 DFMC GNSS 对 ATC 和飞行员尽可能透明，同时为更有能力的飞机提供帮助。

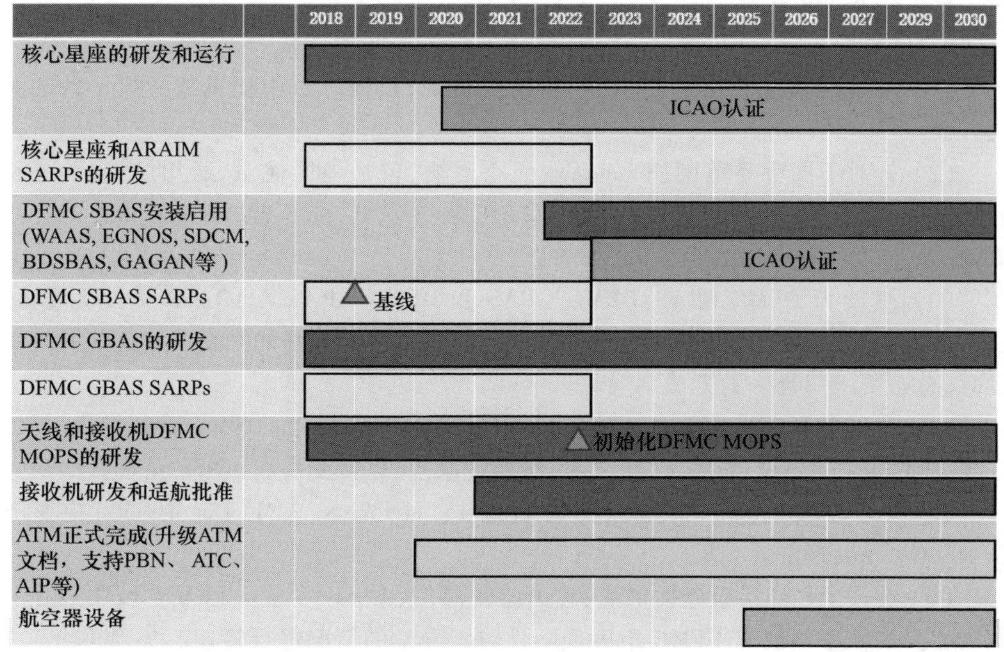

图 1.1　CONOPS 进度计划总表(见彩图)

DFMC GNSS 实施的潜在风险如下。

1) 外部风险

DFMC GNSS 的多样化方式引起了诸多风险,其中许多风险超出了航空界的可控范围。这些外部风险一旦发生,航空计划将受此影响无法达到预期的效益。

因此,建议 ICAO NSP 对来自外部的航空风险实施监测。监测活动可以通过已经完成的仪表运行机制和正在实施 GNSS 要素的国家提供的信息资料来完成。

2) 航空风险

受航空管制的风险可能与是否及时获得 DFMC GNSS 元素的 SARPs 和 MOPS 或支持 ICAO 文件附件 15 PANS-AIM(Doc 10066)和 GNSS 手册有关,应建立 ICAO 的工作流程,如小组工作计划和工作卡。应定期审查实施进展情况,并根据所取得的进展对实施风险进行管理。

航空管控范围内的风险可能与 DFMC GNSS 要素、ICAO 支撑文件、附件 15、PANS-AIM (Doc 10066)以及 GNSS 手册的 SARPs 和 MOPS 的实时可用性有关。此类风险应当通过建立 ICAO 的工作流程(如架构相应的规划和人员工作卡等)进行管理。同时,应定期对工作流程的实施进展情况进行审查,并根据审查情况对实施风险进行管理。

3) 重大航空识别风险

这些风险应定期审查并在 NSP 会议报告中报告。

1.4.2.6 展望

ICAO 目前正针对 DFMC GNSS 的实施开展进一步的工作。

(1) 继续在利益相关方之间进一步反复讨论,以便针对中期挑战达成一致的解决方案。

(2) 针对不同市场范围(例如商业航空运输,包括地区航空、通用航空、公务机和旋翼机)以及其他航空利益相关方(ANSP、航空公司、机场当局)评估和提升经济效益。

(3) 继续为 DFMC SBAS、DFMC GBAS 和 DFMC ABAS / ARAIM 开发 SARPs。在考虑系统增强,航电设备水平、底层逻辑分解以及所有增强的冗余模式这些关键假设时,有必要采用统一的方法。

(4) 有必要制定指导材料,以协助各国处理有关问题,如 DFMC 服务提供、遵守法规、频谱保护、GNSS 监测、法律方面、法律记录等,以接受所有 GNSS 元素。

(5) NSP 需要支持 AIM 小组更新附件 15 和 PANS-AIM(Doc 10066)中关于 DFMC GNSS 的规定。

(6) 在 GNSS 要素服务提供商、各国监管部门、ANSP、工业界以及空域用户之间制定必要的流程以便对 DFMC 中表现不佳或者异常的情况进行管理。更新 GNSS 手册中的监测条款,从而为 4 个核心星座和 SBAS 提供解决方案,并且在某个 GNSS 要素的测量性能低于期望水平的时候,为各个国家应该做什么提供向导。

(7) 进一步为 GNSS 服务提供商制定关于发布服务绩效标准和定期绩效评估的规定。GNSS 服务提供商的透明度对于建立所有国家的信任水平至关重要。

(8) 为促使 GPS 参考文件中囊括所有的 GNSS 要素,继续与 ICAO 的其他小组和基于性能的导航研究组(PBNSG)就 DFMC 引入到 ATM 中的问题进行讨论。预计未来几年需要对若干 ATM 文件中当前 GPS 的参考文件进行修订。

(9) 处理与其他小组或团体之间的合作关系,确定运营问题。如混合机队模式的管理,未来几年可能出现的新的运营问题。如当相同的 SBAS 服务提供商为相同的服务性能水平提供不同的服务区域时,对分别安装了 SBAS L1 和 DFMC SBAS 设备的飞机的管理问题。

(10) 与 ICAO 相关专家组讨论对 GNSS 元素的许可和接纳是否适合通信、导航、监视(CNS)应用。

(11) CONOPS 风险登记册的管理。

参考文献

[1] 张军. 现代空中交通管理[M]. 北京:北京航空航天大学出版社,2005:125-127.

[2] ICAO. Annex 10 to the convention on international civil aviation: aeronautical telecommunications

volume Ⅰ radio navigation aids:Doc 7300[S]. Montreal:ICAO,2018.

[3] ICAO. Doc 9849 global navigation satellite system (GNSS) manual [S]. Montreal:ICAO,2018.

[4] DOD. Global positioning system standard positioning service performance standard [S]. Washington DC:DOD,2008.

[5] DOD. Global positioning system precise positioning service performance standard [S]. Washington DC:DOD,2007.

[6] 张军. 空地协同的空域监视新技术[M]. 北京:航空工业出版社,2011:17.

[7] 陈金平. GPS完善性增强研究[D]. 郑州:解放军信息工程大学,2001.

[8] 中国民用航空局. 中国民用航空导航技术应用政策[Z]. 北京:中国民用航空局,2011.

第2章　先进接收机自主完好性监测技术

2.1　引　　言

作为全球卫星导航系统(GNSS)的高端集团客户,民用航空不但对精度要求高,而且对完好性提出了近乎苛刻的要求。完好性指用户在利用导航系统进行相应操作的过程中,当导航系统所提供的定位信息无法满足相应操作所需的性能要求时,系统及时给出告警的能力[1]。完好性指标包括告警门限、告警时间和完好性风险等[2]。

一种典型的保障完好性的手段为 RAIM[2]。RAIM 是一种 GNSS 空基增强技术,由飞机上的接收机自主执行故障检测和排除。该方法已在民航中实际应用多年,在航路到非精密进近的过程中提供水平辅助引导,并在远洋航路和偏远航路中作为主用导航方式。

如今,距 RAIM 概念的提出已近 30 年,卫星导航技术有了长足的进步,随着 GPS 的现代化进程[3],以及 BDS[4]、Galileo 系统和 GLONASS 的发展,卫星几何结构、定位精度、信号稳定程度、误差包络技术大幅提升,从而为进一步的导航需求提供了有利条件,理应已经满足更高精度和完好性的使用要求,传统 RAIM 技术同样需要进步。

因此,FAA 结合多星座多频的卫星导航系统发展现状,提出了 ARAIM 的概念[1],ARAIM 的目的是在 RAIM 的基础上,结合 ISM,提高导航服务中的完好性。

ARAIM 从 2018 年开始在全球范围提供水平导航服务,并计划继续推行全球垂直导航服务以满足 LPV-200 的要求。在现有地面站和播发系统的基础上,ARAIM 升级成本较低,性能提升明显,将有效提高导航服务水平,切实保障飞行安全,在民航领域发挥重要作用。

2.2　ARAIM 技术

2.2.1　ARAIM 顶层设计

2.2.1.1　ARAIM 雏形

GNSS 进化结构研究(GEAS)小组于 2008 年 2 月发布的《GNSS 进化结构研究第一阶段专家组报告》提出了 3 种完好性保障的备选方案:GNSS 完好性通道(GIC)、相对接收机自主完好性监测(RRAIM)以及绝对(后来称为“先进”)接收机自主完好性监测(ARAIM)[1]。

1）GIC

GIC将地面和空间GNSS监测相结合，直接向用户提供完好性和校正信息。其结构包括区域地基监测网络和通信数据链，完好性告警时间必须在6s内。双频SBAS是GIC的一个可行的实施方案。

2）RRAIM

在RRAIM概念下，用户结合外部监测验证的前期测量值，使用当前的卫星测量值，通过检验相对载波相位定位测量更新值的最小二乘残差进行完好性监测，对告警时间的要求比GIC低。

3）ARAIM

ARAIM完好性结构本质上是对现有RAIM算法的扩展和提炼。ARAIM使用双频测量值去除大部分的电离层误差，因此可以改进目前的RAIM算法。ARAIM残差将服从更敏感的阈值，并在不失置信度的情况下能够检测更小的位置误差。ARAIM并非完全自主，必须存在外部监测。外部监测可以保证每颗卫星的故障概率在预期范围内，并且提供相应的URA值。此信息仅需要大约1h更新一次，因此，机载设备上的故障检测算法能够满足告警时间的需求，外部监测仅需要确保故障卫星不会长时间停留在可用卫星集中。ARAIM是对完好性广播机制带宽和延迟要求最低的结构。

地面/空间监测的作用是隔离和预防多故障（被地面/空间监测标记为“bad”的卫星不会被ARAIM使用）。地面/空间监测必须提供故障先验概率的预测值，并为ARAIM所用。需要重点注意的是，精密LPV-200进近下辨别故障实质上要比目前提供非精密进近的RAIM中所使用的方法更加严格。对于ARAIM故障检测而言，URA值为0.75m。显然，任何引起5倍σ或更大误差（大于3.75m）的故障将产生危险误导信息（HMI）。然而，比高斯统计模型预测的发生频率更高的较小故障也可导致HMI。例如，多个2m故障的卫星也可产生HMI。GPS运行控制单元的故障先验概率计算、检测与排除是建立在几十米的风险之上的。然而，目前对于米级威胁下星座性能的经验较少。为支持精密LPV-200进近，需要在地面完好性监测网络中实现对这些较小威胁的监控。

ARAIM的另一个优点是，地面/空间段广播包络值的有效性的严格程度仅需达到P_{HMI}水平，因为飞机可以自行完成完好性验证。并非地面/空间段自身能够达到10^{-7}/进近的水平，而是两者的结合可以达到这样的水平。因此，对地面/空间段的要求可以放松至10^{-5}/进近，相应地向用户广播的包络值也将减小，且由于稀有故障将被飞机首先检测到而使其发生的可能性变得非常小，因此，在ARAIM的仿真中，下式中的偏差$b_{j,\max}$和方差值$\sigma_{j,\mathrm{clk_eph}}$应除以1.5。

$$\sigma_{j,\mathrm{clk\_eph}} = 0.75\mathrm{m}, \quad b_{j,\max} = 1.125\mathrm{m} \tag{2.1}$$

理想情况下，这种完好性监测的功能将在未来升级中集成到GPS运行控制中心，至少完好性的评估将与监测、控制以及精度的评估功能并存，并共用相同的监测站。这将促使资源的有效利用并为卫星广播完好性参数提供直接的方案。然而，GPS 服务于多个领域，人们多数关注的是高精度和连续性而非完好性。因此，最好对这些功能进行分离。

由于允许 1h 甚至更长的告警时间，ARAIM 广播能力的需求比其他可选结构低。因此，完好性信息可以方便地通过 GPS 卫星进行广播。1h 的告警时间允许报文于广播之前在 L5 导航信息流长序列中等待。当然，报文应以较高的频率重复播发而非不断更新，以便用户快速地完成初始化过程。

2.2.1.2 ARAIM 基本概念

2010 年 2 月 GEAS 小组发布了《全球卫星导航系统进化结构研究第二阶段报告》，正式将 ARAIM 更名为"先进接收机自主完好性监测"，并将 ARAIM 从单星座双频应用推广到多星座双频应用，提出了 ISM 的概念。该报告确定 ARAIM 的基本概念为：利用多频多星座并结合外部监测为用户提供 LPV-200 性能的传统 RAIM 的升级，满足 LPV-200 进近的运行性能需求。该报告详细介绍了对决断高度为 200 英尺的、具有垂直引导的航向定位性能的运行功能需求、ARAIM 用户算法、ARAIM 性能和可用性结果、ARAIM/ISM 原型方案等内容[5]。

如上所述，RAIM 仅支持水平导航，而 ARAIM 将支持精密进近的水平和垂直引导。这种扩展基于频率多样性和来自新 GNSS 星座的几何多样性。随着 2 颗原型卫星的发射，4 颗在轨卫星的发展，以及 2010 年初签订的 14 颗运行卫星的合同，促进了欧洲 GNSS(伽利略)向前发展。俄罗斯的 GLONASS 在多年的沉淀之后于近期完成了升级。中国的 GNSS 即北斗卫星导航系统针对现有的地球静止轨道卫星增加了中圆地球轨道(MEO)卫星以将其区域覆盖能力扩展到全球。

即便有频率和几何多样性，ARAIM 仍需要提供比 RAIM 更高水平的安全保障，因为垂直引导与关键风险等级相关。ARAIM 的发展需要考虑的 GNSS 风险比 RAIM 多，该报告归纳了这些风险，然而，并没有对这些风险进行详尽的分析，也没有提出经验证的消除方法。

GNSS 监测必须超出系统发展而从系统运行上继续进行。该报告建议使用 ISM。本质上，这个电文是将每个与核心 GNSS 有关的安全声明传递给一个确定空域的主权责任方。这些电文包括每个用于航空导航的卫星的性能预测，包含可以包络卫星测量值误差的标准差和每个卫星的先验故障概率。短期内，这些电文可能来自对 SBAS 或 GBAS 适当的修改。就长期而言，它们可能由 GNSS 控制段提供。

推荐的 ARAIM 发展路径将与未来 GNSS 星座信号多样化相结合。重要的是，它也将促进 GNSS 服务提供者提高对它们的基础卫星导航系统的生命安全功能的兴趣。美国将在 2030 年以后的 10 年内实现 GPS ⅢC 代卫星初始的完好性服务，但是某些改进应提前进行。比如，自 Block ⅢA 卫星开始，星载时钟监测将与其他多个星载时钟的性能进行比较并能够迅速排除任何 GPS 时钟故障。另外，欧洲自 Galileo 计划的开始就在为生命安全服务而努力，俄罗斯对此的兴趣也非常明显。ARAIM 为协

调这些计划提供了一条路径,并在核心星座变得更强或完好性特性成为现实时为航空领域提供增益。同时,基于ARAIM的功能也会适应核心星座或相关的完好性性能的下降。ARAIM概念是健壮的:航空领域将在GNSS发展中得到益处,而不会对基础星座的负面变化敏感。

如上提到的,ARAIM性能不会对独立星座性能过于敏感。该报告指出基于利用24颗Galileo卫星和21颗GPS卫星的混合星座的ARAIM进行全球范围内的垂直引导是可行的。这项发现解决了航空领域的一个主要问题:虽然当前GPS星座拥有30颗卫星,但通过美国国防部(DOD)确认的只有21颗可运行的卫星,并且对这些卫星性能保证使用了概率术语,所以很有可能星座是脆弱的;类似的,Galileo系统也计划运行30颗卫星,但是它在补充方面可能会遇到与GPS同样的预算问题。

ARAIM的发展需要实质性的努力和解决重要的技术问题。该报告指出了这些问题,并表示下一步要解决这些问题。

2.2.1.3 ARAIM技术工作组

2010年7月在GPS-Galileo合作协议框架下成立的工作组C(WG-C)建立了ARAIM子工作组(ARAIM SG),开始主导ARAIM的发展。ARAIM SG的目标是在双边基础上调研ARAIM,进一步的目标是确定ARAIM能否成为支持全球多星座导航的基础。具体地说:ARAIM应支持航路和终端飞行,也应支持进近运行阶段的侧向和垂向引导。

2012年12月ARAIM SG于2012年12月发布《欧盟-美国合作卫星导航中期报告》,被称为ARAIM发展的“第一座里程碑”。该报告总结了ARAIM发展现状以及发展趋势,对ARAIM的概念和处理流程进行了完整的阐述:一个或者多个导航星座提供满足最小性能等级的卫星伪距测量值;ARAIM地面监测网观测这些卫星并识别哪些卫星可以用、它们的性能等级如何;这些信息作为ISM的一部分,发送给飞机,利用这些信息,飞机决定哪种卫星故障的组合必须被检测、其容许的误检概率如何;ARAIM算法评估所有可能的相关子集、恰当的位置估计和完好性包络,任何错误的卫星测量都将被识别和排除。该报告对GEAS第二阶段报告中的用户算法(多假设解分离(MHSS)算法)进行改进,详细分析了ARAIM误差模型,并对其全球可用性进行了仿真分析[6]。随后,ARAIM SG于2015年、2016年相继发布了“第二座里程碑”报告和“第三座里程碑”报告,对已有技术性能进行评估,提出ARAIM的三种工作模式,形成清晰的ARAIM系统框架,进一步细化了ARAIM未来发展实施路线[7-8]。

ARAIM必须确保航路飞行、终端区以及进近运行的导航完好性。对于后者,必须在秒级检测到GNSS潜在的危险故障。ARAIM必须确保导航传感器误差大于35m(LPV-200对应的垂直告警门限)的6s内,给飞行员发出危险误导信息。其他辅助条件将在后续章节中描述。

ARAIM将在未来几十年内支持航空导航。因此,ARAIM必须灵活,不能过分依赖现存全球卫星导航系统(即GPS、Galileo系统、GLONASS、BDS等)。因此,ARAIM

必须允许航空界使用新的卫星和星座,必须自主补偿这些卫星和星座的故障率。对于新卫星和星座来说故障率一般较高。

ARAIM 必须自动排除不再适用于航空导航的问题卫星。

ARAIM 运行过程如图 2.1 所示,基于如图 2.1 左上方所示的多 GNSS 星座。飞机(蓝色箭头)和地面(红色箭头)接收卫星信号。基准用户算法基于残差检验,使用导航解中的超定特性来检测与隔离导航在卫星测量值中的故障。因此,ARAIM 为 RAIM 的高级版本。

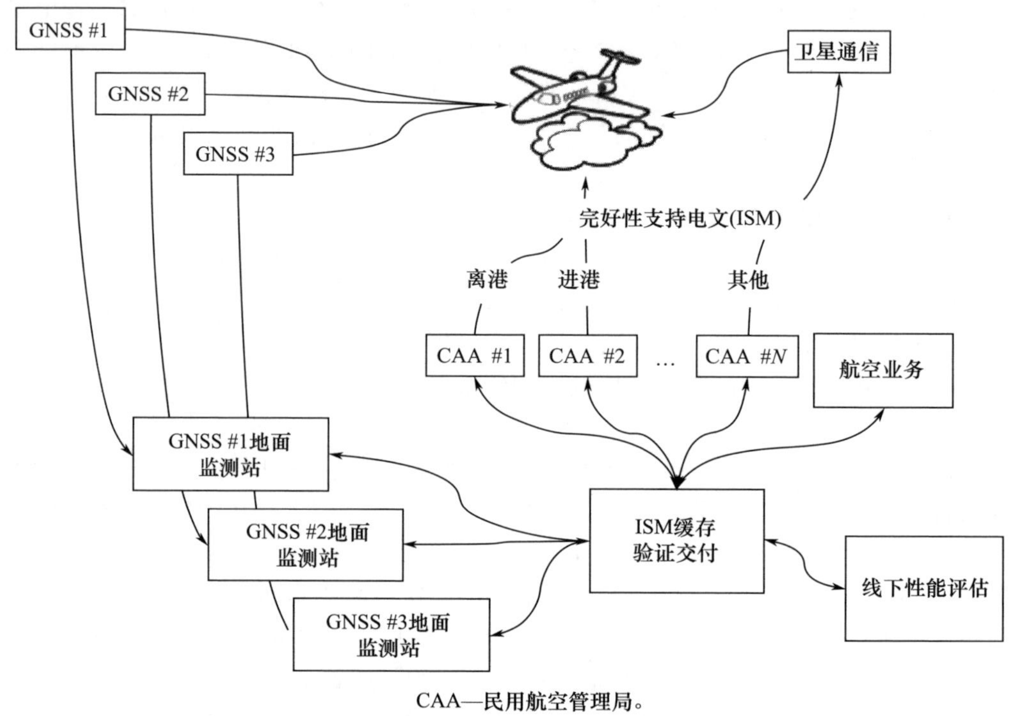

CAA—民用航空管理局。

图 2.1 ARAIM 总体结构示意图(见彩图)

最初的 RAIM 是基于一组关于 GPS 的标称性能和故障率的假设。相反地,ARAIM依赖于地面系统向相关星座提供周期性的标称性能和故障率的更新。这些完好性数据包含在 ISM 中,ISM 在地面系统产生并广播至机载用户。

图 2.1 中的红色箭头说明了 ISM 的产生与传播。如图所示,需要一个独立的参考网络监测相关的 GNSS 星座。监测网络应预估标称性能并检测故障,通过安全的通信链路将此信息发送至 ISM 缓存。对于任何用于 LPV-200 的 GNSS 星座,ARAIM 都需要对其进行监测。

ARAIM 支持多种从 ISM 缓存至飞机的通信链路。这促使国家层面规划目前的 ISM 支持进港和离港的飞机。国家/地区可能会选择在机场区域使用视距无线链路广播 ISM,如甚高频(VHF)数据广播。另外,国家/地区可能会选择使 ISM 在其空域

保持持续可用。这种情况下,可以通过静止卫星(如 SBAS)、中地轨道卫星(如 GNSS)或低地球轨道(LEO)卫星进行广播。不同的通信链路将在工作进程中得到进一步确认,最终的候选方式将不仅取决于链路的适用性,还取决于 ARAIM 所用 GNSS 星座的健壮性所允许的延迟时间。

对于全球覆盖,ARAIM 将使用一组重叠的射频(RF)覆盖量,以允许不同操作间的无缝转换(如航路,终端区和精密进近)。在这些覆盖量中,国家/地区的需求将定义服务,其中各种性能需求通过国家批准程序得到保障。需求可能包括在执行某特定程序之前以最短的时间接收来自某一地区的 ISM 状态更新。

ARAIM 依靠飞机上的残差检验对大故障进行快速检测,从而对 ISM 生成和传输路径(红色箭头)上的延迟进行补偿。因此多星座系统的其他作用是提供协调多星座和多传输协议所需的灵活的 ISM。

2.2.2 ARAIM 风险定义

2.2.2.1 ARAIM 故障定义

为了定义 ARAIM 中的故障,首先需要为构成故障的元素提供一个明确的、简洁的定义。

导航故障指的是所有可能导致计算出的导航定位解偏离用户真实位置的事件,这些事件包括正常状态下的误差、系统故障情况和操作故障等。不管这些事件是否可以被系统识别出,都应被称为故障。ARAIM 故障指的是能够影响ARAIM算法性能且发生的概率大于所要求的完好性风险的事件。基于当前的误差模型,所有可能的故障所组成的空间可以被正常状态下的误差模型和各卫星不相关的故障状态下的误差模型(或残差模型)所覆盖。剩下的特征不能被准确描述的相关误差只能被归类为宽故障类别中。可能的故障事件集合被分为以下 3 类[6]。

1) 常态误差

例如正常状态下的误差,它指的是当所有的系统(包括空间段、地面段和用户段)都运行正常时所产生的误差。这类故障与系统本身的状态紧密相关(例如接收机热噪声大小、接收机多径噪声大小、对流层延迟、频偏、正常的信号畸变、码噪声、正常的定轨误差和卫星的钟差等)。这些正常状态下的误差可以通过定义膨胀因子和非零的均值参数之后使用高斯概率分布进行包络。

2) 单故障(窄故障)

例如会影响到单个卫星但又不属于第一类的误差,这一类误差通常是由空间段或者地面段故障导致的,而且会影响到某一颗卫星的导航信号和电文。这种类型的故障也可能表现为误差超限事件的概率大于用户测距误差/空间信号误差(URE/SISE)或者用户测距精度/空间信号精度(URA/SISA)所对应的正常情况下超限概率值的情况。造成这类故障的原因可能是星钟误差、码载波测量值不一致、信号非正常畸变、GNSS 信号失锁等。

3）宽故障（多）

例如由空间段或者地面段导致的具有相关性的误差，这类误差会影响多颗卫星的导航信号或者电文，但是有不属于第一类故障的类型。例如地球定向参数/参数预测（EOP/EOPP）故障以及其他由地面段软件故障或者操作者失误产生的误差经上行链路传播至用户端后导致的故障。

基于上述定义，ARAIM 故障源被 WG-C ARAIM 小组分为以下若干类别。

（1）卫星钟差故障和星历故障。

（2）信号畸变故障。

（3）伪码载波不一致。

（4）频间偏差（IFB）故障。

（5）卫星天线偏差。

（6）电离层故障。

（7）对流层故障。

（8）接收机噪声和多径噪声故障。

这个以故障源为依据进行分类的方法涵盖了所有可能导致导航系统定位偏差的误差源，而其他类型的故障原因（例如用户端的误差）不在 ARAIM 完好性保证的范围之内，应该单独进行分析和研究。

1）卫星钟差故障和星历故障

正常情况下的卫星钟差和星历误差主要是由于以下几个原因导致的：地面段定轨授时精度的局限性、所选轨道模型和钟差修正模型的参数局限性、导航电文更新不及时以及机载的钟差预测模型的局限性（这是主要因素）。在正常情况下，主控站（MCS）或者其他相应星座的控制站会精确地计算钟差和轨道修正量并修正这些误差项。在应用了这些修正之后，残留的误差可以使用标准化的统计方法进行包络。关于正常情况下的 GPS 星历误差和钟差信息可以在文献[9－12]中找到，关于 Galileo星座的正常状态下的星历误差和钟差信息可以在文献[13]中找到。星钟和星历故障会同时影响所有频率段的码测量值和相位测量值，但是星钟和星历导航数据会因为频率的不同而有所差异。

系统故障要么在地面段产生的要么在空间段产生，它可能会导致星钟星历数据发生阶跃变化、斜坡变化或者更高阶偏差（详见文献[14－18]）。这类故障可能是由卫星轨道状态或者卫星星钟状态发生变化导致的，也有可能是因为播发了错误的电文信息导致的。各星座的主控站会依照惯例生成星历和星钟修正参数，并估计相应的 EOP/EOPP。这些 EOPP 被用来数学化地描述地心地固（ECEF）坐标系和国际天体参考框架（ICRF）坐标系之间的关系。由外部因素导致的地面段的故障（例如主控站使用错误的 EOPP 并播发到了用户端）将会影响到星座内所有卫星。

原则上，如果错误的 EOP 和 EOPP 故障未被 GNSS 地面系统发现，则卫星的历书

可能也会受到影响,从而导致现有的ARAIM算法失效。EOP和EOPP故障的初始化可信度是由当前GPS标准定位服务性能标准中给出的潜在完好性故障模式中所列举的信息来确定的[19]。它与其他假设下的一致性故障不一样,因为它是唯一一个在GPS标准定位服务性能标准(GPS SPS-PS)中单独规定的一致性故障。EOP故障可以进一步被区分为以下两种基本类型(与GBAS星历故障类型类似)。

类型A:定轨过程中所用的EOPP是正常的,但是地球运动状态相比播发该电文的时刻的预测状态发生了变化(例如强烈的地震导致的状态变化)。

类型B:定轨过程中所用的EOPP是不正常的,而且这种异常的状态在主控站上传数据之前并没有被发现。

这两种EOP故障类型可能会对星历参数以及用户的定位误差产生同样的影响,但是影响的大小和监测算法的结果值会有差异。类型A故障只能通过地面站(例如民用监视网络、GPS主控站监视、Galileo系统的地面监测站(GMS)监视)的实时监视来发现。但是如果能够每天或者每周播发EOP的更新数据,则地球角速度的突变将需要足够大以适应这种不同EOP更新时间段中发生的明显的轨道错误。反过来,这种自转速度的改变也只能是因为地球质量分布的突变导致的,而导致地球质量分布突变的原因在现阶段也只有以下两种:地质学事件和大规模气象学现象。幸好,地质学事件(包括地震、火山爆发)所导致的地球自转速度的影响小到可以忽略,相比之下,大规模的计量现象必然导致地球自转速度的显著变化,但是这些变化随时间的演化速度是十分缓慢的,通常会有几个月的时间,所以会直接被考虑到EOP和EOPP的定轨计算中。因此,ARAIM SG已经将类型A的故障排除,并从现在开始将会针对类型B故障进行深入研究。

其他类型故障。例如由于地震导致的监测站天线相位中心的偏移、地面监测站人为或非人为因素产生的干扰等。如果有来自于其他来源的信息,错误的太阳光压模型也会被考虑到这类故障中。

2)信号畸变故障

正常的信号畸变误差通常是由信号发生系统和信号传播过程导致的。这个信号链路主要包括调制在基带上的导航信号的产生过程、由基带向L频带做上变频的过程、信号的放大过程、信号的滤波过程(例如为了抑制带外噪声进行的带通滤波)以及后续加载到天线端发射的过程。跟踪误差对于不同的用户接收机是相互独立的,与设备的性能标准相一致的信号畸变不会引起太大的用户级的定位误差[20-21]。

此外,故障信号的失真在任意频点(包括L1/E1,L5/E5a)上都有可能发生。对于GPS L1的C/A码而言,国际民航组织在2000年采用了文献[22]中的故障模型来描述可能的故障信号失真情况。对于不同的观测接收机的相关器的相关空间和带宽,这些故障信号失真情况导致的偏差也会有所差异。码测距值上发生的信号失真通常是不具有相关性的,理想情况下它并不会影响到所有的接收机,而且正常情况下也不应该显著影响到相位测量值的状态。

3）伪码载波不一致

卫星可能会由于某些原因导致其播发的码伪距值和相位值不一致，这类故障模型暂时还未在 GPS L1 信号上观测到，但是在 WAAS 的静地卫星信号和 GPS L5 信号上发生过[23-24]。这类故障模型下的码载波分歧与电离层导致的码载波不一致不相关，它导致的是一种阶跃式的或者是以某一斜率渐变式的码载波分歧值。

4）IFB 故障

IFB 指的是由于信号传播路径和信号调制方式导致的传输时延的差异。通常情况下卫星会向用户播发一个正常情况下的系统信号时延参数，利用此参数修正后会有少许的误差残留。系统信号时延有可能会因为 GNSS 卫星上的设备故障而发生突变。内部频偏对于不同频率的信号是不一样的，与信号畸变故障不一样的是，信号畸变故障会导致所有的接收机都受到影响，而内部频偏只有在比较不同频点之间的测量值差异时才会显现。

5）天线偏差故障

与视角相关的码相位和载波相位偏差主要集中在 GNSS 的 L 频段天线上，对于 GPS 天线而言，这种偏差可能大到几分米[25-26]，这些偏差会同时影响地面参考站的天线和机载接收天线。鉴于 GPS 卫星的位置和姿态相对固定的用户是每一个恒星日重复出现的（不包括长期的漂移），而 Galileo 卫星的周期大约为 10 天，天线偏差的影响相对于一个固定的用户可以被视为一个周期性系统误差。因此，可能会有一些位于星座服务范围内的点的天线偏差会同时出现于多个卫星。虽然可以校准，但随时间变化的可能性（由于热效应或老化）妨碍了它的实用性。此外，基于校准数据的任何修正方案会要求 GNSS 卫星相对于用户的姿态是确定的。当然，这种系统误差的最大偏差范围可以被广播到 ARAIM 用户。这些偏差依赖于天线视角，可能因为频率、调制码类型的不同而不同。

6）电离层故障

电离层是一层色散介质，它会导致码测距值和载波测距值之间发生分歧。电离层故障会导致 1～3 阶的误差，并且会导致信号的传播路径发生弯曲。所有的这些电离层传播误差都是信号传播路径上的电子总容量参数的函数，在双频接收机的条件下可以通过计算每个频点的码载波分歧值来消除一阶电离层误差。在 ARAIM 中，L1 和 L5 双频点测量值使得用户可以消除一阶电离层误差，残留的电离层误差会在 ARAIM 算法中专门建模考虑。

在太阳风暴活动期间，尤其在北方和亚热带地区，一种被称为电离层闪烁的效应会在短期内严重影响导航信号，电离层折射率会在本地区内发生严重的抖动效应，从而导致接收机发生周跳甚至失锁，这样的情况会严重降低定位的精度，严重时甚至会导致整个导航系统失效。由于 ARAIM 使用了双频电离层修正，电离层误差不再是主要的误差源。正常情况下的电离层误差是可以忽略的，即便是在最坏的情况下，残留的高阶电离层误差也只有几厘米。

7）对流层故障

与卫星故障导致的误差相比，对流层误差是相当小的。SBAS 利用历史观测数据建立起一个模型来专门分析对流层误差[27]。一种保守的包络方法被用来描述对流层误差的分布，用户可以利用文献[22]和文献[28]中给定的公式来避免由于对流层误差导致的定位误差影响。由于对流层是一个相对比较均匀的介质层，而且相比电离层而言对流层的分布状况是可以预测的，所以说此处并没有考虑使用专门的故障模型来描述对流层误差，也没有描述对流层延迟修正后的残差标准差。对流层影响所有的频点及其对应的码测量值和载波测量值，对流层误差的大小强烈依赖于仰角和当地的气象参数。

8）接收机噪声和多径噪声故障

多径按照其产生的原因可以分为信号衍射导致的多径、镜面反射导致的多径和由于散射引起的多径。接收机和反射物体的动态性影响了多径信号的特征导致测距信号中产生一个时变或固定的多径偏差量。接收机跟踪环跟踪的是多径混合后的信号，由混合后的多径信号跟踪结果计算的位置、速度和时间（PVT）解和由直线的视线信号结果计算的 PVT 解之间的差异构成了最终的多径误差。正常操作场景下的多径误差可以用不同的多径模型来描述，这些模型对于航空用户也是适用的。在每一个特定的操作阶段，用户可以根据实际环境情况使用一种合适的模型。多径对于不同频点的码测量值和载波测量值将会产生不同的瞬时误差，但是能够导致较大多径误差的环境会在所有频点上都产生较大的多径误差。

2.2.2.2　ARAIM 故障的特点

基于 ARAIM 故障定义（表 2.1）以及之前描述的例子，任意一个 ARAIM 系统的故障都可以被归类为以下两类之一：①影响到一颗或者多颗卫星的正常误差或故障；②非正常的误差或故障。在定量分析之前，所有可能的故障组合未必会导致真正的故障，这些类别的故障将会被定量分析以便排除那些不会引起真实故障的故障类别（表 2.1 中以 N/A 表示被排除项）。

表 2.1　ARAIM 故障定义总结

故障源	故障类别		
	标称情况（常态误差）	窄故障（单故障）	宽故障（多故障）
1. 星钟和星历	轨道或星钟的估计和预测，广播受限	包括星钟漂移、星历有误和未标记的偏移	错误的 EOPP，不合规的操作，地面系统的内部故障
2. 信号畸变	由于 RF 组件、滤波器和天线波形畸变导致的信号标称偏差	卫星上有效载荷信号发生组件失效；发生 ICAO 描述的信号故障	N/A
3. 伪码载波不一致	例如：从 IIF L5 信号观测到的不一致情况或者 GEO L1 信号观测到的不一致情况	例如：IIF L5 信号或者 GEO L1 信号观测到的待确认（TBC）不一致情况	N/A

（续）

故障源	故障类别		
	标称情况（常态误差）	窄故障（单故障）	宽故障（多故障）
4. IFB	卫星有效载荷信号路径产生的延迟差异	卫星有效负载信号路径（TBC）的延迟差异	N/A
5. 卫星天线偏差	由卫星天线引起的与视角相关的偏差	由卫星天线（TBC）导致的与视角相关的偏差	N/A
6. 电离层	N/A	闪烁	发生太阳风暴时在某些纬度发生的频繁闪烁
7. 对流层	标称对流层误差（应用SBAS MOPS模型进行对流层修正后的误差）	N/A	N/A
8. 接收机噪声	机载端标称噪声和多径项（TBC Galileo BOC（1,1）和L5/E5a）	例如：接收机跟踪故障或者机载端的反射多径（TBC）	例如：接收机跟踪故障，或机载端的反射多径（TBC）

注：BOC—二进制偏移载波；TBC—待确认

故障类别的特点分析是定义在GNSS环境下的，包括信号的传播和接收机误差及故障，例如在ARAIM系统投入使用之前的故障。已经定义的故障类别将会被集中到ARAIM系统模块中，最后定义出ARAIM的地面架构。

需要注意的是，现阶段故障特征研究（或者更广泛地说是ARAIM SG）存在一些固有的限制。

Galileo系统和BDS仍在完善中，其真实性能还不能被广泛地测试和描述。

GPS的特征测试是基于现有的性能观测数据给出的，现阶段并没有结合下一代GPS卫星相关的信息（即GPS Ⅲ卫星的信息），而性能大为改善的新一代GPS卫星可能会有更高的可靠性。

尽管专家组已经掌握了一些有关GNSS综合设计及操作的信息，但未必所有与故障特征相关的GPS和Galileo星座的设计和操作信息都被用到，主要原因是这些信息并不是公开发表的，且部分信息还需要进一步完善。

尽管存在这些局限性，故障的定义和故障特征描述的工作为ARAIM SG的以下若干目标提供了支撑。

（1）提供一个全球化的框架使得所有可能的故障都能被系统化地追踪到，而且该框架对于其他星座系统也是适用的。

（2）定义了需要进一步研究的问题，内容包括ARAIM的缺陷和风险区域。

（3）为GNSS服务供应商提出了指导性建议，以便确定ARAIM所需的GNSS性能水平。

（4）得到了更多的针对不同星座特点的ARAIM算法实际输入参数值（P_{sat}，P_{const}，URA/SISA，URE/SISE，bias）

（5）为接下来的“故障汇总和缓解”阶段的工作乃至 ARAIM 要素定义的工作提供了素材。

（6）预先提出可能影响到未来 ARAIM 安全应用标准的议题。

表 2.1 中的每一个故障项都对应着一种或两种所提到的故障属性（即常态误差、窄故障、宽故障）以及对应的 GNSS（GPS 或者 Galileo 系统）。举例来说，“NOM1GPS”指的是 GPS 星钟和星历的常态误差。

除了“GPS”和“GAL”之外，还有一些故障项是被标记为“ALL”的（例如 WF1ALL），这类故障涉及跨星座的问题，也就是说这类故障可能会导致两个星座同时发生异常（例如错误的 EOPP 输入），这类故障对 ARAIM 有着巨大的影响。

需要注意的是，有一些故障项表面上属于单个类别的故障，但它也有可能是由于多种因素导致的，例如“NF1GAL”（Galileo 系统星钟和星历的窄故障）可能是由钟漂、误操作或未知机动引起的。

2.2.3　ARAIM 算法

在卫星定位的实际应用中，卫星因为种种原因可能发生故障，主要表现为伪距偏差过大。为监测过大的偏差，ARAIM 中使用 MHSS 算法，在此对该算法进行简要描述。

MHSS 算法中定义了子集的概念，即全可见星集合中排除掉某颗或某几颗卫星的卫星集合。全可见星解为使用全可见星集合定位的结果，子集解为子集卫星定位的结果。算法认为，在无故障情况下，全可见星解和所有的子集解应聚集在一起。而如果某颗卫星存在故障，则使用该故障卫星测量值的全可见星定位解和子集定位解将产生偏移，不含故障卫星的子集定位解将更接近飞机实际位置。

如图 2.2 所示，蓝色卫星代表无故障卫星，右侧红色卫星代表故障卫星，全可见星定位解为红色飞机处，其他三个定位解为子集解。不含故障卫星的子集定位解为左侧绿色位置，理论上应接近飞机真实位置，而距离包含故障卫星的定位解相对较远。

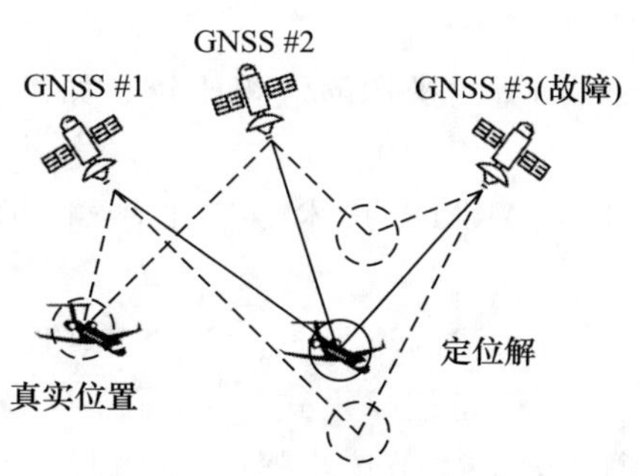

图 2.2　MHSS 算法示例（见彩图）

所以,通过对比各个子集解和全可见星解的距离即可判断是否存在故障。若所有子集解距离全可见解小于预设阈值,则认为无故障存在;若有子集解的距离超出阈值,则认为存在故障。所以阈值的正确设置尤为关键。

MHSS 基准算法基于上述原理,将子集解和全可见星解的差值在 x,y,z 3 个方向与阈值进行对比。对于每一个故障假设 k,分别进行解分离阈值检验。其中,故障假设 0 表示全可见星。

如上面所述,MHSS 算法通过考察各个子集解和全可见星解的距离来进行误差监测和识别故障卫星。而每个子集解的确定来自于对所有卫星进行故障假设,包括卫星故障假设和星座故障假设,然后基于每一种假设,将所有故障的可能性进行排列组合,对所有情况进行考察。

ARAIM 机载算法执行 3 个主函数:首先,它确保伪距测量值和标称假设一致,包括 ISM 的认定;然后,如果测量值是一致的,则计算和几何结构相关的品质因数,包括保护级(PL)、有效监测阈值(EMT)、精度的标准差;最后,如果发现伪距测量值不一致,则尝试排除,直到找到一组协调值。一个 ARAIM 机载算法例子的主要步骤在文献[29]中有描述。这些步骤的总结如下。

(1) 接收机从固定误差模型和 ISM 的内容形成伪距协方差矩阵。

(2) 一个使用计算这些误差模型得到的全可见卫星解。

(3) 接收机从 ISM 内容(具体说,从卫星故障 P_{sat} 和星座故障 P_{const} 的先验概率)中确定哪些故障模式需要监测。

(4) 接收机计算可以容忍这些故障模式的位置解。对某一故障来说,只需移除对应的故障卫星。

(5) 如果每一个容错定位解与全可见卫星解之间的距离都在一个预定的范围内,接收机则计算保护级、有效监测阈值和精度的标准差,并结束进程。

(6) 如果发现伪距值不一致,则尝试排除。基于对剩下的组进行卡方统计来选择和排序进行排除。

(7) 一旦发现一组卫星是一致的,接收机就计算保护级、有效监测阈值和精度的标准差。

(8) 将上面的值与各自期望的操作阈值相比较。如果它们低于阈值,就是可操作的。

文献[30 - 31]中有未经 ARAIM 技术专家工作组(TSG)评估的可待选择的算法。

图 2.3 展示了 MHSS 基准算法的流程图。MHSS 基准算法包含了计算伪距协方差矩阵、计算全可见星定位解、确定故障模式、计算子集定位解、解分离检验、可用性判断的完整流程,具体计算方法在本节按步骤详细介绍。

1) MHSS 算法相关定义

$\boldsymbol{y}$:伪距测量值变化量。

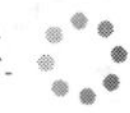

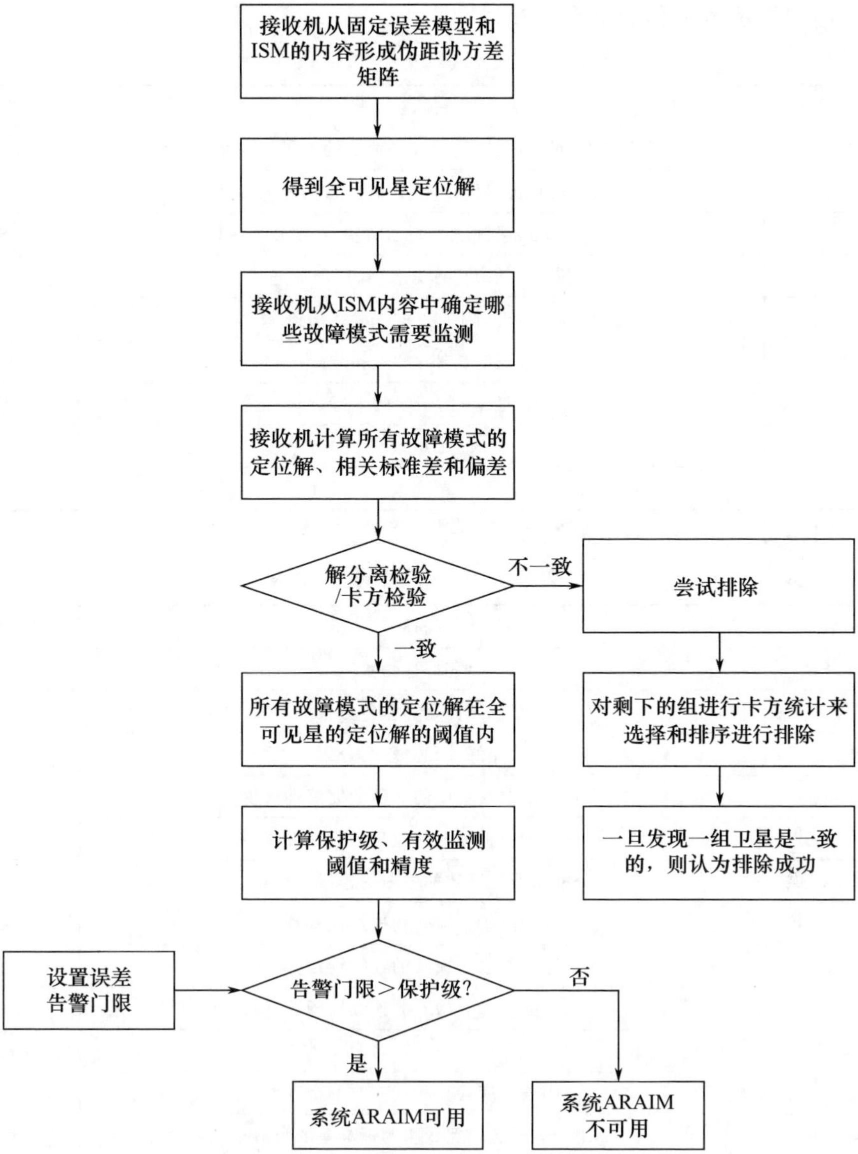

接收机从固定误差模型和ISM的内容形成伪距协方差矩阵

得到全可见星定位解

接收机从ISM内容中确定哪些故障模式需要监测

接收机计算所有故障模式的定位解、相关标准差和偏差

解分离检验/卡方检验

不一致

尝试排除

对剩下的组进行卡方统计来选择和排序进行排除

一旦发现一组卫星是一致的，则认为排除成功

一致

所有故障模式的定位解在全可见星的定位解的阈值内

计算保护级、有效监测阈值和精度

设置误差告警门限

告警门限＞保护级?

否

系统ARAIM不可用

是

系统ARAIM可用

图 2.3　MHSS 基准算法流程图

$\boldsymbol{x}$：接收机位置误差和钟差。

$\boldsymbol{G}$：以东北天为方向的几何观测矩阵以及时钟分量（不同星座在不同矢量上）。

Q：标准正态分布的尾部概率：

$$Q(u) = \frac{1}{\sqrt{2\pi}} \int_{n}^{+\infty} \mathrm{e}^{\frac{t^2}{2}} \mathrm{d}t \tag{2.2}$$

Q^{-1}：Q 的逆函数。

PL：保护级。

2）用户算法输入信息表（表2.2）

表2.2 用户算法输入信息列表

参量名称	描述	来源
PR_i	经过双频校正、对流层校正，以及平滑后的卫星 i 的伪距观测量	接收机
$\sigma_{URA,i}$	卫星 i 的星历星钟误差的标准差，用于完好性	ISM
$\sigma_{URE,i}$	卫星 i 的星历星钟误差的标准差、精度和连续性	ISM
$B_{nom,i}$	卫星 i 的最大标称偏置值，用于完好性	ISM
$P_{sat,i}$	每次进近时卫星 i 的先验故障概率	ISM
$P_{const,j}$	每次进近时星座 j 的先验故障概率	ISM
$I_{const,j}$	星座 j 的卫星的下标	接收机
N_{sat}	卫星数	接收机
N_{const}	星座数	接收机

3）用户算法参数列表（表2.3）

表2.3 用户算法参数列表

参量名称	描述	值（初始）
PHMI	总完好性预算	10^{-7}
$PHMI_{VERT}$	总完好性预算垂直分量	9.8×10^{-8}
$PHMI_{HOR}$	总完好性预算水平分量	2×10^{-9}
P_{CONST_THRES}	来自未受监视星座的故障的完好性阈值	4×10^{-8}
$P_{SAT\_\_THRES}$	来自未受监视卫星的故障的完好性阈值	4×10^{-8}
P_{FA}	分配给误警导致的中断的连续性预算	4×10^{-6}
P_{FA_VERT}	分配给垂直模式的连续性预算	3.9×10^{-6}
P_{FA_HOR}	分配给水平模式的连续性预算	9×10^{-8}
P_{FA_CHI2}	分配给卡方检验的连续性预算	10^{-8}
TOL_{PL}	保护级计算容限	5×10^{-2} m
K_{ACC}	用于精度计算的标准差的个数	1.96
K_{FF}	用于无垂直位置故障的标准差的个数	5.33
P_{EMT}	用于计算 EMT 的概率	10^{-5}
T_{CHECK}	对被排除的卫星的一致性检验之间的时间常量	300s
T_{RECOV}	被排除的卫星恢复全可见星集的最小时间周期	600s
注：PHMI—危险误导信息概率		

4）计算伪距协方差矩阵 $\boldsymbol{C}_{int}$ 与 $\boldsymbol{C}_{acc}$

计算伪距误差对角协方差矩阵 $\boldsymbol{C}_{int}$（完好性）和 $\boldsymbol{C}_{acc}$（精度、连续性），定义

$$\boldsymbol{C}_{int}(i,i)=\sigma^2_{URA,i}+\sigma^2_{tropd,i}+\sigma^2_{user,i} \tag{2.3}$$

$$\boldsymbol{C}_{acc}(i,i)=\sigma^2_{URE,i}+\sigma^2_{tropd,i}+\sigma^2_{user,i} \tag{2.4}$$

5）计算全可见星定位解

加权最小二乘定位解更新量：

$$\boldsymbol{\Delta x} = (\boldsymbol{G}^{\mathrm{T}}\boldsymbol{W}\boldsymbol{G})^{-1}\boldsymbol{G}^{\mathrm{T}}\boldsymbol{W}\boldsymbol{\Delta PR} \tag{2.5}$$

几何矩阵 $\boldsymbol{G}$ 为 $N_{\text{sat}} \times (3 + N_{\text{const}})$ 矩阵，式中 N_{const} 为星座数。$\boldsymbol{G}$ 的前三列与传统定位方法相同，余下每列对应于每个星座的参考时钟。对各星座从 1 至 N_{const} 编号：

$$\boldsymbol{G}_{i,3+j} = 1 \qquad \text{卫星 } i \text{ 属于星座 } j \tag{2.6}$$

$$\boldsymbol{G}_{i,3+j} = 0 \qquad \text{其他} \tag{2.7}$$

加权矩阵 $\boldsymbol{W}$：

$$\boldsymbol{W} = \boldsymbol{C}_{\text{int}}^{-1} \tag{2.8}$$

$\boldsymbol{\Delta PR}$ 是上一次迭代给出的基于卫星位置和定位解的伪距测量值与期望值之差。当定位解收敛时，最终 $\boldsymbol{\Delta PR}$ 标记为 $\boldsymbol{y}$。

6）确定故障模式

在此，ISM 没有明确指定需要被监视的故障模式，以及相应的故障概率的分配。这需要接收机根据 ISM 做出判定，主要依据 $P_{\text{sat},i}$ 与 $P_{\text{const},i}$。在此简要介绍卫星子集的判定，星座的计算方式与卫星相同。

首先，决定需监控的同时故障的卫星的最大子集数 $N_{\text{sat,max}}$。为计算 $N_{\text{sat,max}}$，定义 r 个及以上故障的所有子集的发生可能性。这个概率定义为

$$P_{\text{sat\_subset}}(r, P_{\text{sat},1}, P_{\text{sat},2}, \cdots, P_{\text{sat},N\text{sat}}) \tag{2.9}$$

$N_{\text{sat,max}}$定义为

$$N_{\text{sat,max}} = \{r \in 1, \cdots, N_{\text{sat}} \mid P_{\text{sat,subset}}(r+1, P_{\text{sat},1}, \cdots, P_{\text{sat},N\text{sat}}) \leqslant P_{\text{sat\_THRES}}\} \tag{2.10}$$

计算 $P_{\text{sat_subset}}(r, P_{\text{sat},1}, \cdots, P_{\text{sat,Nsat}})$的方法：

定义

$$P_{\text{sat,not\_monitored}} = P_{\text{sat\_subset}}(N_{\text{sat,max}} + 1, P_{\text{sat},1}, \cdots, P_{\text{sat},N\text{sat}}) \tag{2.11}$$

当 $N_{\text{sat,max}}$被确定时，所有子集被确定。标记 idx_k 为第 k 个子集中卫星的下标，则对于 $idx_k = \{i_1, i_2, \cdots, i_r\}$：

$$P_{\text{fault},k} = \prod_{s=1,\cdots,r} P_{\text{sat},i_s} \tag{2.12}$$

式中：$P_{\text{fault},k}$为故障模式 k 发生的先验概率。

为进一步阐述该步骤，假设有 20 颗卫星（$N_{\text{sat}} = 20$），所有的 $P_{\text{sat}} = 10^{-4}$。因

$$P_{\text{sat\_subset,upper\_bound}}(3, P_{\text{sat},1}, P_{\text{sat},2}, \cdots, P_{\text{sat},N\text{sat}}) = 1.33 \times 10^{-9}/\text{进近} \tag{2.13}$$

故 $N_{\text{sat,max}} = 2$。因为所有故障星个数不小于 3 颗的卫星子集的贡献仅仅是全部完好性预算的一小部分。共有 20 个 1 星子集和 190 个 2 星子集。所有 3 星或更多的故障星子集的贡献小于 1.33×10^{-9}。

值得注意的是，本节卫星故障概率判断故障假设的方法，理论依据是对卫星故障性质的假设：单个 GNSS 星座的卫星故障概率假设相同，不同 GNSS 星座的卫星故障特性是独立的，且不考虑卫星寿命问题。

7）计算子集解、标准差和偏置

为应对之前部分确定的风险，使用解分离算法检测上述故障模式列表中的故障。具体思想在本节已有详细解释，在此不再赘述。解分离算法需要基于误差的高斯噪声假设和固定的误警概率假设。

对于每一个 k（k 从 1 到 $N_{\text{fault\_modes}}$），需确定子集定位解 $\hat{\boldsymbol{x}}^{(k)}$ 与全可见星定位解 $\hat{\boldsymbol{x}}^{(0)}$ 的差 $\Delta\hat{\boldsymbol{x}}^{(k)}$，并确定其标准差与检测阈值。对于每一种故障模式的 k，计算加权矩阵：

$$\boldsymbol{W}^{(k)}(i,i)=\boldsymbol{C}_{\text{int}}^{-1}(i,i)\qquad \text{当 } i\in idx_k \tag{2.14}$$

$$\boldsymbol{W}^{(k)}(i,i)=0\qquad \text{其他} \tag{2.15}$$

对于所有的 j，有

$$(\boldsymbol{G}^{\mathrm{T}}\boldsymbol{W}^{(k)})_{3+j}=[0\quad\cdots\quad 0]^{\mathrm{T}} \tag{2.16}$$

对 $\boldsymbol{G}$ 做相应处理，移除其 $3+j$ 列。

使用加权最小二乘法计算故障模式 k 下的残差 $\boldsymbol{y}$ 以求得子集定位解：

$$\Delta\hat{\boldsymbol{x}}^{(k)}=\hat{\boldsymbol{x}}^{(k)}-\hat{\boldsymbol{x}}^{(0)}=(\boldsymbol{S}^{(k)}-\boldsymbol{S}^{(0)})\boldsymbol{y}$$

$$\boldsymbol{S}^{(k)}=(\boldsymbol{G}^{\mathrm{T}}\boldsymbol{W}^{(k)}\boldsymbol{G})^{-1}\boldsymbol{G}^{\mathrm{T}}\boldsymbol{W}^{(k)} \tag{2.17}$$

令下标 $q=1,2,3$ 分别表示东、北、高方向，则变量 $\hat{\boldsymbol{x}}_q^{(k)}$ 的方差为

$$\boldsymbol{\sigma}_q^{(k)2}=(\boldsymbol{G}^{\mathrm{T}}\boldsymbol{W}^{(k)}\boldsymbol{G})_{q,q}^{-1} \tag{2.18}$$

标称偏置 $b_{\text{nom},i}$ 对于位置解 $\hat{\boldsymbol{x}}_q^{(k)}$ 的影响如下：

$$b_q^{(k)}=\sum_{i=1}^{N\text{sat}}|\boldsymbol{S}_{q,1}^{(k)}|b_{\text{nom},i} \tag{2.19}$$

式中：$b_{\text{nom},i}$ 为卫星 i 的标称偏置。

全可见星解与子集定位解的差 $\Delta\hat{\boldsymbol{x}}^{(k)}$ 的方差计算方法如下：

$$\boldsymbol{\sigma}_{\text{ss},q}^{(k)2}=\boldsymbol{e}_q^{\mathrm{T}}(\boldsymbol{S}^{(k)}-\boldsymbol{S}^{(0)})\boldsymbol{C}_{\text{acc}}(\boldsymbol{S}^{(k)}-\boldsymbol{S}^{(0)})^{\mathrm{T}}\boldsymbol{e}_q \tag{2.20}$$

式中：$\boldsymbol{e}_q$ 为第 q 个元素为 1、其他元素为 0 的矢量。

8）解分离阈值检验及卡方检验

如果每一个在全可见星定位解和子集解之间的差都在一个预定的阈值内，那么接收机则顺利通过误差监测，开始计算保护级，有效监测阈值和精度等完好性指标；如果发现超出了预定的阈值，则认定存在故障。对剩下的子集进行循环检验或卡方检验来进行排除。若能够发现符合要求的子集，则重新进行该步骤，直到通过误差监测。

（1）解分离阈值检验。

对于每一个故障模式，对每个坐标方向进行一次解分离阈值检验，即一共计算 3 次。故障模式 k，坐标 q 的阈值标记为 $T_{k,q}$，定义

$$T_{k,q}=K_{\text{FA},q}\boldsymbol{\sigma}_{\text{ss},q}^{(k)2} \tag{2.21}$$

式中

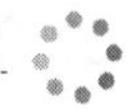

$$K_{\mathrm{FA},1}=K_{\mathrm{FA},2}=Q^{-1}\left(\frac{P_{\mathrm{FA\_HOR}}}{4N_{\mathrm{fault\_modes}}}\right)$$

$$K_{\mathrm{FA},3}=Q^{-1}\left(\frac{P_{\mathrm{FA\_VERT}}}{2N_{\mathrm{fault\_modes}}}\right) \tag{2.22}$$

$Q^{-1}(p)$为标准高斯分布的$(1-p)$分位数。保护级的计算需对于所有的k、q有

$$\tau_{k,q}=\frac{\left|\hat{\boldsymbol{x}}_q^{(k)}-\hat{\boldsymbol{x}}_q^{(0)}\right|}{T_{k,q}}\leqslant 1 \tag{2.23}$$

如检验未通过,则应进行故障排除。

因 $N_{\mathrm{fault\_modes}}$ 和 P_{FA} 在单次定位过程中为常量,所以根据上述阈值的计算方法,阈值 $T_{k,q}$ 主要取决于 $\sigma_{\mathrm{ss},q}^{(k)}$,所以 $\sigma_{\mathrm{ss},q}^{(k)}$ 的确定非常重要。

(2) 卡方检验。

在基准算法中,卡方检验是一种完整性检验,可以在不增加计算量的条件下,对正常故障模型外的其他故障进行检验(星基增强系统要求类似的检验),这一步骤不是必要的。

2.2.4　ARAIM 架构与实施

2.2.4.1　ARAIM 架构

2015 年 2 月 WG-C ARAIM 技术小组发布了《欧盟-美国合作卫星导航第二阶段报告》,该报告提出ARAIM 3种架构:水平 ARAIM、离线 ARAIM、在线 ARAIM。

1) 水平 ARAIM 架构

(1) 架构描述。

支持基于 ISM 的水平导航,该架构类似于 RAIM,不同之处在于:水平 ARAIM 使用除 GPS 外的其他核心星座进行导航,而 RAIM 仅使用 GPS 星座;水平 ARAIM 利用 L1/E1 和 L5/E5 双频信号,而 RAIM 使用单频;水平 ARAIM 允许通过 ISM 更改关键完好性参数,而 RAIM 将这些参数固化在接收机内;水平 ARAIM 可以支持 RNP 0.1 和 RNP 0.3。水平 ARAIM 架构数据处理流程见图 2.4。

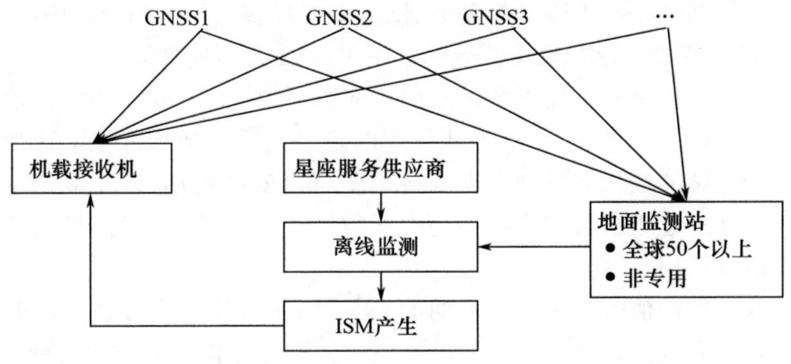

图 2.4　水平 ARAIM 架构数据处理流程

这些核心星座提供了用于描述卫星位置、卫星时钟和运行健康状况的单频或双频测距信号和导航数据。每一个核心星座都由一个星座服务提供者(CSP)运营,这些 CSP 维持着它们自身的包括监测站和控制站在内的地面段。

为了在一个国家的领空内授权这个国家用户使用核心星座,每个 CSP 必须满足一系列的要求。以下是一些建议的技术要求。

① CSP 必须发布一个能清晰地描述信号射频特性和导航数据内容的接口。这个特定的接口也必须能清晰表示如何使用这些数据,并且何时可以或不可以安全使用。

② CSP 也必须发布一个能清晰描述可期望水平的性能标准。它将包括:既定的测距精度,一份关于不符合预期精度的可能的故障的清单和说明(这个清单不需要列出全部的故障模式和效应分析;但是至少应该显示那些不符合期望精度的故障的总概率)、这些故障的发生概率、故障发生时用来警告用户并且系统服务还原到额定性能所需的预期的和最大的时间、期望的测距信号和定位精度的可用性。

③ 一个能维持这种性能水平的长期保证。

最好的状况是,这些需求是同时通过正式出版文件和与民事航空机构的直接对话来满足。更进一步说,这些保证必须通过利用离线地面段的长期观察来确认。为了使每个星座在可操作性能上获得足够的置信度,以支持在装备齐全的航空用户机群上大规模应用,则可能需要数年的观察和验证。

水平 ARAIM 地面监测由一个全球参考站网络组成,包括双频多星座接收机、一个或几个负责离线分析和 ISM 生成的分析中心,以及播发 ISM 的设备。参考接收机记录卫星测距和导航数据的观测值。这个网络必须足够密集,这样多参考接收机就可以长时间观测某颗卫星。由于地面段还没有被用做即时的或者相对快速的决策,所以它没必要由专用的接收机组成。地面段有时间对照每台接收机的历史观测数据,来印证各接收机的输出结果。

理想情况下,该架构需有一个单独的分析中心、一套获得认可的 ISM 参数集和能确定这些参数值的方法。然而,很多空中导航服务提供商可能希望在其领空内取得对整个信息及其使用权更强的控制力,则需要建成多个不同的分析中心,分别向特定区域提供 ISM 参数。带有地区差异的水平 ISM 会大幅提高复杂度,比如在一个飞行器从一个地方飞往另一个地方的过程中,必须存储两个区域的 ISM 参数并且知道何时切换 ISM 参数。因此,ISM 需要具备可以确定其适用地理区域的数据。分析中心必须收集参考站的数据并且判定出哪些星座可以安全使用,以及应为每个星座分配何值。这个处理过程将会在离线架构中详细描述。一旦安全的 ISM 值确定出来,它们就必须播发给用户。

由于选取参数初值时已考虑了长期的安全性,所以这些参数被更新时并不需要立即广播。这些参数应该仅当引入新的星座和调整保守性的时候才会做出实质上的改变。因此 ISM 应该用尽可能便捷的方式传递给飞行器。这个选择的决定依赖于

来自接收机制造商、机体制造商、航空公司和 ANSP 等的信息输入。从目前来看，我们假设这些参数可以被存入一个数据库中。如果一个更好的方法被发现并确认（比如，维护接口或者航空数据链路），那么从技术的观点来看应该能更容易去调解这个问题。

（2）水平方向导航。

当前 RAIM 仅支持水平方向导航，应用于远洋导航、航路导航、终端区导航、进近和离场运行等。目前最严格的支持运行（非精密进近）HAL 为 555m（LPV 程序的 HAL 为 40m），一些特殊应用可能有更高的性能需求。因此水平方向的导航与那些需要满足更多要求的垂直引导操作相比承担更少的风险。对于仅支持水平方向的导航而言，实际水平位置误差（HPE）超出水平告警门限为发生一次“严重”风险，而对于 LPV 运行，水平或垂直定位误差超限为发生一次“危险”风险。风险等级的增加意味着系统需要提供更精确的引导，并接受更严格的监测。一个未被监测到 10m 的伪距误差对 185m 的 HAL 而言会造成相对较小的风险，但是对于一个 40m 的 HAL 或者 35m 的 VAL 来说会产生一个显著的风险。水平 ARAIM 与 RAIM 一样都瞄准了相同的目标：支持 RNP。

ARAIM 有数个优于传统 RAIM 的优势：它支持多星座，支持双频，具有可更新的 ISM。多星座提供大量的测距资源可以让用户获得与单靠 GPS 相比更好的几何结构。双频操作允许用户直接估计并移除电离层延迟。单频电离层模型对每一个伪距测量都具有显著的不确定性，通过直接观测电离层来消除这种不确定性，可显著提高每个伪距测量值的可信度。这些改善带来了比当前 RAIM 更好的可用性。同时，ARAIM 也解决多个卫星故障并发的问题，机载算法可以通过 ISM 参数检测和排除多卫星故障。

可更新的 ISM 使 ARAIM 性能可以适应变化的 GNSS 环境。在 2000 年 5 月，GPS 通过移除卫星时钟的人为性能退化（这种退化被称为选择可用性技术）而大幅提升精度。在这个事件之前制造的 RAIM 接收机假定卫星时钟具有很大的不确定性，因此这些接收机可以从提高的精度中获益。部分机载接收机被硬编码为假定选择可用性技术依然存在，所以它们仍具有较差的性能。可更新的 ISM 可以允许 ANSP 包含新的星座而由此变得可用。由于新的信号和星座没有长时间的服务历史，很多参数将会被很保守地进行初始化设置。随着时间的推移，当它们能建立一个长期的优良性能历史记录时，这些参数可以被改善以获得更好的 ARAIM 可用性。因此，ISM 的更新可以升级服务质量而不需要替换掉所有的 ARAIM 接收机。当然，部分用户出于自身需求而选择避免进行任何的 ISM 更新，所以使用静态硬编码 ISM 的方案也应予以保留。

（3）机载算法。

机载 ARAIM 基准算法已经被之前的文献[6]描述过。机载接收机测量到卫星的距离。从单个 GNSS 卫星收集得到的导航数据包含一个广播导航置信参数

σ_{URA}。如果ANSP需要的话，可以通过调整ISM包含的一个参数来增加这个值。评估这些距离测量和导航数据以判断它们是否一致，监测出冲突的测量值并丢弃掉以满足与已评估的数据子集相一致。如果一个故障被标示出来，但是不能被隔离和排除，则这个操作就被声明为不可用的。最终只有一个一致的卫星集对导航是有用的。

在文献[6]中描述过的参考算法已经被优化过以应用于水平和垂直引导。在水平引导的情况下，所有完好性预算被分配给水平模式（对于垂直操作，大部分分配对应于垂直模式）。在仅有水平模式的时候，不需要计算垂直位置。

（4）ISM的内容。

用于水平架构的ISM包含一个用来确认哪颗卫星在参数集中被描述的电文头，以及这个参数集的适用时间。它也包含了已被ANSP决定包含在内的卫星的数据。该电文头有一个卫星掩码，其格式与SBAS消息类型1中的卫星掩码相似[32]，但是需要不断更新以包含所有的星座。在一个特定的星座中，每一个比特位都要对应一个特定的PRN数字。比特位设置为1表明这个卫星有参数包含在ISM消息核心内；比特位设置为0，说明没有关于这个卫星的信息，并且在该ANSP的领空内它将不被ARAIM使用。适用时间包括周数和周内时间，该值表明这个信息可被使用的起始时间，它可能被设置成ISM的生成时间，或者数据播发的时间。拥有较新时间标签的ISM应替代先前的数据，并且所有先前的ISM数据都应该丢弃。另一种方案是为ISM数据设置一个长度有限的有效时间窗，任何早于某一阈值的数据都可被丢弃。这样就可以保证用户得到的是最新的信息。

对于一个特定的ANSP会有一个相应的标志，这个标志可能是国家的，也可能是地区性的或者全球的。这个标志可以匹配航线或者途经路线并且让ANSP拥有决定在领空内使用哪一个ISM的能力。飞行器数据库可能需要包含多个ISM，并且每一个ISM对应一个ANSP。然而，仍然需要开发与这样功能相关联的可操作的概念。最后，将会有一个标志来表明这些参数是否能用于更高精度或者垂直方向引导。由于这些运行在风险水平上有不同的差异，水平模式的运行可能由不太保守的ISM参数支持。在这种情况下，应告知接收机将此数据用于拥有较大告警门限的水平模式。

核心ISM数据包含了每一个星座和卫星对应的参数。对于每一个包含于卫星掩码内的星座，均有一个4位的参数指定了相应P_{const}的值，该值从16个理论范围在$0\sim10^{-3}$的预定数值中选取。类似地，对于每颗包含于这个卫星掩码内的卫星，都会为其提供5个额外的参数。健康标志显示是否应该使用某颗卫星，0标志表明这是一个可用的卫星，1标志表明这颗卫星是不健康的并且不应该用于ARAIM。指定P_{sat}的四位参数从16个理论范围在$10^{-8}\sim10^{-3}$的预定数值中选取。接下来的两个参数应与来自卫星的广播σ_{URA}值相乘，因此，CSP增大或减小广播的σ_{URA}值时，飞行器所使用的σ值也会改变。ANSP通过α_{URA}来提高用于保护水平计算中的超界西格玛

项(σ_{URA})。与此类似,ANSP 通过 α_{URE} 来设置用于描述测距信号的期望精度的西格玛项(σ_{URE}),通过 b_{nom} 来指定用于保护水平计算的标称偏差包络项。

(5) ISM 参数选取。

目前 RAIM 对 GPS 使用下面的参数:$p_{const} = 0$,$p_{sat} = 10^{-5}$,$\alpha = 1$,$b_{nom} = 0$。这些数值为了支持 RNP 运行而建立了一个长期的安全记录。预计这些参数在未来将会继续安全地用于 GPS,其中包含 L1 和 L5 的组合以及单 L5 运行。其他星座必须发布性能保证并且建立一个相似的运行历史记录。可以预料的是至少在初期 p_{const}、p_{sat}、α 可能需要更大的数值。然而,在这些新的星座满足它们初始的操作性能之前还不能确切地采取这样的选取方式。

(6) 水平架构总结和展望。

水平架构是现今 RAIM 架构的一个小幅扩展。它增加了 3 个关键的元素:多星座,双频和一个可更新的 ISM。地面监测和 ISM 的确定通过一个庞大的冗余接收机全局网络来实现。一个很重要的差别是这些地面监测接收机需要能够同时容纳多重星座和双频,另一个重要的差别是机载接收机需要一个机制来获取新的 ISM 参数,比如数据库、地面数据链路或者卫星传输。

预计水平 ARAIM 服务要有比当今 RAIM 更好的 RNP 程序可用性。双频 GPS 和 Galileo 系统的预期性能可以进一步提高其可用性。

2) 离线 ARAIM 架构

(1) 架构描述。

支持垂直运行的离线架构是一个水平 ARAIM 架构的简单版本,被设计用来支持更严格的垂直完好性需求。由于带有水平架构,在可预见的未来,ISM 参数应该被设置成预期中安全使用的值。然而,由于它们服务在更小告警门限和更高的完好性需求的情况下,所以将需要接收更多的检验并且可能比水平架构的值更谨慎保守。与水平架构一样,离线 ARAIM 架构使用的 ISM 参数没有必要对短期的星座运行状态进行细致刻画。这些参数应能够保守地兼顾短期和长期的星座性能,即使长时间不对它们进行更新,也依然可以保证安全性。不过在一般情况下,这些参数每月会被更新一次,以确保与最新的监测结果一致。

离线 ARAIM 结构包括空间段、用户段和地面段 3 部分。空间段为多个导航星座,用户段为机载接收机,地面段为全球分布的参考站网络。地面参考站网络由 50 个以上遍布全球的参考站组成,可用非专用的地面站,如 SBAS 地面监测站、GBAS 地面站、国际 GNSS 服务(IGS)站等,保证 ISM 能够支持所需的完好性性能。与水平 ARAIM 相同,离线 ARAIM 架构的 ISM 参数来源于服务供应商提供的参数以及对历史观测值的统计。不同之处在于,离线 ARAIM 架构面向更严格垂直完好性需求,因此,ISM 参数需要更多的监测并且应更加保守。另外,用户需每月更新 ISM 参数,以确保最近的观测数据纳入到历史观测值中,反映参数近期的变化。离线 ARAIM 架构数据处理流程如图 2.5 所示。

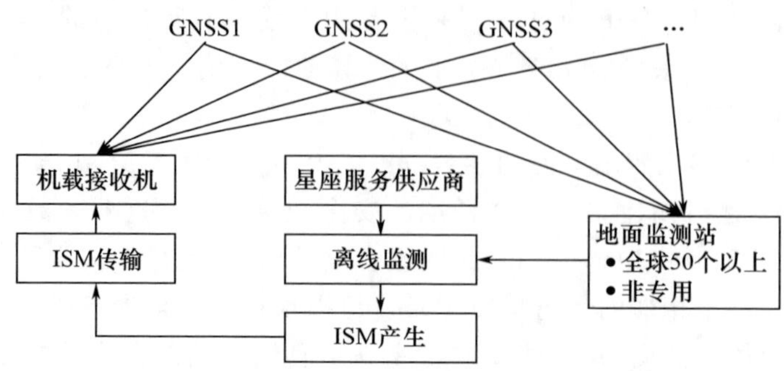

图 2.5　离线 ARAIM 架构数据处理流程

机载接收机接收地面站发送的 ISM 信息以及 GNSS 数据,根据冗余的 GNSS 观测量进行卫星故障检测和排除,保证系统的完好性。由于机载接收机自身执行故障的检测和排除功能,无需地面站提供实时的完好性监测信息。离线架构 ISM 更新频率为 1 个月或者更长,除非星座状态发生了明显改变(比如有新的卫星取代旧的卫星)。

离线 ARAIM 架构的 ISM 电文包括 3 部分:电文头、ISM 核心和电文尾。电文头主要包含电文标识等信息,电文尾主要包含检验和纠错信息,ISM 核心参数包含星座故障概率、卫星故障概率、URA 的乘数、URE 的乘数、标称偏移项,如表 2.4 所列。

表 2.4　离线结构 ISM 电文

电文头		
ISM 核心	Health_Flag	卫星健康标志
	$P_{\text{const},i}$	给定时间内的星座故障概率
	$P_{\text{sat},j}$	给定时间内的卫星故障概率
	$\alpha_{\text{URA},j}$	URA 的乘数
	$\alpha_{\text{URE},j}$	URE 的乘数
	$b_{\text{nom},j}$	标称偏移项
电文尾		

(2) ISM 参数选取。

ANSP 必须选择 ISM 参数来维持使用周期内的安全。然而,这些参数不应该太过保守,以至于造成性能不必要的损失。这需要一个微妙的平衡,即在初始化的时候偏向于更保守的一方。在确定这些参数的过程中,ANSP 必须考虑到以下几个风险[6]。

① 卫星时钟和星历误差。

② 测距信号畸变误差。

③ 伪码载波不一致。

④ 在不同频率下的信号间的偏差。

⑤ 卫星广播天线中的偏差。

这里还有别的误差源，比如那些产生于信号传播环境或者本地飞行器环境的误差。然而，这些误差源可以通过未被包含在ISM内的参数进行表征。

上述风险会加大标称测距误差，即射频信号和导航数据是不完美的；实际上某些预料中的大量误差总是会出现的。在离线架构中，这个标称的误差是通过 $\alpha_{URA} \times \sigma_{URA}$ 和 b_{nom} 描述的。另外对于这个标称误差需要说明的一点是，故障有一个小的概率在一颗或多颗卫星上会产生较大误差。如果只有一颗卫星受到影响，则这些极其罕见的故障被称为“窄故障”；如果不止一颗卫星受到影响，它们就被称为“宽故障”。这些故障被考虑在机载算法内，并且它们出现的可能性分别被参数 p_{sat} 和 p_{const} 指定。

这些风险必须在垂直导航上进行潜在的影响评估。对于RAIM，只有第一个风险——时钟和星历误差，才被认为有非常大的可能成为影响因子。为了支持LPV操作，离线和在线架构也必须评估后面的风险。这些架构必须证明所有的风险都被充分减小以满足这些运行的最小告警门限。

(3) GPS历史服务。

上述列举的最大误差一般是时钟和星历误差。GPS的这些误差用来自IGS网络的数据进行表征[33]。IGS网络记录广播导航数据，除此之外还有距离测量。距离测量用于生成非常精确的、后处理的卫星位置和时钟。导航数据文件被筛选出异常值然后用来确定实时广播估计的卫星位置和时钟。这两个估计要区别开来，这些残差随着地球上的用户的视距而变化。导航数据也包括之后用于归一化这些残差的 σ_{URA}。在2008年1月1日到2014年3月31日期间，这些已归一化的残差每隔15min就要被分析一次。图2.6显示了被GPS卫星时钟聚集在一起后的累计分布函数。图中深黑色的线条显示所有卫星的合计的累计分布函数。最右边红色的线条显示期望的累计分布函数值，它符合一个0均值、统一方差的正态分布。

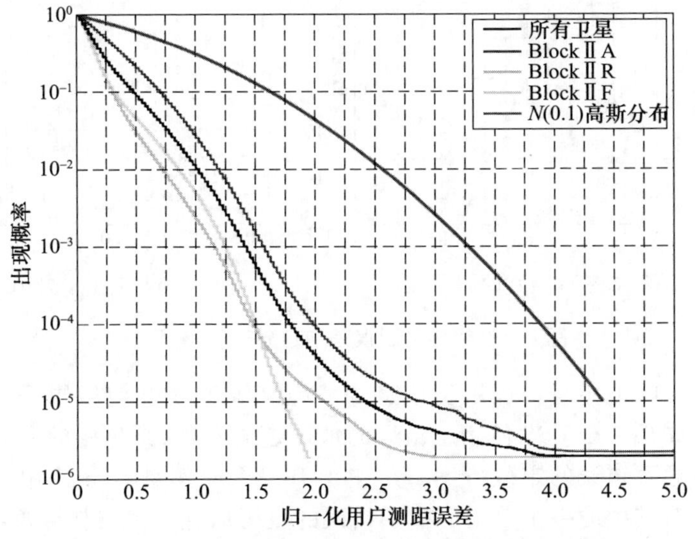

图2.6　归一化测距误差的累积分布函数(见彩图)

图 2.6 显示出当对各卫星依据 Block 进行分类后结果会呈现出什么样的分布。对于所有的 3 个 Block，标称时钟和星历误差是在广播值 σ_{URA} 下降到稍微低于 10^{-5} 水平之前才能被非常保守地描述。实际上，如果广播值 σ_{URA} 显著减小，则这个值仍然是安全的。应对这些数据进行额外分割，用来寻找卫星特殊效应或者短期效应[34-35]。

虽然单个卫星的误差分布可能是在期望水平边界内的高斯分布，但是更重要的是如何量化这些卫星的误差结合后产生的定位误差。如果卫星的误差是相关联的，则它们可能结合形成无法预料的巨大定位误差。保护级方程把卫星误差看作是相互独立的，以此来处理定位误差包络。图 2.7 显示了归一化误差（移除主服务失效的时间后）平方和的根的分布，用来评估无故障子集解的运行状态[34]。如果至少一个子集包含无损测量并且这个一致的定位误差表征谨慎，那这个保护级就算是一个有效的定位误差的上界。图 2.7 的直方图（隐含在图中的蓝线中）表明时钟和星历误差表现得极好。在星座中有故障的 GPS 卫星从来不会超过一个，更进一步地，卫星误差和的平方根（RSS）与期望中的卡方分布相比甚至会有更大的减少（大约 1/3），而且与图 2.6 中的高斯分布相比单个卫星的误差大约下降 1/2。这表明全可见星集的定位误差将会比用于保护级方程的误差项有显著的冗余，而且将它们的误差当成相互独立的做法是保守的。图 2.6 和图 2.7 清晰地表明了 GPS 的历史广播值保守地描述了可观测的时钟和星历误差下降到更低水平的概率。

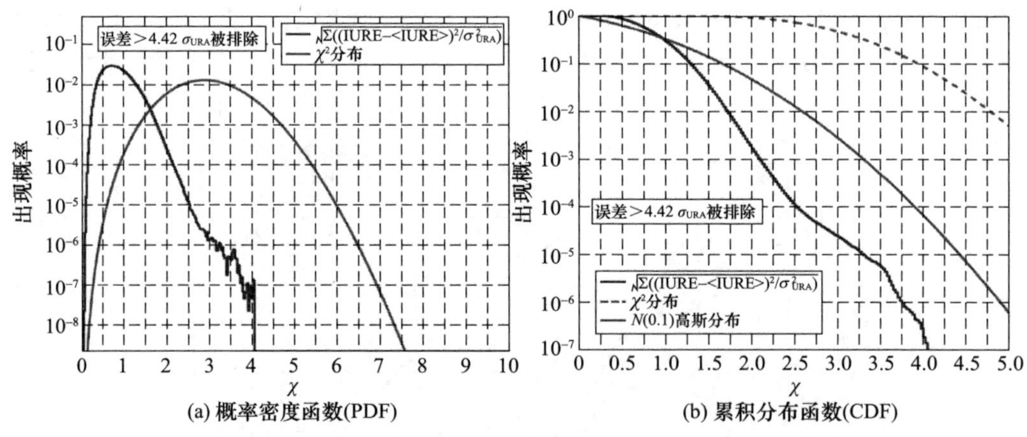

(a) 概率密度函数(PDF)　(b) 累积分布函数(CDF)

图 2.7　标称伪距误差卡方分布（见彩图）

一个潜在影响卫星时钟和星历信息的故障来源于 CSP 使用错误的地球定向参数的可能性。如果一个 CSP 使用了错误的地球定向参数，则星座的所有广播时钟和星历数据可能导致错误的定位方案。历史上有一个先例是 GPS 使用了错误的地球定向参数并且对其中的一个卫星广播了错误的星历信息。主控制端要在这个错误广播发给别的卫星之前识别并纠正这个错误。如果这种类型的错误被广播给所有的卫

星，则机载算法将不能在仅使用该星座的情况下监测到任何不一致。离线架构依赖以下声明：两个星座同时产生不一致的误差是很有可能的。轮流排除每个星座来监测错误以确保至少一个子集没有受这种故障影响。

另一个误差源来自卫星广播波形的细微畸变。信号在途经传输链路各部分时，因滤波而导致无法维持矩形波形。这种情况因卫星而异。这个所谓的标称畸变效应导致了不同接收机到不同卫星的测距方式上的微小差异。这个差异的大小取决于用户接收机的一些特征。研究表明，对于不同的接收机设计，这些偏差可能达到 1m 级别。然而，通过限制接收机设计空间并增加参考接收机的通用性，这些误差可以被减小到 10cm 的等级水平[36]。

此外，编码和测距信号的载波部分之间可能存在分歧。如果它们不完全一致，则载波平滑将产生一个随平滑时长而增加的偏差。GPS L1 信号上的码和载波从未被观测到有不一致的情况，然而这种现象却在 GPS 区 IIF 卫星的 L5 信号上被观测到。该误差的大小达到了 10cm 的幅值[37]。然而，对于大多数卫星来说，标称影响预计小得多。

L1 和 L5 信号的去电离层组合假设这两个信号在广播的过程中时间上是同步的。然而，电子元件在不同频率上会产生不同的信号延迟。这样一来，两个不同频率的信号就会有一个固定的偏移。这个频率间的偏差值被估计并且作为导航数据的一部分广播给用户。然而，由于估计过程受噪声影响，这种信号间的校正有一些不确定性。这个误差项的标称影响会被包含在卫星时钟的估计误差中。

需要考虑的最后一个风险来自卫星天线，理想的情况下对信号来说每一个天线应被当成一个点源。然而，实际的天线都有随视角变化的偏差，也就是说，到天线的路径长度会因天线与用户方向的不同而呈现出不同的特点。这些偏差会不同程度地影响编码和载波并且对不同的频率也会有不同的影响。目前已做过大量工作来最小化卫星载波相位天线偏差，该值基本可降至 4cm 以下，但可观测到的码相位变化依然高达 50cm[38]。

(4) 用于 L1 GPS 服务的 σ_{URA} 和 b_{nom} 参数的初步确定。

离线架构理想地使用 $\alpha_{URA} \times \sigma_{URA}$ 来包络卫星星历、星钟和频率间偏差的标称误差，b_{nom} 包络由信号畸变、伪码载波不一致和天线相位中心变化引起的标称误差。实际中，这些参数必须以足够的概率共同限定所有误差的卷积。目前，在离线架构中两个参数都被很保守地设置。σ_{URA} 可能的最小广播值约为 2.4m(更低的值在接下来的几年内将有可能出现)。当前，不需要将 α_{URA} 设定在其最小值 1 以上。未来当更小的 σ_{URA} 值广播的时候，有必要再一次仔细检查运行状况并且需要更大的 σ_{URA} 值。正如上述所描述的那样，这三个偏差项可保守地由 75cm 的 b_{nom} 限定[39]。

(5) 用于 L1 GPS 服务的 P_{sat} 和 P_{const} 的初步确定。

之前的章节描述了风险的标称状态。然而，这些风险也可以导致罕见的不容易被标称参数描述的故障。GPS 性能标准定义主服务故障为任何时刻下空间信号误差

超过 $4.42\times\sigma_{\mathrm{URA}}$。从图 2.8 可以很明显地看出,低于 $4.42\times\sigma_{\mathrm{URA}}$ 的误差平均发生的情况不比高斯分布的预期更频繁。然而,主服务故障需要分别进行处理。机载算法与子集方案相比是为了找到不一致的地方。只要遇到这种故障的真实概率低于假定的概率,机载算法就可以维持其期望的完好性。GPS 性能标准陈述了每一个卫星每个小时内不会有超过 10^{-5} 的卫星故障概率,这个保证进一步表明主服务故障将会在 6h 内被标记出来或者被解决掉。在任意给定的时间内观测到的卫星故障情况可能早就在之前的 6h 内的某个时刻就已出现,并且此刻才呈现出影响用户的特点。这些说明意味着 P_{sat} 有一个 6×10^{-5} 的极端上限。

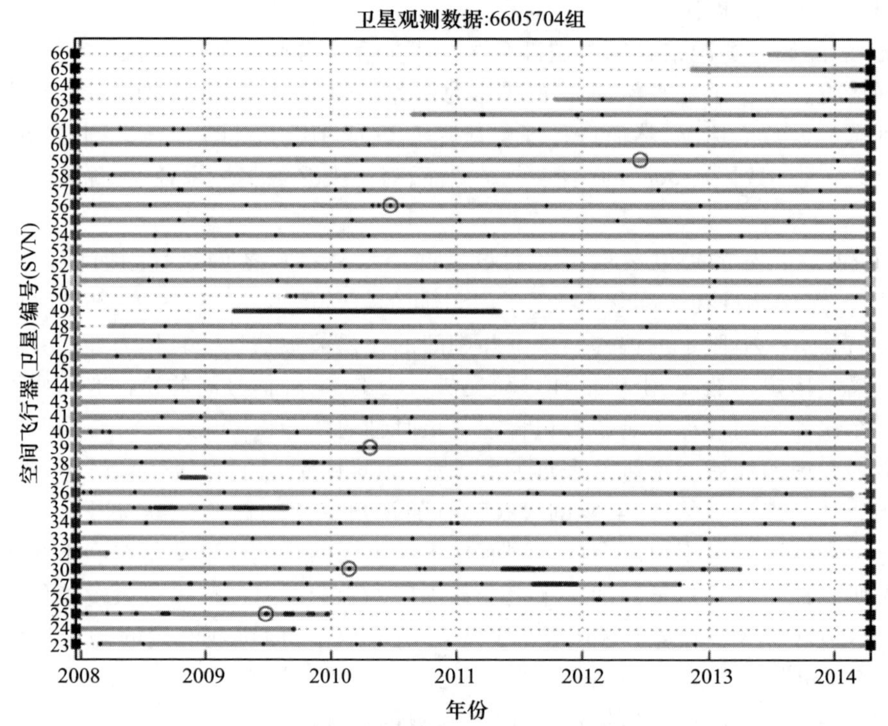

绿色—良好的观测值;蓝色—卫星处于不健康状态;
洋红—无广播星历;红色—圆圈表示一个大于 $4.42\times\sigma_{\mathrm{URA}}$ 的误差。

图 2.8　卫星观测总结(见彩图)

图 2.8 显示出从 2008 年 1 月 1 日到 2014 年 3 月 31 日的 GPS 卫星观测历史。在这期间,共有 5 个主服务故障被识别出,累计持续时间达 3h。这个数据意味着已观测到的 P_{sat} 值近似为 2×10^{-6}。这样一来,已观测到的故障率与保证的极端上限间有一个数量级的差别。标准定位服务性能标准(SPS PS)(从开始每小时每个卫星的故障到 6h 内告警的 10^{-5} 的概率)中的数字代表了上限值,而非期望值。两个上限的乘积产生了一个更保守的值。RAIM 假定视野内的某个卫星可能出现故障的情况的概率为 10^{-4}/h[40]。基于这种假设,如果视野内(1h 的故障期间)有 10 个卫星,则相

当于 P_{sat} 的值为 1×10^{-5}。这个值虽然小于保证的极端上限，但它至少比历史观测到的值大 5 倍，它呈现出一种良好的折中并且我们认为这个值可用于 GPS 的离线架构中。

除了窄故障之外，我们还要关心的是整个宽故障的概率或者某时刻不止一个卫星出现从而导致异常的巨大误差的故障。GPS 性能保证没有排除这些故障同时发生的可能。每个卫星 10^{-5}/h 的故障上限意味着一个约有 30 个卫星的星座在任意一年内大约会有 3 个卫星故障。此外用一个 6h 以上的界限并假定这些故障中至少有两个同时发生，就意味着 P_{const} 将达到一个更高的接近 7×10^{-4} 的界限值。自 1995 年公开运行以来 GPS 卫星尚未观测到并发的主服务故障的情况。然而，在接下来的 20 年间，很难靠经验证明这些值低于 5×10^{-6}。此外，十多年前的运行是否跟当前运行有关联并不明确。因此，一个 10^{-5} 的经验上界似乎是合理的。根据已有结果，不管使用 10^{-4} 还是 10^{-5} 实际上几乎没有区别，因此使用 10^{-4} 评估性能是比较保守的[6]。乍一看，用一个等于或者大于 P_{sat} 的 P_{const} 值是矛盾的。然而，这些数字描述了事件的不同类型而且是不能直接对比的。由于大约有 30 个卫星但只有一个星座，P_{sat} 的 P_{const} 使用相同的概率意味着在任意给定的时间中出现窄卫星故障的可能是出现宽故障的 30 倍。ANSP 可以将这些概率设置为可接受的值。部分 ANSP 可能会发现观测值很有说服力，但有些 ANSP 不愿意使用低于最坏情况的承诺值，有一些甚至不相信已发布的承诺。希望通过 ICAO 协调处理任何这样的差异来最大程度地确保取得一个在安全和服务性能上全部一致的水平。我们发现针对 GPS，承诺设置得非常保守而且建议接受使用那些低于 P_{sat} 的 P_{const} 承诺的极端上限的值。然而，GPS 还没有提供正式组合的 L1 和 L5 的服务，而且别的任何星座也没有做到。因此，这些分析需要持续下去并且还要扩展到未来的双频操作上去。

（6）离线架构总结和展望。

离线架构是一个更保守的单水平架构。它的 ISM 参数接受更详细的检查并且可能会被设置成更保守的值。更进一步讲就是用户应该每月更新 ISM 以确保它们与长期观测的历史数据以及近期的数据相一致。虽然 GPS 有一个已发布的性能保障和一个关于操作的长期跟踪记录，但是对于别的星座来说还没有出现这样的案例。因此以上段落描述的参数值仅适用于 GPS。对于 Galileo 系统，期望有一个与目前 GPS 值相协调的 65cm 的 σ_{URE} 指令值[41-43]。然而，得到什么样的值会适用于所有的参数还有待观察。

离线架构充分利用来自 CSP 的一致性能水平的优势，这些 CSP 为了被接受就必须发布一个性能保证，并且以后的运行性能要一直优于所保证的性能。GPS 在仅 L1 服务方面已经满足了所有这些要求。我们期待 GPS 和 Galileo 系统都能同样地满足这些目标，当然它们的双频服务也包含在这些目标里。

正如上面所论述的那样，离线 ARAIM 完好性情况基于受服务历史支持的 CSP 保证和断言。另外，核心 GNSS 服务性能承诺（SPC）没有必要保证已观测到的性能水平，因为正如当今 GPS 做的那样，人们期待 CSP 将会有选择地去维持在它们的性能保证和它们提供用户的实际性能之间的冗余。因此，仍有存在一些风险，即达到 LPV－200 ARAIM 目标服务可用性的测距精度可能与 SPC 提供的保证量不一致。

3）在线 ARAIM 架构

（1）架构描述。

在线构架的目标在于在影响 ARAIM 用户的 GNSS 的性能特性上给 ANSP 更大程度的控制权。在线 ARAIM 概念的相关特性如下。

① 星历覆盖，ARAIM 地面监控部分计算 ISM 携有的高精度星历表。

② 在线监测器有排除故障卫星的能力。

星历覆盖的在线监控需要确保其完整性以防止星历故障。对卫星有效载荷故障附加的在线监测是一种选择，这对完好性来说不是必须的，但是会潜在地缩短达到正常操作性能的时间。

星历覆盖控制标称误差的一个主要组成部分。此外，星历覆盖的在线监测可以通过限制故障卫星的曝光时间，从而降低星座故障（P_{const}）概率，同时也潜在地降低了 P_{sat}。应用星历覆盖和在线监测后，P_{const} 可以忽略不计。

在线监测概念起源于 SBAS 和 Galileo 系统的生命安全（SOL）服务体系。不过，由于机载 ARAIM 故障检测功能的存在，在线监测相较二者均有所简化。地面系统为了满足假设而需要更长 ISM 告警时间（TIA），使得在线架构地面部分更容易实施（相比于机载算法中 6 s 的告警时间（TTA））。

毫无疑问，在线 ARAIM 除了其潜在利益外也有一些挑战和花费，如下。

① 短暂的 ISM 延时（大约 1h）和相关的数据传输链路。

② 一个由专用参考接收器组成的世界范围内的稀疏网络。

③ 轨道计算和监控功能的开发和验证。

离线架构的目标在于使得航空导航服务供应商更大程度地控制影响 ARAIM 用户的 GNSS 性能特征。其特点在于：①星历覆盖，ARAIM 地面段计算精密星历并通过 ISM 传递给用户；②带有故障卫星排除功能的在线监测。星历覆盖控制了误差中的主要部分，有效减小了标称误差，另外，星历覆盖的在线监测也有效减小了星座故障和潜在卫星故障的概率。通过星历覆盖和在线监测，星座故障概率可以忽略。在线 ARAIM 架构包括 20 个左右全球稀疏分布的地面参考站，地面站提供短时延 ISM 产生及传输机制、星历覆盖产生器以及在线监测。由于在线架构是离线架构的升级，因此，其包含离线架构的所有功能。在线 ARAIM 架构数据处理流程如图 2.9 所示。

机载接收机接收到地面站发送的 ISM 信息，并结合自身接收到的 GNSS 冗余观测量进行故障检测排除，保证系统的完好性。由于 ISM 中包含精密星历以及在线监测数据，在线架构将采用更精确的误差模型以及更小的故障概率，因此，与以上两种架构相比，在线 ARAIM 架构将实现 LPV－200 更大的可用性。

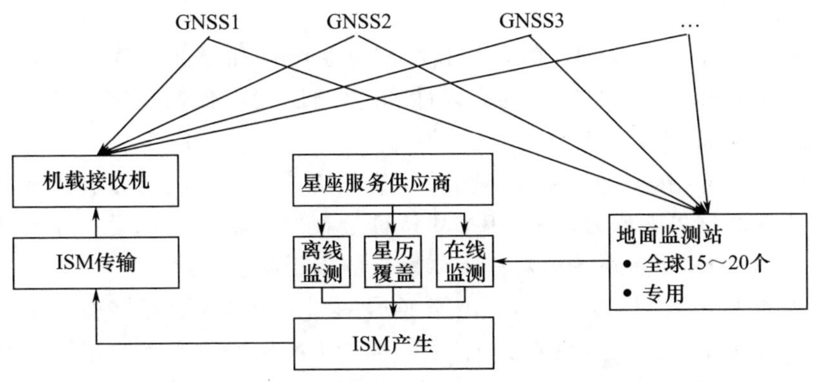

图 2.9　在线 ARAIM 架构数据处理流程

在线架构 ISM 参数包括 4 部分：电文头、ISM 核心、ISM 星历参数和电文尾。电文头主要包含电文标识等信息，电文尾主要包含检验和纠错信息。ISM 核心参数包含星座故障概率、卫星故障概率、URA 乘数、URE 乘数、标称偏移。ISM 星历星钟参数与卫星广播的星历星钟参数格式相同，包含更精密的星历星钟参数，如表 2.5 所列。

表 2.5　在线结构 ISM 电文

<table>
<tr><td colspan="3">电文头</td></tr>
<tr><td rowspan="7">ISM 核心</td><td>Health_Flag</td><td>卫星健康标志</td></tr>
<tr><td>$P_{\text{const},i}$</td><td>给定时间内的星座故障概率</td></tr>
<tr><td>$P_{\text{sat},j}$</td><td>给定时间内的卫星故障概率</td></tr>
<tr><td>$\sigma_{\text{Int},j}$</td><td>URA 标准差</td></tr>
<tr><td>$\sigma_{\text{Cont},j}$</td><td>URE 标准差</td></tr>
<tr><td>$b_{\text{Int},j}$</td><td>完好性偏移项</td></tr>
<tr><td>$b_{\text{Cont},j}$</td><td>连续性偏移项</td></tr>
<tr><td colspan="3">ISM 星历参数</td></tr>
<tr><td colspan="3">电文尾</td></tr>
</table>

（2）参考站。

为了达到星历覆盖和监控功能的轨道计算以及监控所要求的准确度，每个卫星至少需要 2 个参考站。考虑到参考站故障产生的额外冗余需求，建议每个卫星配 3 个参考站。由此分析可得，实现全球范围的稀疏网络大约需要 20 个参考站。更多关于参考站质量、空间分布，以及有关定轨性能的详细信息会在本节覆盖功能部分进行阐述。

参考站的运行和维护需要依靠各个 ANSP 充分利用 ARAIM 地面系统产生的 ISM 来实现。人们希望现有的 SBAS 基础设施能够得到最大程度的利用。事实上，在线 ARAIM 架构可以描述为 SBSA 的一种进化，即通过在机载段增加双频多星座

ARAIM,从而简化地面段架构。

参考站接收器测量 DFMC 伪码和载波相位观测量和导航数据。为了在参考接收器发生故障时确保参考站输出的完好性和连续性,我们预期在每个参考站上安装 2 ~ 3 个接收器以满足设计保障准则(DAL)。

对在线 ARAIM 构架的导航覆盖为用户建立的独立而透明的导航数据功能可以进行公开审查。这可能成为未来 ARAIM 认证过程的一个重要元素。导航覆盖能为所有有助于 ARAIM 服务系统的星座提供增强的测距精准度。

为了实现 LPV - 200 的可用性,GNSS 信号的测量误差需要足够小。在线 ARAIM 构架中这个目标是通过星历覆盖实现,也完成了 GNSS 核心星座的定轨时间同步任务。新发射的卫星可以像应用于 WAAS 和 EGNOS 的过程一样引入到运行的 ARAIM 系统中。

(3) ISM 广播。

在线 ARAIM 的 ISM 有各种可能的播发途径,如下。

① 同步轨道卫星数据链路(比如 SBAS)。

② 终端机场的超高频数据广播(比如 GBAS)。

③ 当前或将来的航空数据链路,比如甚高频数据链路模式 2(VDL - 2)、L 频段数字航空通信系统(LDACS),或航空移动机场通信系统(AeroMACS)。

④ APNT/DME 或 ADS - B 地面发射机。

⑤ 使用 CSP 备用位。

使用 VDB 方案可以为机场提供 GBAS CAT Ⅱ/Ⅲ。GEO 方案可以继续为当前非航空 SBAS 用户提供高完整性和高准确度的导航服务。另外需要注意的是,为了使 VDB 提供全球服务,需要在每个机场附近建立地面发射机。此外,GEO 方案不能覆盖高纬度地区。

选用的广播方法需要 ANSP 和航空制造商等利益相关者一致同意。不同的 ANSP 最终也有可能选择不同的广播方法。

2.2.4.2 ARAIM 构架开放点

1) 公共开放点

(1) 全球统一 ISM 与 ISM 多样化。

理想情况下,ISM 应该是全球通用的,但是事实上各个国家更倾向于使用本国的 ISM,尤其是涉及支撑进近操作方面的技术。统一的 ISM 可以应用于各个地方,因为其本质上类似于今天的 RAIM 算法。此外,特定的 ISM 可以应用于特定的航空领域,不过这会增加系统建立所需费用和系统复杂性。每个 ISM 需要相对较少的比特位。它们包含在每个 ANSP 的数据库与广播信息中。这也要求接收器制造商、机身制造商、航空公司、监管部门和 ANSP 一起商讨播发的具体方法。

(2) 在历史服务记录建立之前,不能确保垂直导航。

因为每种构架都要求 CSP 的星座性能具有一定程度的可信度,这种信任的建立

需要长期的观测。在一个 CSP 开始提供双频服务并发布性能标准之后，ANSP 可以监测其实际性能是否满足性能标准。为了证明性能能够被长期信任，需要长时间来观察。参数值将增高（与已发布的 CSP 性能标准有关）来增加保守度。P_{sat} 和 P_{const} 的微小幅值需要多年的观测。它们起初会被赋予较大的数值，随着时间流逝，如果 CSP 建立了一个符合自身承诺的跟踪记录，则这些值可以降低。可能需要 5 年或者更长时间来减小当下的 L1 GPS 值，而在一开始没有满足承诺的 CSP 将需要更长时间。

（3）星座可能是脆弱的。

最主要的问题是单个或两个星座的卫星数目不足，或卫星几何结构不健壮。目前的 GPS 在轨道上有 31 颗健康卫星。然而，它的性能承诺只保证 21 颗卫星具有 98% 的可用性。现实情况更好一些，在过去 7 年中不少于 28 颗健康的卫星在轨道运行（24h 基本时长中至少有 23h 健康运转时间）。

Galileo 系统有相似的关注点，即星座仍在组建中，且长期卫星可用性还未被承诺。与 GPS 一样，预计健康运转的在轨卫星在 24 颗到 30 颗之间。

在线构架对于脆弱星座的敏感度较低，尤其是当它缓解星座故障影响时。

2）离线架构方面

（1）参考站和分析中心（主站（MS））。

IGS 网络服务是监测卫星时钟和轨道故障的一个好的开始。它们已经过国际上的协调并且网站数量之多使之易于鉴定和移除异常。来自这些站点的数据也被用于科学研究的精密定位，很容易确定米以下水平的不一致。然而，这个网络目前缺乏充分检测到信号变形的能力。因此，合适的做法是用接收机来扩大这个网络，接收机应在若干相关器间距下进行测量。对于美国而言，WAAS 网络在 LI 信号 GPS 导航方面已经拥有该性能。WAAS 正在升级它的接收机，以收集多个相关器间距的 GPS L5 信号。在未来它也有可能增加类似性能来监测其他星座。通过适当升级，WAAS 和 IGS 网络能够为北美提供良好的监测。其他地区可以开发利用本地现存的或计划建设的 SBAS 接收机。

由于没有即时通信和数据处理的要求，离线构架分析中心可以相对简单。中心需要有权使用数据并且必须具有可以信赖的专业工作人员。有一个未解决的问题是是否每一个 ANSP 将经营一个自己的分析中心。他们可以联营他们的数据或者遵从于一个另外的可信赖的 ANSP。

（2）基站标准 & ISM 数据格式。

IGS 已经有参考站防护和数据格式标准。然而，ANSP 期望通过增大它们以提高测量质量，并能向主站返回更多信息。在最低限度下，附加数据被用于监测信号变形。当然，其他信息在监测卫星性能上同样具有价值。

（3）服务历史建立之前的保守 ISM 值。

初始的 P_{sat}、P_{const}、α_{URA}、α_{URE} 和 b_{nom} 应被设置为保守值（与已发布的 CSP 性能水

平有关)。随着技术不断发展,如果 CSP 能够建立一个良好的追踪记录来满足自己的承诺,则可以降低这些参数值。对于 GPS L1 而言,这可能需要 5 年甚至更长时间。对于最初没有满足承诺的 CSP 则将需要更长时间。

(4) ANSP 和机载接收机之间的接口。

接收机制造商、机身制造商、航空公司和 ANSP 应联合决定 ANSP 和接收机之间的接口。然而,因为潜在因素很多,可用的选择也多种多样。理论上飞机可以使用一个每月更新的数据库。此外,使用 VDB 或者数据端口等其他接收机接口也同样可行。ANSP 和产业需要正确地平衡多种 ISM 传播选择的灵活性和由选择的增加带来的过度花销与复杂性。

(5) 可用性风险来自如下方面。

① α_{URA}或 σ_{URA}太大。

GNSS 卫星的测距精度过低或广播的 σ_{URA}过于保守都存在发生风险的可能性。通过分析以往的 IGS 数据可以发现,GPS 测距精度一直处于良好的状态,尤其对于使用铷钟的卫星。大多数 IIR 和 IIF 卫星都具有优于米级的测距精度。此外,GPS 打算通过维护新的运行控制中心软件和 GPS Ⅲ卫星来提高自身性能。图 2.10 只使用了图 2.6 中 $\sigma_{URA}=2.4$m 的数据,来确定 σ_{URA}值安全减少的最低极限。BlockⅡA广播 2.4m 的 σ_{URA}值时间超过 80%,这表明未来大多数的 σ_{URA}值可能低于 1.2m。

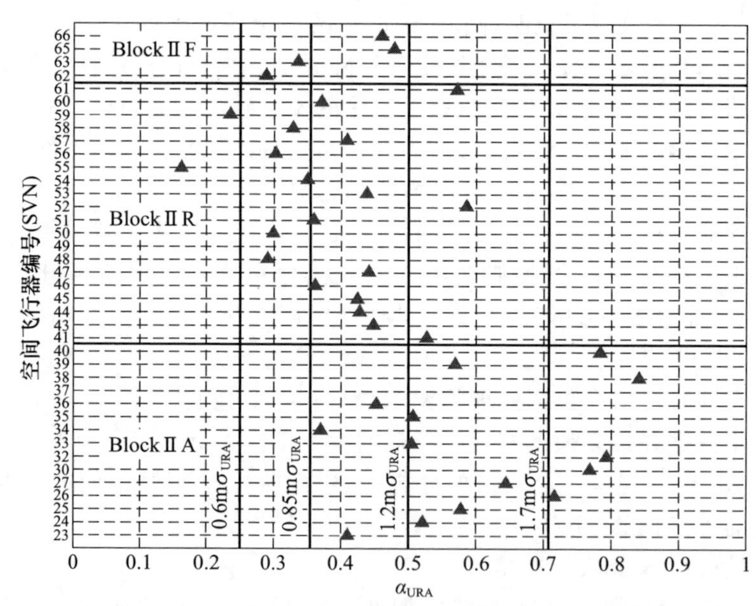

图 2.10 σ_{URA}最小值仍服从独立高斯分布(见彩图)

最初的 Galileo 系统性能需求中 σ_{URA}值以 0.85m 作为目标值。Galileo 系统性能在轨验证(IOV)阶段获得的测量值显示出达成这一目标性能水平的良好信心。

② P_{sat}或P_{const}过大。

另一个关注点是,如果观测到新的卫星故障,则需要为P_{sat}或P_{const}设置更大的数值。确认 GPS 目前提供的低值需要多年的观测数据。新建成的星座将不得不选较大的值,直到 CSP 和 ANSP 对设置低值具有足够的自信。这对于在现存星座中布置新的卫星也是必要的。

③ 星座可能是脆弱的。

对较为脆弱的星座的主要关注点是,对于P_{const}的取值范围($10^{-5}\sim10^{-4}$),评估排除整个星座的子集。如果剩余的星座是脆弱的,可用性将会降低。拥有两个健壮星座可以缓和这一问题。抑或是存在第 3 个健壮的星座,当一个星座因为评估而撤走时,仍存在两个可用星座。另一种可行的解决方案是增加飞机的检查来延长广播导航数据的有效周期,或者将 ARAIM 和其他传感器整合。机载测试方案依然没有过时,各种增强和改善手段也不断问世[44]。目前已有许多增强方案用于将来进一步提高系统可用性。

3）在线特性

(1) 参考站网络。

参考站全球网络的所有权和管理工作是关于在线构架的一个重要的开放性问题。一个早先被提出的方案可以最大程度地利用现存的由各种 ANSP 运营的 SBAS 地面设备。根据初步的分析结果,建立大约 20 个基站即可满足需求。然而,现有的 SBAS 参考站分布未必完全满足在线架构监测所需的全世界范围内卫星可观察性要求。因此,极有可能在全球范围内加建新的 SBAS 参考站,而新站点的建立和运营权问题也随之而来。

一种极端的观点认为,每个 ANSP 可以自主建立和运营自己的全球性网络。这只对一些较大国家可行,而对于大多数国家而言是不切实际的。此外,这还会造成高昂的花销和不必要的地面设备冗余。从技术的角度来看,最好的方案是以合作的方式将地面站组成一个整体的网络,从而产生 ISM,地面站可选取部分已有的 SBAS 站,以及为满足覆盖范围需求而新建的附加站。

部署必需的在线 ARAIM 地面基础设施的合作伙伴可能需要先建立设备性能的国际标准。与此相关的还有数据的所有权和发布权问题。所有的参考站可用数据理应在各 ANSP 之间免费共享。当然,关于数据分享的标准也需要在国际层面上达成一致,这和设备性能标准一样,都还需要更多的努力和时间来完成。

(2) 在线监测、星历覆盖和 ISM 产生。

由谁来产生和播发 ISM 是一个不可回避的问题。后者也许比前者更容易回答。按照 SBAS 的体制,ANSP 应为其负责的某一空域播发 ISM。SBAS 为此提供了一个很好的范例,即邻国可在正式协议下使用本国的 SBAS 服务。然而,不能将 SBAS 模式简单地套用到 ISM 生成上面。从技术的角度看,最好可以通过合作方式产生一组 ISM。然而,不能忽略的是不同的 ANSP 可能会产生不同的 ISM,即使 ISM 电文格式是相同的。

如果产生不同的ISM,那么在ANSP之间分享ISM的做法是可取的。这样也会允许ANSP使用其他提供商已经产生的ISM。

星历覆盖和在线监测功能的进一步发展、实施和实验验证需要更多的技术支持。对星历覆盖而言,需要进一步开发和验证与目前用于支持SBAS相似的精确精密定轨与时间同步(ODTS)处理技术。这显然会是一个漫长的过程,但并不涉及很大的技术风险,因为已有包括SBAS承包商和IGS成员组织在内的一些组织开发出类似的软件。该工作最主要的问题是算法复杂,因为很难验证算法严重性水平是否对应危险级以及软件设计保障等级是否对应设计保障准则B(DAL-B)级,且此过程开销巨大。

一种比较现实的方案是,首先证明星历覆盖生成功能达到严重级和设计保障准则C(DAL-C)级,随后设置一个独立的、较为简单的在线完好性监测,将更容易证明危险级和DAL-B级。这一方法来源于SBAS。

对于ARAIM,在线监测的告警时间不必达到6s,只要确保对于所有超过所选b_{nom}值的故障而言,包含在ISM中的星历表覆盖参数具有与所选P_{sat}和P_{const}值一致的漏检概率。这必须通过对在线监测自身的设计和验证来实现。相比之下,星历覆盖功能的性能应由ISM更新周期内维持用户轨道预测较小URA值的需求决定。

在线监测器设计的原则应是尽可能简单,以使得验证工作更加容易。然而,基于SBAS和GBAS先前的经验,即使可以设计出一种简单的在线监测算法,相关的完好性分析也同样非常困难,尤其ARAIM更是给定了监测性能和选定的ISM P_{sat}、P_{const}、b_{nom}值之间的关系。这时需要重大的技术发展,以及多年的开发验证工作。

(3) ANSP和机载接收机的接口。

就离线架构来说,ISM播发方式应该由所有的利益相关者的一致意见决定,包括ANSP、航空电子设备制造商、飞机制造商和航空公司。最终可能有不止一种播发方式被接受,不同ANSP可采取不同的播发方式。无论结果如何,要达成国际上的一致都需要一定的时间。

2.2.4.3 ARAIM实施细节

2016年2月,WG-C ARAIM技术小组发布了《欧盟-美国合作卫星导航第三阶段报告》。在第二份报告之后,TSG收集了相关航空电子设备生产商和集成商、空中导航服务提供者和标准化组织的意见和反馈,对ARAIM的推进细节进行了研究和汇报。该报告提出了以下几点。

1) ARAIM推进路线图

ARAIM TSG认为ARAIM服务应该逐步实施,首先实施水平先进接收机自主完好性监测(H-ARAIM),来支持近期提出的多星座应用。目前,计划主要集中在DFMC SBAS MOPS。报告认为,ARAIM可以在SBAS服务不可用的情况下仍能支持水平导航(H-ARAIM),且提供比传统ARAIM更好的性能。工作组认为在EUROCAE和RTCA发展中,H-ARAIM应该合并到DFMC SBAS标准中。并且,DFMC SBAS在SBAS服务区域提供初始服务后能够在较长时间段(例如 20 年)中在垂向导航中占主导地位。垂向服务(指 V-ARAIM)的测试和评估会同时进行,并在用户需求和有充分证明支持其安全问题的基础上实施。

下面给出 ARAIM 推进时间轴(图 2.11)。考虑到更长周期内仍存在的不确定性,此阶段的路线图仅提供了 H-ARAIM 推进的确定日期。除此之外,这里包含了各个重要节点的可行性检查点和关键准备点,通过建立关键点用以在民航服务的发展路径中为工业、政府和标准化进程提供引导。

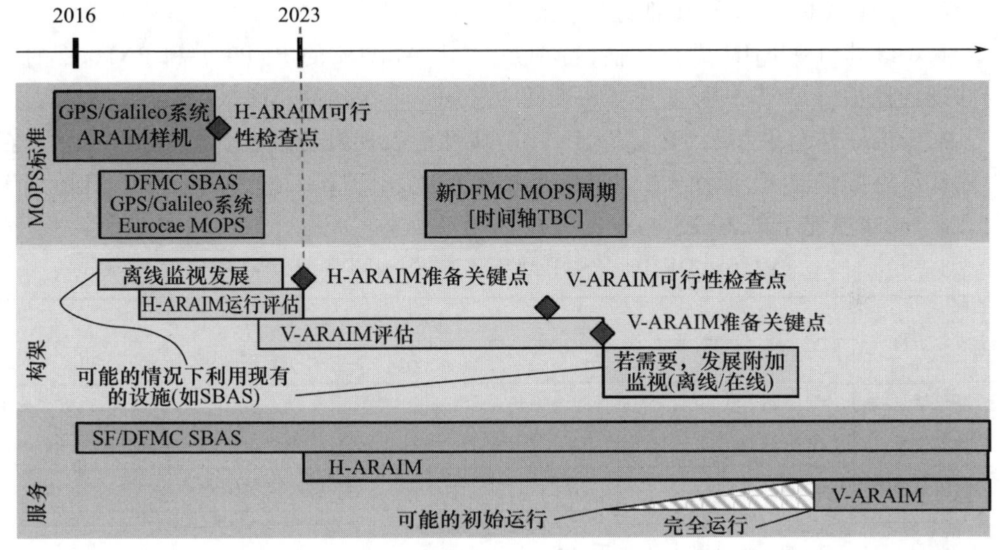

图 2.11　ARAIM 推进时间轴(见彩图)

2)制度问题

TSG 认为,ARAIM 需要基于足够的安全性和互操作性的原则。因此,TSG 对各个 GNSS 导航服务商提供了下列实际且可实现的要求。

(1)导航服务提供商需为标准化专家组织提供充分而详实的信息,以支持机载设备和增强系统地面设备的相应标准的发展。

(2)清晰的、可验证的星座性能假设,以确保完好性。

(3)提供星座性能和状态信息以支持服务预测。

(4)GNSS 服务提供的框架,明确界定与 GNSS 章程相一致的所有行动者的角色和责任的定义。

最后,对于 ISM 是否使用统一制式问题,考虑安全性和互操作性,ARAIM TSG 认为,最实用且最简单的技术选项是生成和提供一个单一的、全球统一的 ISM,基于现有的流程和框架,建立一个清晰的、标准化的方案。当然,TSG 承认个别国家可能会因各种原因使用自己的 ISM 格式(而非不同技术)。实现这一点的方法之一是在地理上进行分离,对不同国家使用基于地理信息的数据库。但是这种方法可能会明显增加额外的操作负担。

3）ARAIM 对 SBAS 的补充

TSG 提出了 ARAIM 对 SBAS 进行补充的意见，并提出初步的推进安排如下。

（1）初期阶段，单频 H-ARAIM。

（2）ARAIM 支持北极圈内的服务。

（3）无需 GEO，在全球提供 V-ARAIM。

（4）ARAIM 提供更高的适应能力。

4）对 H-ARAIM 的可用性继续验证。

TSG 继续对 ARAIM 进行评估，特别是对 H-ARAIM 的 RNP0.1 和 RNP0.3 的可用性进行评估。

初步的评估结果显示，双频下 H-ARAIM 性能表现符合预期。如表 2.6 所列，在双频双星座的情况下，即使 URA 取非常大的数值，RNP 0.1 绝大多情况下仍是可用的。此外，单星座下的 H-ARAIM 仍符合 RNP 0.1。

表 2.6 DFMC H-ARAIM 全球范围服务性能评估

运行情景	URA				
	2.5m	<9m	≤15m	≤16m	20m
退化情景	RNP 0.1(100%)	URA0.1(89.6%)	—	—	RNP 0.3(97.7%)
基础情景	RNP 0.1(100%)	—	RNP0.1(91.2%)	—	RNP 0.3(100%)
乐观情景	RNP 0.1(100%)	—	—	RNP0.1(90.7%)	RNP 0.3(100%)
注:括号内为性能覆盖率					

对于单频而言，使用 CSP 导航电文的电离层矫正之后，最佳和基础星座配置能够达到 RNP 0.1。无论最佳还是基础，甚至在较差的星座配置下仍能通过单星座达到 RNP 0.3(GPS 和 Galileo 系统)。

鉴于目前 GPS 和 Galileo 系统的信号误差情况，仍存在导航信号精度无法满足 H-ARAIM需求的风险。尽管如此，即使新的星座没有达到目前的 L1 GPS 服务的性能，单频多星座 H-ARAIM 仍会比单星座提供更好的可用性和健壮性。

5）ISM 电文细节

在第二座里程碑报告的基础上，TSG 对水平 ARAIM、垂向离线和垂向在线 ARAIM 的 ISM 细节分别进行了详细定义，对电文每一位的代码定义以及可能的选项进行了详细说明。

6）下一步工作

WG-C 在 2016 年—2018 年间对 3 个主要领域做出如下贡献。

（1）标准制定。

（2）原型开发和地面和机载算法的测试和测试。

（3）导航服务提供商的相关要求的发展和兼容性协调。

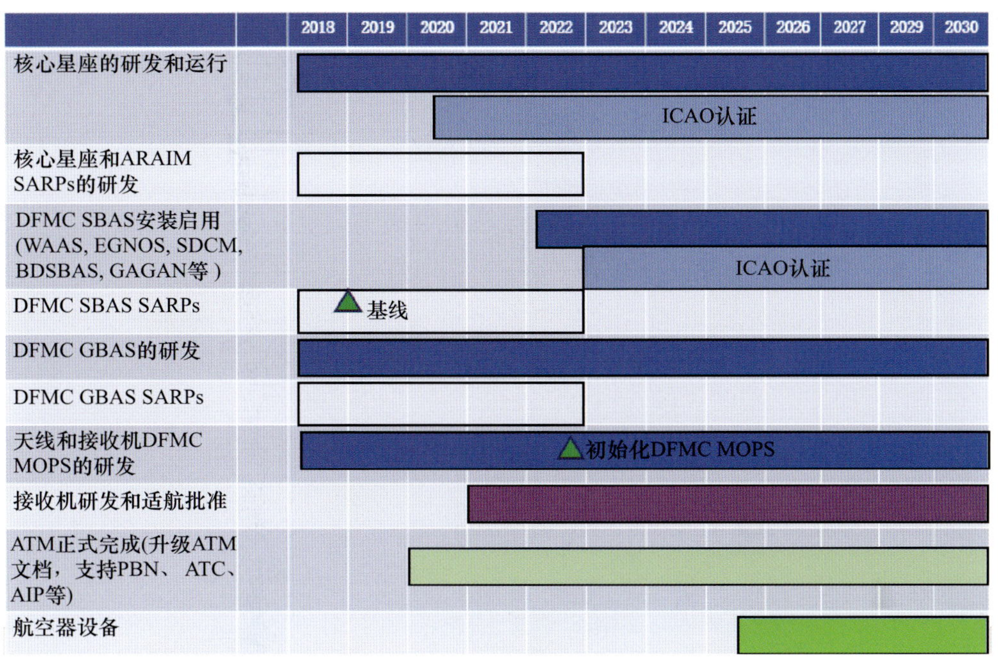

图 1.1　CONOPS 进度计划总表

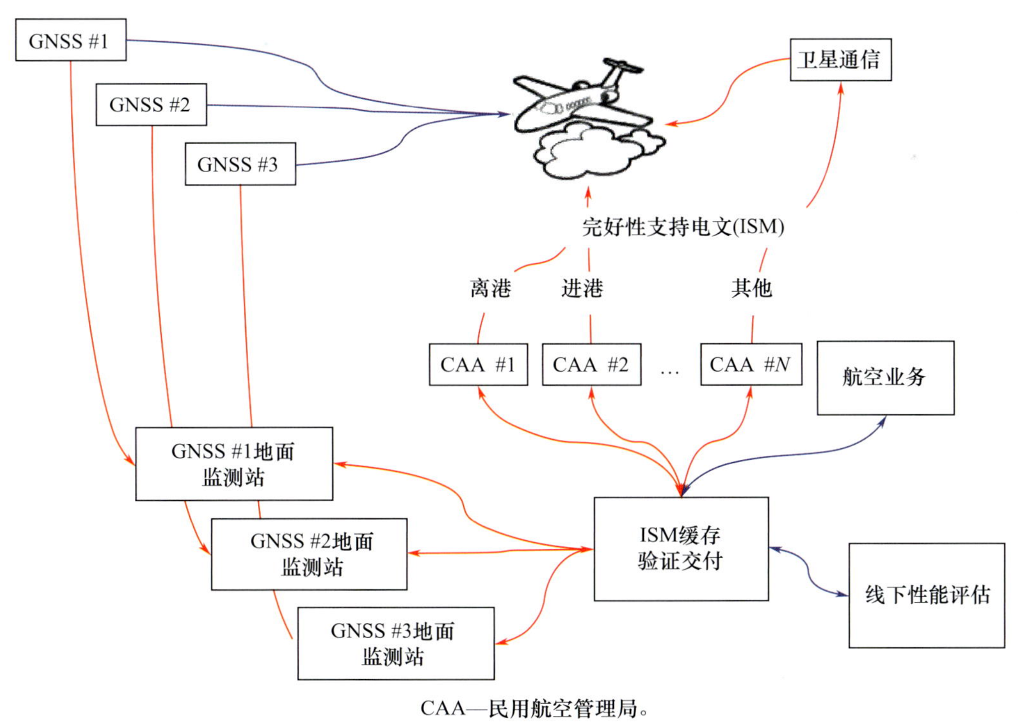

CAA—民用航空管理局。

图 2.1　ARAIM 总体结构示意图

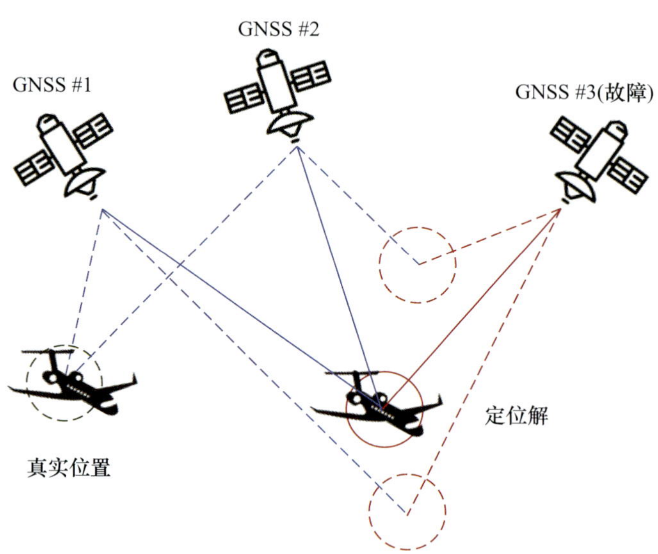

图 2.2　MHSS 算法示例

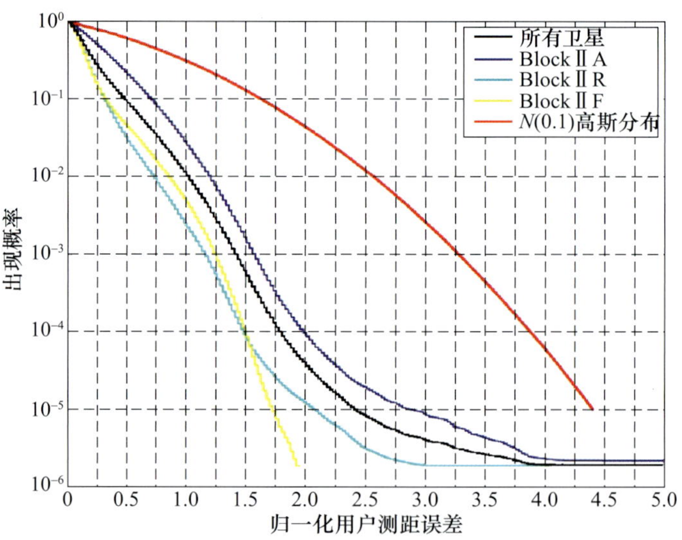

图 2.6　归一化测距误差的累积分布函数

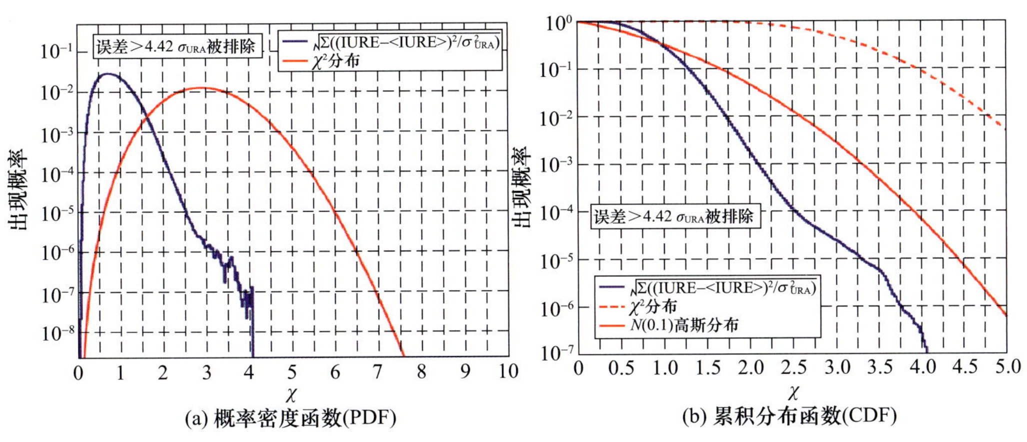

(a) 概率密度函数(PDF)

(b) 累积分布函数(CDF)

图 2.7　标称伪距误差卡方分布

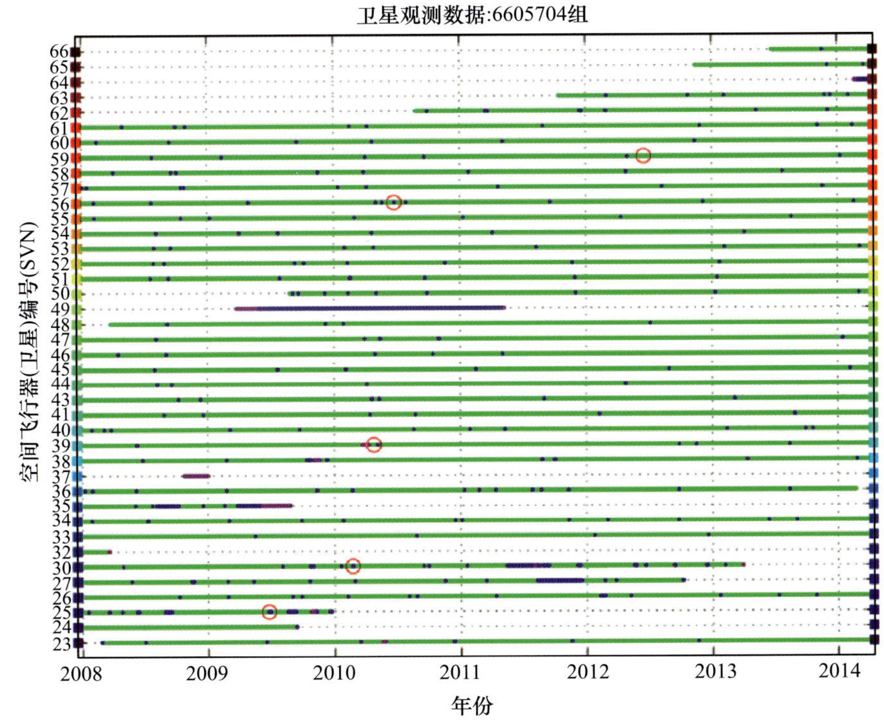

绿色—良好的观测值；蓝色—卫星处于不健康状态；
洋红—无广播星历；红色—圆圈表示一个大于4.42×σ_{URA}的误差。

图 2.8　卫星观测总结

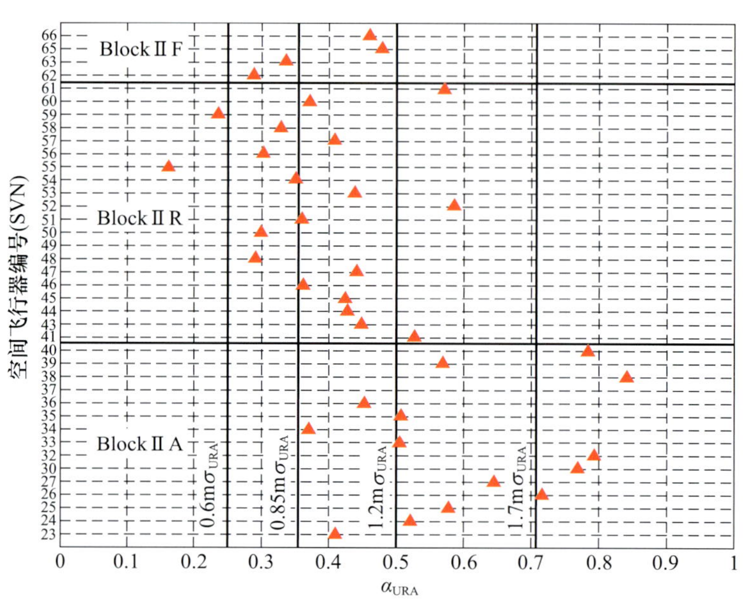

图 2.10 σ_{URA}最小值仍服从独立高斯分布

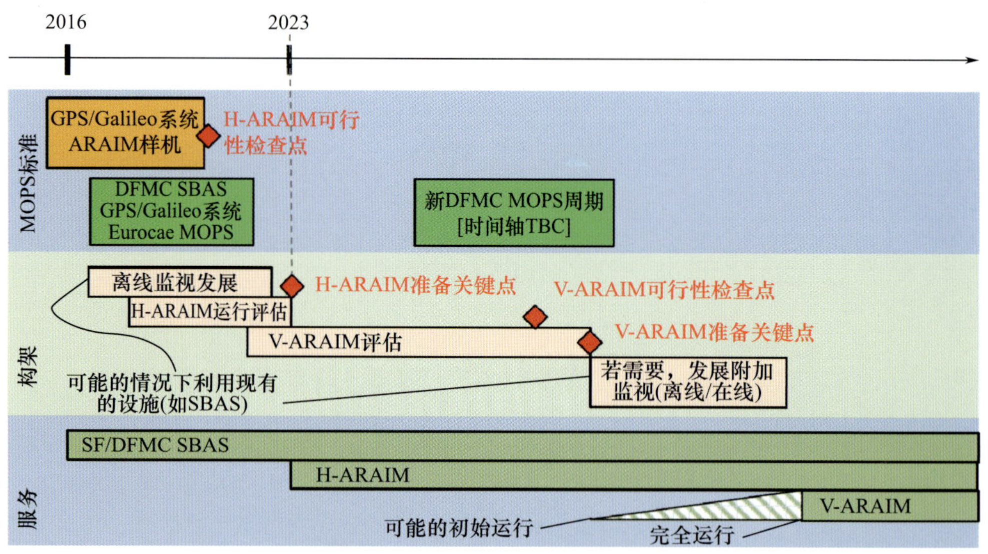

图 2.11 ARAIM 推进时间轴

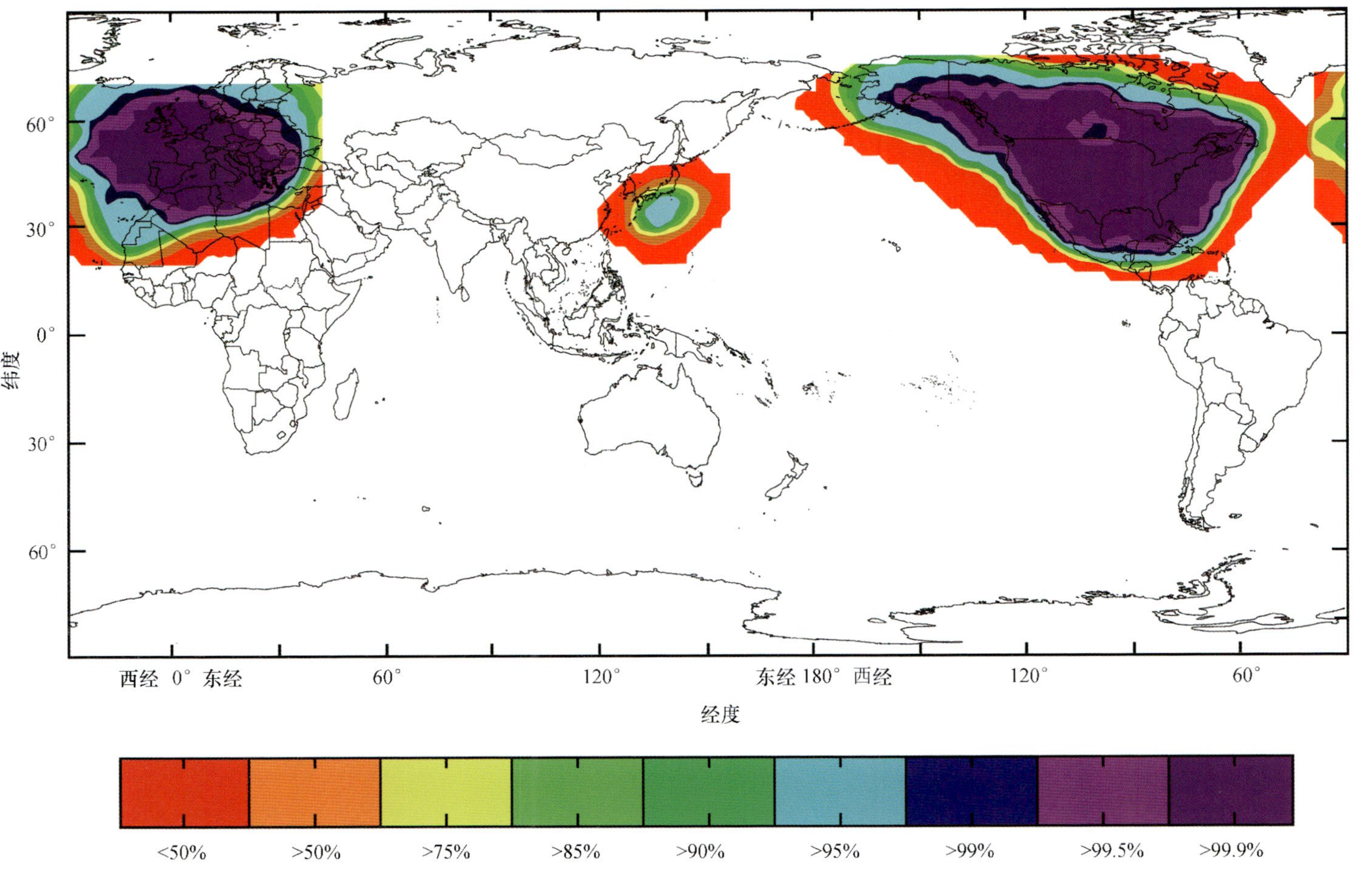

图 2.13 SBAS LPV-200 性能覆盖区域

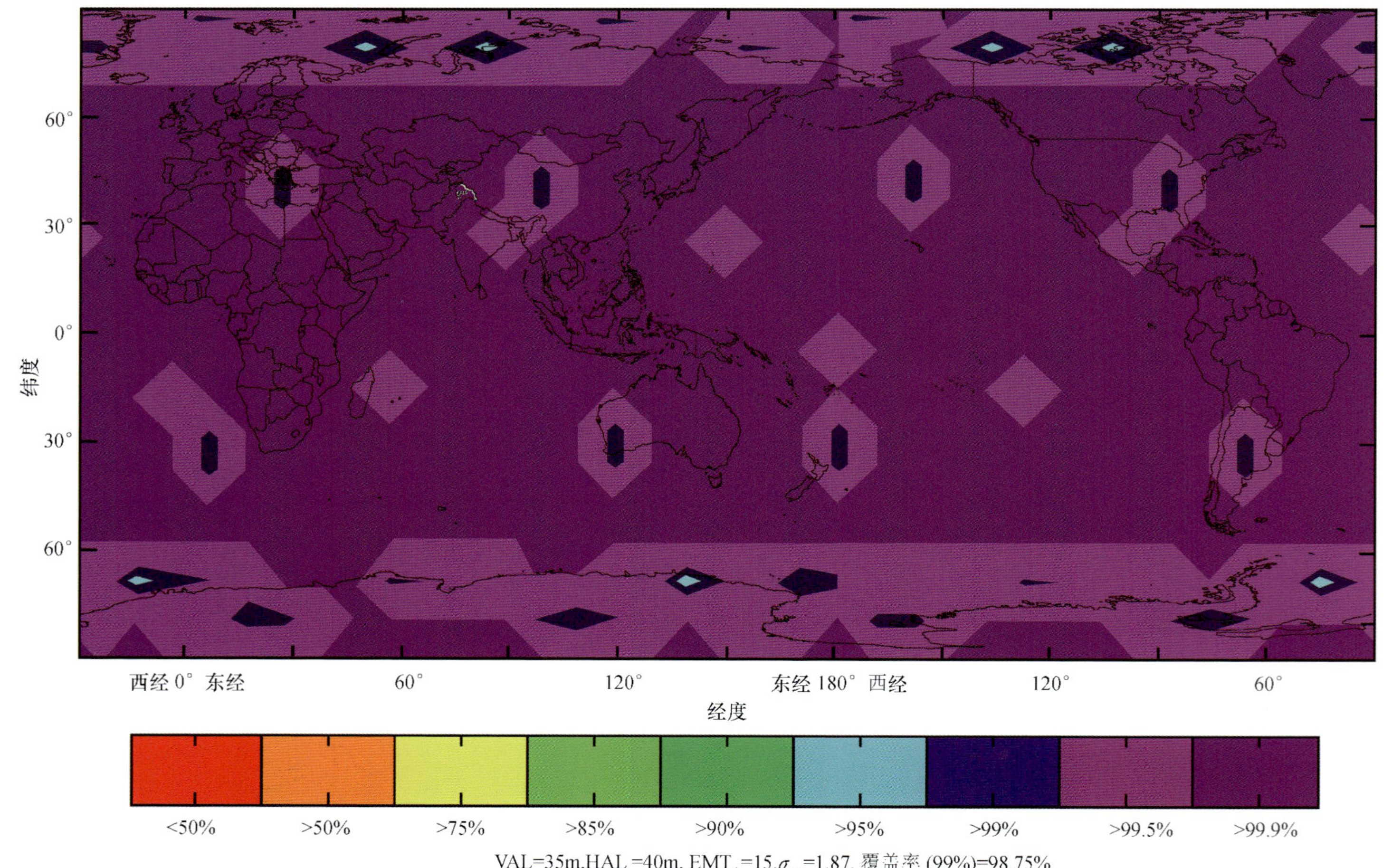

图 2.14 ARAIM LPV-200 全球覆盖

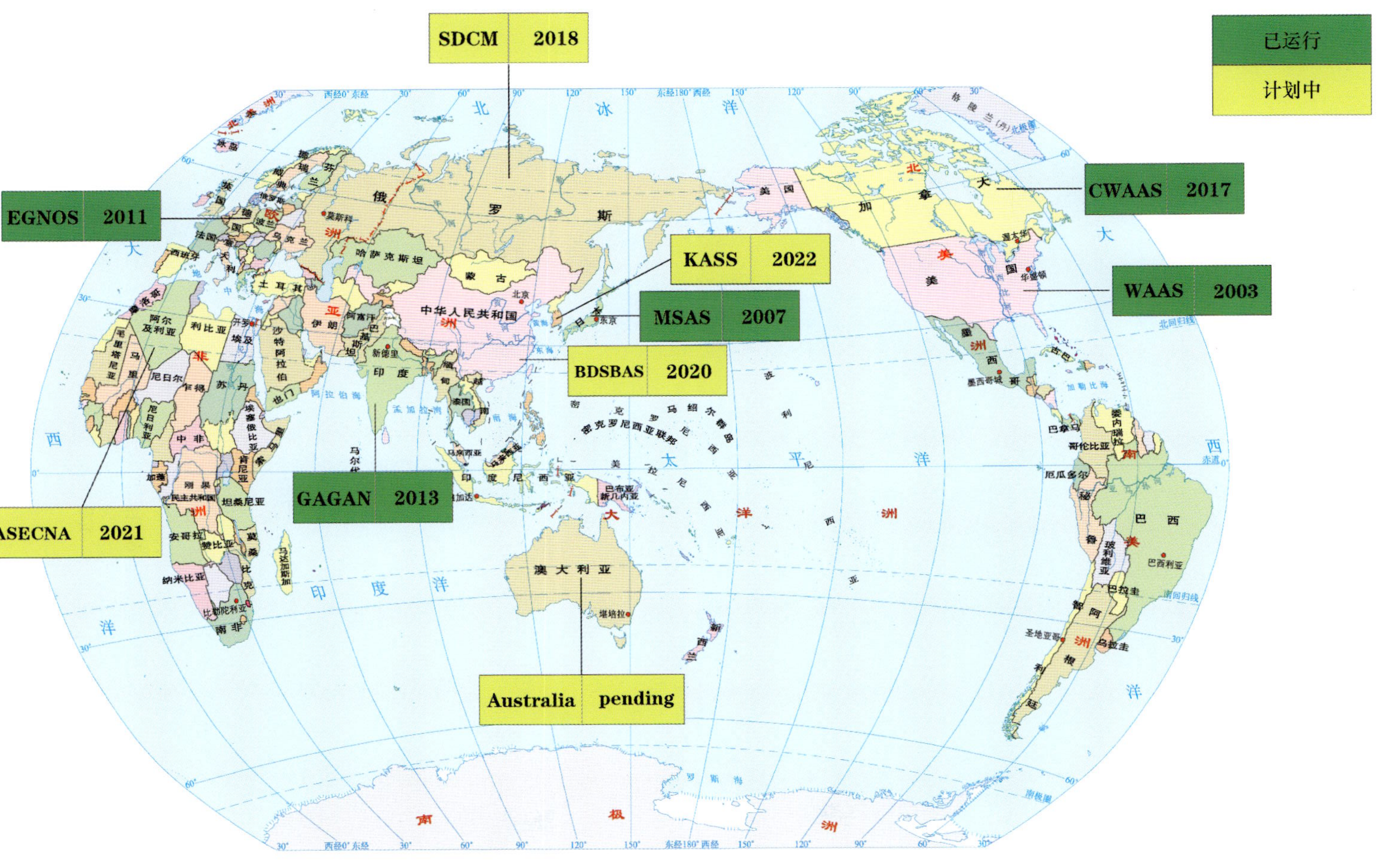

CWAAS—加拿大广域增强系统；KASS—韩国增强卫星系统。

图 3.1 全球星基增强系统分布图[1]

38个监测站

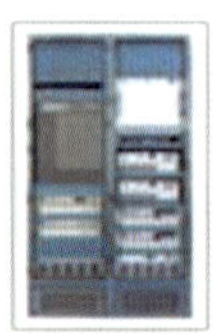

3个主控站

6个地面地球站

3个GEO卫星链路

2个运控中心

图 3.2　WAAS 体系架构

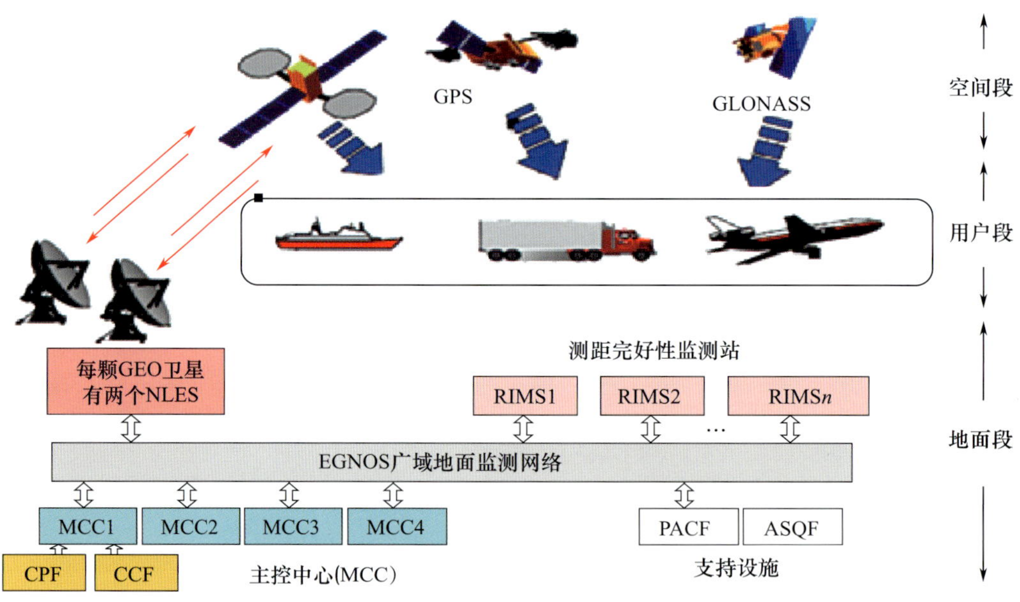

PACF—性能评估和检验设施；ASQF—专用应用认证工具；
CCF—中心控制设施；CPF—中心处理设施。

图 3.3　EGNOS 系统结构

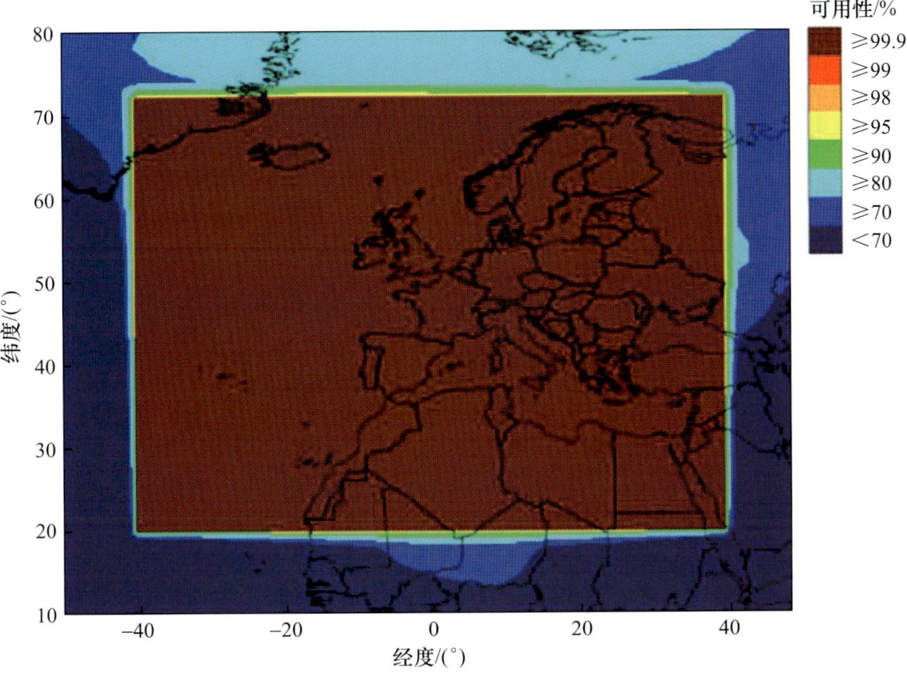

图 3. 4　EGNOS V2. 2 NPA 可用性性能

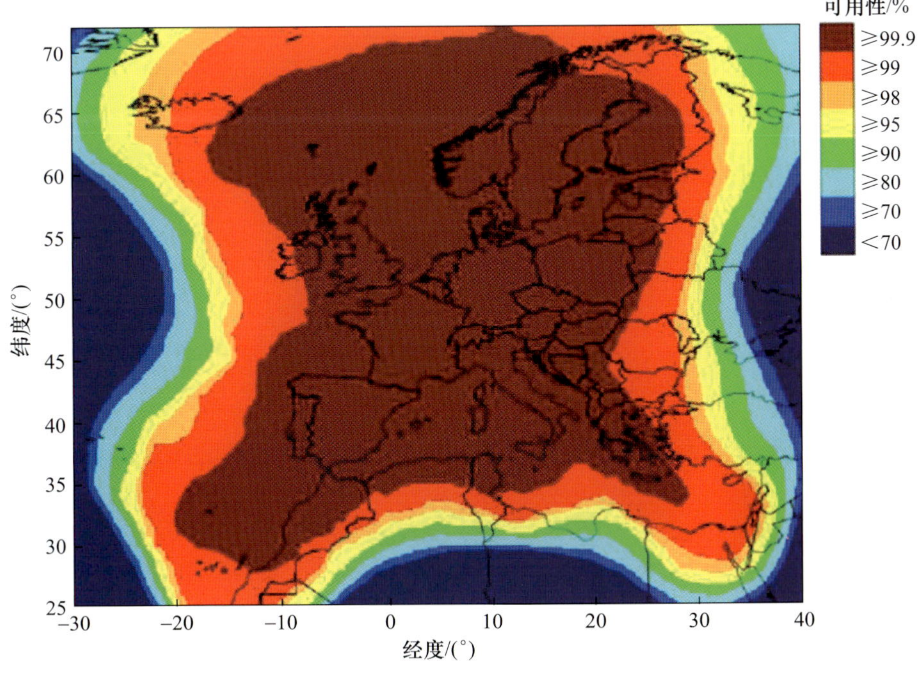

图 3. 5　EGNOS V2. 2 APV-1 可用性性能

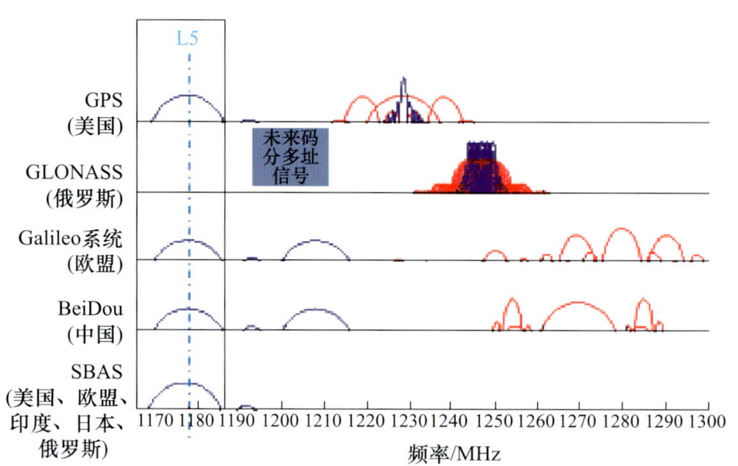

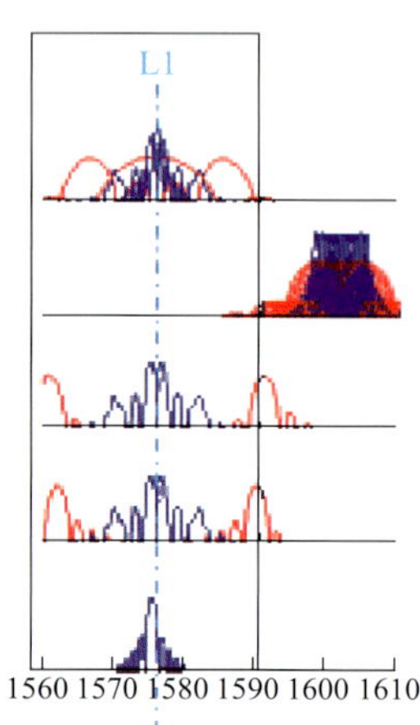

图 3.6　GNSS 信号频谱图

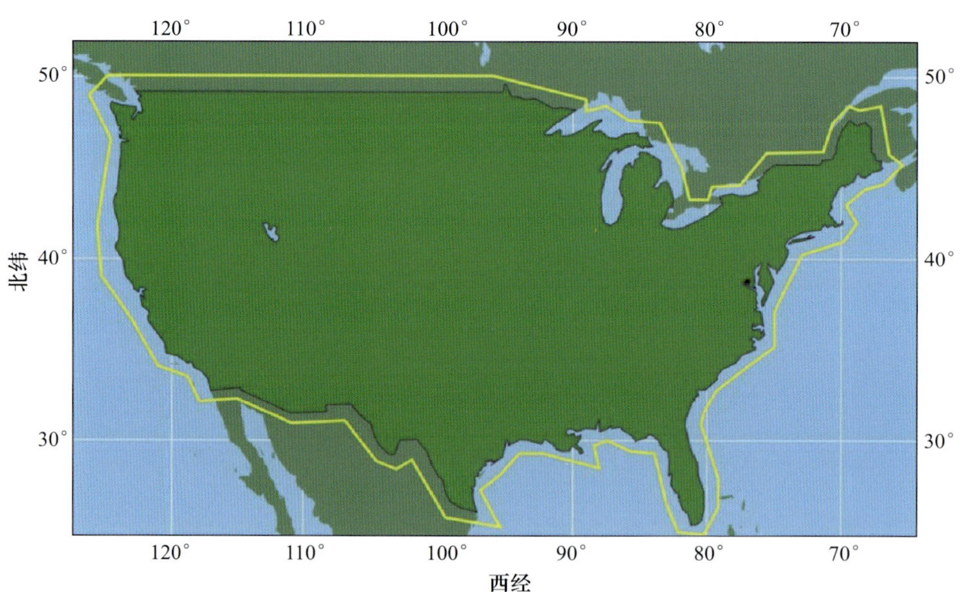

图 3.8　WAAS 覆盖区域 1 范围

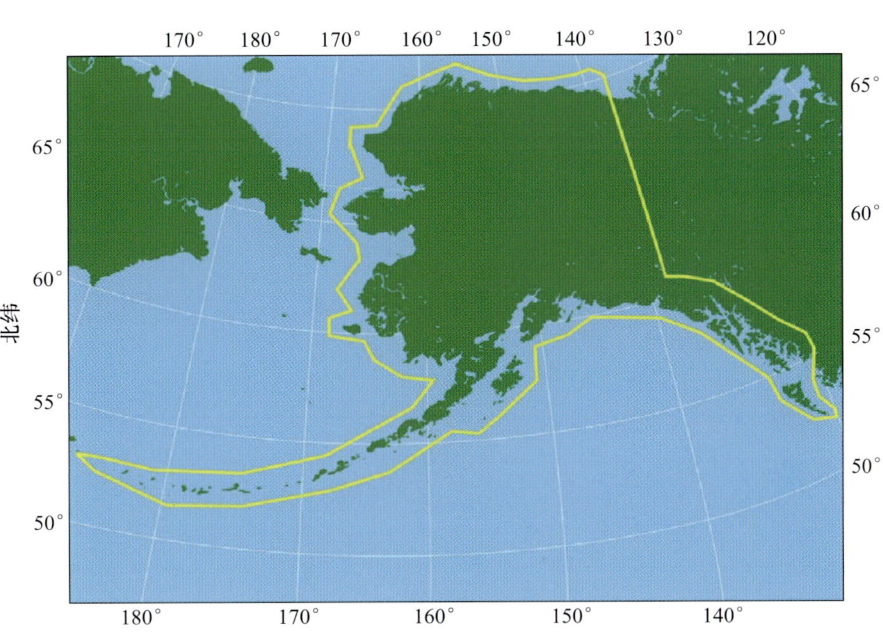

图 3.9　WAAS 覆盖区域 2 范围

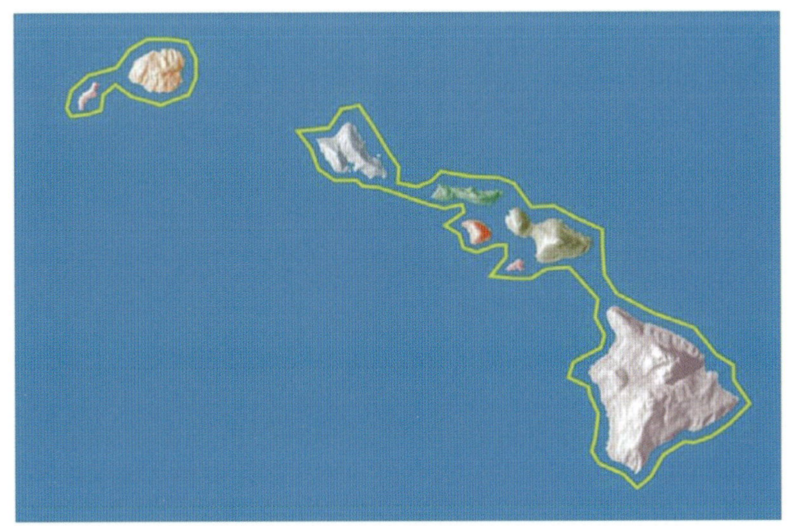

图 3.10　WAAS 覆盖区域 3 范围

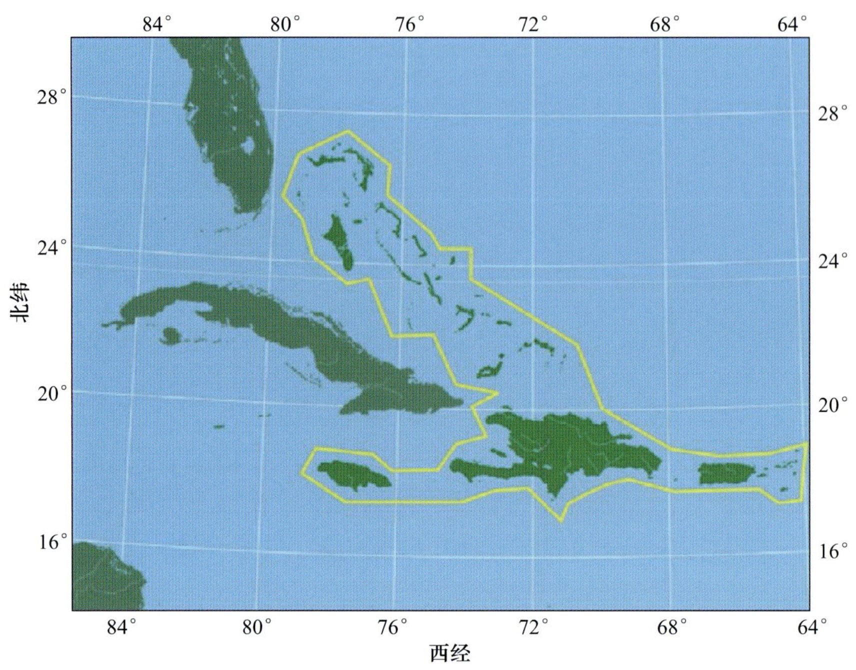

图 3.11　WAAS 覆盖区域 4 范围

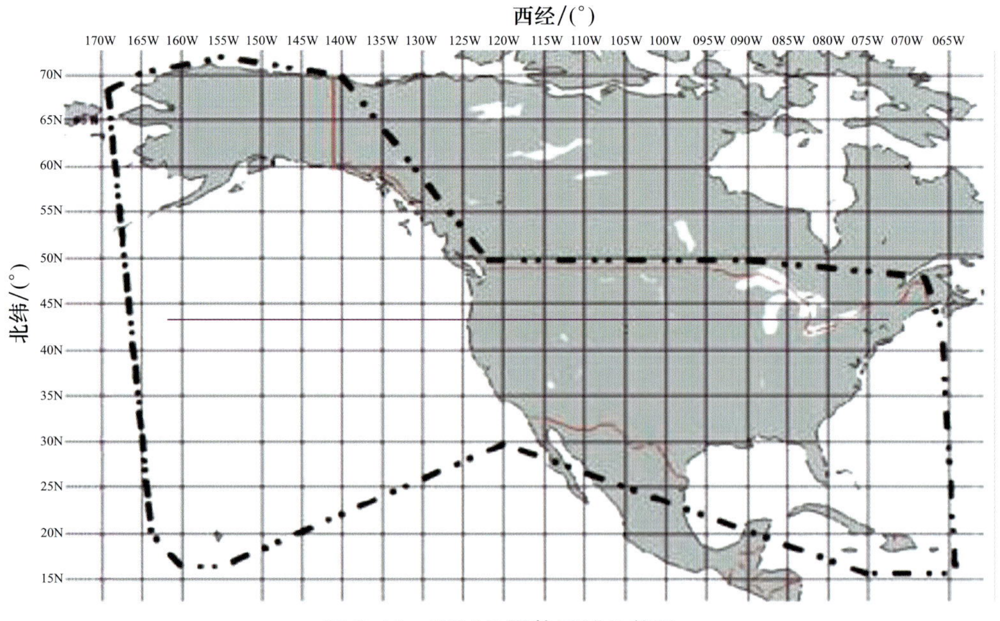

图 3.12　WAAS 覆盖区域 5 范围

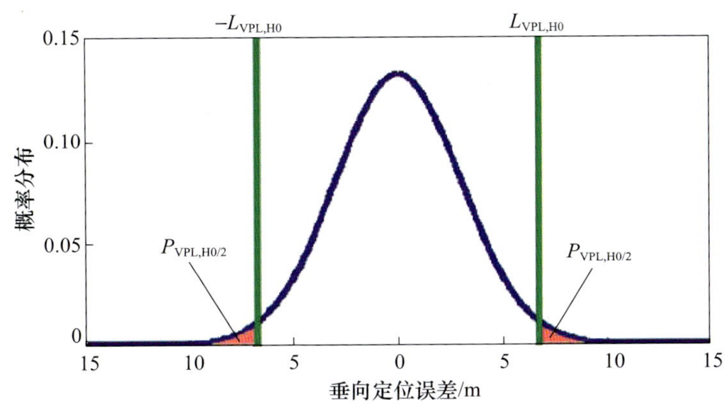

图 4.2　H0 假设条件下的定位误差分布

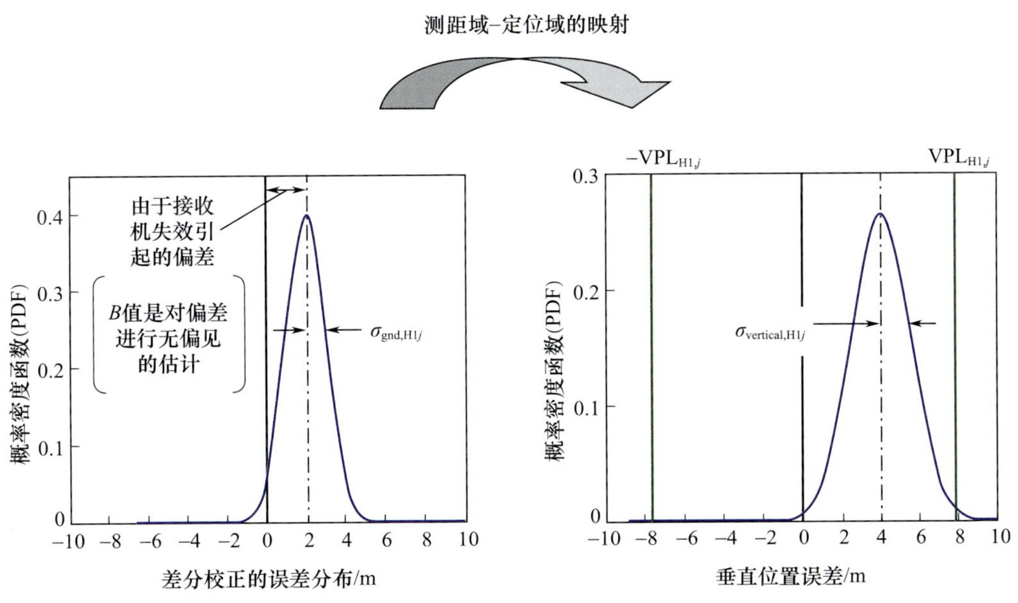

图 4.3　由于单接收机失效引起的偏差分布

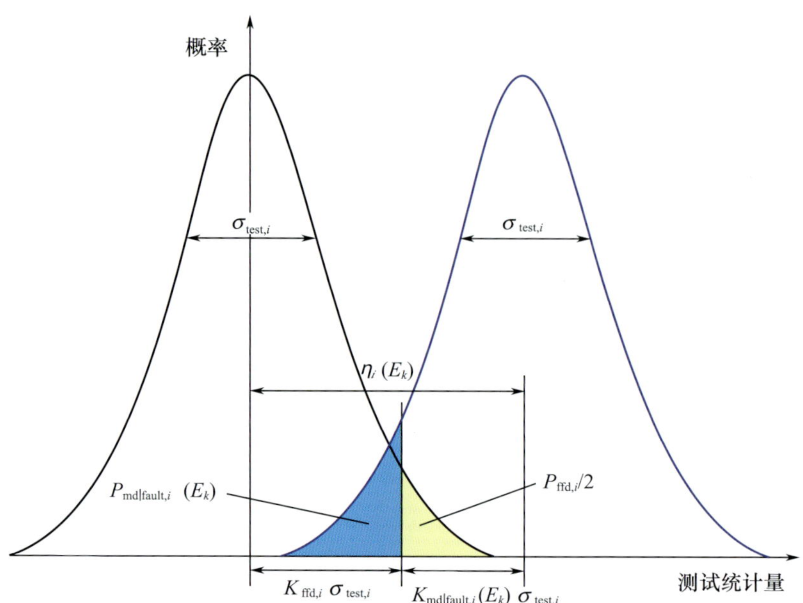

图 4.4 测试统计量偏差和漏检概率的关系

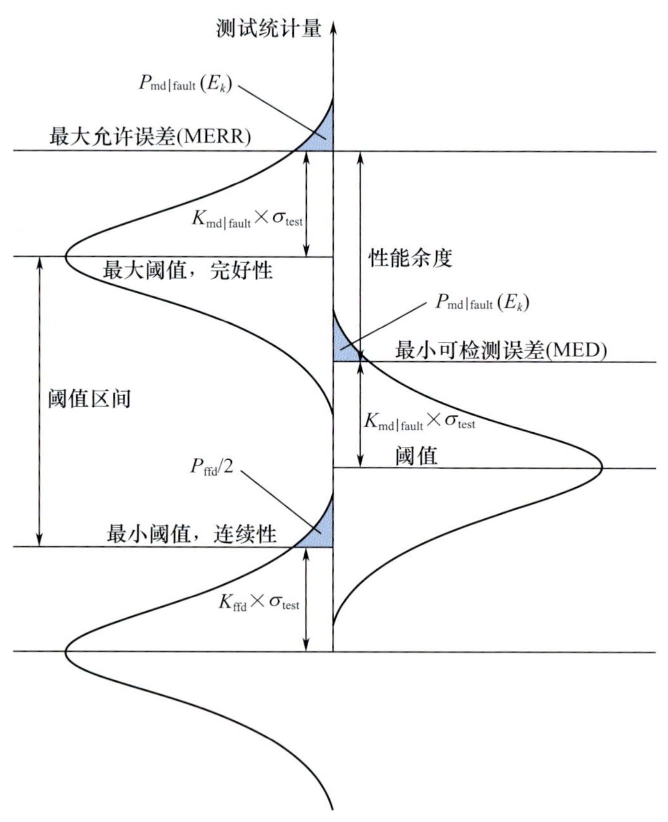

图 4.9 阈值的设定

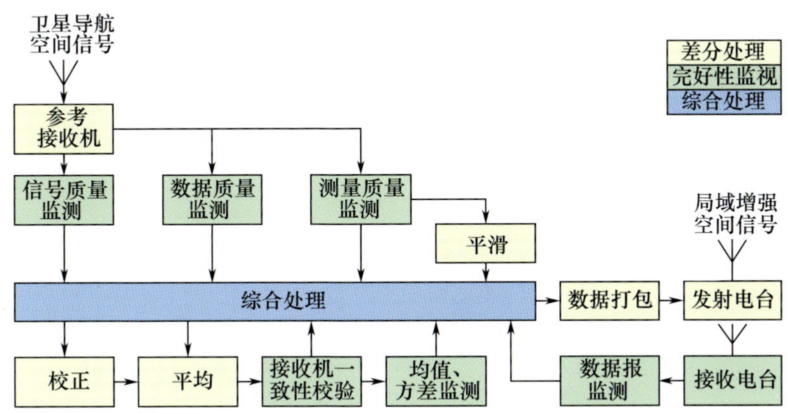

图 4.10 LAAS 地面系统处理逻辑

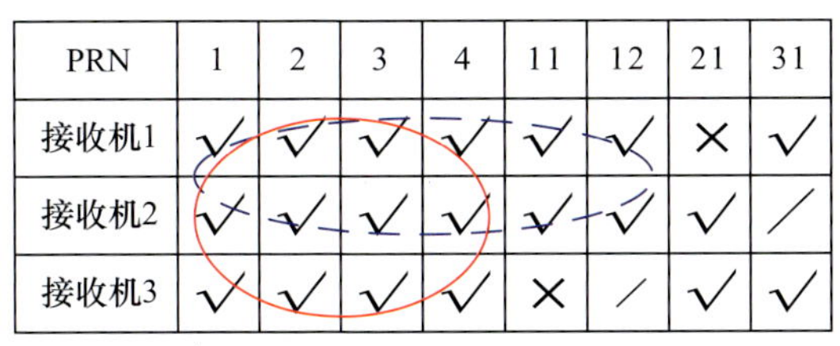

PRN	1	2	3	4	11	12	21	31
接收机1	√	√	√	√	√	√	×	√
接收机2	√	√	√	√	√	√	√	／
接收机3	√	√	√	√	×	／	√	√

√—正常；×—异常；／—未监测。

图 4.11 选择 S_c 的方法示意图

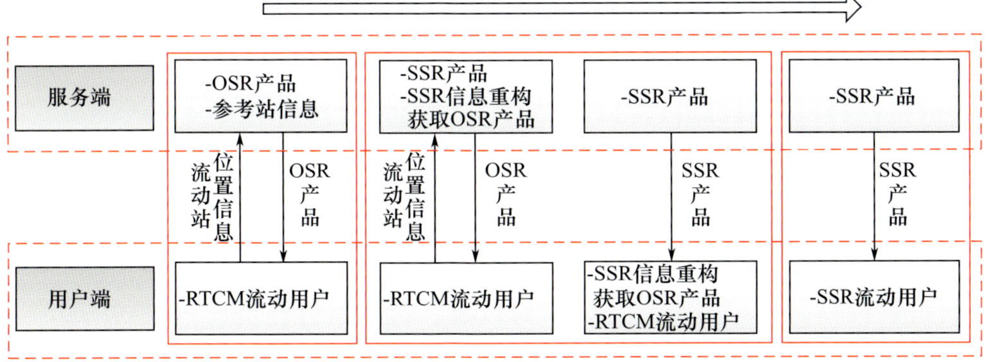

图 5.6 观测值域差分与状态域差分的融合

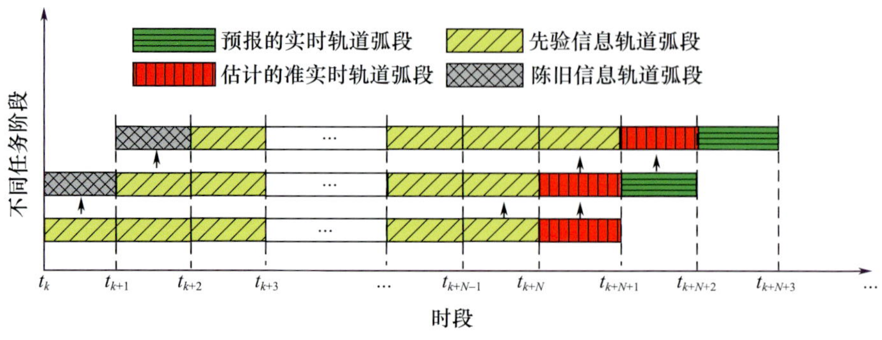

图 5.8　滑动窗口实时定轨示意图

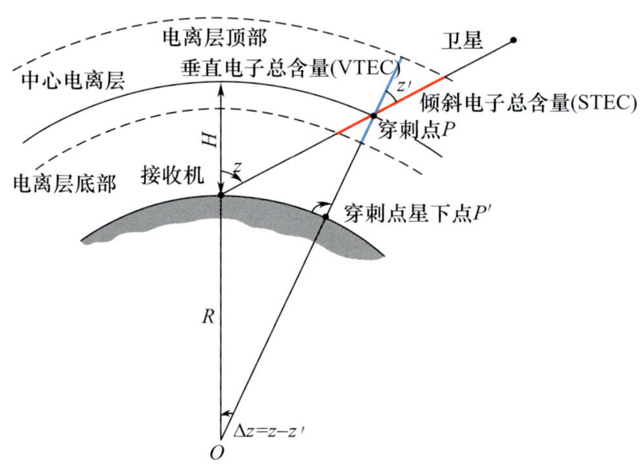

图 5.9　电离层单层模型和穿刺点

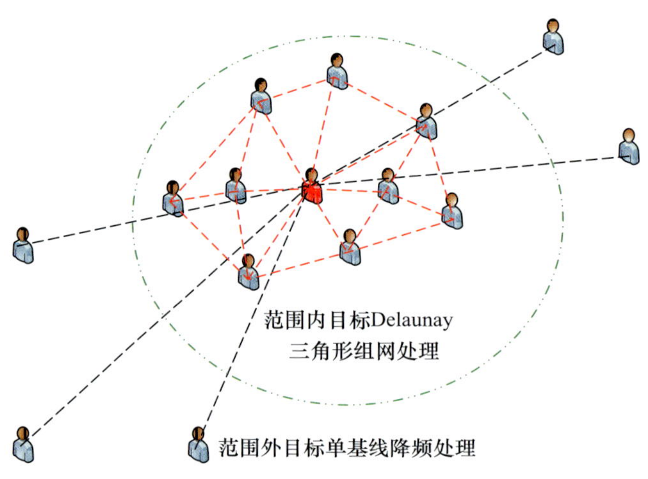

图 5.12　不同距离目标分类自动组网解算

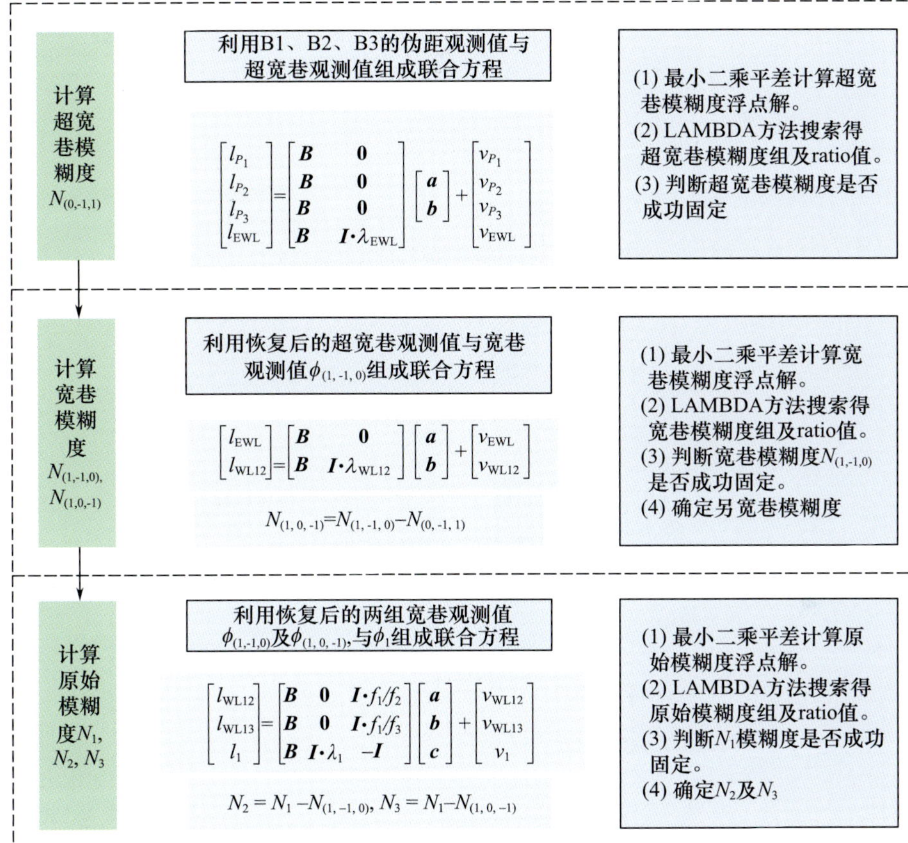

图 5.15　附有大气约束的北斗三频实时动态模糊度解算算法流程

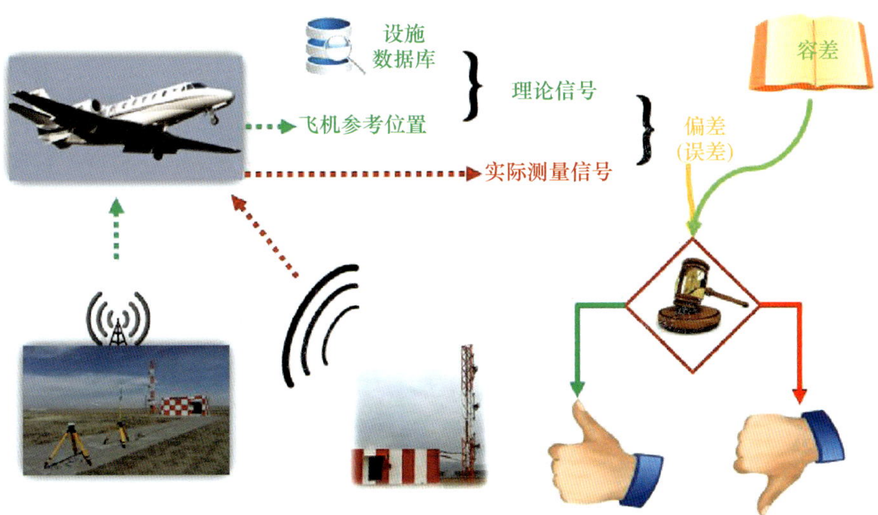

图 6.1　飞行校验原理

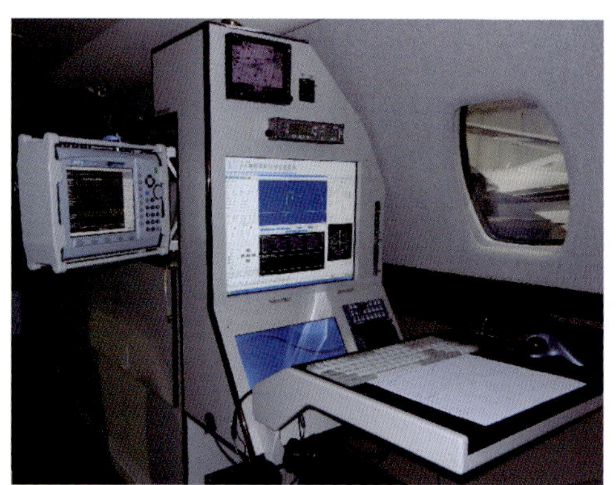

图 6.3　CFIS Ⅰ飞行校验系统

图 6.4　CFIS Ⅱ飞行校验系统

图 6.6　飞行校验中应用的 GNSS RTK 地面基准站

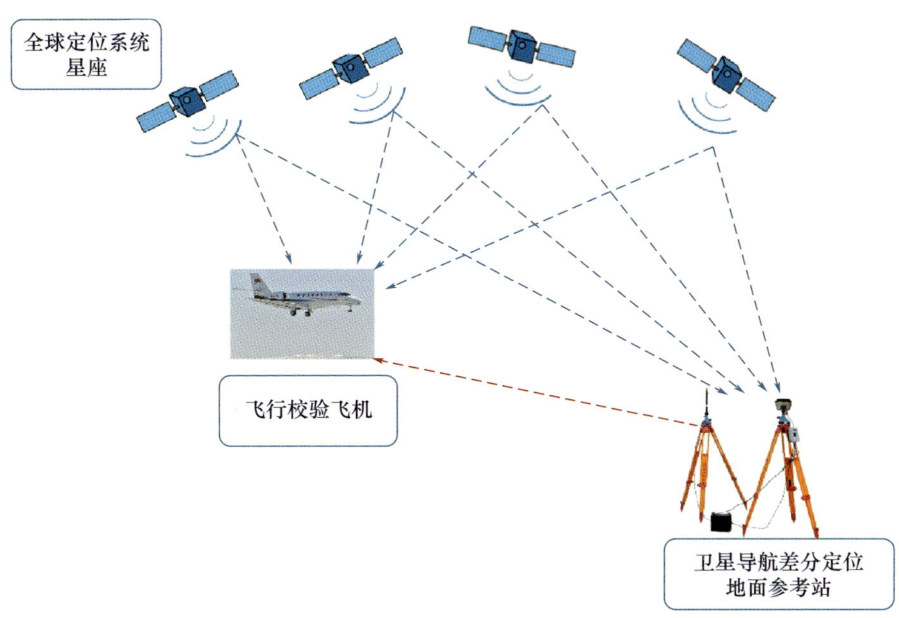

图 6.7　GPS 及 GPS RTK 技术在飞行校验中的应用

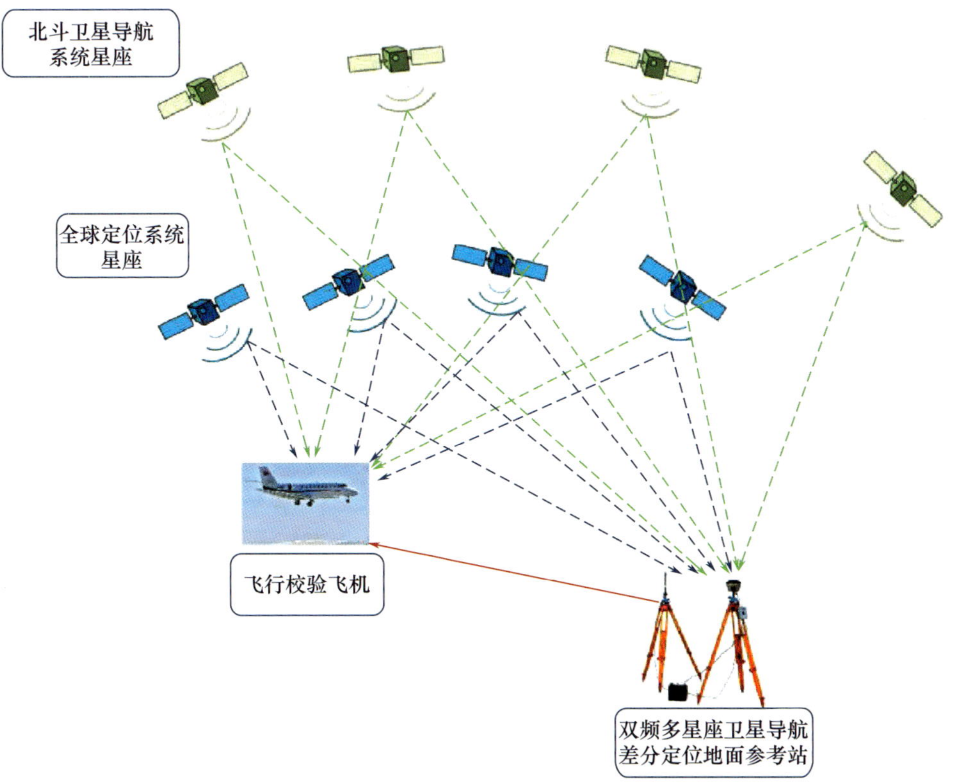

图 6.8　DFMC GNSS 及其 RTK 技术在飞行校验中的应用

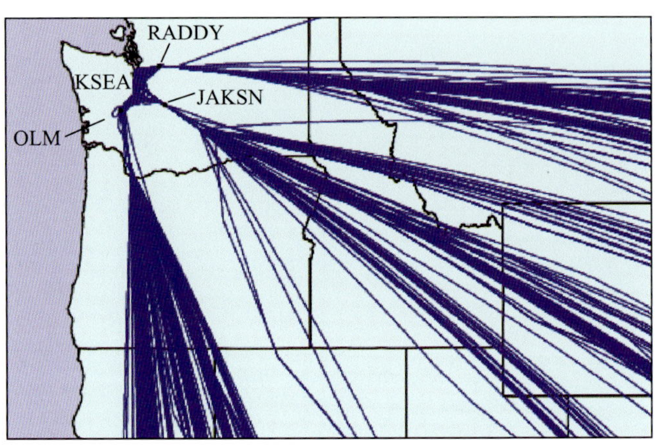

图 6.9 西雅图塔科马国际机场 TBO 试验飞行航迹图

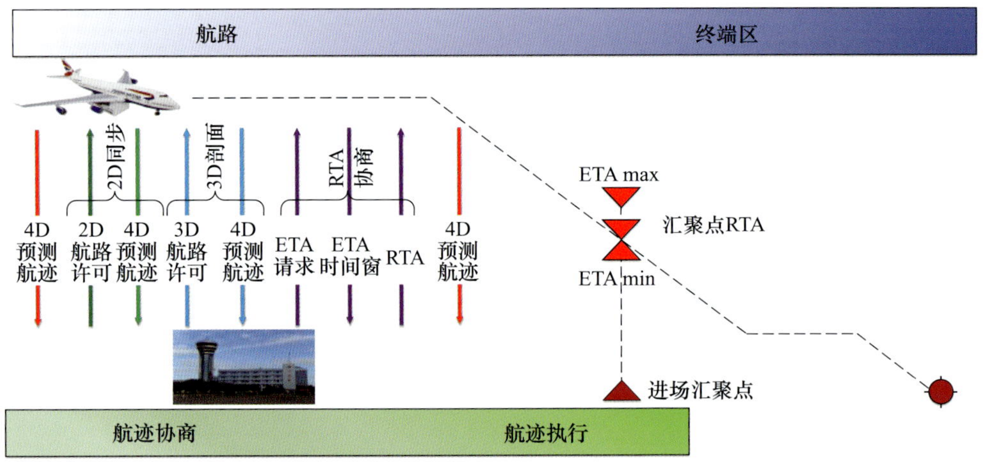

图 6.10 I-4D 的空地航迹协商示意图

2.3　ARAIM 民航应用

2.3.1　ARAIM 的 ICAO 标准化

欧美在 ABAS 相关已有标准的基础上，正在积极推进 ARAIM 标准化。

1）RTCA 标准

（1）关于信号干扰。

RTCA 分别针对 L1 和 L5 频段的 GNSS 信号干扰问题进行了评估，相关标准如下。

① DO-292"Assessment of Radio Frequency Interference Relevant to the GNSS L5/E5A Frequency Band"（DO-292《关于 GNSS L5/E5A 频带无线电频率干扰的估计》）。

此文档对用于航空无线电导航的 GNSS L5 信号的潜在射频干扰进行了说明，同时包括同一频段的 Galileo E5A 信号的 RFI 情况。报告还评估了外在信号以及机载信号环境对 L5 接收机性能的影响。

② DO-235B"Assessment of Radio Frequency Interference Relevant to the GNSS L1 Frequency Band"（DO-235B《GNSS L1 频段射频干扰估计》）。

此文件取代 DO-235A。它是从之前对外部射频干扰总体影响的评估报告中分离出来的。地面射频干扰源被建模为 GNSS 机载天线电波水平线的组成部分，同时对分布于机舱的机载非航空多源射频干扰的总体影响进行了衡量。对确定的依赖于位置的 GNSS 系统间和系统内的射频干扰功率谱密度值的计算，是基于 30 颗卫星 GPS 星座的关键卫星分布。同时，该文件确定了 SBAS、QZSS 和 Galileo 卫星星座的射频干扰组件。

（2）关于机载天线。

RTCA 制订了 GNSS 机载天线标准，如下。

① DO-301"Minimum Operational Performance Standards for Global Navigation Satellite System（GNSS）Airborne Active Antenna Equipment for the L1 Frequency Band"（DO-301《L1 频段机载 GNSS 天线设备最低运行性能标准》）。

此文件包含在航路、终端、非精密和精密进近阶段，GNSS 机载有源天线设备的 MOPS，它利用其他系统/设备/技术使 GPS、Galileo L1 频率增强满足性能需求。有源天线结合了前置放大器。被动设计的最低需求详细说明在 DO-228 和 DO-228（修订 1）中。在 DO-228 和 DO-228（修订 1）中，MOPS 介绍了有源天线需求的一种可选择方式。

② DO-228"Minimum Operational Performance Standards for Global Navigation Satellite Systems（GNSS）Airborne Antenna Equipment"（DO-228《GNSS 机载天线设备最低运行性能标准》）。

定义应用 GNSS 接收机天线性能。包括 GNSS 机载天线设备最低运行性能标准，利用 GPS 或 GLONASS 增强满足性能需求作为航路、终端、非精密和精密进近的主要导航方式。这些标准阐明了设备性能，对用户、设计者、厂商和设备安装具有参考价值。

需要分析北斗机载天线是否符合上述标准，并对其进行必要的修订。

(3) 关于 ABAS 设备。

RTCA 制订了基于 GPS 的 ABAS 系统标准，如下。

① DO - 316“Minimum Operational Performance Standards for Global Positioning System/Aircraft Base Augmentation System”(DO-316《全球定位系统/空基增强系统最小运行性能标准》)。

此文档包括无地基或空基增强系统辅助的单频机载导航传感器设备的最低运行性能标准。此标准定义了为多传感器系统或导航分系统提供位置信息的 GPS 传感器的最低性能、功能和特点，同时对用于航路、终端区和水平导航阶段的区域导航设备进行了阐述。

② DO-208“Minimum Operational Performance Standards for Airborne Supplemental Navigation Equipment Using Global Positioning System(GPS)”(DO-208《使用 GPS 的机载辅助导航系统最低运行性能标准》)。

此文档提出运行目标和应用场景，介绍标准及机载辅助导航设备(2D 和 3D)测试程序，采用 GPS 航路、终端、进近模式或任意结合的输入信息。一种补充的导航系统可用做飞行器主要的导航参考。

2) EUROCAE 标准

EUROCAE 的 ABAS 标准包括如下方面。

ED- 72A“MOPS for Airborne GPS Receiving Equipment used for Supplemental Means of Navigation”(ED-72A《作为导航辅助设备的 GPS 接收机的 MOPS》)。

作为导航辅助设备的 GPS 接收机的 MOPS 发行于 1997 年 4 月，详细说明了设备性能及在仿真验证性能时所用的测试方法、适用环境和在飞行器中的安装方法。GPS 接收机可以作为单独的设备和区域导航系统的一个输入量。

3) 航空无线电通信公司(美国爱瑞克公司)(ARINC)标准

ARINC 制定的 GNSS 机载接收机和 ABAS 标准如下。

(1) Characteristic 743“Airborne Global Positioning System Receiver”(Characteristic 743《机载全球定位系统接收机》)。

该标准提供用于定期航线的 GPS 传感器的设计指标。它描述了 GPS 接收机的运行能力以及保证可交换性的必要标准。GPS 给飞行员提供导航数据，并且给其他飞行器提供数据。

(2) Characteristic 743A - 5“Global Navigation Satellite System (GNSS) Sensor”(Characteristic 743A-5《GNSS 传感器》)。

GNSS 传感器标准结合了 GPS 和 GLONASS 的传感器。它提供位置信息并显示给飞行员，并且向飞机上的其他导航系统传输数据。

(3) Characteristic 760 - 1“GNSS Navigation Unit (GNU)”(Characteristic 760 - 1《GNSS 导航单元》)。

该标准定义了 GNU 的所需性能。GNU 提供航路/终端区导航,以及非精密进近能力。该文件规定 GNU 具备近期支持通信、导航、监视/空中交通管理(CNS/ATM)的功能,并且提供长期发展应用。

4）宽松告警门限 I 类运行指导材料的说明

2011 年 12 月,Eric Chatre(法国民航局/航空技术局(DGAC/STNA))和 Leo Eldredge(FAA)向 ICAO NSP 工作组全会提交工作文件 19(WP19)“Interpretation of Guidance Material for CAT I operations with relaxed Alarm Limits”,该文件展示了在欧盟-美国合作框架下解释 LPV-200 需求的研究成果。该文件的目的是与 NSP 分享信息,并寻求对解释的正确性以及可用于新完好性监测方案的认可。该文件根据 ICAO 附件 10 第 85 次修订版的内容对 LPV-200 进行了解释,新的版本将 CAT Ⅰ精密进近运行的告警门限从 10m(ILS)修改为 10 ~ 35m,告警门限的范围反映了不同的系统设计对运行的潜在影响。该文件的附件给出了 LPV-200 的具体指标,以及各指标在 SBAS 实际运行中的实现情况。

在本章中,所描述的 LPV-200 需求的解释,是在 ICAO 标准和建议措施中定义的。这种解释已经用于 ARAIM 和双频 SBAS 的发展。并且已被 SARPs 协调和批准。本文件对 4 个需求进行了讨论:4m(95%)的精度的需求,10m 无故障(10^{-7})垂直位置误差需求,15m 的 EMT 的需求,以及 35m 的 VPL 的需求。其中两个需求:95% 的准确度和 VPL,在附件 10,第 1 卷,ICAO SARPs 的第 3 章介绍。另外两个需求:10^{-7} 无故障准确性和 EMT,只在附件 10 附录 D 的指导材料中描述,为前两个需求提供了更多信息。

5）对 ARAIM 支持 LPV-200 操作的标准和建议措施

2012 年 5 月 12 日,EUROCONTROL 的 P. Salabert 和 G. Berz 向 ICAO NSP 工作组提交工作文件 21“Requirements for A-RAIM to support LPV-200”。

ARAIM 系统的发展与全球统一的 ISM 共同为飞行提供了广阔的前景,两者在削减 GNSS 系统操作的开支,以及在近地服务区提供导航和进场服务方面都起到了重要的作用。这是一个相当可观的安全保障。因此,欧洲航管组织大力支持 ARAIM 系统的开发。尽管如此,对 ARAIM 系统支持 LPV-200 操作的要求的解读还是引起了一些问题。

2011 年 12 月事务委员会会议 19 号工作文件在文件主体中引用了对 LPV-200 要求解读的 SARPs 基础,提议的解读方案细节则写进了附录中。该文件采用了同样的结构,例如,文件主体中给出了直接与 SARPs 相关的高水平评论,而在附录中讨论一些细节问题。

6）ARAIM 里程碑 1 成果报告

2013 年 5 月,Leo Eldredge(FAA)和 Jason Burns(FAA)向 ICAO NSP GSSG 提交了信息文件 12(IP12)“Advanced Receiver Autonomous Integrity Monitoring(ARAIM) Milestone 1 Report Results”(《ARAIM 第一阶段报告成果》)。该文件报告了在美国-欧盟合作框架下 ARAIM 小组的工作进展。该小组已经完成了计划的 3 个工作阶段的第 1 阶段。成果包括:①概念的定义;②参考算法的定义;③一般风险框架;④对性

能需求的定义;⑤预估性能;⑥ARAIM 发展趋势。

7) ISM 可能的传输机制

2013 年 11 月,Ken Ashton(英国民用航空管理局(CAA-UK))和 Paul Nisner(全国空中交通服务(NATS))递交了工作文件 29(WP29)“ARAIM”,该文件指出,2017 年之前将 ARAIM 写入附件 10 以及文件 9849 是 NSP 的任务之一,考虑了可进行标准化的 ARAIM 元素,该文件主要集中分析 ISM 可能的传输机制,包括 SBAS(区域系统)、GBAS(本地系统)、通信卫星(区域/全球系统)、核心星座(全球系统)、VHF 数据链(本地/区域系统)。

8) ARAIM 概念发展

2014 年 9 月,Ken Alexander(FAA),Eric Chatre((欧盟委员会)(EC)),Jason Burns(FAA)和 Per Enge(Stanford University)递交了信息文件 21(IP21)“EU - U. S. Advanced Receiver Autonomous Integrity Monitoring (ARAIM) Concept Development”,该文件描述了两种 ARAIM 架构:离线架构和在线架构。离线架构产生准静态 ISM,更新频率低,对星座性能要求较高,适于两个与 GPS 性能相当的星座;在线架构产生动态 ISM,每小时进行更新,导航信息覆盖和在线监测将使 ANSP 更好地控制标称误差和“宽故障”。

9) ARAIM 里程碑 2 成果报告

2015 年 4 月,Eric Chatre(EC)、Ken Alexander(U. S.)以及 Jason Burns(FAA)递交了信息文件 1(IP1)。该文件针对不久前发布的“欧盟-美国合作卫星导航第二阶段报告”提出问题并征求 ICAO 专家的意见,以利于在未来第三阶段报告中对 ARAIM 概念的继续发展。

2015 年 12 月,Ken Alexander(FAA)、Eric Chatre(EC)、Juan-Pablo Boyero(EC)、Jason Burns(FAA)、Gerhard Berz(EUROCONTROL)、Stefan Wallner(欧洲空间局(ESA))、Per Enge(Stanford University)递交了信息文件 27(IP27)。该文件对欧盟-美国 ARAIM 概念的发展进行了更新。对需要 ICAO 考虑和决定的相关法规、标准和制度提出了意见和指导。WG-C 讨论和制定 ARAIM 下一阶段的工作计划,侧重于进一步完善机载算法、地面监控架构、地面监控算法、初步的高水准要求、安全性分配和系统开发等关键要素,并提供了更多的分析结果和建议的实施路线图。

2.3.2 ARAIM 实施计划

2.3.2.1 整体计划

1) 2012 年—2013 年

(1) 任务 0。性能需求:确定并获得要实现的性能水平要求的详细情况(例如,VAL 需求、精度需求、其他关于 LPV-200 的完好性需求)。

(2) 任务 1。ARAIM 用户算法和改进:研究和回顾现有 ARAIM 用户算法,并针对当前 ARAIM 算法参考相关建议进行改进。

(3) 任务 2。性能评估:确定 ARAIM 输入以及所有无故障和故障条件下评估 ARAIM 性能所需的所有参数和假设列表。确定性能评估的常用程序和参数,并分析所提出的 ARAIM 的性能。

(4) 任务 3.1。ARAIM 风险定义:确定任何可供 ARAIM 实现其目标性能的 GNSS 通用的故障框架。

可能根据以下类别进行故障分类。

① 宽故障误差。例如,误差影响了多个卫星。

② 窄故障误差。例如,误差影响了单个卫星。

③ 常态误差。例如,标称情况下的误差。

(5) 任务 3.2。ARAIM 风险特征:尽可能地描述任务 3.1 中的故障导致的故障模型(包括可能性、规模以及个别故障的持续时间)。

2012 年 12 月 ARAIM SG 发布的《ARAIM 发展的"第一座里程碑"》报告总结了任务 1、任务 2 部分内容、任务 3.1 和任务 3.2 部分内容的完成情况。

2) 2013 年以后

(1) 任务 2:性能评估(完成)。

(2) 任务 3.2:ARAIM 风险特征(部分)。

(3) 任务 3.3:ARAIM 风险分配和识别。

(4) 任务 4:ISM 生成,设计和播发。

(5) 任务 5:地面监测。

(6) 任务 6:ARAIM/SBAS 相关关系。

(7) 任务 7:路线图。

(8) 任务 8:总结报告。

2015 年 11 月 ARAIM SG 发布的《ARAIM 发展的"第二座里程碑"》报告总结了任务 2、任务 3、任务 4、任务 5 和任务 6 的完成情况。

2016 年 2 月 ARAIM SG 发布的《ARAIM 发展的"第三座里程碑"》报告总结了任务 7 和任务 8 的完成情况。

2.3.2.2 实施细节

1) 任务 0——LPV-200

(1) 运行需求。

民用航空器的一次完整的飞行过程大致包含 5 个主要阶段,由于各个阶段具有不同的物理特性以及不同的所处空域属性,为确保飞行安全,对支撑技术,如导航技术,通信技术等的性能要求也不相同。图 2.12 所示为各个不同的飞行阶段,以及事故发生的比例。

其中,进近和着陆阶段是故障发生率最高的阶段。根据 ICAO 附件 6 中的规定,进近及着陆操作分为 3 种类型: NPA 是一种仪表进近着陆操作,使用水平引导但无垂直引导;带有 APV,使用水平及垂直引导手段的仪表进近着陆,但未达到精密进近

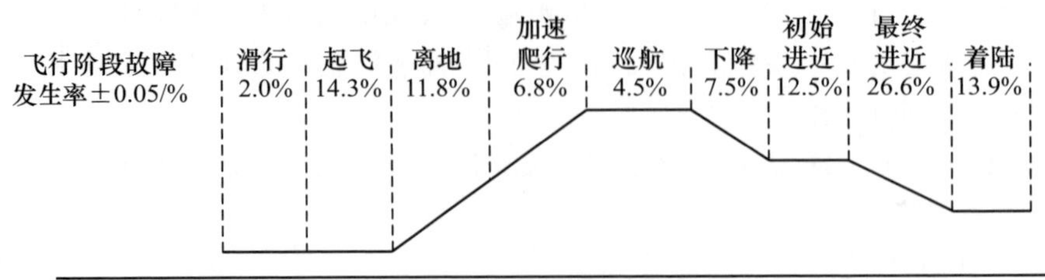

图 2.12　各飞行阶段及相应事故发生比例

和着陆操作的性能要求;精密进近(PA)可分为Ⅰ、Ⅱ、Ⅲ共 3 个大种类的具体操作,对应具体的性能要求中水平及垂直引导都规定了明确的性能指标,与此同时,在 APV 与 PA 之间又定义了带有垂直引导进近方式的支持下降至决断高度 200 英尺(61m)的进近操作(LPV-200)。LPV-200 最初提出的目的在于推动 WAAS 在精密进近中的应用。随着 WAAS 的出现,在美国任何空域及地理条件允许的地方实现 LPV 进近成为可能。WAAS 实现的一次重大软件改进,把美国大陆和阿拉斯加南部的 LPV 服务的可用性提高到最佳条件下大于 99%。

(2) 性能需求。

LPV-200 为低至 200 英尺高度的基于水平和垂直引导的精密进近提供支持,垂向精度等同于 ILS 提供 CAT I 精密进近服务的能力。目前 SBAS 能满足 LPV-200 的性能需求,全球 LVP-200 的覆盖范围仅为 7.54%。LPV-200 的性能指标如表 2.7 所列。

表 2.7　LPV-200 性能指标

需求	GNSS
精度(95%,NSE)	4m(垂直),16m(水平)
连续性风险	8×10^{-6}/15s
可用性	0.99~0.999
VAL,HAL	35m,40m
完好性风险	P_{reg}(HMI)$\leqslant 1\times10^{-7}$/进近 TTA:6s 误警率:4×10^{-4} 垂直定位误差(VPE)(95%):4m $P_{a-priori}$:1.25×10^{-5} 漏检概率: P_{reg}(单故障 HMI)/($N\times P_{a-priori}$)$\approx(0.7\sim1.4)\times10^{-4}$($N=6\sim12$)
注:NSE—导航系统误差	

① HMI 的概率。

HMI 存在于 HPE 大于 HPL 或 VPE 大于 VPL 的情况下。对于传统 RAIM 的应用,完好性要求为 HMI 的概率不超过 10^{-7}/h。对于LPV-200,完好性要求是 HMI 概

率不超过 10^{-7}/进近。目前的ICAO附件10对于垂直引导进近和一类进近的要求是HMI的概率必须不超过 2×10^{-7}/进近。GEAS仅在垂直维度下评估对于HMI概率的贡献。如果对 2×10^{-7} 的整体分配是在水平和垂直维度等分，那么该GEAS假设与ICAO要求是一致的。对于LPV-200，VAL是35m，告警时间要求是6s。

② 误警概率要求。

对于传统的RAIM，当它被用做从航路到LNAV进近的辅助导航手段时，允许的最大误警率在任意小时内都小于0.002。当它被用来在相同的飞行阶段中（RTCA/DO-229D）作为主要的导航手段时，该概率要求小于 10^{-5}/h。对于LPV-200，GEAS对于机载算法的要求是 4×10^{-6}/15s，这来源于ICAO对连续性要求 8×10^{-6}/15s的一半，ICAO的连续性要求会导致服务的减弱，包括接收机处理之外的服务。

③ 有效监测阈值。

有效监测阈值是LPV-200关于垂直位置误差的额外要求。它是基于运行实践提出的。除了精度和完好性的常规要求外，还需要一个额外要求，即限制超过15m垂直误差的概率，因为这样的误差能显著增加飞行机组人员的工作负担并降低安全性。值得注意的是，垂直误差将改变飞机到达接近跑道决断高度点的阈值，飞行机组人员可能会以不正常的下降速率着陆。因此，FAA制定了存在故障下限制垂直位置误差的要求（无故障情况下，应满足 $P_{\text{reg}}(\text{VPE}>10\text{m})<10^{-7}$）。该要求（即EMT）被解释为，在故障存在的情况下，当误差造成垂直位置误差等于EMT时，至少在50%的情况下侦测出这种误差。这一条件的满足是基于用户卫星几何可用性的条件。而传统的RAIM并没有这样的针对垂直误差中值的要求。

新的要求表示，导致超过15m的垂直位置误差漏检的概率必须小于 10^{-5}/进近。

④ 95%精度的垂直位置误差。

LPV-200的95%垂直精度要求是4m。传统RAIM还没有明确的精度要求，因为GPS给出的精度范围足够满足从航路到LNAV进近应用的精度要求。

（3）功能需求。

由性能指标可知，LPV-200类似于ILS CAT Ⅰ类进近，其先进性如下。

① 对飞机运营商来说，其最大的考虑在于那些没有安装ILS设备的机场，多数商用飞机运行是在非ILS机场进行的，仅采用非精密进近。

② 减少改道备降机场，从而大大节省燃油。

③ 使用卫星系统，减少地面设备，降低成本。

④ 减少非精密进近相关的故障，从而减小飞行员的工作负荷。

目前，只有星基增强系统能够提供LPV-200服务，全球能够实现此性能的区域约为7.54%，如图2.13所示。

随着全球卫星导航系统的发展，多频多系统的出现为民航应用提供了诸多便利。ARAIM的提出，使LPV-200性能的全球覆盖成为可能。仿真表明，ARAIM可实现全球95%以上的LPV-200服务范围覆盖，如图2.14所示。

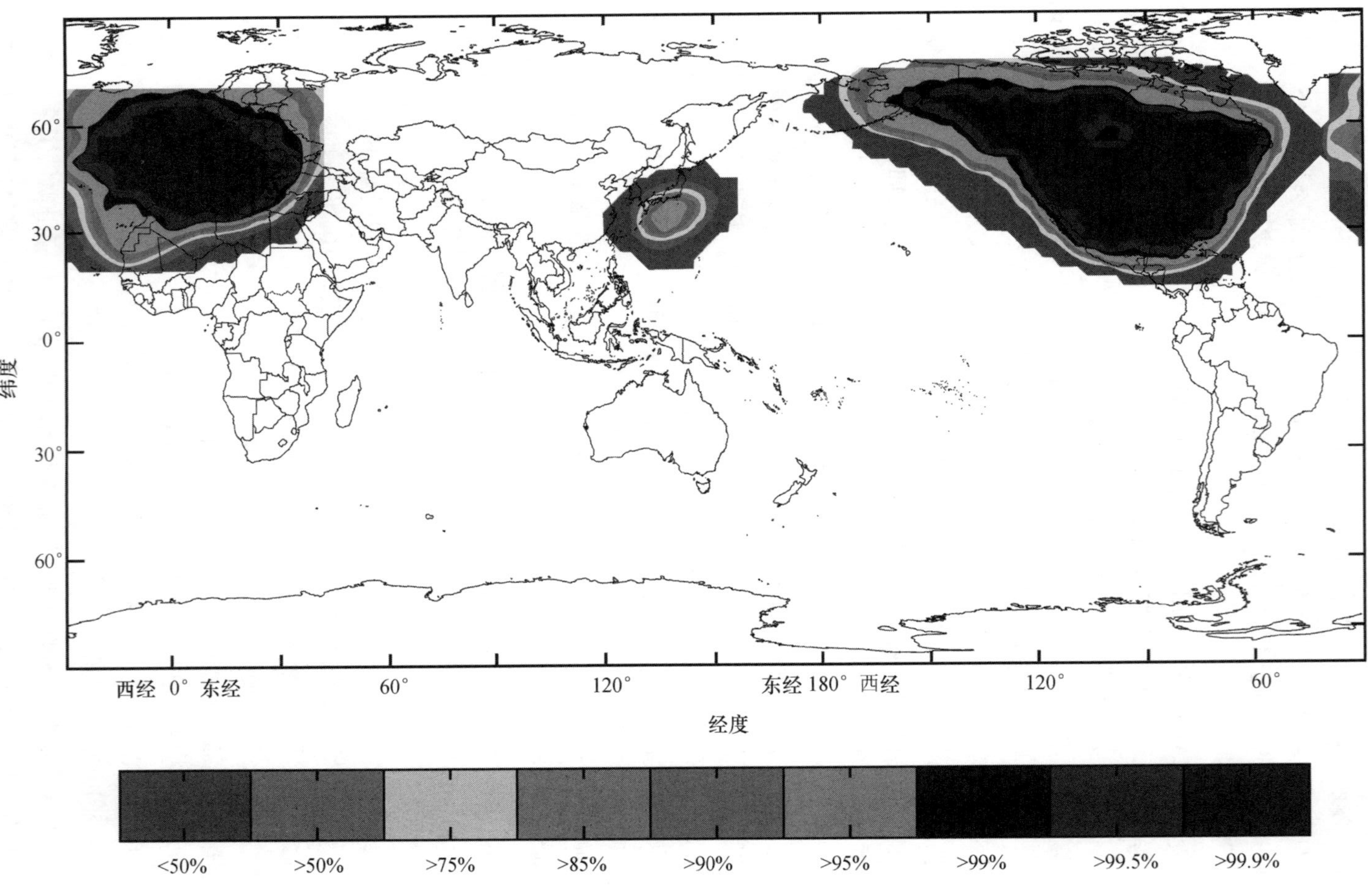

图 2.13 SBAS LPV-200 性能覆盖区域（见彩图）

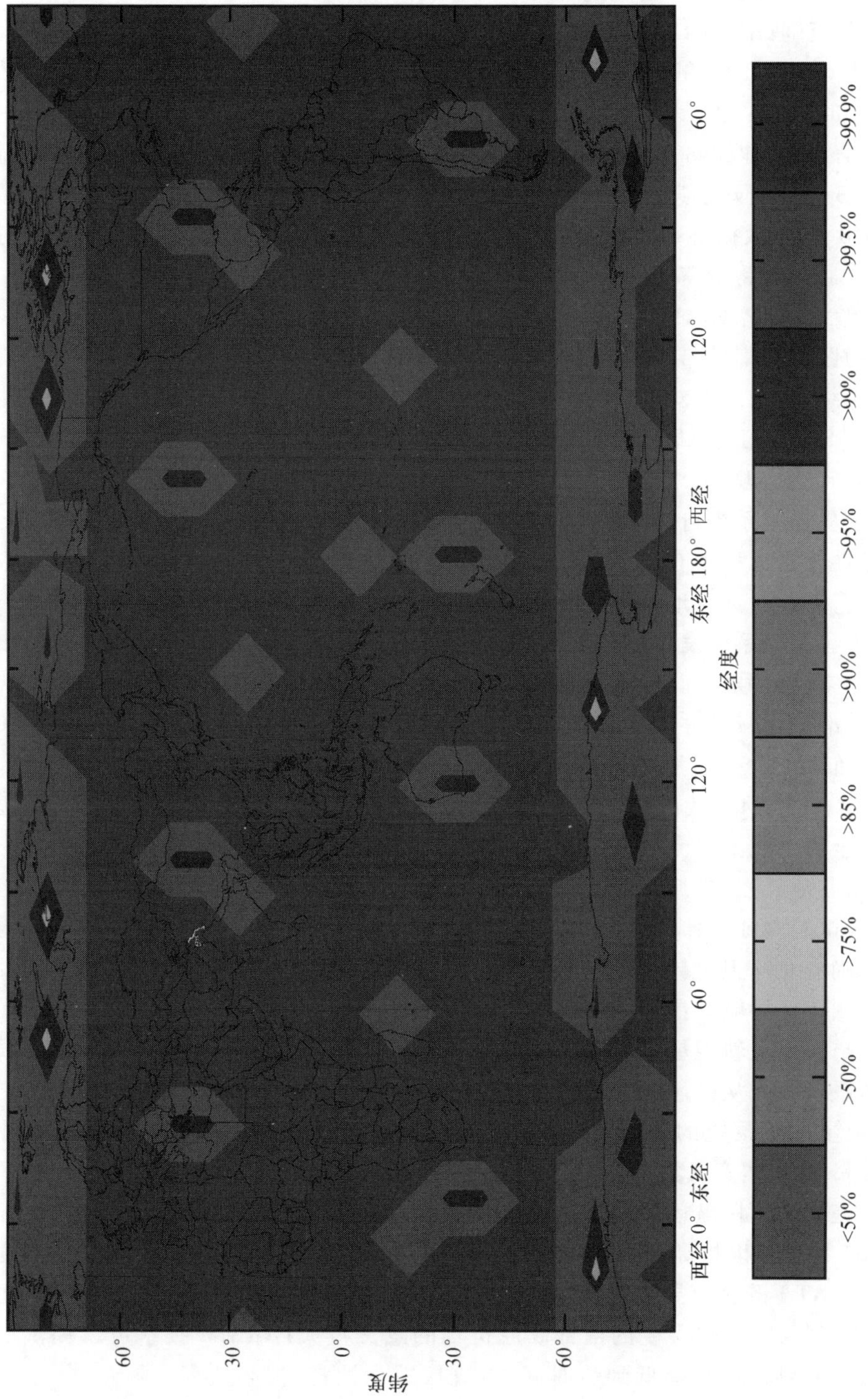

VAL=35m,HAL=40m, $\mathrm{EMT}_{\mathrm{th}}$=15, σ_{acc}=1.87, 覆盖率(99%)=98.75%

图 2.14　ARAIM LPV-200 全球覆盖(见彩图)

与SBAS相比,ARAIM的先进性如下。

① 覆盖范围:ARAIM可以实现全球LPV-200覆盖,而SBAS只能实现区域覆盖。

② TIA:SBAS要求的告警时间为6s,ARAIM告警时间分为两种,快速TIA为数分钟到1小时,而长TIA为1天甚至更长。

③ 通信链路:地面站信息传递到用户的方式更为灵活,并且通信链路所需带宽更小。SBAS将地面站信息传送至用户的方式为GEO卫星,而ARAIM可以采用终端机场的VDB、航空数据链、GEO卫星数据链等更为灵活的通信方式,而较长的告警时间也减小了通信链路所需要的带宽。

④ 参考站网络:ARAIM地面站为全球稀疏分布的参考站网络,而SBAS地面参考站网络为区域密集分布。作为ARAIM架构之一,离线ARAIM架构则不需要专门的参考站网络,而与之相对的ARAIM在线架构,仅需20个左右全球稀疏分布的监测站,因此,与SBAS相比ARAIM能大大减少基础设施成本。

(4) 北斗ARAIM需求。

北斗卫星导航系统自2012年12月27日正式提供区域服务以来,系统连续稳定运行,服务性能指标稳中有升。对覆盖亚太地区的服务信号监测评估表明,系统服务性能满足指标要求,部分地区服务性能优于10m。

北斗卫星导航系统发布《北斗卫星导航系统公开服务性能规范(1.0版)》,给出了该系统的空间信号特征及性能指标、系统服务特征及性能指标,向用户承诺了系统基本性能标准;发布《北斗卫星导航系统空间信号接口控制文件公开服务信号(2.0版)》,并公布第二个公开服务信号B2I。

2016年2月1日,我国成功发射第21颗北斗导航卫星。该组卫星属中圆轨道卫星,采用全新导航卫星专用平台,搭载星载氢原子钟,并首次搭载高集成度的空间抗辐照专用芯片,将与先期发射的4颗同类卫星一起,共同开展星间链路、新型导航信号体制等试验验证工作,对未来北斗系统的全球体制规划和技术标准进行全面验证,并基本确立北斗卫星导航系统的全球组网模式。2016年3月30日,我国成功发射了第22颗北斗导航卫星。该组卫星属倾斜地球同步轨道卫星,卫星入轨并完成在轨测试后,与其他在轨卫星共同提供服务,进一步增强系统星座稳定性,强化系统服务能力,为系统服务从区域向全球拓展奠定坚实基础。

北斗卫星导航系统的建设为北斗ARAIM技术提供了有力的支撑。发展北斗ARAIM技术,其现实意义如下。

第一,提高中国民航运营的效率和安全性,支持“一带一路”战略构想。

ARAIM技术可以提高航路、终端区以及进近过程中的导航系统精度,提供精度接近于ILS CAT I的垂直导航服务,而避免了ILS的航向道干扰问题,提高安全性,尤其对我国地形复杂、气候多变的西部高原机场的意义重大;ARAIM技术可以提供更灵活的进近和离场路由、降低到达时间,将直接减少油耗、提高效率。随着“一带一路”的战略构想的提出,作为“一带一路”大通道的重要一环,西部高原机场将发挥至

关重要的作用,如何保证其安全高效运行,将变得尤其重要。ARAIM 技术的发展将提高该地区的飞行安全与效率。

第二,降低地面基础设施建设成本。

与 SBAS 相比,ARAIM 无须密集分布的地面监测站网络,全球稀疏分布的地面站网络将能够提供全球 LPV-200 覆盖,极大地节省了地面设施建设成本。

第三,促进北斗卫星导航系统的建设和完善。

有利于推动北斗卫星导航系统与其他卫星导航系统的合作,有利于提高北斗卫星导航系统的国际竞争力,有利于提升北斗卫星导航系统的国际化水平。

发展北斗 ARAIM 技术的有利条件如下。

第一,北斗卫星导航系统播发双频信号,已实现区域覆盖,并正向全球系统发展,为 ARAIM 技术的发展提供了有力支撑。

第二,ARAIM 是在 GPS 与 Galileo 系统合作框架下提出的,然而,Galileo 系统的发展缓慢,使 ARAIM 目前仅处于理论研究和仿真实验阶段,而北斗卫星导航系统已经可以为 ARAIM 技术的性能评估提供实测数据支撑。

2) 任务 1——可能的改进

(1) 保护级计算方法的改进。

2.2.3 小节中定义的保护级算法可通过优化完好性风险计算来简化。文献[45]对于该方法进行了描述。在参考算法中,故障模式 k 对完好性风险所起作用的上限为

$$P(\mathrm{HMI}|\mathrm{fault}_k) \leqslant Q\left(\frac{\mathrm{VPL} - T_{k,3} - b_3^{(k)}}{\sigma_3^{(k)}}\right) \tag{2.24}$$

改进后,更精确的上限定义为两个参数的函数:

$$P(\mathrm{HMI}|\mathrm{fault}_k) \leqslant F\left(\frac{\mathrm{VPL} - T_{k,3} - b_3^{(k)}}{\sqrt{\sigma_3^{(k)2} - \sigma_3^{(0)2}}}, \frac{\sigma_3^{(0)}}{\sqrt{\sigma_3^{(k)2} - \sigma_3^{(0)2}}}\right) \tag{2.25}$$

函数 F 定义为

$$F(\gamma,\rho) = \max_u Q(u)\,Q(\sqrt{1+\rho^2\gamma} - \rho u) \tag{2.26}$$

保护级则是如下修正后等式的解:

$$2Q\left(\frac{\mathrm{VPL} - b_3^{(0)}}{\sigma_3^{(0)}}\right) + \sum_{k=1}^{N_{\mathrm{fault\_modes}}} P_{\mathrm{fault},k} F\left(\frac{\mathrm{VPL} - T_{k,3} - b_3^{(k)}}{\sqrt{\sigma_3^{(k)2} - \sigma_3^{(0)2}}}, \frac{\sigma_3^{(0)}}{\sqrt{\sigma_3^{(k)2} - \sigma_3^{(0)2}}}\right) = \mathrm{PHMI}_{\mathrm{VERT}} - P_{\mathrm{sat,not\_monitored}} - P_{\mathrm{const,not\_monitored}} \tag{2.27}$$

式中:$P_{\mathrm{const,not_monitored}}$为未被监测的星座故障的完好性风险值。

类似的想法在 Q 方法中进一步阐述[46]。在 Q 方法中,二维函数是预先计算过的。当已给出漏检概率,该映射提供 PL 作为这两个几何性参数的函数。

(2) 风险模型的修改。

风险模型可通过限制潜在的星座广域故障进一步改善。由错误的地球方位参数/地球方位预测参数引起的星座广域故障将极大影响水平面位置误差。该约束可通过设置一个故障模型来增加微扰参数 b_{EOP}。量测模型可表示为

$$\begin{bmatrix} \boldsymbol{y}_1 \\ \boldsymbol{y}_2 \end{bmatrix} = \begin{bmatrix} \boldsymbol{G}_1 & 0 \\ \boldsymbol{G}_2 & \tilde{\boldsymbol{G}}_2 \end{bmatrix} \begin{bmatrix} x \\ b_{\mathrm{EOP}} \end{bmatrix} + n \tag{2.28}$$

式中:$\boldsymbol{y}_i$是来自星座 i 的量测矢量;x 是真实位置和时钟补偿。矩阵$[\boldsymbol{G}_1^{\mathrm{T}}\ \boldsymbol{G}_2^{\mathrm{T}}]^{\mathrm{T}}$是2.2.3 节定义的矩阵 $\boldsymbol{G}$。$\tilde{\boldsymbol{G}}_2$定义如下:

$$\tilde{\boldsymbol{G}}_2 = \boldsymbol{G}_2 \begin{bmatrix} 1 & 0 & 0 & 0 & 0 \\ 0 & 1 & 0 & 0 & 0 \end{bmatrix}^{\mathrm{T}} \tag{2.29}$$

如果仅东西坐标受到影响,则

$$\tilde{\boldsymbol{G}}_2 = \boldsymbol{G}_2 [1 \quad 0 \quad 0 \quad 0 \quad 0]^{\mathrm{T}} \tag{2.30}$$

此修正星座故障可以用文献[47]提出的一个卡方方法来处理,或者在参考解分离算法的框架下通过计算位置解的故障容限来处理。算法的后续处理相同。通过允许由非零故障引起的垂直位置误差并限制水平面误差的幅度来使误差仅影响水平坐标,这可能减轻约束。

这些方法都非常有吸引力,因为它们极大地减少了星座广域故障对可用性的影响。然而,对于子组来说,此时是否能假设由星座广域故障引起的垂直误差一般不再大于水平误差仍不得而知。另外,也不清楚 EOP/EOPP 故障能否在任一时刻仅影响一个星座。

(3) 用于 EOP 故障抑制的地面验证的长期星历。

如前一节所述,这里提出的改进目标是减轻星座广域故障的影响。该想法包括向用户发送计算卫星位置的验证源,这可以在当前广播星历下直接用于定位过程或故障检测。有一种方法在文献[48]中有所描述,该方法直接用于对 EOP/EOPP 故障的检测。该方法使用临近的星历来检测引入到星历数据集合的 EOP/EOPP 故障。显然,该方法并不同于之前描述的 ARAIM 算法,它并不依赖于全球卫星导航核心星座的 EOP/EOPP 故障的独立性。缺点是只正相关于规定的 GPS 故障的 EOP/EOPP 故障,无法可靠地使用相邻的星历表进行测试检测。另一种基于验证的星历表的长期预测的方法在文献[49]中有简要介绍,目前尚处于研究中。相关方法在移动电话定位应用中展示了不错的关于长期轨道传播的性能。该 ARAIM 地面段的作用(它决定了 ISM)是使用一系列预先地面验证的星历来创建星历投影模型参数。

使用消除 EOP/ EOPP 故障辅助方法将使接收机 ARAIM 算法可以假定一个非常低的星座故障概率 P_{const},这就缓解了证明整个星座 EOP/EOPP 故障的独立性的需

要。这样的方法也将对单星座的复归模式有效。

(4) 定位解算的改进。

基准算法基于使用 C_{int} 作为伪距误差协方差矩阵的最小二乘法来计算全可见星解。保护级计算可通过选择不同的定位解得到简化。该方法在基于斜率的 RAIM 框架下得到进一步发展,其中假设有单个故障并且不考虑精度限制[50]。也对简化的风险模型进行了进一步的研究,该模型只假设了星座故障[51]。

通过将问题转变成可实现的凸优化问题,可以同时优化完好性分配和位置解,产生位置解时考虑额外的限制(例如精度),并且可以对任意风险模型做到这一点(特别是多故障情况)。算法在文献[52]中有描述。为了阐述该算法,垂直保护级等式如下:

$$2Q\left(\frac{\text{VPL}-b_3^{(0)}}{\sigma_3^{(0)}}\right)+\sum_{k=1}^{N_{\text{fault\_modes}}}P_{\text{fault},k}Q\left(\frac{\text{VPL}-K_{\text{fa},3}\sqrt{(\boldsymbol{S}_3^{(k)}-\boldsymbol{S}_3^{(0)})\boldsymbol{C}_{\text{acc}}(\boldsymbol{S}_3^{(k)}-\boldsymbol{S}_3^{(0)})^{\text{T}}}-b_3^{(k)}}{\sigma_3^{(k)}}\right)=$$
$$\text{PHMI}_{\text{VERT}}-P_{\text{sat,not\_monitored}}-P_{\text{const,not\_monitored}} \tag{2.31}$$

该方法修改了全可见星解系数 $\boldsymbol{S}_3^{(0)}$,当达到精度和 EMT 约束时,VPL 可最小化(即 $\boldsymbol{S}_3^{(0)}$ 不再使用加权最小二乘来计算)。

(5) 检验简化。

通过使用下面的不等式在降低少许精度的代价下可避免计算所有的子集位置:

$$|\Delta\hat{\boldsymbol{x}}_q^{(k)}|^2=|\hat{\boldsymbol{x}}_q^{(k)}-\hat{\boldsymbol{x}}_q^{(0)}|^2\leqslant\sigma_{\text{ss},q}^{(k)2}(\boldsymbol{y}^{\text{T}}(W_{\text{acc}}-W_{\text{acc}}\boldsymbol{G}(\boldsymbol{G}^{\text{T}}W_{\text{acc}}\boldsymbol{G})^{-1}\boldsymbol{G}^{\text{T}}W_{\text{acc}})\boldsymbol{y}) \tag{2.32}$$

仅需进行如下的检验:

$$\boldsymbol{y}^{\text{T}}(W_{\text{acc}}-W_{\text{acc}}\boldsymbol{G}(\boldsymbol{G}^{\text{T}}W_{\text{acc}}\boldsymbol{G})^{-1}\boldsymbol{G}^{\text{T}}W_{\text{acc}})\boldsymbol{y}\leqslant T_{\chi^2,\text{alternate}}={\chi^2_{n-3-N_{\text{const}}}}^{-1}(1-P_{\text{FA}}) \tag{2.33}$$

如果检验通过,保护级将如下计算:

$$T_{k,q}=\sigma_{\text{ss},q}^{(k)}\sqrt{T_{\chi^2,\text{alternate}}} \tag{2.34}$$

更多简化的细节可在文献[53]的附录 F 中找到。

3) 任务 2——性能评估

服务容量仿真是未来 ARAIM 架构定义中的重要的元素。所得到的结果支持关于性能的预测,该预测可以在一些关于星座大小、特征和参与的星座、卫星的性能条件下进行。参数化的服务容量仿真也允许对关键参数敏感性以及对全面遵从 LPV-200 要求的影响进行评估,该要求被设定为未来 ARAIM 架构的目标。关于 LPV-200 要求的性能评估遵循任务 0 的解释。

为表征 GPS 和 Galileo 系统双频 E1/L1,E5a/L5 服务性能的参数被设定了一个与可能的未来性能相似的方式。这些系统的特性应作为指示性典型值,而这些典型值可能不被核心星座所保证,故需要得到 ARAIM(包括地面和用户段)的确保。

该部分提供了一套服务容量仿真和在一些假设和误差模型下的关于 ARAIM 架构的性能估计。此外,这部分也展现了一些灵敏度的分析,这是为了评估关键输入特性对星座性能和随后遵循 LPV-200 要求的影响。

（1）GNSS 星座特性。

3 种不同的星座将在 ARAIM 性能分析中予以考虑(表 2.8)。对于 GPS,评估 24 颗卫星的标称星座(GPS24)和扩展后的包含 27 颗活跃卫星 24-slot 的 GPS 星座(GPS27)。对于 Galileo 系统,考虑包含 27 颗活跃卫星的标称星座。

表 2.8　参考核心星座

星座	特性	参考
GPS24	24-slot 标称 GPS 星座	SPS 2008
GPS27	扩展的 24-slot GPS 星座	SPS 2008
Galileo27	步行者 27/3/1,56°倾角,SMA 29601.3km	

对于 GPS 和 Galileo 系统,用户均采用 5°的遮掩角。对两种双星座配置进行检验:24 颗卫星的 GPS 加上 27 颗卫星的 Galileo 和 27 颗卫星的 GPS 加上 27 颗卫星的 Galileo。考虑到未来星座的一些不确定性,通过在第一种情况下每个星座移除一颗卫星和在第二种情况下 Galileo 卫星移除一颗卫星的方式来降低星座性能。恶化的星座在文献[54]中有所描述。

（2）用户测距特性。

伪距误差是每一个测距源内部的常规误差之一。这些误差是由于地面段轨道和时钟确定过程的精度限制,导航信息格式(即选择的轨道和时钟参数集合)的模型限制以及主要由机载时钟预测模型的精度限制造成的。另外,对流层误差、编码噪声和多径误差也被视为常规误差。对于每一个伪距,误差表征为一个高斯分布加上最大偏差。

（3）卫星故障和星座故障概率。

一般来说,第 3 部分概述的参考算法考虑了单个故障(P_{sat})和星座广域故障(P_{const})。鉴于任务 3.2 中的事件鉴定处理仍在进行,本报告仅提供初步结果——一种参数化方法可分析关于卫星和星座广域故障的 LPV-200 的敏感性。卫星和星座的故障范围如表 2.9 所列。

表 2.9　故障概率范围

P_{sat}	P_{const}
1×10^{-3},1×10^{-4},1×10^{-5}	1×10^{-4},1×10^{-5},1×10^{-6}

（4）要求。

应用的 LPV-200 要求遵循第 1 部分描述的实施。4×10^{-6} 连续性风险被分配给航电设备算法,并且假设允许的 1×10^{-7} 的 HMI 概率。在仿真中,仅 VPL、EMT 和精度被用来评估可用性。文献[5]建议 LPV-200 的水平完好性可假设仅使用了 2% 的完整预算,而 98% 仍在垂直分配子树中。

（5）性能预测。

本节提供了可能的 ARAIM 性能和对 LPV-200 目标性能水平的达标程度。之前已经提到的一种参数化分析方法，该方法也将提供关于最小性能水平的进一步认识，ARAIM 支持的 GNSS 核心星座的联合需要提供这样的性能水平。因此，应将表 2.10 规定的 P_{sat} 和 P_{const} 值视为在被 ARAIM 地面段增强后的卫星和星座故障的概率。这将提供一个关于 GNSS 核心星座和 ARAIM 地面段合作需要达到的故障概率的清晰认识，以便 ARAIM 服务达到 LPV-200 性能目标。

表 2.10 世界范围覆盖预测结果

GPS24 − 1 + Galileo 27 − 1					
P_{sat}	P_{const}	联合	VPL	EMT	Acc_v
1×10^{-5}	1×10^{-6}	88.42%	88.52%	100%	100%
1×10^{-5}	1×10^{-5}	55.87%	79.17%	56.04%	100%
1×10^{-5}	1×10^{-4}	0.68%	63.91%	0.68%	100%
1×10^{-4}	1×10^{-6}	87.26%	87.51%	100%	100%
1×10^{-4}	1×10^{-5}	44.92%	75.78%	44.98%	100%
1×10^{-4}	1×10^{-4}	0.05%	57.76%	0.05%	100%
1×10^{-3}	1×10^{-6}	83.51%	84.85%	99.70%	100%
1×10^{-3}	1×10^{-5}	34.32%	70.70%	35.44%	100%
1×10^{-3}	1×10^{-4}	0	51.14%	0	100%
GPS27 + Galileo 27 − 1					
P_{sat}	P_{const}	联合	VPL	EMT	Acc_v
1×10^{-5}	1×10^{-6}	100%	100%	100%	100%
1×10^{-5}	1×10^{-5}	99.38%	100%	99.38%	100%
1×10^{-5}	1×10^{-4}	11.22%	99.52%	11.22%	100%
1×10^{-4}	1×10^{-6}	100%	100%	100%	100%
1×10^{-4}	1×10^{-5}	92.72%	100%	92.72%	100%
1×10^{-4}	1×10^{-4}	5.78%	90.53%	5.78%	100%
1×10^{-3}	1×10^{-6}	100%	100%	100%	100%
1×10^{-3}	1×10^{-5}	75.94%	100%	76.07%	100%
1×10^{-3}	1×10^{-4}	1.65%	83.21%	1.65%	100%
注：Acc_v—垂向精度					

表 2.10 表明 LPV-200 的 99.5% 可用性的世界范围覆盖。该仿真是在 5×5 的格网中按照 10 个恒星日中的每 300s 进行一次。使用余弦加权是为了克服极区的过量。

获得的仿真结果可对以下情况提供支持。

① 所有的场景完全遵从相关的 LPV-200 精度要求。

② EMT 标准的评价需要在任何 ARAIM 服务容量仿真中解释，当相比于一些参数设置的 VPL 标准时，它显得更有局限性。

③ P_{const}是最标准的参数之一。

④ 对于更高的 P_{sat}、P_{const}值，即(P_{sat},P_{const}) = (1×10^{-5},1×10^{-5})和(P_{sat},P_{const}) = (1×10^{-4},1×10^{-5})，应观察对可用卫星数目的高灵敏性。具有高 P_{sat}、P_{const}值的 GPS24 - 1 + Galileo 27 - 1 的组合配置仅产生了 50% 的组合可用性，而 GPS27 + Galileo 27 - 1 具有接近 100% 的组合可用性。对于 GPS24 - 1 + Galileo 27 - 1 星座，需要确保一个 1×10^{-6}的星座广域故障以便提供足够的 LPV-200 可用性。当确保了 1×10^{-4}的水平时，关于卫星故障概率敏感性将不会显著。请注意对于这两种情况($P_{const}=1\times10^{-6}$ 和 $P_{sat}=(1\times10^{-4})/(1\times10^{-5})$)，在 VPL 成为约束要求时可达到大约 90% 的组合可用性。星座和卫星的故障概率的轻微减少，同时减少 URA/SISA 和一些改进的 ARAIM 用户算法，可促使 LPV-200 的可用性达到近 100% 。

⑤ 扩大的 GPS27 + Galileo 27 - 1 星座提供了足够的联合的 LPV-200 可用性，此时星座广域故障概率没有超过 1×10^{-5} 并且卫星故障概率范围是 1×10^{-5} 到1×10^{-4}。

⑥ 表 2.11 所列的星座故障和卫星故障概率阈值表征了两种星座场景从不充分到充分联合的 LPV-200 可用性的过渡的开始。

表 2.11　两种星座配置的有限的故障概率

卫星和星座	GPS24 - 1 + Galileo 27 - 1	GPS27 + Galileo 27 - 1
P_{sat}	$(1\times10^{-4})/(1\times10^{-5})$	1×10^{-4}
P_{const}	1×10^{-6}	1×10^{-5}

参考文献

[1] PANEL FAA G. GNSS evolutionary architecture study: phase Ⅰ- panel report[R]. Washington: FAA,2008.

[2] 陈金平. GPS 完善性增强研究[D]. 郑州:解放军信息工程大学,2001.

[3] BILATERAL E. ARAIM technical sub group of the working group C, GPS-Galileo working group C ARAIM technical subgroup milestone 2 report(Final Version,11 February2015)[R]. Washington: FAA,2015.

[4] China Satellite Navigation Office. Beidou navigation satellite system signal in space interface control document open service signal(version 2.0)[R]. Beijing:China Satellite Navigation Office,2012.

[5] PANEL G. Phase Ⅱ of the GNSS evolutionary architecture study[R]. Washington:FAA,2010.

[6] WG-C. ARAIM technical sub group of the working group c, GPS-Galileo working group c ARAIM technical subgroup interim report(Issue 1.0,19 December2012)[R]. Washington:FAA,2012.

[7] WG-C. ARAIM technical sub group of the working group C, ARAIM technical subgroup milestone 2 report[R]. Washington: FAA, 2015.

[8] WG-C. ARAIM technical sub group of the working group C, ARAIM technical subgroup milestone 3 report[R]. Washington: FAA, 2016.

[9] JEFFERSON D C, BARSEVER Y E. Accuracy and consistency of broadcast GPS ephemeris data [J]. Institute of Navigation, 2000: 391-395.

[10] WARREN D L M, RAQUET J F. Broadcast vs. precise GPS ephemerides: a historical perspective [J/OL]. GPS Solutions, 2003, 7(3): 151-156. [2003-09-02]. https://doi.org/10.1007/s10291-003-0065-3. issn. 1521-1886.

[11] DORSEY C T, MENDICKI A J, LITTLE P J, et al. Summary of accuracy improvements from the GPS legacy accuracy improvement initiative(L-AII)[C]//Proceedings of the 20th International Technical Meeting of the Satellite Division of The Institute of Navigation(ION GNSS 2007). Fort Worth: ION, 2007: 2481-2498.

[12] HENG L, GAO G X, Walter T, et al. Statistical characterization of GPS signal-In-space errors[C]// Proceedings of the 2011 International Technical Meeting of The Institute of Navigation. San Diego: ION, 2011: 312-319.

[13] AMARILLO-FERNANDEZ F, CRISCI M, BALLEREAU A, et al. The Galileo ground mission segment performances: international GNSS service workshop IGS 2008[R]. Miami, USA, 2008.

[14] HANSEN A, WALTER T, LAWRENCE D, et al. GPS Satellite clock event of SVN27 and its impact on augmented navigation systems[C]//Proceedings of ION GPS-98. Nashville: ION, 1998: 1665-1673.

[15] SHANK C M, LAVRAKAS J. GPS integrity: an MCS perspective[C]//Proceeding of ION GPS-1993 [C]. Salt Lake City: ION, 1993.

[16] RIVERS M H. 2 SOPS anomaly resolution on an aging constellation[C]//Proceedings of the 13th International Technical Meeting of the Satellite Division of the Institute of Navigation(ION GPS 2000). Salt Lake City: ION, 2000: 2547-2550.

[17] GRATTON L, PRAMANIK R, TANG H, et al. Ephemeris failure rate analysis and its impact on category I LAAS integrity[C]//Proceedings of the 20th International Technical Meeting of the Satellite Division of The Institute of Navigation(ION GNSS 2007). Fort Worth: ION, 2007: 386-394.

[18] HENG L, GAO G X, WALTER T, et al. GPS signal-in-space anomalies in the last decade: data mining of 400,000,000 GPS navigation messages[C]//Proceedings of the 23rd International Technical Meeting of The Satellite Division of the Institute of Navigation (ION GNSS 2010). Portland: ION, 2010: 3115-3122.

[19] Department of Defense USA. Global positioning system standard position service performance standard [S/OL]. 4th ed. [2008-09]. https://www.gps.gov/technical/ps/2008-SPS-performance-standard.pdf.

[20] WONG G, PHELTS R E, WALTER T, et al. Alternative characterization of analog signal deformation for GNSS-GPS satellites[C]//Proceedings of the2011 International Technical Meeting of the Institute of Navigation. San Diego: ION, 2011: 497-507.

[21] WONG G, PHELTS R E, WALTER T, et al. Bounding errors caused by nominal GNSS signal deformations[C]//Proceedings of the 24th InternationalTechnical Meeting of the Satellite Division of the Institute of Navigation(IONGNSS 2011). Portland:ION,2011:2657-2664.

[22] ICAO. GNSS standards and recommended practices(SARPs)[M]//Aeronautical Telecommunications, Volume 1(Radio Navigation Aids), Amendment 86. November 17,2011:Section 3.7 and subsections, Appendix B, and Attachment D. Montreal:ICAO,2011.

[23] GORDON S, SHERRELL C, POTTER B J. WAAS offline monitoring[C]//Proceedings of the 23rd International Technical Meeting of the Satellite Division of the Institute of Navigation(ION GNSS 2010). Portland:ION,2010:2021-2030.

[24] MONTENBRUCK O, HAUSCHILD A, STEIGENBERGER P, et al. Three's the challenge[J]. GPS World,2010,21:8-19.

[25] SHALLBERG K, GRABOWSKI J. Considerations for characterizing antenna induced range errors [C]//Proceedings of the 15th International Technical Meeting of the Satellite Division of the Institute of Navigation(ION GPS2002). Portland:ION,2002:809-815.

[26] HAINES B, YOAZ B-S, BERTIGER W, et al. New GRACE based estimates of the GPS satellite antenna phase and group-delay variations[C/OL]//2010 International GNSS Service(IGS) Workshop. Newcastle upon Tyne:June 28-30,2010. ftp://stella.ncl.ac.uk/pub/IGSposters/Haines.pdf.

[27] COLLINS J P, LANGLEY R B. The residual tropospheric propagation delay:How bad can it get? [C]//Proceedings of ION GPS-98. Nashville:ION,1998:729-738.

[28] RTCA. WAAS minimum operational performance specification(MOPS):RTCA document DO-229D [S]. Washington:RTCA,2016.

[29] BLANCH J, LEE Y, WALTER T, et al. Advanced RAIM user algorithm description:integrity support message processing, fault detection, exclusion, and protection level calculation[C]//Proceedings of the 25th International Technical Meeting of the Satellite Division of The Institute of Navigation(ION GNSS 2012). Nashville:ION,2012.

[30] JOERGER M, PERVAN B. Solution separation and chi-squared ARAIM for fault detection and exclusion[C]//Proceedings of IEEE/ION PLANS 2014. Monterey:CA,2014:294-307.

[31] BLANCH J, WALTER T, ENGE P. Exclusion for advanced RAIM:Requirements and a baseline algorithm[C]//Proceedings of the 2014 International Technical Meeting of The Institute of Navigation. San Diego, California:ION,2014:99-107.

[32] RTCA. SBAS minimum operational performance specification(MOPS):RTCA document DO-229D [S]. Washington:RTCA,2016.

[33] HENG L, GAO G X, WALTER T, et al. Statistical Characterization of GPS signal-in-space errors [C]//Proceedings of the 2011 International Technical Meeting of The Institute of Navigation. San Diego, CA:ION,2011:312-319.

[34] WALTER T, BLANCH J, ENGE P. Evaluation of signal in space error bounds to support aviation integrity[J]. NAVIGATION,2010,57(2):101-113.

[35] William J Hughes Technical Center. Global positioning system(GPS) standard positioning service (SPS) performance analysis report[R/OL]. Washington: FAA, 2013[2013-07-31] http://

www. nstb. tc. faa. gov/reports/PAN82_0713. pdf.

[36] WONG G. Impact of nominal signal deformations on satellite navigation systems[D]. CA:Stanford University,2014.

[37] AMARILLO-FERNANDEZ F,CRISCI M,BALLEREAU A,et al. The galileo ground mission segment performances[C]//International GNSS Service Workshop IGS 2008. Miami:IGS,2008.

[38] HAINES B,YOAZ B S,BERTIGER W,et al. New GRACE based estimates of the GPS satellite antenna phase- and group-delay variations[C/OL]//2010 IGS Workshop. Newcastle upon Tyne: IGS,2010. ftp://stella. ncl. ac. uk/pub/IGSposters/Haines. pdf.

[39] MACABIAU C,MILNER C,TESSIER Q,et al. Impact of nominal bias bounding techniques on final ARAIM user performance[C]//Proceedings of the 2014 International Technical Meeting of The Institute of Navigation. San Diego,California:ION,2014:68-77.

[40] Minimum operational performance standards for global positioning system/aircraft-based augmentation system airborne equipment:RTCA document DO-316[S]. Washington:RTCA,2009.

[41] HAHN L R,JORG H,DINWIDDY S,et al. Galileo space and ground segment definition:system and performance[C]//ION GPS 2000. Salt Lake City,UT:ION,2000:1755-1760

[42] OEHLER V,TRAUTENBERG H L,KRUEGER J,et al. Galileo system design & performance [J]. Proceedings of International Technical Meeting of the Satellite Division of the Institute of Navigation,2006:492-503.

[43] OEHLER V,KRUEGER J M,BECK T,et al. Galileo System Performance Status Report[C]//ION GNSS 2009. Savannah,GA:ION,2009:2956-2966.

[44] LANGEL S,CHAN F C,MENO J,et al. Detecting earth orientation parameter(EOP)faults for high integrity GNSS aviation applications[C]//Proceedings of the 2013 International Technical Meeting of the Institute of Navigation,San Diego,CA:ION 2013:224-233.

[45] BLANCH J. Potential ARAIM improvements[R]//EU-U. S. Cooperative WG-C ARAIM Subgroup Meeting in Munich,January 2012.

[46] AMARILLO F. MHSS RAIM with Q transformation[R]//EU-U. S. Cooperative WG-C ARAIM Subgroup Meeting in Munich,January 2012.

[47] LEE Y. RAIM using two constellations to provide integrity for LPV-200 in the presence of an EOP fault[R]//EU-US Cooperative WG-C ARAIM Subgroup Meeting in Stanford University,California, June 20,2011.

[48] PERVAN B,LANGEL S,MENO J,et al. Maturation of EOP threat model[R]. WG-C ARAIM SG meeting in Munich,January 18,2012.

[49] PERVAN B. Maturation of EOP threat model[R]//WG-C ARAIM SG Teleconference. March 20,2012

[50] HWANG P,BROWN R G. RAIM FDE revisited:a new breakthrough in availability performance with NIORAIM(novel integrity-optimized RAIM)[C]//Proceedings of the 2005 National Technical Meeting of The Institute of Navigation. San Diego:ION,2005:654-665.

[51] LEE Y. Two new RAIM methods based on the optimally weighted average solution(OWAS) concept [J]. NAVIGATION,Winter 2007-2008,54(4):333-345.

[52] BLANCH J, WALTER T, ENGE P. Optimal positioning for advanced RAIM[J]. NAVIGATION, 2013,60(4):279-289.

[53] BLANCH J. Solution separation ARAIM algorithm description[Z]. White Paper, May 2012.

[54] EU/U. S. ARAIM Subgroup. Scenario definition for simulation tool crosscheck: Issue 1.4d [S]. Washington: FAA, 2011.

第3章 双频多星座星基增强技术

3.1 引 言

3.1.1 星基增强系统的概念

星基增强系统是利用广泛分布且位置精确已知的地面监测站来观测卫星，并计算与卫星、电离层相关的改正数和完好性信息，最后通过卫星通信链路向服务区域内的用户播发这些改正数和完好性信息，实现服务区内用户的精度和完好性性能增强。

3.1.2 星基增强系统产生的背景

GPS 自建成以来，其 SPS 可以向民用用户提供水平方向 100m 左右，垂直方向 150m 左右的定位精度，但随着应用领域的不断拓展，民用航空对于 GPS 的应用提出了更加苛刻的要求，即 GPS 必须满足包括精度、完好性、连续性和可用性在内的全方位性能要求。为了使卫星导航系统能够应用于民用航空领域，必须保证系统的性能达到如 1.2.1 节中所提出的相应要求。根据霍普金斯大学对于 GPS 性能进行的评估，30 颗 GPS 卫星，在取消 SA 并且同时使用双频接收机的情况下，所提供的导航服务性能仅仅能满足远洋航路的要求。为此，必须对 GPS 性能进行增强以满足航空终端区导航甚至精密进近的需求，因此广域增强系统（星基增强系统的重要成员）应运而生。

3.1.3 现存星基增强系统

美国建设的星基增强系统称为 WAAS，欧洲建设的星基增强系统称为 EGNOS，日本建设的星基增强系统称为 MSAS（正在升级为 QZSS），印度建设的星基增强系统称为 GAGAN，俄罗斯建设的星基增强系统称为 SDCM。北斗全球系统正在开展服务于中国及其周边地区的 BDSBAS 建设工作。

如图 3.1 所示，WAAS 重点服务北美地区、计划向南美扩展；EGNOS 重点服务欧洲地区、计划向非洲扩展；MSAS 和 GAGAN 都提出向东南亚甚至向澳洲扩展计划。未来星际增强服务将可能实现无缝链接。

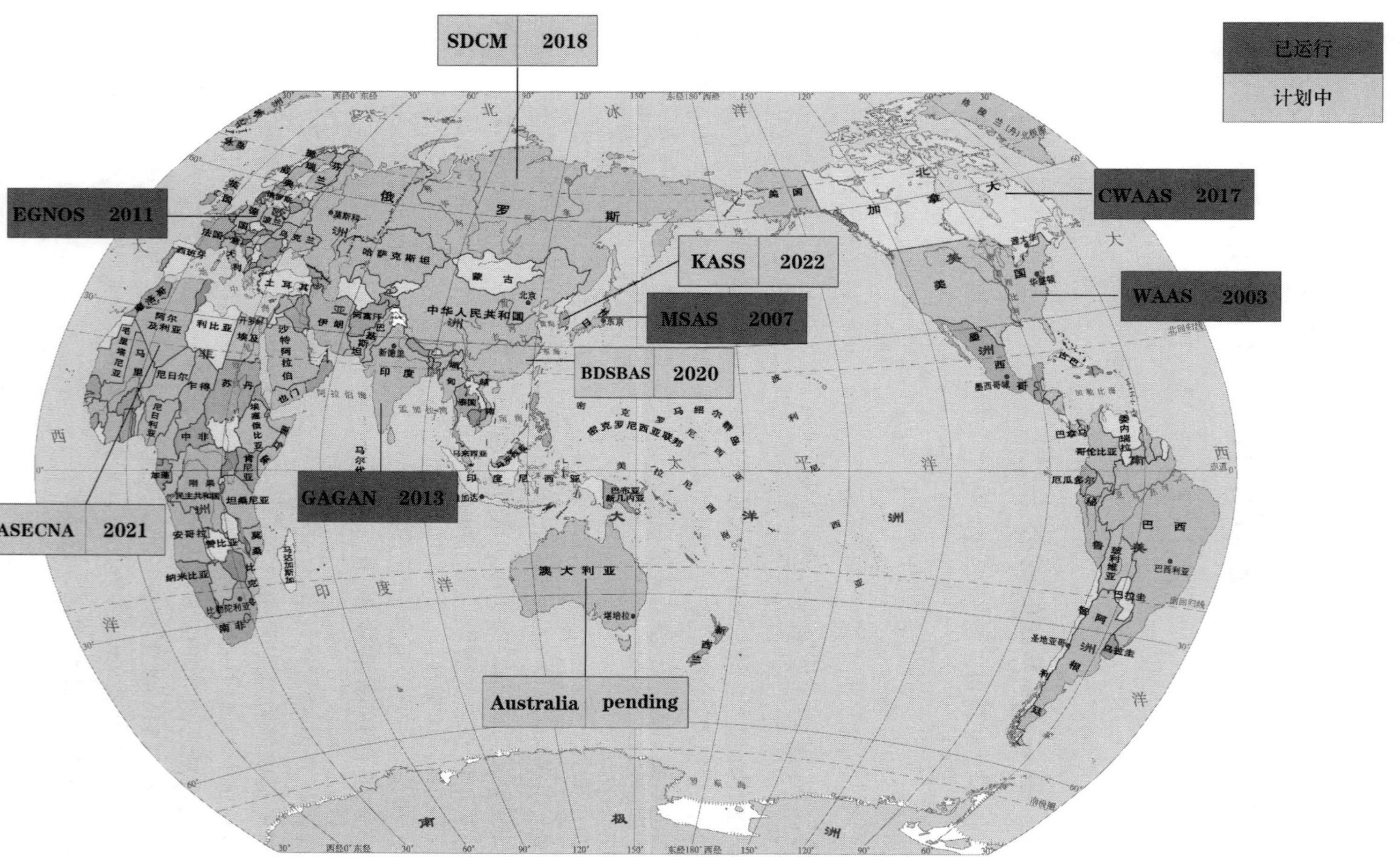

CWAAS—加拿大广域增强系统；KASS—韩国增强卫星系统。

图 3.1 全球星基增强系统分布图[1]（见彩图）

3.2　国际星基增强系统发展

3.2.1　广域增强系统

3.2.1.1　概述

广域增强系统由地面监测站网络和同步通信卫星构成,用来增强 GPS 的服务性能,由 FAA 建设和管理。设计之初其地面段由 25 个广域监测站和两个主控站构成,服务范围为美国本土。其初衷是利用 GPS/WAAS 来替代 ILS 实现美国本土机场的Ⅰ类精密进近。

WAAS 现由 38 个广域监测站(WRS)、3 个广域主控站(WMS)、3 颗 GEO、6 个地面上行注入站(GUS)、2 个运行控制中心(OCC)以及陆地通信网络(TCN)组成。WAAS 的体系架构如图 3.2 所示。

图 3.2　WAAS 体系架构(见彩图)

3.2.1.2　发展现状

1) 目前进展

在 FAA 宣布 WAAS 于 2003 年 7 月 10 日正式投入使用时,就已经具备了 LNAV/VNAV 和部分 LPV 导航能力。为了实现 LPV 导航能力,FAA 从 2003 年开始对 WAAS 进行了一系列的扩展。为了扩大 LPV 的服务范围并提高其可用性,新建设了 13 个广域监测站(4 个在阿拉斯加,4 个在加拿大,5 个在墨西哥),并对广域监测站的接收机(使用 NovAtel G－Ⅱ接收机)及软件进行升级,使用新的信号质量监测算法。同时,为了改进 WAAS 服务的可靠性,建设了第 3 个主控站,确保至少有两个主控站是可用的,并对主控站软件进行了升级换代。为扩大 GEO 卫星的覆盖冗余,对原有 GEO 卫星进行更新换代。新的 WAAS 卫星信号实现了美国本土、阿拉斯加、加拿大和墨西哥的双重覆盖,提高了系统的可靠性、可用性和连续性。

2）应用现状

由于 WAAS 可以向大范围内用户提供精确的定位服务和相应的完好性保障,这就使得服务范围内的所有机场可以实现精密进近,从而允许设计不同的进近方式并降低开发和使用的费用。

WAAS 不但可以为飞行提供很多便利,同时还大幅度降低了运行和维护成本。在机场安装一套 ILS 设备需要 100 万 ~ 150 万美元,而一套 WAAS 设备仅需 5 万美元。在全美范围内,有 600 个机场安装了 ILS 设备,其每年的维护费用是 8200 万美元,而 WAAS 可以为 5400 个机场提供服务,每年的维护费用仅 5000 美元。

3.2.1.3 发展计划

根据美国 FAA 的计划,WAAS 的发展主要分为 4 个阶段:初步运行、实现 LPV 导航能力、实现 LPV-200 导航能力和实现双频运行,如表 3.1 所列。

表 3.1 WAAS 发展计划

WAAS 发展阶段	起止时间	目标
第 1 阶段:初步运行	2003 年 7 月止完成	LNAV/VNAV 导航能力;有限的 LPV 导航能力
第 2 阶段:实现 LPV 导航能力	2003 年—2008 年完成	提高 LPV 在美国本土和阿拉斯加的可用性; 建设广域监测站,硬件升级,软件优化; 替换 GEO 卫星; 改进电离层改正算法
第 3 阶段:实现 LPV-200 导航能力	2009 年—2013 年	进行技术更新; 稳定的操作和运行; 考虑添加 L5 频段
第 4 阶段:实现双频运行	2014 年—2028 年	兼容 GPS 现代化,添加 L5 频段针对非人为 GPS 干扰,提供相应的完好性保护; 在太阳黑子活跃时期,可确保系统的可用性和连续性; 依然支持对单频用户的完好性保护

从技术开发角度,到目前为止 WAAS 发展的前 3 个阶段已经完全实现。

第 1 阶段:初始运行(2003 年 7 月)完成。

(1) 开发一个健全的安全技术架构。

(2) 建立一个 WAAS 专家组,评估潜在完好性威胁。

第 2 阶段:完整 LPV(FLP)(2003 年—2008 年)完成。

(1) 完成支持 LPV-200(垂直门限 35m)的安全风险管理决策。

(2) 扩展 WAAS 覆盖区至墨西哥和加拿大,同时修改系统以应对电离层威胁。

第 3 阶段:完全实现 LPV-200(2009 年—2013 年)。

(1) 完成系统更新,改进在适度电离层活动期间的性能。

(2) 支持连续系统数据监测。

（3）由开发商向 FAA 移交二级工程。

第4阶段：双频（L1，L5）运行（2014年—2028年）。

（1）过渡到利用 L2 和 L5 WAAS 监测站。

（2）修改系统架构，以支持未来 L1/L5 用户能力。

（3）改进支持 WAAS GEO 卫星。

3.2.2　欧洲地球同步卫星导航增强服务系统

3.2.2.1　概述

欧洲地球同步卫星导航增强服务系统是由欧盟（EU）和欧洲空间局（ESA）共同建设的第一个泛欧洲卫星导航系统，初衷是在欧洲范围内提供 GPS 和 GLONASS 的增强服务，提高用户的定位精度并同时提供相应的完好性保障。

EGNOS 的系统结构如图3.3所示，由空间段、地面段和用户段3部分组成。空间段主要由3颗地球同步静止卫星（ESA Artemis 卫星（PRN124）、AOR-E（PRN120）和 IOR-W（PRN126））构成。地面段由41个测距与完好性监测站（RIMS）（分布如图3.3所示）、4个主控中心（MCC）以及6个导航地面站（NLES）构成。用户段由 EGNOS 标准接收机构成，涉及航空、航海和地面交通等应用。

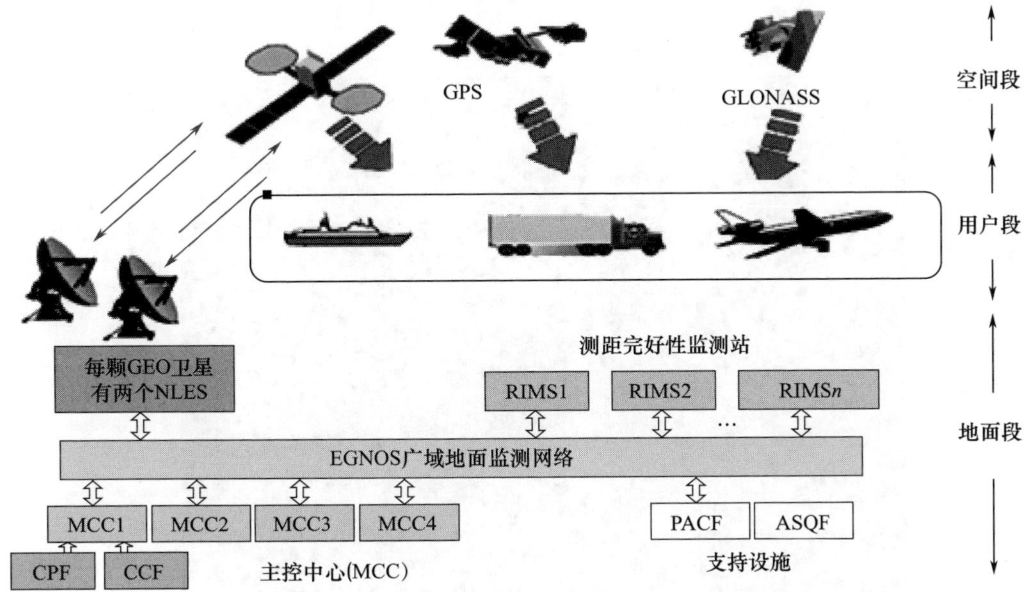

图3.3　EGNOS 系统结构（见彩图）

EGNOS 提供3种不同级别的服务：开放服务（OS），商业服务（CS）和 SOL 服务。OS 于2009年10月1日开始，服务区域内的用户通过相应的 GPS 接收机均可享受该服务,该服务可以提高 GPS 的定位精度(水平:1 ~ 3m;垂直 2 ~ 4m);CS 于 2010 年中期开始,用户必须付费方可使用该服务,用户可以获得 EGNOS 的 GPS 原始观测数据(实时高精度的 GPS 双频伪距及载波相位观测信息),以及实时的 EGNOS 改正数信息和完好性信息;SOL 服务于 2010 年开始,主要基于 EGNOS 的完好性信息针对航空用户提供 NPA 和 APV - Ⅰ两种级别的服务。

3.2.2.2 发展现状

1)目前进展

目前正在使用的 EGNOS 的系统版本为 V2.3.2,包含 41 个 RIMS,3 个 MCC 控制站,2 颗 GEO 卫星及 4 条上传链路。该版本 EGNOS 的 NPA 和 APV - Ⅰ的可用性性能如图 3.4 和图 3.5 所示。从图中不难看出全部服务区域的 NPA 可用性已经到达 99%,而部分区域的 APV - Ⅰ的可用性尚未达到 99%。

2)应用现状

EGNOS 设计之初主要是为航空用户提供完好性保障,但也存在其他潜在的应用场景,如精密农业、道路交通等。

在航空应用方面,EGNOS 可以提高水平定位精度,从而保障高飞行安全,如将使坠机的概率降低 75%、可以作为精密进近的备份系统、支持为旋翼飞机设计更复杂更安全的进近模式。

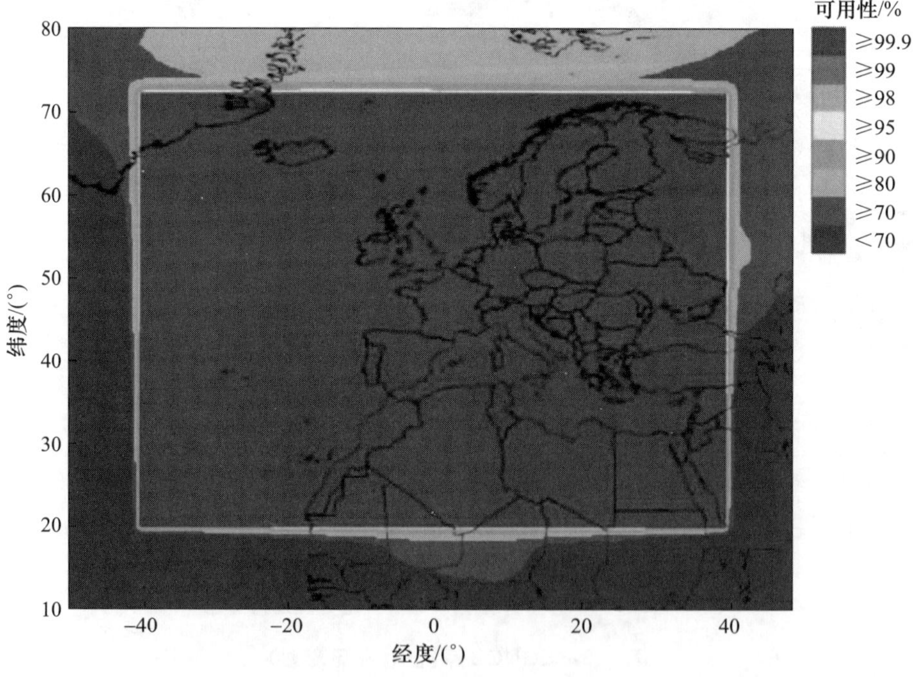

图 3.4 EGNOS V2.2 NPA 可用性性能[2](见彩图)

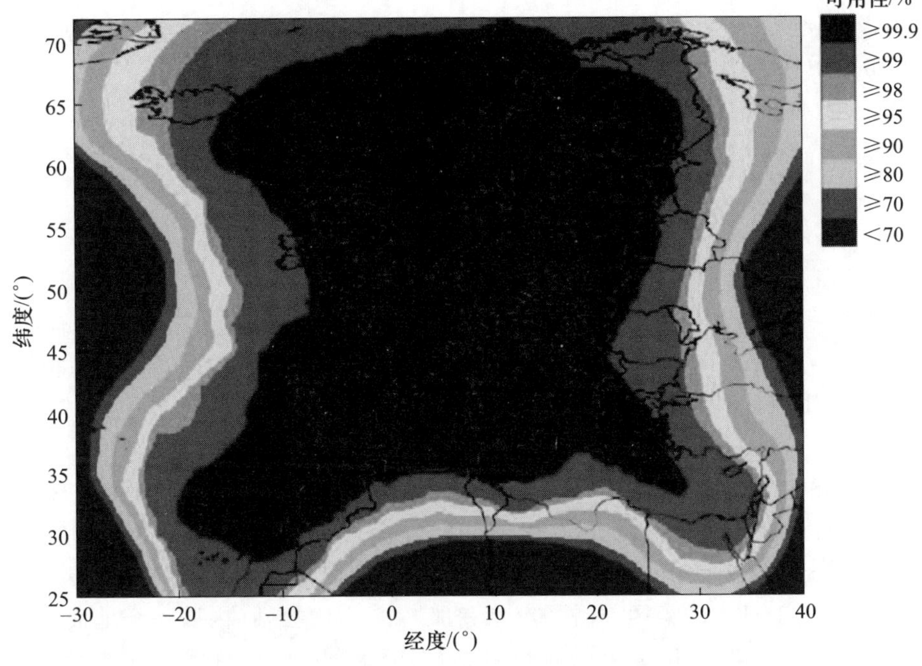

图 3.5　EGNOS V2.2 APV-1 可用性性能[2]（见彩图）

在精密农业上，EGNOS 可以实现犁地、播种和灌溉方式的多样性，实现自动收割、自动喷洒农药，实现精密土地测量等，可以帮助农民提高效率、节约时间和降低成本，增加收益。

在道路交通方面主要用于增强公路交通用户管理，在一些欧盟国家已经正式投入使用。如德国建立基于 GNSS 的交通用户管理中心，于 2005 年正式建成，在不到 4 年的时间内盈利 1400 万欧元。

3.2.2.3　发展计划

EGNOS V2 版本针对 GPS 服务，即现有的运行服务，虽然已经开放服务，但还在进行升级，EGNOS V3 版本实施周期为 2012 年—2021 年，计划围绕 GPS/Galileo 系统开展双频多星座星基增强服务的建设。具体建设发展如下。

（1）V2.2ext 版本。2008 年 6 月开始，获得认证。

（2）V2.3.1p 版本。2011 年 12 月开始：新建三个 RIMS；NLES 升级可以兼容 Inmarsat-4卫星，可观测 Block IIF 卫星信息；扩展服务区。

（3）V2.3.1i 版本。2012 年 7 月开始：改善针对电离层异常活动的健壮性。

（4）V2.3.2 版本。2013 年 6 月开始：新建一个 RIMS；优化电离层算法；针对卫星 PRN25 钟漂风险事件改善健壮性；增加跳秒异常改正功能。

（5）V2.4.1M 版本。2014 年 7 月开始：新建一个测距与完好性监测站；设备报废处理方案（针对控制中心、导航地面站和监测网络）；卫星 ASTRA SES-5 具有资质确认;开始(LPV-200,MOPS-D)新的目标建设。

(6) V2.4.1P 版本。2014 年 12 月开始:新建一个测距与完好性监测站,导航地面站升级可以接收卫星 ASTRA 5B 信号。

(7) V2.4.2 版本。2016 年开始:新建 RIMS D;设备报废处理方案(针对中心处理站);主站控制中心升级。

3.2.3 基于多功能运输卫星的增强系统

3.2.3.1 概述

基于多功能运输卫星的增强系统是由日本民航局(JCAB)负责建设,其合同承包商是阿尔卡特(Alcatel)、东芝(Toshiba)和三菱(Mitsubishi)。于 1998 年,日本和美国政府签署了共同使用 GPS 的协议。MSAS 完全基于 GPS 卫星,不使用 GLONASS 卫星。

与 WAAS 相似,MSAS 也是由空间段、地面段和用户段构成。空间段由日本自主设计的 MTSAT 构成,MTSAT-1R(PRN129)位于 140°E,MTSAT-2(PRN137)位于 145°E。MSAS 的地面段构成与 WAAS 的十分相似,其第一阶段的地面段组成为:4 个 GMS 分别位于日本的福冈、札幌、东京和那霸,2 个主控站(内嵌一个地面监测站)分别位于神户和常陆太田,2 个监测量测站(MRS)分别位于夏威夷和澳大利亚,另外,有 8 个监测站。

3.2.3.2 发展现状

1) 目前进展

MTSAT-1R(PRN129)于 2005 年 2 月 26 日成功发射,位于 140°E;MTSAT-2 于 2006 年 2 月 18 日成功发射,位于 145°E。经过两年多的测试,MSAS 于 2007 年 9 月 27 日正式投入使用,向亚洲和太平洋地区用户提供 7×24h 的全天候导航服务,保证从航路到非紧密进近的各种飞行要求。

为了进一步提高 MSAS 的性能,在以下几个方面进行了改进:建设新的监测站,扩大 MSAS 的服务范围;改进主控站算法,提高电离层改正精度;于 2015 年和 2016 年分别完成了对 MTSAT-1R 和 MTSAT-2 的更新换代。2020 年 3 月开始使用 QZSS 卫星取代。

2) 应用现状

MSAS 主要用于确保亚太地区航空运输的安全与效率,向利用 GPS 进行导航定位的航空用户提供 GPS 增强信息。

3.2.3.3 发展计划

日本 MSAS 正在向区域导航增强一体化综合系统过渡,目前下一代 MSAS 已经更新为 QZSS 系统,由静止轨道卫星和大倾斜轨道卫星组成,并于 2017 年发射了第一颗工作卫星。新一代 QZSS 系统不仅继承了 MSAS 的星基增强服务,同时通过大倾斜轨道卫星实现星座增强和独立区域导航服务能力。

3.2.4 GPS 辅助型静地轨道增强导航系统

3.2.4.1 概述

印度民航局(AAI)旨在建立一个印度自主的星基增强系统,作为 CNS/ATM 计划的一部分,为民用航空提供导航服务。该星基增强系统,即 GPS 辅助型静地轨道增强导航系统,由印度空间研究组织(ISRO)和印度民航局共同建设。GAGAN 将提供印度洋和印度上空的导航服务,实现 EGNOS 和 MSAS 的无缝过渡。

GAGAN 和其他的 SBAS 一样,也是由空间段、地面段和用户段组成,空间段由 3 颗位于印度洋上空的 GEO 卫星构成,能够播发 L1 和 L5 两个频点的信号。地面段由 8 个印度监测站(INRES)、1 个印度主控中心(INMCC)、1 个印度地面注入站(INLUS)及通信网络构成。这 8 个 INRES 分别位于新德里(New Delhi)、班加罗尔(Bangalore)、艾哈迈达巴德(Ahmedabad)、加尔各答(Calcutta)、查谟(Jammu)、布莱尔港(Port Blair)、古瓦哈蒂(Guwahati)和特里凡德拉姆(Trivandrum),而 INMCC 和 INLUS 都位于班加罗尔。用户段使用能够兼容 GAGAN 的接收机。

3.2.4.2 发展现状

1) 目前进展

GAGAN 的建设主要分为 3 个阶段:技术演示系统(TDS)阶段、初步试验阶段(IEP)和最终运行阶段(FOP)。

技术演示系统阶段的目标是建立一个具有初步运行能力的 SBAS。在该阶段印度空间研究组需要建立相应的空间段和地面段的设施,以使 GAGAN 具有初步的导航能力。TDS 阶段的需要建设的地面设施有:在印度国内分布的 8 个 INRES 监测站;1 个位于 Bangalore 的 INMCC 和 INLUS;一颗位于印度洋上空的 GEO 卫星。从其他国家建设 SBAS 的经验来看,IEP 阶段主要解决导航软件的一些技术难题,如完好性和可用性等。在 FOP 阶段,建设更多的 INRES,提高通信链路的冗余,对 INMCC 和 NLES 的硬件升级换代。在 IEP 和 FOP 进行的同时,开发能够兼容 GAGAN 的接收机。

2006 年 7 月 20 日,美国的雷神(Raytheon)公司完成了对 GAGAN—TDS 阶段的测试。第一颗 GAGAN 卫星 GSAT-4 于 2010 年 4 月 15 日发射,但是由于运载火箭的故障,该卫星并未进入预定轨道。

2) 应用现状

GAGAN 有望实现 CNS/ATM 对航空工业发展的需求。GAGAN 将被应用于印度 100 多个机场上,提高飞行的安全性。

3.2.4.3 发展计划

印度 GAGAN 系统的未来发展计划与日本类似,也是发展印度区域卫星导航系统(IRNSS),利用静止轨道卫星和大倾斜轨道卫星组合,实现区域卫星导航能力,同时继续提供星基增强服务。

3.2.5 星基增强系统的建设与运行概况

综上所述，目前国外已经建有多个 SBAS，其中已经通过民航机构认证的 SBAS 包括美国的 WAAS、欧洲的 EGNOS、日本的 MSAS 和印度的 GAGAN；俄罗斯的 SDCM 正处于建设阶段，尚未向民航提供服务；韩国增强卫星系统(KASS)和非洲星基增强系统尚属于概念设计阶段。从表 3.2 可以看出，SBAS 建设是从民航需求出发，由民航局或航天局主导建设，民航局业务部门负责运行维护。

表 3.2 各国 SBAS 设计、建设、测试和运行负责单位一览表

系统	建设机构	认证机构	服务等级	运行机构
WAAS	美国联邦航空局	美国联邦航空局	LPV-200	FAA 下属企业联合运行
MSAS	日本民航局	日本民航局	NPA	日本民航局
EGNOS	欧洲航空局	欧洲民航局	APV-Ⅰ	欧洲卫星服务提供商
GAGAN	印度民航局	印度民航局	RNP 0.1	印度民航局

3.3 DFMC SBAS 技术描述

3.3.1 DFMC SBAS 发展历程

从国际星基增强系统的现状可以看到，目前基于 GPS L1 频点的单频星基增强服务尚未实现 SBAS 建设的初衷，未达到一类精密进近服务等级。究其原因主要存在以下几点问题。

(1) 无法克服单星座增强带来的用户可见卫星数目和几何分布不佳的完好性风险。最初 SBAS 标准中期望对 GPS L1C/A 和 GLONASS L1 信号都实现广域增强，但是由于 GLONASS 星座 2000 年以后一直处于瘫痪状态，所以直到 2008 年后才逐渐恢复。现有的为民航服务的星基增强系统 WAAS、EGNOS、MSAS、GAGAN 都只实现 GPS L1C/A 增强。为了改善用户的几何分布，将 SBAS 的 GEO 卫星播发改正信息的同时，提供测距功能，以期改善垂向定位性能。

(2) 无法克服电离层异常带来的完好性风险。电离层延迟误差是卫星导航系统误差的主要组成部分，由于受太阳风暴和地磁的影响，经常出现电离层异常情况，主要是电离层暴和电离层闪烁。单频星基增强服务是通过电离层格网校正的方法实现电离层延迟误差的修正。但由于电离层穿透点采样的不均匀性和边缘格网的稀疏性，导致对电离层暴无法保证实时准确监测。印度的 GAGAN 系统，就是由于服务区域接近赤道附近，所受影响最大。

为了提升 SBAS 的服务性能，由美国 WAAS 和欧洲 EGNOS 系统的服务供应商组织成立了 SBAS 国际兼容互操作工作组(IWG)，旨在讨论未来 SBAS 的技术发展和 SBAS 全球无缝连接。有学者提出应当考虑未来四大核心星座(GPS、GLONASS、

GALILEO、BDS)都将提供多频民用服务信号的前景,利用多星座共同增强解决用户可见性数目不足和几何分布不佳的风险,利用双频测距信号组合抵抗电离层暴,实现DFMC SBAS服务,期望达到Ⅰ类精密进近。2013年以后,SBAS IWG正式启动了DFMC SBAS的定义文件和接口控制文件的编写工作,为国际民航组织ICAO的SARPs附件10的SBAS标准描述和RTCA的SBAS最低操作性能规范文件编写提供基线(baseline)文件。后续章节将做详细介绍。

3.3.2 DFMC SBAS的服务定义

3.3.2.1 DFMC SBAS综述

如今,DFMC SBAS服务与L1频点的单频SBAS服务在操作上很相似。DFMC SBAS也是一种广域增强系统,为一个或多个主要的GNSS星座提供增强信息。这些增强信息应用于双频用户,它们通过双频测距修正来减少电离层延迟。地面监测网络使用地面监测站接收机来监测GNSS测距信号,利用主控站计算生成差分改正和完好性信息,并通过地球同步卫星将改正信息以标准信息格式播发给机载用户。机载终端接收GNSS的测距信号和改正信息,然后将改正信息应用在位置解算上。机载终端同时计算相关的保护级。飞机根据机载终端提供的位置信息和保护级信息来形成引导信息,从而保证飞机精确地沿航线安全飞行。

3.3.2.2 DFMC SBAS操作目标

1)操作目标

DFMC SBAS的操作目标是要通过提供以下服务,显著地改善服务灵活性、安全性及减少用户在传统L1 SBAS上的操作费用[1-2]。

(1)服务区域的垂直导航,尤其是传统的L1 SBAS无法操作的区域(即在赤道以及其他电离层延迟变化无法完全建模或确定的区域)。

(2)通过双频测距来提供直接的电离层延迟修正,及利用多星座测距确保良好的可见卫星几何分布,提高增强服务的可用性。

(3)通过减少垂直保护级来提高更好的服务。DFMC SBAS应能在10~12m范围内提供VPL。

2)预期操作

(1)水平导航。

将差分改正信息应用于由气压参考控制高度的飞行操作,DFMC SBAS将支持水平位置估计和水平保护级计算。这些飞行操作包括海洋、飞行途中、飞行结束及非精密进近的阶段操作。

(2)水平与垂直导航。

对于由GNSS控制水平与垂直位置的飞行操作,利用差分改正信息,DFMC SBAS将支持水平与垂直位置的确定与保护级计算。这些飞行操作包括带有垂直导航的非精密进近操作和精密进近操作方法(具有垂直导航的定位功能)。

(3) 监测。

DFMC SBAS 将为 ADS-B 或等效的监测系统提供飞行器精准位置信息。

(4) 自动着陆。

作为可选操作,DFMC SBAS 的设计考虑了支持自动着陆的能力。

(5) 地面移动。

作为可选操作,应考虑到 DFMC SBAS 的设计能提供适用于地面移动的保护水平。目前地面移动的要求还未确定和验证。

3.3.2.3 DFMC SBAS 运行环境

操作环境类似于传统的 L1 SBAS 的操作环境。DFMC SBAS 包含以下几部分。

1) GNSS 星座

IWG 已定义了 4 个 DFMC SBAS 中使用的 GNSS 星座,四大全球核心星座如下。

(1) 全球定位系统。是一个使用码分多址技术的系统,其采用 L1 C/A 信号(1575MHz)。该系统正处于增加 L2C 与 L5 服务的现代化进程中。GPS 由美国管理操作。

(2) 全球卫星导航系统。是一个采用频分多址技术的系统,其采用 L1(1602MHz)与 L2(1246MHz)信号。该系统正处于在待定频率上增加码分多址技术的现代化过程中。GLONASS 由俄罗斯联邦管理操作。

(3) Galileo 系统。它在 E1C 与 E5a 频率上采用码分多址技术。该系统设计具有 27 颗卫星,目前在轨 4 颗。系统初期建设于 2017 年完成,到 2020 年全面完成建设,Galileo 系统由欧盟管理操作。

(4) 北斗卫星系统。它在 B1C 与 B2a 频率上用码分多址技术,2020 年完成建设。北斗卫星导航系统由中国管理操作。

GNSS 信号频谱图如图 3.6 所示。

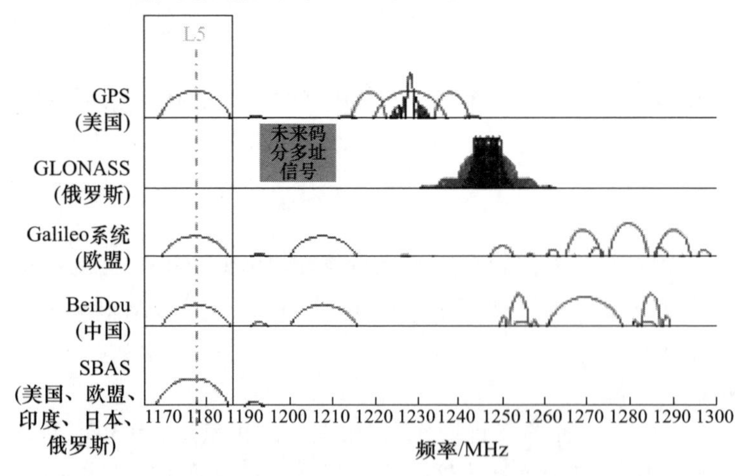

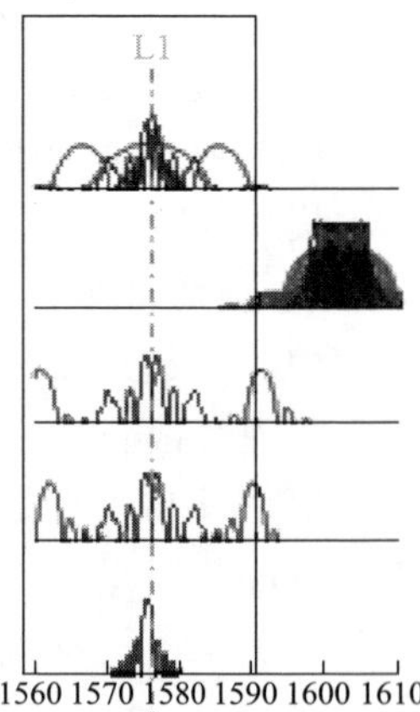

图 3.6 GNSS 信号频谱图(见彩图)

2）服务供应商

DFMC SBAS将由几个不同的服务供应商来建设和运行维护。服务商决定他们各自的SBAS将增强哪一个GNSS星座。依据ICAO与行业标准,服务供应商负责地面监测网和地球同步卫星的部署。SBAS的服务商与其他空中导航服务提供商(ANSP)合作来协调其他ANSP使用SBAS。

3）空中导航服务商

空中导航服务商负责他们各自领空中的导航审批与执行。ANSP要与SBAS服务供应商协调,从而便于对他们在领空中SBAS的审批。ANSP审批SBAS在他们领空中的使用规程。

4）地面监测网

地面监测网在多个地面站接收GNSS信号。一个中心站处理由地面监测网接收的信号,来确定被监测的GNSS卫星的可用轨道以及钟差改正数。一些地面系统可能通过确定电离层改正信息来支持单频用户。

5）地球同步(测距)卫星

地球同步卫星以及它们各自的GEO上行子系统提供地面监测网与航电用户之间的通信链路,负责向用户播发差分改正及其对应的完好性信息。对于一些SBAS,通信联络可提供一种额外的测距信号,用于改善星座分布。

6）飞行器

DFMC SBAS的飞行器将装有机载终端,接收处理GNSS卫星的双频信号以及SBAS卫星的L1、L5信号。

7）飞行员

飞行员在DFMA SBAS设备操作方面起着一定的作用。他们选择要用的DFMC SBAS设备或备用的导航设备,监测设备操作的合理性以及对设备发出的警报做出反应。飞行员可能向某个设备输入导航计划(导航点),选择并确认进场操作在进场阶段,或选择非进场操作在导航阶段。飞行员并不操作针对传统的L1 SBAS设备的设备模式,也不要求选择单独的卫星。在选择SBAS操作系统方面,飞行员的作用还有待商榷。此外,他们也不选择传统L1 SBAS设备中的SBAS。

3.3.2.4　操作概念

1）概览

在DFMC SBAS中,用户从数十颗GNSS卫星上接收到两个频率上的测距信号与导航电文,并从一个或多个地球同步卫星转发地面监测网提供的相关增强信息,利用双频测距信息去除电离层延迟误差,通过增强信息修正导航电文的星历星钟误差,计算得到准确的位置信息和保护级,从而支持飞行操作中的水平导航、垂直导航及监测要求。

2）通用概念

(1）增强星座。

DFMC SBAS提供4个导航星座以及相关增强系统改正能力,提供的卫星总数不超过210颗。考虑在DFMC SBAS框架中，每个星座至少为全球提供两个频点的导航信号服务。假设各国卫星导航星座建设如期完成，那么预期使用的全球星座将有GPS、Galileo系统、GLONASS和北斗卫星导航系统。当然，服务商必须增强的星座数量并没有最低限制。由于没有最低增强要求，邻近的SBAS可能增强不同的星座。当从一个SBAS区域过渡到另一个SBAS服务区域时，机载设备应能自动切换，并及时说明过渡期间不同SBAS之间的位置偏差。

（2）目前增强的卫星数量。

虽然DFMC SBAS概念提供了识别210个测距源的可能性，但提供如此多的测距源既不实用也毫无必要。根据地面监测网的分布，大多数的SBAS地面监测网每次只能观测到一部分增强的星座。因此IWG建议服务供应商只播发91颗卫星的增强信息。这与增强4个星座的地面监测网预期观测到的增强的最大数目相吻合。

（3）空间数据内容中的SBAS信号。

DFMC SBAS将有两个可用频率观测数据用于SBAS，即L1与L5频率。由于L1频率支持传统的L1 SBAS用户，它的信息构成实质上等同于目前在ICAO SARPs与RTCA MOPS确定的格式与功能。由于L5上的接口取决于DFMC发展过程中的定义，L5频率提供了更多的可能性。L5频率要么经过调整，提供一个独特的无电离层差分改正功能，要么为双频用户提供类似L1信息格式的L5频点增强信息。目前的标准设计是机载设备在DFMC模式操作将接收L5 SBAS信息，机载设备在传统L1 SBAS模式操作将接收L1 SBAS信息[3]。

（4）信息的完好性。

由一个SBAS服务商部署的地面监测网将大范围监测GNSS卫星并形成改正与完好性信息。地面监测网将通过GEO卫星向用户播发改正信息。DFMC SBAS要么针对不能完全观测到的卫星提供“未被监测”的标识，要么对观测到的卫星提供改正数据与完好性数据，对监测到的不健康卫星标识“不能使用”。地面监测网将根据实际监测的可见卫星编排合理的增强电文，为所有被监测的GNSS卫星播发完好性信息及改正信息，保证用户可以单颗GEO获取到所需的所有增强信息。地面监测网利用另外一颗GEO播发原有的GEO备份信息，来保证通信链路的可靠性。

（5）接收机完好性自主监测。

机载设备需要具备RAIM功能。RAIM功能可能提供功能退化选择，或者当它比可用的SBAS提供更优性能的服务时，可能会提供一个备选的功能。目前，RAIM概念已嵌入有关GPS星座性能的假设。采用非GPS星座前，需要重新验证或更新这些假设，包括每个星座的不同假设、双频或者单频的假设。导航专家正在评估一种使用多星座的先进RAIM算法，使用多星座需要在星座的基础上证实这些假设，而这些假设可能需要从SBAS GEO获取。

(6) 监测。

有了附加的监测功能,设备将会提供监测信息。一般的监测信息包括位置的精准度(95%)和位置完好性。关于飞行员如何使用监测信息及设备何时需要满足监测要求的问题还需进一步讨论。例如,若RAIM用于SBAS供应商之间的过渡,那么设备一般可能不用满足与所控空域相关的监测要求。

(7) SBAS GEO位置信息(历书)。

DFMC SBAS设备在两个方面用到GEO位置信息。一种是确定可能的SBAS GEO卫星,用于GEO选择逻辑;另一种是通过提供足够的信息,在某一特定时间框架中获取GEO卫星。服务商应该在他们的GEO播发中提供足够的信息,来支持过渡到邻近或重叠的SBAS,这可能是以GEO星历的形式或另外一种形式。这样,就可避免机载设备无休止地搜寻其他的SBAS服务。

(8) FAS数据块。

DFMC SBAS将兼容传统的L1 SBAS中开发的方法,来确定FAS数据块中的进近程序。目前的FAS数据块的内容、换代、审批或使用预计不会发生变化。关于FAS数据块,RTCA Do-299的附录D有详细的说明。

(9) 支持传统的L1 SBAS。

尽管DFMC SBAS处理与传统的L1 SBAS有些许不同,但DFMC SBAS应该能够支持传统L1 SBAS的信息群。若DMFC SBAS有足够密度的监测站,能充分用来估算相关电离层格网点的电离层延迟,那么它能支持传统L1 SBAS电离层格网点群。升级现在的SBAS,应能使用同样的传统L1 SBAS服务。然而扩展SBAS或新的SBAS可能没有足够的监测站覆盖区。此外,在处理频率内的偏差与监测位置域之间有少许的不同。

3) 非机载单元概念

(1) 播发服务区(BSA)。

BSA是一个空间区域。在该空间区域,地球同步卫星信号符合最低落地信号功率需求并且大于最小仰角。当其可用时,用户可以使用BSA内的任何区域的测距信号与数据。因此,播发的信息应反映BSA内正确的误差界(完好性)。

(2) 卫星改正数服务区。

卫星改正数服务区指的是一个空间区域,在该区域,SBAS提供充分的测距源增强信息(轨道与钟差改正),从而满足使SARPs有效且连续的最低要求。这是专门的测试或评估特定一天或特定时间内的特定服务水平。卫星改正数服务区将每天发生变化。在卫星改正数服务区内,DFMC SBAS应能够提供精确的进近服务,而传统的L1 SBAS可能只能提供基本的改正服务(如RNP-1.0)。若SBAS设备满足操作要求则可以进行测试评估工作。

(3) 电离层延迟服务区。

电离层延迟服务区在此处的含义指的是一个空间区域。在该空间区域内,SBAS

提供有效的电离层延迟监测。电离层延迟服务区依赖于地面监测网监测站的布设与当地电离层的活动水平。对于传统的L1 SBAS,电离层延迟服务区指的是能够用足够多的改正信息获取LVP和LVP-200服务的区域。而对于DFMC SBAS,电离层延迟服务区指的是DFMC SBAS满足传统L1 SBAS对精确进近服务要求的卫星改正服务区的一部分。若DFMC SBAS满足了传统L1 SBAS对精确进近服务的要求,SBAS设备就可进行电离层延迟服务区的评估工作。

(4)操作服务区。

操作服务区指的是由ANSP确定的用于某一特定操作的空间区域。在操作服务区方面,与最低SARPs规格相比,ANSP可能要求更好的连续性与可用性。操作服务区往往成为卫星改正数服务区或电离层延迟服务区的一个子集。机载设备在传统的L1 SBAS中没有经过审批的操作服务区,在此区域不存在设备操作。经过授权的操作说明的定义与法律责任有关,而非与系统的技术性能有关。

4)机载单元概念

(1)跟踪观测源数目。

在DFMC时间框架内,将有可能在用户可用的测距源、改正源数目与DFMC设备用户需要的用来跟踪提供可靠稳健的导航源数目之间存在很大的出入。由于跟踪额外的GNSS来源增加了机载设备需要消耗的能量与处理的资源,机载设备制造商可能通过系统工程分析来确定目前星座、测距源、频率与用来追踪的改正数的合适数量。在传统的L1操作中,由于SBAS有限的追踪能力,只能观测到一些操作性与可用性的问题。如今,当前GPS星座通常可以观测8~10颗GPS卫星,当被跟踪源的数目很小时,会丧失一部分可用性。因此,DFMC设备应能够跟踪到至少来自两个星座的足够的测距源。若其中一个星座跟踪卫星减少,则另一个仍可以提供可用的服务。追踪两个星座(每个星座12颗)意味着每一个卫星设备都能追踪到至少来自24颗卫星的双频观测。此外,当在某一特定区域搜索其他的SBAS服务商(获取GEO)时,DFMC设备要具备追踪到来自一个服务商(初期及备份)的SBAS信号的能力。这意味着至少需要追踪4颗GEO。这些表明被追踪源的最小数目取决于额外可靠性的需求。

(2)选择卫星。

机载设备应有责任选择卫星,包括选择GNSS星座、测距源以及SBAS改正源。GNSS星座及测距源的选择有可能与运行的SBAS提供的改正信息有关。用户的位置将限制可用的改正源的选择。在一些位置,用户也许只能接收到来自一个SBAS服务商的改正信息,而在其他区域,机载设备也许能接收到来自3个或更多SBAS服务商的改正信息。机载设备将需要确定哪一个服务商或哪几个服务商去追踪,以及确定使用选中的服务商的哪一颗GEO卫星。在使用GNSS星座与测距源时,机载设备可能限定于那些指定服务商增强的设备。如若不然,设备也将需要一些测距源卫星选择逻辑,除非设备追踪来自给定星座的所

有可用的测距源,否则,在 SBAS 服务商预计可用性很好时,测距源的选择可能会影响用户的可用性。

(3) 服务商过渡。

机载设备从一个 SBAS 服务商过渡到另一个服务商有 3 种可能的使用情况。①SBAS服务商覆盖区可能出现完全重叠。一旦从一个新的服务商的 GEO 解码得到足够的信息,那么就可以从一个 SBAS 服务商完全过渡到另一个 SBAS 服务商。②SBAS服务商之间可能有不充分的覆盖。这样当机载设备在服务商之间过渡时,机载终端的 RAIM 功能将提供更好的服务。这种情况最有可能在大面积的海域发生。③当来自于两个服务商的改正信息都用于产生一个共同定位结果时,这两个服务商的可用信息可以保证有足够多的卫星会得到足够的增强。单一的共同位置解决方案需要能获得不同服务商之间的时间差别引起的系统误差。为了认可这种过渡,表明 SBAS 之间的误差能够在位置解决方案中估算出来,或能绑定在相关的操作保护水平上是很有必要的。但出于安全责任考虑,不推荐第 3 种使用方式。

(4) 目前多个 SBAS 的使用。

目前多个 SBAS 的使用是指有多于 1 个的 SBAS 作为一组测距源改正与完好性监测数据的来源。每一个 SBAS 为两个或更多的测距源提供信息,但却无法支持独立操作。当在两个 SBAS 的覆盖区域之间过渡,比如航海旅行时,最有可能要求采用多个 SBAS。目前,使用来自多个 SBAS 的改正是有可能的,但由此而引发的一些额外的误差来源及潜在的矛盾还有待说明。目前的研究并不清楚将这个复合体包含在 DFMC 性能底线中是否有很大的好处,尤其当多个星座可用时。仍待说明的问题有相矛盾的完好性数据、SBAS 之间的相对误差,以及多 SBAS 解决方案整体的完好性。由于不同的 SBAS 可能以不同的方式处理完好性,所有用做某一特定测距源的数据都应该来自同一个 SBAS。

若多个 SBAS 有同一个测距源的数据,那么机载设备将需要一个选择单一数据源的方法。在 SBAS 提示“请勿用”的情况下,原有的做法是将测距源从位置解决方案中排除。SBAS 服务商可用“未被监测”来限制在精密进近操作中的特定测距源的使用。当综合了来自多个 SBAS 的数据时,机载设备既应确定系统间的相对误差量,还应给出方差分量以标定潜在误差的界限。SBAS 服务商只能监测由他们自己的 SBAS 提供的增强信息的完好性。若机载设备使用来自多个 SBAS 的信息,那么机载设备需自身确保产生的位置准确性及位置域的完好性。

3.3.2.5 服务定义

1) 传统的 L1 SBAS 服务

在 ICAO SARPs 附件 10 的 3.7.3.4.2 节以及附录 B 的 3.5.7.6 节采集了基于使用单频(SF)的传统 L1 SBAS 服务(SF SBAS),包含下列的一个或多个功能[4]。

(1) 测距功能。

(2) GNSS 卫星状态(健康)监测功能。

(3) 基本的差分改正功能(水平导航)。

(4) 精确的差分改正功能(水平与垂直导航)。

(5) 可选功能:UTC 时间(MT-12),MT-27,MT-28。

2) 双频 L1/L5 SBAS 服务

在单一的无电离层差分改正功能将有效取代基本且精确的差分改正功能方面,双频(DF)服务稍微不同于 SF SBAS 服务。DF SBAS 包含了下列功能。

(1) 双频测距功能。

(2) 双频 GNSS 卫星状态(健康)监测功能。

(3) 无电离层差分改正功能(水平、垂直导航)。

(4) 可选功能:UTC 时间,其他待定。

3) 多星座服务

多星座服务扩展了 DF SBAS,使其包含其他 GNSS 星座的差分改正。这虽然没增加新的性能,但却可以使用更多的测距源。这些测距源能提高服务的可用性与连续性,在不稳定及干扰的环境下提高更多的余地。额外的星座增添了下列功能。

(1) GNSS 卫星状态(健康)监测功能。

(2) 无电离层差分改正功能(水平、垂直导航)。

4) 高级 RAIM 支持服务

ARAIM 正在经历与 DFMC SBAS 工作相似的开发。ARAIM 的概念可能依赖于一些 SBAS 的结构特点或性能(监测、通信)。该部分是占位符,将采集可能进入 SBAS 的 ARAIM 潜在要求。

3.4 DFMC SBAS 电文设计

虽然 SBAS 只能为有限区域内的用户提供服务,但是民用航空是全球性的活动,其对导航服务的需求也是全球性的。为了实现全球范围内的无缝导航服务,各 SBAS 供应商达成了兼容互操作的共识,并制定了相应的国际标准。SBAS 应用于民航领域时需要遵循的国际标准主要有以下两个:第一个是由 ICAO 发布和负责的 SARPs,该标准规定了 SBAS 增强信号的射频特性、伪随机码类型、电文格式等要素;第二个是 RTCA 发布和负责的最低操作性能规范 MOPS,该标准规范了 SBAS 接收机的最小工作性能要求,并提供了 SBAS 接收机使用增强信号的标准方法。根据 GPS 的现代化升级情况,并结合 WAAS 等系统的工程实践,单频 SBAS 的 SAPR 和 MOPS 经过了数次修订,目前已经基本固化。各 SBAS 供应商正通过 SBAS IWG 平台开展 DFMC SBAS ICD 的制定工作,该文件将作为 ICAO SARPs 中 DFMC SBAS 相关部分的基础,并支撑 DFMC SBAS MOPS 的制定。目前,DFMC SBAS ICD 草案已经获得各 SBAS 供应商的认同。SBAS IWG 已经向 RTCA、EUROCAE 等组织征询修改意见,后续将提交

给 ICAO NSP。SARPs 和 MOPS 分别从 SBAS 系统段播发增强信号和 SBAS 用户段使用增强信号两个角度针对 SBAS 制定了标准来进行约束。在 SARPs 和 MOPS 的约束下,SBAS 段在计算得到增强电文参数后仍需解决的电文编排问题包括如何动态编排各增强电文使得参数能够及时发送给用户,以及如何编排增强参数使得量化误差能够尽可能小。由于 DFMC SBAS ICD 正处于工作组内部讨论阶段,讨论其电文编排的论文极少,而且其电文类型相对于单频 SBAS 有所差别,因此本节就对电文编排进行简单介绍。

3.4.1 增强电文类型

DFMC SBAS 的电文类型如表 3.3 所列,其中第 0 类电文、第 62 类电文和第 63 类电文与单频 SBAS 的第 0 类电文、第 62 类电文和第 63 类电文具有相同的电文参数与用法,因此具有相同的类型编号,其他电文的类型编号从 31 开始,从而与单频 SBAS 电文的类型编号有所区分。由于用户使用双频信号来消除电离层延迟的主要分量,所以 DFMC SBAS 不提供与电离层延迟相关的增强参数。此外,为了支持同时对多个星座的增强,DFMC SBAS 不提供伪距快速改正数及其相关的完好性参数,并对星历星钟改正数及其相关的完好性参数进行了调整。因此,DFMC SBAS 的增强电文类型与单频 SBAS 的增强电文类型有较大的差异。DFMC SBAS 各类型电文的基本格式是相同的:每帧电文一共 250bit,前 4bit 为电文报头区段,随后 6bit 为电文类型区段,该区段填充内容为电文类型编号的二进制值,接着是 216bit 的数据区段,最后是 24bit 的循环冗余校验(CRC)区段。本节介绍各类型电文数据区段内的参数及其时间约束。

表 3.3 DFMC SBAS 电文类型[1-2,5]

类型编号	所含信息
0	是否可用于生命安全相关领域
31	PRN 掩码关联表
32	星历星钟改正数和星历星钟改正误差协方差
34、35、36	完好性信息
37	降效参数
39、40	SBAS 卫星星历和星历星钟误差协方差
42	授时信息
47	SBAS 卫星历书
62	内部测试
63	空电文

3.4.1.1 第 0 类电文

第 0 类电文用于告诉用户 DFMC SBAS 不可用于生命安全的应用,该电文一般在系统测试期间使用。该电文的数据区段可以按照第 34 类电文、第 35 类电文或第 36 类电文的数据区段格式进行填充。生命安全相关的用户接收机在收到该电文时,应该立即停止对该增强信号的使用,同时舍弃来自该增强信号的所有增强参数。与生命安全无关的用户可以继续使用该增强信号,但 SBAS 不保证服务性能,风险由用户自行承担。

3.4.1.2　第 31 类电文

第 31 类电文用于播发卫星编号掩码,利用卫星掩码,DFMC SBAS 可以将被增强的 GNSS 卫星进行统一编号,简化增强参数与被增强卫星的对应关系的表达。数据区段中的前 214bit 为掩码字段,用于说明哪些卫星被增强。若某一卫星被增强,则其对应的电文参数置为 1,否则为 0。数据区段的最后两个比特为 PRN 掩码数据版本号(IODP)参数,该参数用于区分掩码表,若该参数发生变化,则表明被增强卫星发生了变化,用户需要更新增强参数与被增强卫星的对应关系。由表 3.4 可见,四大 GNSS 均匀分配了 37 个掩码,各个掩码按照 GNSS 指定的顺序与其卫星相关联:GPS 以 PRN 编号对应卫星编号,GLONASS 以信号通道编号对应卫星编号,Galileo 系统以电文中的空间飞行器(SV)参数对应卫星编号,北斗卫星导航系统以 PRN 编号对应卫星编号。由于 GPS 将 PRN 120 ~ 158 预留给 SBAS 使用,且 SBAS 增强信号均使用 GPS PRN 实现码分多址,因此掩码 120 ~ 158 分配给了 SBAS 卫星,掩码与 PRN 一一对应。举例来说,GPS PRN 1 卫星对应 GPS 卫星 1,若 DFMC SBAS 增强该卫星,则第 31 类电文的第 10 个比特的数值为 1。

表 3.4　第 31 类电文数据区段参数

数据内容		表达范围		单位	参数描述
区段	参数	最小值	最大值		
GPS	掩码 1 至 37	0	1	—	GPS 的 37 个卫星掩码
GLONASS	掩码 38 至 74	0	1	—	GLONASS 的 37 个卫星掩码
Galileo 系统	掩码 75 至 111	0	1	—	伽利略系统的 37 个卫星掩码
预留	掩码 112 至 119	0	1	—	预留
SBAS	掩码 120 至 158	0	1	—	SBAS 的 39 个卫星掩码
北斗卫星导航系统	掩码 159 至 195	0	1	—	北斗卫星导航系统的 37 个卫星掩码
预留	掩码 196 至 214	0	1	—	预留
区段尾部	PRN 掩码数据版本号(IODP)	0	3	—	PRN 数据版本号

3.4.1.3　第 32 类电文

第 32 类电文用于播发 SBAS 所增强卫星的星历星钟改正数及其协方差参数等增强参数,其数据区段各参数如表 3.5 所列。第 32 类电文中的卫星导航系统数据版本号(IODN)参数用于关联 GNSS 基本导航电文与 SBAS 增强电文,只有当 IODN 与

GNSS 基本导航电文中的数据版本号(IOD)参数相等时,第 32 类电文中的参数才可以使用。若 IODN 与 IOD 不相等,则说明基本导航电文已经更新,但增强参数所针对的基本导航电文尚未更新,用户必须使用之前有效的基本导航电文。在 IODN 更新至与 IOD 相等之后,用户才可以使用新的基本导航电文。

表 3.5　第 32 类电文数据区段参数

数据内容		表达范围		单位	参数描述
区段	参数	最小值	最大值		
区段头部	卫星掩码	0	255	—	对应第 31 类电文
	IODN	0	1023	—	导航电文版本号
星历星钟改正数	δx_{ECEF}	-64	63.9375	m	x 轴向星历改正数
	δy_{ECEF}	-64	63.9375	m	y 轴向星历改正数
	δz_{ECEF}	-64	63.9375	m	z 轴向星历改正数
	δB_{ECEF}	-64	63.9375	m	星钟改正数
	$\delta \dot{x}_{ECEF}$	-0.0625	0.06201172	m/s	x 轴向星历变化率改正数
	$\delta \dot{y}_{ECEF}$	-0.0625	0.06201172	m/s	y 轴向星历变化率改正数
	$\delta \dot{z}_{ECEF}$	-0.0625	0.06201172	m/s	z 轴向星历变化率改正数
	δB_{ECEF}	-0.0625	0.06201172	m/s	星钟变化率改正数
	t_D	0	131056	s	星历星钟改正数参考时间
星历星钟协方差	scale exponent	0	7	—	协方差矩阵比例系数
	$E_{1,1}$	0	511	—	乔里斯基因式分解矩阵参数
	$E_{2,2}$	0	511	—	
	$E_{3,3}$	0	511	—	
	$E_{4,4}$	0	511	—	
	$E_{1,2}$	-512	511	—	
	$E_{1,3}$	-512	511	—	
	$E_{1,4}$	-512	511	—	
	$E_{2,3}$	-512	511	—	
	$E_{2,4}$	-512	511	—	
	$E_{3,4}$	-512	511	—	
完好性参数	DFREI	0	15	—	同第 34～36 类电文的 DFREI
δR_{CORR}	δR_{CORR}	0	1	—	R_{CORR} 比例系数

注:DFREI—双频测距误差指数

星历星钟改正数的使用方法为

$$\begin{bmatrix} x \\ y \\ z \\ t \end{bmatrix}_{\text{SBAS}} = \begin{bmatrix} x \\ y \\ z \\ t \end{bmatrix}_{\text{BM}} + \begin{bmatrix} \delta x \\ \delta y \\ \delta z \\ \delta B \end{bmatrix} + \begin{bmatrix} \delta \dot{x} \\ \delta \dot{y} \\ \delta \dot{z} \\ \delta \dot{B} \end{bmatrix} (t_N - t_D) \tag{3.1}$$

式中:下角 BM 表示广播电文。

星历星钟协方差参数用于计算星历星钟改正误差在用户观测矢量上的投影系数。首先通过协方差参数重构星历星钟协方差矩阵 $\boldsymbol{C}$:

$$\boldsymbol{C} = \boldsymbol{R}^{\mathrm{T}}\boldsymbol{R} \tag{3.2}$$

式中:$\boldsymbol{R}$ 由协方差参数计算得到,且

$$\boldsymbol{R} = 2^{\text{scale exponent}-5} \begin{bmatrix} E_{1,1} & E_{1,2} & E_{1,3} & E_{1,4} \\ 0 & E_{2,2} & E_{2,3} & E_{2,4} \\ 0 & 0 & E_{3,3} & E_{3,4} \\ 0 & 0 & 0 & E_{4,4} \end{bmatrix} \tag{3.3}$$

由此得到投影系数 δ_{DFRE} 为

$$\delta_{\text{DFRE}} = \sqrt{\boldsymbol{I}^{\mathrm{T}}\boldsymbol{C}\boldsymbol{I}} + \varepsilon_{\mathrm{C}} \tag{3.4}$$

式中:ε_{C} 由第 37 类电文中的参数 $C_{\text{COVARIANCE}}$ 计算得到

$$\varepsilon_{\mathrm{C}} = C_{\text{COVARIANCE}} \times 2^{\text{scale exponent}-5} \tag{3.5}$$

δR_{CORR} 参数用于描述特定卫星的降效因子。由于 δR_{CORR} 仅表达为 0 或者 1,因此该参数用于表示是否需要对该卫星叠加降效因子。

3.4.1.4 第 34 类、第 35 类和第 36 类电文

为了尽可能适应在不同的被增强卫星数量情况下向用户播发完好性参数,DFMC SBAS 设计了第 34 类电文、第 35 类电文和第 36 类电文。第 34 类电文、第 35 类电文和第 36 类电文通过 IODP 与第 31 类电文进行关联。第 34 类电文、第 35 类电文和第 36 类电文与第 32 类电文之间没有参数进行直接关联,因此当前播发的第 34 类电文、第 35 类电文和第 36 类电文自动与最新播发的第 32 类电文相关联。当被增强卫星数量不多于 53 颗时,DFMC SBAS 仅播发第 35 类电文,该电文的数据区段包含 53 个双频测距误差指数(DFREI)参数,每个 DFREI 参数占据 4bit,以及比特的 IODP 参数。第 i 个 DFREI 参数对应第 i 个被增强的卫星,即第 31 类电文掩码字段中第 i 个值为 1 的比特位所对应的卫星。当被增强卫星数量多于 53 颗时,由于一帧电文无法同时播发超过 53 颗卫星的 DFREI,所以 DFMC SBAS 需使用第 34 类电文,其数据区段包含 92 个双频测距误差变化

指数(DFRECI)参数,每个 DFRECI 参数占据 2bit,随后是 7 个 DFREI 参数,每个 DFREI 参数占据 4bit,最后是 2bit 的 IODP 参数。DFRECI 包含四种状态值:当 DFRECI 为 0 时,表明对应卫星的 DFERI 未变化;当 DFRECI 为 1 时,表明对应卫星的 DFREI 有变化,变化卫星的 DFREI 依次为本帧电文所播发的 DFREI 参数;当 DFRECI 为 2 时,表明对应卫星的 DFREI 数值增加 1;当 DFRECI 为 3 时,表明对应卫星不可用。SBAS 可以播发第 35 类电文和第 36 类电文以辅助第 34 类电文。第 36 类电文的数据区段包含 39 个 DFREI 参数,每个 DFREI 参数占据 4bit,依次对应第 54 个至第 92 个被增强的卫星,数据区段还包括 58bit 的空余字段和 2bit 的 IODP 参数。

3.4.1.5 第 37 类电文

第 37 类电文用于播发描述时间降效的陈旧但仍然有效的数据(OBAD)参数和时间参考系统参数,以及 DFREI 与 σ_{DFRE} 的换算参数。当增强参数使用时刻与增强参数参考时刻之间的时间间隔超过参数的有效时长时,则称该增强参数为 OBAD。第 37 类电文数据区段的 OBAD 参数和时间参考系统参数如表 3.6 所列,DFREI 与 σ_{DFRE}之间的换算关系如表 3.7 所列。由于第 37 类电文的参数描述的是 GNSS 的系统级的时变特性,而非单颗被增强卫星的时变特性,因此这些参数的计算依赖于长期的评估结果,参数数值长期不变。

表 3.6 第 37 类电文数据区段的 OBAD 参数和时间参考系统参数

数据内容		表达范围		单位	参数描述
区段	参数	最小值	最大值		
公用 OBAD	$(I_{VALID})_{MT32}$	30	408	s	第 32 类电文的有效时长
	$(I_{VALID})_{MT39/40}$	30	408	s	第 39/40 类电文的有效时长
	C_{ER}	0	31.5	m	航段阶跃降效参数
	$C_{COVARIANCE}$	0	12.7	—	星历星钟协方差降效参数
GPS OBAD	I_{CORR}	30	216	s	使用 C_{CORR} 的时间间隔
	C_{CORR}	0	2.55	m	精密进近阶跃降效参数
	R_{CORR}	0	51	mm/s	一阶降效参数
GLONASS OBAD	I_{CORR}	30	216	s	使用 C_{CORR} 的时间间隔
	C_{CORR}	0	2.55	m	精密进近阶跃降效参数
	R_{CORR}	0	51	mm/s	一阶降效参数
Galileo 系统 OBAD	I_{CORR}	30	216	s	使用 C_{CORR} 的时间间隔
	C_{CORR}	0	2.55	m	精密进近阶跃降效参数
	R_{CORR}	0	51	mm/s	一阶降效参数
北斗卫星导航系统 OBAD	I_{CORR}	30	216	s	使用 C_{CORR} 的时间间隔
	C_{CORR}	0	2.55	m	精密进近阶跃降效参数
	R_{CORR}	0	51	mm/s	一阶降效参数

（续）

数据内容		表达范围		单位	参数描述
区段	参数	最小值	最大值		
SBAS OBAD	I_{CORR}	30	216	s	使用 C_{CORR} 的时间间隔
	C_{CORR}	0	2.55	m	精密进近阶跃降效参数
	R_{CORR}	0	51	mm/s	一阶降效参数
保留 GNSS OBAD	I_{CORR}	30	216	s	使用 C_{CORR} 的时间间隔
	C_{CORR}	0	2.55	m	精密进近阶跃降效参数
	R_{CORR}	0	51	mm/s	一阶降效参数
参考时间	参考时间指示符	0	7	—	SBAS 时对应的 GNSS 编号
周翻转计数	$WNRO_{count}$	0	15	—	时间参考系统周翻转计数

表 3.7　第 37 类电文数据区段的 DFREI 与 σ_{DFRE} 换算关系

数据内容		表达范围		单位	参数描述
区段	参数	最小值	最大值		
换算关系表	σ_{DFRE}:DFREI = 0	0.125	1.0625	m	对应 DFREI 为 0
	σ_{DFRE}:DFREI = 1	0.25	2.125	m	对应 DFREI 为 1
	σ_{DFRE}:DFREI = 2	0.375	2.25	m	对应 DFREI 为 2
	σ_{DFRE}:DFREI = 3	0.5	2.375	m	对应 DFREI 为 3
	σ_{DFRE}:DFREI = 4	0.625	2.5	m	对应 DFREI 为 4
	σ_{DFRE}:DFREI = 5	0.75	4.5	m	对应 DFREI 为 5
	σ_{DFRE}:DFREI = 6	1	4.75	m	对应 DFREI 为 6
	σ_{DFRE}:DFREI = 7	1.25	5	m	对应 DFREI 为 7
	σ_{DFRE}:DFREI = 8	1.5	5.25	m	对应 DFREI 为 8
	σ_{DFRE}:DFREI = 9	1.75	5.5	m	对应 DFREI 为 9
	σ_{DFRE}:DFREI = 10	2	9.5	m	对应 DFREI 为 10
	σ_{DFRE}:DFREI = 11	2.5	10	m	对应 DFREI 为 11
	σ_{DFRE}:DFREI = 12	3	18	m	对应 DFREI 为 12
	σ_{DFRE}:DFREI = 13	4	49	m	对应 DFREI 为 13
	σ_{DFRE}:DFREI = 14	10	100	m	对应 DFREI 为 14

公用 OBAD 的 $(I_{VALID})_{MT32}$ 参数和 $(I_{VALID})_{MT39/40}$ 参数分别描述精密进近阶段第 32 类电文和第 39 类电文或第 40 类电文的有效时长，当第 32 类电文、第 39 类电文或第 40 类电文参考时刻到使用时刻之间的时间间隔小于有效时长时，这些电文所包含的参数可以直接用于定位解算，否则需要引入时间降效因子。对于航路段、终端区和非精密进近阶段的应用，有效时长为 $(I_{VALID})_{MT32}$ 参数和 $(I_{VALID})_{MT39/40}$ 参数的 1.5 倍。

在考虑使用 OBAD 的情况下,用户使用星历星钟改正数后的 URE 的模型方差 $\sigma_{\mathrm{SCE,DF}}$的计算方法为

$$\sigma_{\mathrm{SCE,DF}}^2 = (\sigma_{\mathrm{DFRE}}\delta_{\mathrm{DFRE}})^2 + \varepsilon_{\mathrm{CORR}}^2 + \varepsilon_{\mathrm{ER}}^2 \tag{3.6}$$

式中:下角 ER 是 en-route 的缩写;σ_{DFRE}由增强电文中的 DFREI 参数根据第 37 类电文播发的换算关系表换算得到;δ_{DFRE}通过式(3.4)计算得到。

$\varepsilon_{\mathrm{CORR}}$计算方法如下:

$$\varepsilon_{\mathrm{CORR}} = \mathrm{floor}\left(\frac{t - t_{\mathrm{CORR}}}{I_{\mathrm{CORR}}}\right)C_{\mathrm{CORR}} + (t - t_{\mathrm{CORR}})\frac{(R_{\mathrm{CORR}})_{\mathrm{SV}}}{1000} \tag{3.7}$$

式中:$\mathrm{floor}\left(\frac{t - t_{\mathrm{CORR}}}{I_{\mathrm{CORR}}}\right)C_{\mathrm{CORR}}$为星座的时间降效因子;floor( )表示向下取整;t、t_{CORR}分别为定位解算时刻和对应的第 32 类电文或第 39 类电文或第 40 类电文的参考时刻;I_{CORR}和 C_{CORR}为第 37 类电文参数;$(t - t_{\mathrm{CORR}})\frac{(R_{\mathrm{CORR}})_{\mathrm{SV}}}{1000}$为单星的时间降效因子;$(R_{\mathrm{CORR}})_{\mathrm{SV}}$的计算方法如下:

$$(R_{\mathrm{CORR}})_{\mathrm{SV}} = \begin{cases} R_{\mathrm{CORR}} \times \delta R_{\mathrm{CORR}} & t_{\mathrm{N}} - t_{\mathrm{CORR}} \leqslant I_{\mathrm{CORR}} \\ R_{\mathrm{CORR}} & t_{\mathrm{N}} - t_{\mathrm{CORR}} > I_{\mathrm{CORR}} \end{cases} \tag{3.8}$$

式中:R_{CORR}为第 37 类电文参数;δR_{CORR}为第 32 类电文参数。

$\varepsilon_{\mathrm{ER}}$的取值方法为:若星历星钟改正数的播发时刻到用户使用时刻之间的时间间隔小于精密进近阶段的有效时长,则 $\varepsilon_{\mathrm{ER}}$取为 0;若星历星钟改正数的播发时刻到用户使用时刻之间的时间间隔大于精密进近阶段的有效时长但仍小于航路段、终端区、非精密进近等其他航段的有效时长,则 $\varepsilon_{\mathrm{ER}}$取为第 37 类电文的 C_{ER}参数。电文中的参考时间指示符用于说明 SBAS 时所依赖的 GNSS,参考时间指示符数值为 0、1、2、3 和 4 时,分别表示依赖的 GNSS 为 GPS、GLONASS、Galileo 系统、BDS 和未来其他 GNSS,参考时间指示符数值 5 ~7 未分配。

电文中的 $\mathrm{WNRO_{count}}$参数是指参考时间指示符所指定的 GNSS 时所经过的周翻转计数。比如,GPS L1 C/A 导航电文中的周计数参数占据 10bit,因此当计数超过 1024bit 时,存在周计数翻转的情况。由于周计数比特长度有限,所以其他 GNSS 导航电文也存在相同的问题。DFMC SBAS 用户能够通过 $\mathrm{WNRO_{count}}$参数恢复正确的周计数值。

DFMC SBAS 的 DFREI 与 σ_{DFRE}换算关系可由 SBAS 供应商自行选择,并通过第 37 类电文中播发给用户。换算关系的表达范围如表 3.7 所列,根据电文数值求解某一 DFREI 对应的 σ_{DFRE}的方法如下:

$$\sigma_{\mathrm{DFRE}} = \mathrm{Range_{min}} + \mathrm{scalefactor} \times \mathrm{fieldvalue} \tag{3.9}$$

式中:$\mathrm{Range_{min}}$和 scalefactor 分别为该 DFREI 对应的 σ_{DFRE}的表达范围最小值和比例因子,由 ICD 规定;fieldvalue 为第 37 类电文播发的该 DFREI 对应区段的数值,由用户接收机解码得到。

3.4.1.6 第 39 类和第 40 类电文

由于所需播发的 SBAS 卫星的星历星钟参数和协方差参数数据较多，DFMC SBAS 设计了第 39 类电文和第 40 类电文这两类电文来组合播发，其中星历采用开普勒轨道参数以满足不同轨位 SBAS 卫星的需求，协方差参数与第 32 类电文中的协方差参数相同。SBAS 卫星的星历星钟参数的计算不属于本书的研究内容，因此第 39 类电文和第 40 类电文的参数描述及其使用方法不在此处给出，相关内容可以参考 DFMC SBAS ICD。

3.4.1.7 第 42 类电文

第 42 类电文用于播发 SBAS 时和 UTC 之间的差值，同时播发 SBAS 时与各个 GNSS 时之间的差值。该电文用于粗略的授时应用，不是为生命安全相关的应用所设计。本书算法是为了使 DFMC SBAS 满足民航应用而设计，而该电文不可用于民航这类生命安全的场合，因此第 42 类电文参数的计算不属于本书的研究内容，该电文参数的描述及其使用方法不在此处给出。

3.4.1.8 第 47 类电文

第 47 类电文用于播发 SBAS 卫星的历书，每帧电文可以同时包含两颗 SBAS 卫星的开普勒轨道参数。SBAS 卫星历书参数的计算不属于本书的研究内容，因此该电文参数的描述及其使用方法不在此处给出。

3.4.1.9 第 62 类电文

第 62 类电文用于 SBAS 供应商的内部测试。用户接收到该电文时不作处理，并可继续接收和使用 SBAS 其他电文中的增强参数，同时也可以将该 SBAS 作为测距源。

3.4.1.10 第 63 类电文

第 63 类电文是空电文，当没有其他类型电文可以用于播发时，SBAS 卫星可以播发该电文来填充。用户接收到该电文时可以继续接收和使用 SBAS 其他电文中的增强信息，同时也可以将该 SBAS 作为测距源。

3.4.2 增强参数的时效

DFMC SBAS ICD 约束了各类增强参数的时效。由表 3.8 可知，与完好性密切相关的第 0 类和第 34 ~ 36 类电文的最大更新周期均为 6s，其他为生命安全相关应用设计的电文的最大更新周期为 120s，而不用于生命安全相关应用的第 42 类电文的最大更新周期为 240s。由于存在 SBAS 系统段上注信息失败、SBAS 卫星下行信号异常或者用户接收机故障等因素，用户可能无法在最大更新周期内收到新的增强参数。为了保障在增强参数无法及时更新时的完好性，设计了不同航段的增强参数有效时长。若增强参数的使用时刻与增强参数的参考时刻之间的时间间隔超过有效时长，则需要加入时间降效因子。

表 3.8 DFMC SBAS 增强参数的时效

增强参数	相关电文	最大更新周期/s	航路段、终端区和非精密进近的有效时长/s	精密进近的有效时长/s
不可用于生命安全场合	第 0 类电文	6	—	—
卫星掩码	第 31 类电文	120	600	600
DFREI、DFRECI	第 32 类、第 34～36 类、第 40 类电文	6	18	12
GNSS 星历星钟改正数及其协方差	第 32 类电文	120	$1.5\times(I_{\mathrm{VALID}})_{\mathrm{MT32}}$	$(I_{\mathrm{VALID}})_{\mathrm{MT32}}$
SBAS 星历星钟参数及其协方差	第 39～40 类电文	120	$1.5\times(I_{\mathrm{VALID}})_{\mathrm{MT39/40}}$	$(I_{\mathrm{VALID}})_{\mathrm{MT39/40}}$
降效参数	第 37 类电文	120	360	240
SBAS 卫星历书	第 47 类电文	120	240	240
授时参数	第 42 类电文	240	86400	86400

3.4.3 增强电文集合

DFMC SBAS 用户定位解算所采用的加权最小二乘的解如下式所示：

$$\boldsymbol{X}=(\boldsymbol{G}^{\mathrm{T}}\boldsymbol{W}\boldsymbol{G})^{-1}\boldsymbol{G}^{\mathrm{T}}\boldsymbol{W}\boldsymbol{Y} \tag{3.10}$$

式中：$\boldsymbol{G}$ 为观测矩阵；$\boldsymbol{Y}$ 为伪距残差矢量；$\boldsymbol{W}$ 为权重矩阵，其第 i 个对角元素为第 i 颗卫星的伪距残差的方差 σ_{2i}的倒数。用户在精密进近阶段的 HPL 和 VPL 计算方法如下式所示：

$$\begin{cases}\mathrm{HPL}=K_{\mathrm{HPL}}\times d_{\mathrm{major}}\\ \mathrm{VPL}=K_{\mathrm{VPL}}\times d_{\mathrm{U}}\end{cases} \tag{3.11}$$

式中：d_{major}和 d_{U} 可由矩阵 $\boldsymbol{D}=(\boldsymbol{G}^{\mathrm{T}}\boldsymbol{W}\boldsymbol{G})^{-1}$求得。因此，用户定位解算和保护级计算所直接使用的数据为观测矩阵 $\boldsymbol{G}$、权重矩阵 $\boldsymbol{W}$ 和伪距残差矢量 $\boldsymbol{Y}$。矩阵 $\boldsymbol{G}$ 和矢量 $\boldsymbol{Y}$ 的计算需要使用星历星钟改正数，权重矩阵 $\boldsymbol{W}$ 的计算需要使用完好性参数。

DFMC SBAS 可以同时增强多个星座，用户的可见卫星数量较为充足。此时 DFMC SBAS 卫星对用户的精度衰减因子（DOP）改善作用相当有限，且 DFMC SBAS 卫星一般为 GEO 卫星，其轨道高度较高，测距误差明显大于 GNSS 的 MEO 卫星，因此当多个 GNSS 被增强时，DFMC SBAS 卫星可以不作为定位解算的测距源。若 DFMC SBAS 卫星仅作为增强信息的播发通道，而不作为测距源，则 DFMC SBAS 在正式服务于民航时所需播发的增强电文类型最小集 Θ_1 为第 31 类电文、第 32 类电文、第 34～36 类电文，以及第 37 类电文。若 DFMC SBAS 卫星作为测距源，则所需播发的增强电文类型集合 $\boldsymbol{\Theta}_2$ 为:$\boldsymbol{\Theta}_1$ 的电文,第 39 类电文、第 40 类电文以及第 47 类电文。若 DFMC SBAS 为非生命安全应用的用户提供授时功能,则在集合 $\boldsymbol{\Theta}_1$ 或集合 $\boldsymbol{\Theta}_2$ 的基础上播发第 42 类电文,第 42 类电文与集合 $\boldsymbol{\Theta}_1$ 或集合 $\boldsymbol{\Theta}_2$ 的电文无依赖关系。

集合 $\boldsymbol{\Theta}_1$ 内的增强电文的使用流程如图 3.7 所示:第 32 类电文中的星历星钟改正数按照第 31 类电文中的卫星掩码找到对应的 GNSS 卫星,并通过 IODN 参数在时间上关联星历星钟改正数和 GNSS 导航电文参数,由此求得改正后的星历星钟值;利用星历星钟值和用户状态值的初值求得观测矢量,并由此求得观测矩阵 $\boldsymbol{G}_{\Theta_1}$;利用星历星钟值和用户状态值的初值求得伪距估计值,并与 GNSS 观测量做差,求得伪距残差矢量 $\boldsymbol{Y}_{\Theta_1}$;利用第 32 类电文中的星历星钟协方差矩阵、第 34 ~ 36 类电文中的 DFREI 参数和 DFRECI 参数以及第 37 类电文中的降效参数求得 $\sigma^2_{\mathrm{SCE,DF}}$,$\sigma^2_{\mathrm{SCE,DF}}$、$\sigma^2_{\mathrm{trop}}$ 和 $\sigma^2_{\mathrm{air,DF}}$ 的和构成权重矩阵 $\boldsymbol{W}_{\Theta_1}$。在求得观测矩阵 $\boldsymbol{G}_{\Theta_1}$、伪距残差矢量 $\boldsymbol{Y}_{\Theta_1}$ 和权重矩阵 $\boldsymbol{W}_{\Theta_1}$ 后即可计算用户位置和定位保护级。与集合 $\boldsymbol{\Theta}_1$ 相比,集合 $\boldsymbol{\Theta}_2$ 增加了第 39 类电文、第 40 类电文以及第 47 类电文,这 3 类电文与集合 $\boldsymbol{\Theta}_1$ 的电文没有直接依赖关系。利用第 39 类电文、第 40 类电文和 SBAS 卫星观测量即可求得 SBAS 卫星的观测矢量、伪距残差及其方差,将上述结果分别与 $\boldsymbol{G}_{\Theta_1}$、$\boldsymbol{Y}_{\Theta_1}$ 和 $\boldsymbol{W}_{\Theta_1}$ 合并后得到 $\boldsymbol{G}_{\Theta_2}$、$\boldsymbol{Y}_{\Theta_2}$ 和 $\boldsymbol{W}_{\Theta_2}$,即可将 SBAS 卫星引入定位解算。

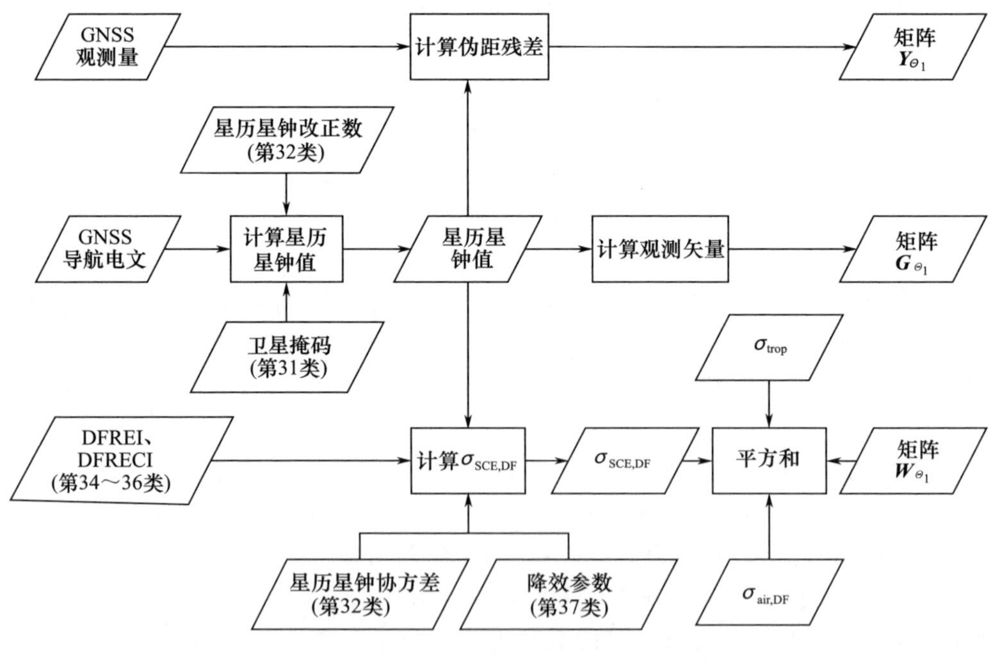

图 3.7 集合 Θ_1 电文参数的使用流程

3.5　星基增强系统服务性能

3.5.1　国际民航组织对民航导航的应用性能要求

ICAO 制定的《国际民航公约》附件 10 卷一中附件 D 部分详细说明了民航用户对于导航系统的性能需求。这些性能需求以航路、终端、进近等不同航路阶段进行分别说明,民航应用中对于卫星导航的性能要求,均以此文件中的需求作为基准。但是这些性能需求都是从服务性能去约束,即定位精度、定位完好性、定位连续性和定位可用性。在 ICAO 制定的《国际民航公约》附件 10 卷一中描述了基本星座的性能,也描述了星基增强系统、空基增强系统和地基增强系统的性能。为了进一步将基本星座 GPS、WAAS、航空接收机之间的性能定义明确,美国联邦航空局颁布了《GPS 标准定位服务性能规范》[6]定义 GPS 的单频民用服务性能指标体系,颁布了《广域增强服务性能规范》[7]定义 WAAS 单频星基增强服务性能指标体系,美国航空无线电技术委员会颁布了 RTCA Do-229[8]标准,定义 WAAS 的最低运行性能规范和航空接收机的约束。

2030 年前,各个星基增强系统要陆续完成双频多星座星基增强服务的建设。为了更好地应用于民航,需要定义相应的服务性能规范,明确测试和运行时需要监测评估的指标体系。所以本节通过介绍和分析美国联邦航空局颁布的《广域增强服务性能规范》以及目前 WAAS 的性能报告,总结出星基增强系统的服务性能指标体系,为后续双频多星座星基增强建设和测试提供借鉴。

3.5.2　美国联邦航空局对 WAA 性能指标定义分析

美国 GPS SPS 服务为全球用户提供 PNT 服务,并由 WAAS 增强,为美国、加拿大大部分地区和墨西哥提供改善的 PNT 服务。此外,从 2003 年起,WAAS 成为美国 NAS 委托生命安全服务的系统。因此,FAA 作为负责 WAAS 设计、开发、运营和维护的机构,制定了适用于 GPS SPS 信号和 WAAS 信号的导航性能标准。在 2008 年发布的 WAAS 性能标准中,对 WAAS 的服务性能提出了要求。这些要求主要依靠最新版本的 WAAS 说明文件、FAA-E-2892 标准和 RTCA 的 DO-229 标准以及涉及的 TSO 标准等。本节中对此性能要求进行简单阐述。

3.5.2.1　WAAS 空间信号及广播信息特征

GEO 卫星传输右旋圆极化(RHCP)L 频段信号。目前,WAAS 在航空导航中只应用 L1 频点播发电文,在预期的服务容量内,仰角大于 5°的情况下,最差法线方向的增益为 3dBi 的线性极化用户天线接收的 L1 功率电平大于 -128.5dBm(-158.5dBW)。这种天线的最大接收功率电平为 -120dBm(-150dBW)。对于未来的 WAAS GEO,最大接收功率为 -122.5dBm(-152.5dBW)。

3.5.2.2 WAAS 服务性能特征

WAAS 空间信号(SIS)性能参数的定义与 GPS 中的相关定义类似,可分为精度、完好性、连续性、可用性 4 类指标来描述。其精度定义为定位解算结果在垂直域或水平面的误差 95% 分位数。WAAS 完好性为系统能为用户提供及时有效的警告的能力,通过 HMI 的概率、告警门限、告警时间等指标进行评估。WAAS 连续性定义为一定时间内 WAAS 服务持续可用的可能性。WAAS 可用性是指 WAAS SIS 性能可用于支持预期飞行操作的概率。

3.5.2.3 WAAS 服务覆盖区域

WAAS 的覆盖区域定义为 5 个部分,分别为美国本土、阿拉斯加、夏威夷、波多黎各和美国所有地区的地理范围。对于不同区域的服务等级要求是不同的。夏威夷和波多黎各地区缺少充分监测电离层的能力,阿拉斯加既受到高纬度的影响,也存在难以找到足够的监测站的问题。5 个地区的范围如图 3.8 ~ 图 3.12 所示。表 3.9 列出了 WAAS 覆盖区域与边界点位置。

表 3.9 WAAS 覆盖区域 5 边界点位置

纬度/(°)	50N	50N	70N	70N	68N	20N	17N	17N	30N	16N	16N	50N
经度/(°)	61W	122W	140W	165W	169W	164W	160W	155W	120W	75W	61W	61W

区域 1:美国本土地区 48 个州(地表到地表高度 10 万英尺,包含边界外 30n mile 范围)。

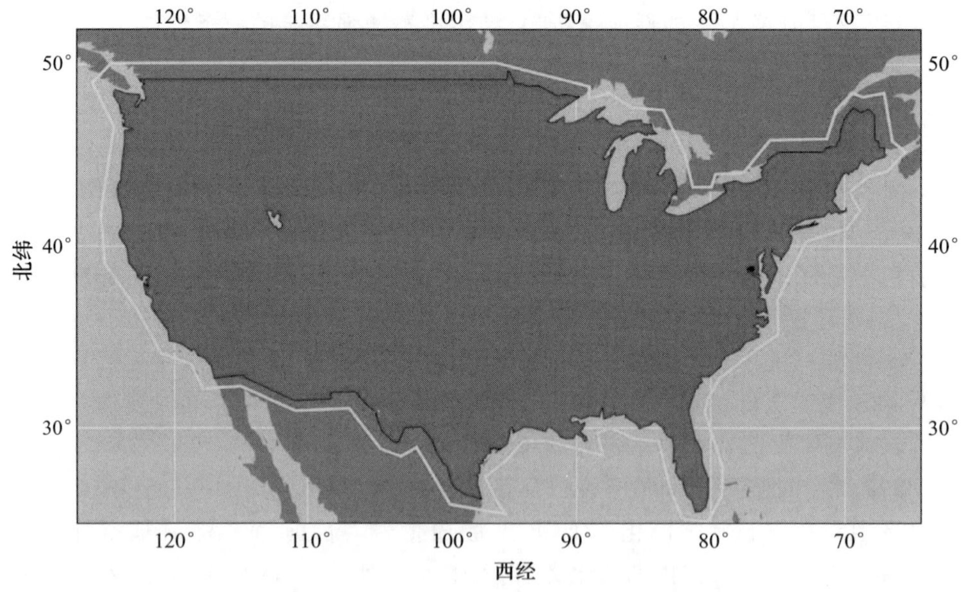

图 3.8 WAAS 覆盖区域 1 范围(见彩图)

区域 2:阿拉斯加州(地表到地表高度 10 万英尺,包含州边界外 30n mile 范围)。

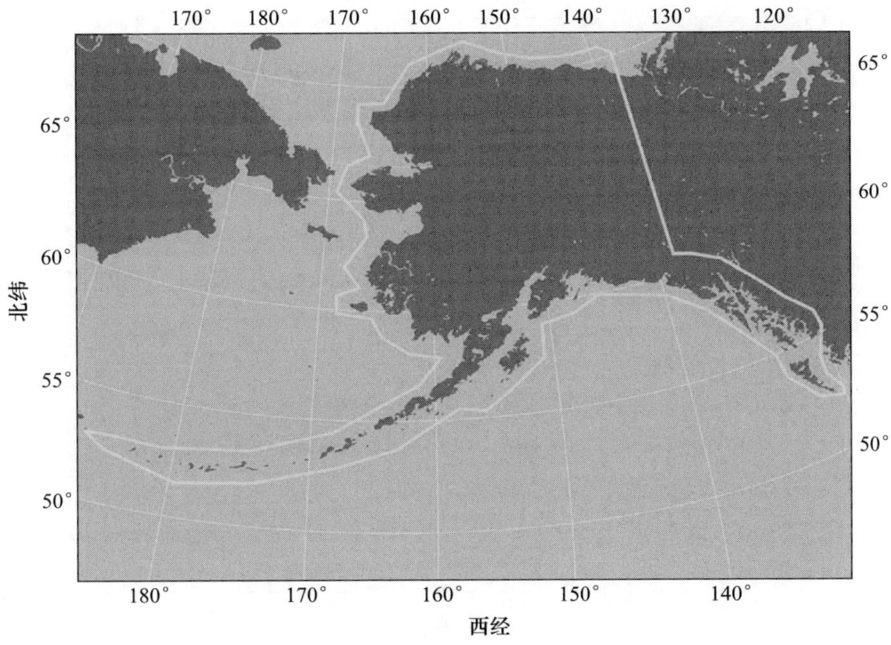

图 3.9　WAAS 覆盖区域 2 范围(见彩图)

区域 3:夏威夷(地表到地表高度 10 万英尺,包含州边界外 30n mile 范围)。

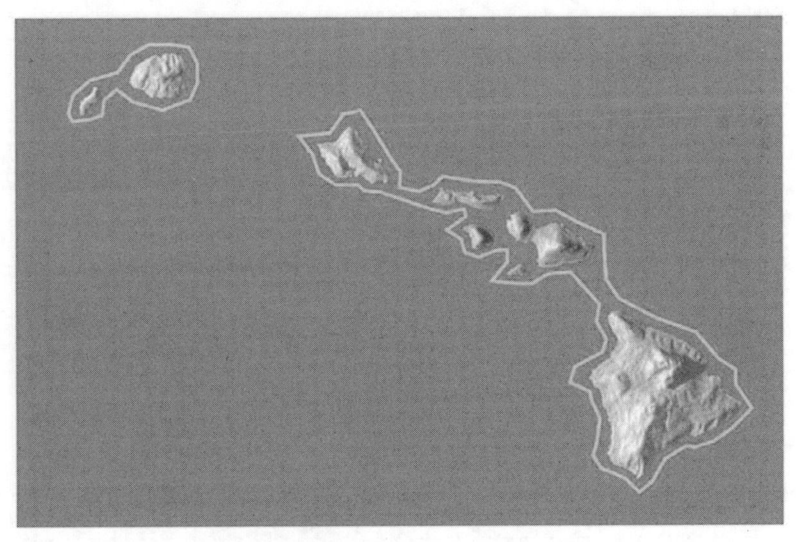

图 3.10　WAAS 覆盖区域 3 范围(见彩图)

区域 4:加勒比海岛屿(地表到地表高度 10 万英尺,包含州边界外 30n mile 范围)。

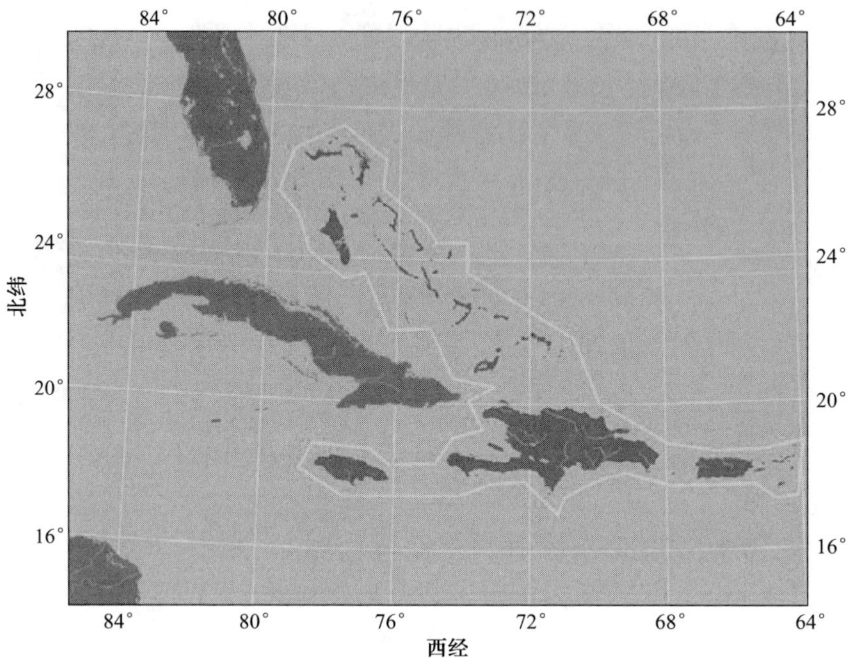

图 3.11　WAAS 覆盖区域 4 范围(见彩图)

区域 5:以下地点包含的区域(平均海平面到其上高度 10 万英尺,包含州边界外 30n mile 范围)。

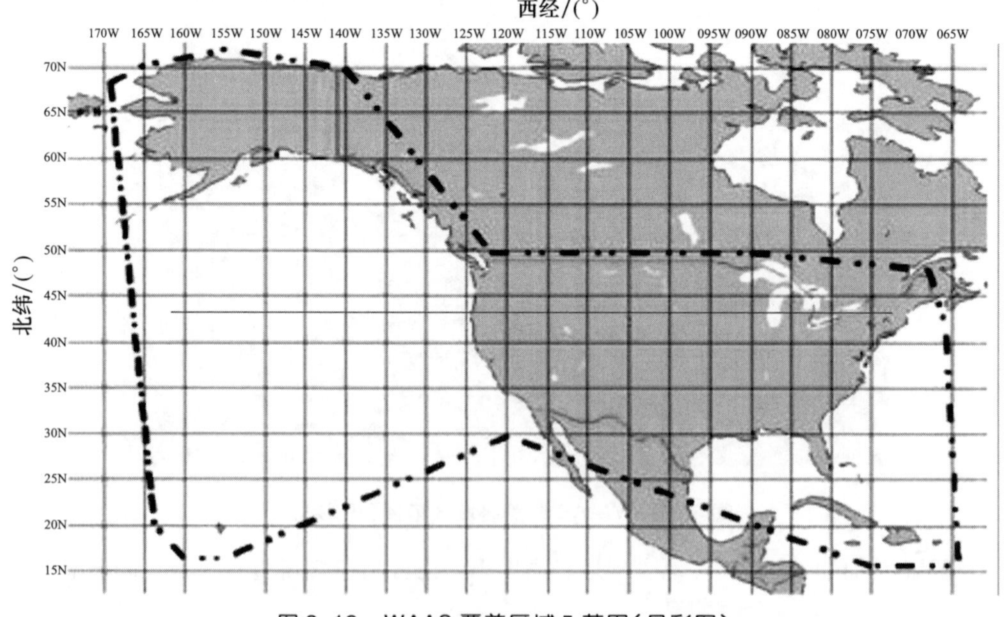

图 3.12　WAAS 覆盖区域 5 范围(见彩图)

通过在阿拉斯加增加4个监测站、在加拿大增加4个监测站、在墨西哥增加5个监测站，WAAS监测站总数量从25个增加到38个，服务覆盖区域有所扩大。

3.5.2.4 WAAS服务性能要求

WAAS不同飞行阶段的性能要求如表3.10所列。其中航路、终点、LNAV、LNAV/VNAV均参照上节提到的ICAO提出的性能标准所设置。

WAAS进近程序中，垂直保护级在12～50m之间时所制定的进近标准称为“LPV”。比较可知，LPV对导航系统的性能要求基本与APV-Ⅰ相当，LPV-200与APV-Ⅱ相当。

表3.10 WAAS SIS性能要求

服务性能	航路	终端	LNAV	LNAV/VNAV	LPV	LPV 200
TTA	15s	15s	10s	10s	6.2s	6.2s
水平告警门限	2n mile	1n mile	556m	556m	40m	40m
垂直告警门限	N/A	N/A	N/A	50m	50m	35m
HMI概率	10^{-7}/h	10^{-7}/h	10^{-7}/h	2×10^{-7}/进近	2×10^{-7}/进近(150s)	2×10^{-7}/进近(150s)
区域1连续性	$(1-10^{-5})$/h	$(1-10^{-5})$/h	$(1-10^{-5})$/h	$(1-5.5\times10^{-5})$/15s	$(1-8\times10^{-6})$/15s	$(1-8\times10^{-6})$/15s
水平精度(95%)	0.4n mile	0.4n mile	220m	220m	16m	16m
垂直精度(95%)	N/A	N/A	N/A	20m	20m	4m
可用性(区域1)	0.99999(100%)	0.99999(100%)	0.99999(100%)	0.99(100%)	0.99(80%～100%)	0.99(40%～60%)
可用性(区域2)	0.999(100%)	0.999(100%)	0.999(100%)	0.95(75%)	0.95(75%)	N/A
可用性(区域3)	0.999(100%)	0.999(100%)	0.999(100%)	N/A	N/A	N/A
可用性(区域4)	0.999(100%)	0.999(100%)	0.999(100%)	N/A	N/A	N/A
可用性(区域5)	0.99999(100%)	0.999(100%)	0.999(100%)	N/A	N/A	N/A

3.5.2.5 WAAS 服务性能报告

由于从 2003 年 WAAS 投入使用以来,其实际性能已经达到并超过 WAAS 性能标准中规定的最低要求,用户希望在此基础上具有更高的性能,故 FAA 的美国 NSTB 网站提供 GPS 和 WAAS 的实时服务范围、实时数据和统计性能。从 1993 年起,FAA 开始对 GPS SPS 性能进行监测,应用 38 个地面监测站的观测数据和机场监测数据等,每季度发布监测报告,并从 2001 年第三季度起,加入 WAAS 性能监测报告,2005 年起加入含有故障信息的 WAAS 技术报告。其关于 WAAS 的实测数据主要分为 4 类性能指标:定位精度、服务可用性、服务完好性、UDRE 和 GIVE 精度。

NSTB 网站提供 GPS 和 WAAS 的实时服务范围、实时数据和统计性能,其中每日数据统计及每季度性能报告提供历史报告查询,实时数据绘图则不提供历史报告。具体内容如表 3.11 所列。

表 3.11 NSTB 发布数据内容

数据类型	具体内容	更新频率及形式
实时数据绘图	LPV、LPV-200 服务覆盖范围;垂直、水平保护级;RNP0.3 服务覆盖范围;卫星位置及状态;IGP 的 GIVE 和垂直延时;SPS 在全球范围的位置精度衰减因子(PDOP);双频 L2 的 PDOP	数据每 3min 更新一次,网页图片形式
每日数据绘图	LPV、LPV-200、LP、RNP0.3、RNP0.1 服务可用性范围、一天内全球 SPS 最大 PDOP	数据每 24h 更新一次,网页图片形式
实时数据	WAAS 改正数;GEO 覆盖范围;IGP 的 GIVE 和垂直延时	网页数据或图片形式
性能相关视频	LPV、RNP 服务覆盖范围;GEO 覆盖范围;SPS 在全球范围的 PDOP	数据每 3min 更新,以 24h 内的所有图片连接为视频,视频形式
性能报告	GPS 季度性能报告;WAAS 季度性能报告;WAAS 季度技术报告	每季度更新;PDF 文档形式

1)精度

精度主要分为定位精度和卫星测距精度。精度表示一个量的估计值或测量值与真实值的偏差,卫星导航中通常用定位误差的 95% 置信度或均方根差来得到定位精度。WAAS 评估中的定位精度通常包括不同服务等级中的水平、垂直定位精度,如表 3.12所列。

表 3.12 WAAS 定位服务精度标准及实测性能(2017 年第一季度)

性能标准中的要求	条件和约束	实测性能
LPV-200 服务定位域精度: (1)水平误差≤16m(95%)。 (2)垂直误差≤4m(95%)	定位/定时解满足典型用户条件;至少 4 颗卫星的所有 WAAS 改正数均可用	美国本土区域: ≤水平 1.322m(95%) ≤垂直 1.622m(95%)

（续）

性能标准中的要求	条件和约束	实测性能
NPA 服务定位域精度： 水平误差≤220m(95%)	至少4颗卫星的 WAAS 快速改正数和长期改正数可用	全部服务区域： ≤水平3.223m(95%)。 ≤水平7.843m(99.999%)

评估定位精度时，需对应不同的告警门限，来选取系统可用时的样本进行定位解算，所以对应不同的进近阶段，可得到不同的定位精度(95%)。如在 WAAS 季度性能报告中，对精密进近的精度评估包括以下指标：水平告警门限 40m 的定位精度(95%)、水平告警门限 556m 的定位精度(95%)、垂直告警门限 50m 的定位精度(95%)、对应 GPS SPS 的定位精度。

在非精密进近的性能要求中，只关注水平定位精度。在 WAAS 季度性能报告中，具体包括以下指标：水平定位精度(95%)、水平定位精度(99.999%)、最大水平定位误差。

在定位精度的评估中，性能报告中还给出了 LPV 等级下的各监测站的最大定位误差和此时对应的误差与保护级比值、最大的定位误差与保护级比值。

另外，性能报告中还给出了 LPV 服务等级(水平、垂直)和 NPA 等级(水平)中的各监测站的精度随时间变化图(每天为样本)、定位误差与保护级的大小对应关系图(所有监测站的全部样本)、LPV 服务等级中定位误差的概率分布(所有监测站的所有样本)。

在卫星测距误差的评估中，需计算每颗卫星的 UDRE 和 GIVE 测距残差的 95% 和 99.9% 统计值。

WAAS 播发每颗可观测到卫星的 UDRE 值，以表明卫星改正数的准确情况。在事后评价中，需统计 UDRE 的分布情况以表明卫星测距的精度。统计指标包括伪距残差的 95% 统计值和 3.29σ 对 99.9% 残差的包络情况。

电离层垂直延迟误差可以通过 WAAS 提供的单频星基增强信息中的校正值和 WAAS 监测站观测的双频伪距计算得到的准确值进行差分计算得出。在卫星测距精度和电离层延迟精度部分，只选用 12 个监测站数据进行分析。

2）完好性

完好性最初源于民航系统对于卫星导航的需求，定义为系统总体提供信息正确性的信任程度。在服务层面的完好性要求一般指系统在不能为用户提供服务时，能够及时提供警告的能力。

WAAS 服务完好性的分析包括保护级值、HMI 事件的认定和评估，以及安全系数的计算。HMI 事件定义为，定位误差超过保护级并且系统未能及时提出警告。安全系数定义为保护级与定位误差的比值，安全系数大于 1 时，说明保护级包络住了定位误差，反之说明保护级未能包络住定位误差。

WAAS 服务完好性标准及实测性能如表 3.13 所列。

表 3.13　WAAS 服务完好性标准及实测性能(2017 年第一季度)

性能标准中的要求	实测性能
LPV-200 服务完好性: (1) 告警时间:6.2s。 (2) 水平告警门限:40m。 (3) 垂直告警门限:35m。 (4) HMI 概率:2×10^{-7}/进近(150s)	美国本土区域 99% 保护级: HPL≤15.57m; VPL≤32.50m
LPV 服务完好性: (1) 告警时间:6.2s。 (2) 水平告警门限:40m。 (3)垂直告警门限:50m。 (4) HMI 概率:2×10^{-7}/进近(150s)	阿拉斯加州 99% 保护级: HPL≤20.60m; VPL≤34.847m; HMI 次数:0

3) 可用性

在 SBAS 可用性统计中,通常统计系统满足精度、完好性、连续性,并保持保护级低于报警门限的时间概率。WAAS 定位服务可用性标准及实测性能如表 3.14 所列。

表 3.14　WAAS 定位服务可用性标准及实测性能(2017 年第一季度)

定位可用性指标	条件和约束	实测性能
LPV 服务可用性: (1) 美国本土地区有 80% ~100% 的地区≥99% 。 (2) 阿拉斯加州有 75% 的地区≥95% 。 (3) 其他地区无要求	保护级满足条件: (1) HPL≤40m。 (2) VPL≤50m	美国本土区域:100% 。 阿拉斯加州:≥99.98%
LPV-200 服务可用性: (1) 美国本土地区有 40% ~60% 的地区≥99% 。 (2)其他地区无要求	保护级满足条件: (1) HPL≤40m。 (2) VPL≤35m	美国本土区域:≥99.33% 。 阿拉斯加州:≥99.99%
LPV-200 服务告警门限: HAL =40m 且 VAL =35m LPV 服务告警门限: HAL =40m 且 VAL =50m		美国本土区域 99% 保护级: HPL≤15.57m; VPL≤32.50m。 阿拉斯加州 99% 保护级: HPL≤20.60m; VPL≤34.847m

WAAS 可用性记录了提供各等级服务的时间百分比。在 WAAS 的可用性评估中,将可用性评估分为 NPA 服务可用性、LPV 服务可用性、机场可用性以及服务覆盖范围。

NPA 服务的可用性通过在监测站监测 HPL 来评估,当 HPL 不超过 556m 时,服务可用。当 HPL 超过 556m 或 WAAS 导航消息无法接收时,服务不可用并记录服务中断及其中断时间。发生中断后,在连续 15min 保护级低于告警门限时,才可以继续使用 NPA 服务。

LPV、LPV-200 服务的可用性通过 HPL、VPL 进行评估，当 HPL 超过 HAL 且 VPL 超过 VAL 时，服务不可用，并记录服务中断及其中断时间。发生中断后，在连续 15min 保护级低于告警门限时，服务视为可用。在性能报告中提供各监测站保护级的 99% 统计最大值，NPA 可用性概率和故障概率，LPV、LPV-200 故障概率，LPV、LPV-200 每日可用性。

WAAS 机场可用性主要评估应用 WAAS 导航的选定机场的 LPV 服务中断的次数和长度。在 2017 年第一季度的评估报告中，共选用了在美国和加拿大境内选定的 2014 个机场进行评估。数据包括机场的 LP、LPV、LPV-200 的服务中断次数和可用率；在选定机场内已发布 GPS RNAV 仪表进近程序（IAP）的 LP、LPV、LPV-200 的服务中断次数和可用率。

WAAS 覆盖范围主要评估 WAAS 在北美不同地区提供不同等级服务的百分比。计算 PA 服务的覆盖范围时，以 30s 为时间间隔计算保护级，并以 1°为地理间隔；在计算 NPA 服务的覆盖范围时，以 30s 为时间间隔计算保护级，并以 5°为地理间隔。以天为单位对 LP、LPV 和 LPV-200 服务级别进行分析，在作图时提供 100%、99%、99%、98% 和 95% 的可用性覆盖范围轮廓。

WAAS 覆盖范围评估指标包括：LP、LPV、LPV-200 在美国本土、阿拉斯加州、加拿大地区提供不同可用性服务的范围；RNP 0.1 和 RNP 0.3 在区域 5 提供不同可用性服务的范围；在美国本土、阿拉斯加州、加拿大分别进行每日 LPV、LPV-200 服务可用率达到一定值的地区百分比统计。

4）连续性

ICAO 对基于 SBAS 的 APVI 服务的连续性要求是在服务范围内的任何时间、任何地点都是 $8\times10^{-6}/15\text{s}$。一段时间内的连续性风险定义为连续性事件数量与可用样本总数之间的比值，因此

$$连续性风险=\frac{连续性事件个数}{可用的样本总数}$$

在 WAAS 性能报告中，有关于系统在不同监测站处的中断次数统计，其对中断事件的定义为：系统不可用视为出现一次服务中断，并在系统超过连续 15min 可用时才视为系统重新变为可用；EGNOS 性能报告中有关于系统在欧洲地区的连续性概率，未说明连续性事件的识别和统计模型。另外，ICAO 提出一种应用 16s 滑动窗的连续性事件识别方式，在这种方式中，1s 的系统服务中断将产生 15 个连续性事件。

3.5.3 星基增强系统服务性能指标体系总结

本节依据 WAAS 现有的性能评估指标体系，架构出目前 SBAS 可参考的评估指标体系。关于 GNSS/SBAS 应用性能指标的研究如图 3.13、图 3.14 所示。

从图 3.13 和图 3.14 中可以看出：GNSS 的评估体系中主要关注单星的空间信号

性能;SBAS 的评估性能主要关注其播发的改正数性能及增强后的定位服务性能,而对星座的性能只关注卫星的突发故障和可用性情况。对于用户而言,关注的是整个系统的服务性能,即 SBAS 提供增强的定位导航服务的能力,故 SBAS 性能评估中着重评估这一部分。而卫星的单星及星座性能,则由 GNSS 提供保障,SBAS 对此不再进行评估。

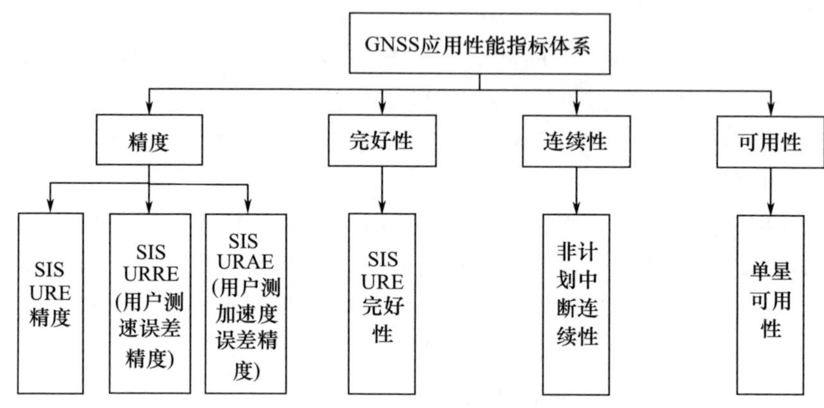

图 3.13　GNSS 应用性能指标体系

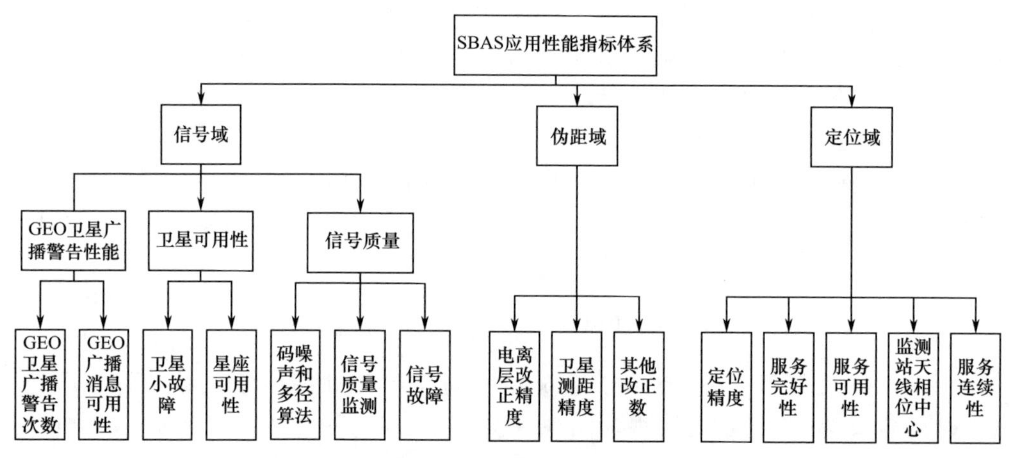

图 3.14　SBAS 应用性能指标体系

SBAS 应用性能指标可分为信号域、伪距域、定位域 3 个类别,以下对这 3 个类别中的具体评估指标内容和总结形式进行汇总。

3.5.3.1　信号域性能

SBAS 信号域性能主要包含 GEO 卫星播发的改正数的内容、准时情况;卫星的小故障及可用性;码噪声和多径算法分析;信号质量和 L2C 可用性情况。该性能主要针对 SBAS 的播发改正数信号相关性能。SBAS 信号域性能指标体系如表 3.15 所列。

表 3.15 SBAS 信号域性能指标体系总结

指标类型	指标内容	短期/长期性能总结形式
卫星广播警告	GEO 卫星广播警告次数	每季度在性能报告中总结
GEO 广播改正数值	各项改正数的实时播发值	NSTB 网站实时更新
GEO 广播消息可用性	GEO 广播消息的最大更新周期情况及准时情况	每季度在性能报告中总结
卫星小故障	卫星发生不同故障的时间和 PRN 号信息	每季度在性能报告中总结
卫星可用性	卫星在 PA、NPA 模式中的可用率、不可用率、未检测概率;定位卫星的 PDOP	NSTB 网站实时更新;每季度在性能报告中总结
码噪声和多径的算法	码噪声和多径的包络分析	每季度在性能报告中总结
信号质量监测	信号质量监测的常量度量值、卫星的带宽偏移率等	每季度在性能报告中总结
信号故障	故障原因、影响范围	故障发生后在技术报告中总结
L2C 可用性	全球双频 L2C 信号的 PDOP 情况	NSTB 网站实时更新

3.5.3.2 伪距域性能

SBAS 伪距域性能主要包括卫星测距精度的情况,评估指标为 UDRE 和 GIVE。这部分性能是 SBAS 播发改正数的准确性在伪距域的体现。SBAS 伪距域性能指标体系如表 3.16 所列。

表 3.16 SBAS 伪距域性能指标体系总结

指标类型	指标内容	短期/长期性能总结形式
卫星测距精度	电离层垂直延迟误差精度及方差包络情况、卫星测距精度及方差包络情况	每季度在性能报告中总结
电离层延迟	IGP 的 GIVE 和垂直延时值	NSTB 网站实时更新

3.5.3.3 定位域性能

SBAS 定位域性能主要通过定位精度、服务完好性、服务可用性来衡量。定位域的性能需要结合具体服务等级要求的不同(如 PA 和 NPA),对定位解算结果进行不同处理。这部分性能是 SBAS 增强结果的体现,也是最直接的用户级性能需求的体现。SBAS 定位域性能指标体系如表 3.17 所列。

表 3.17 SBAS 定位域性能指标体系总结

指标类型	指标内容	短期/长期性能总结形式
定位精度	水平告警门限 40m 的定位精度(95%)、水平告警门限 556m 的定位精度(95%)、垂直告警门限 50m 的定位精度(95%)、对应 GPS SPS 的定位精度	每季度在性能报告中总结
服务完好性	各监测站最小安全系数和 HMI 次数	每季度在性能报告中总结
服务可用性	NPA、LPV 服务可用率、机场可用性、服务覆盖范围	NSTB 网站实时更新;每季度在性能报告中总结
服务连续性	各监测站中断次数统计及连续性时间概率统计	每季度在性能报告中总结

（续）

指标类型	指标内容	短期/长期性能总结形式
监测站天线相位中心	WAAS 监测站天线 L1 相位中心的精密测绘值	每季度在性能报告中总结
服务中断	故障原因、影响范围	故障发生后在技术报告中总结

3.6 未来的挑战

GPS L5 信号将在 2026 年提供满星座服务，GLONASS 新体制信号也将在未来几年逐渐布设完毕。Galileo 系统和北斗卫星导航系统的民用信号已在 2020 年完成了全星座服务，预期 2022 年完成国际民航标准的准入工作，2024 年完成 RTCA 和 EUROCAE 的最低操作性能规范的修订。

随着全球四大核心星座的建设和发展，星基增强技术迎来了新的机遇，通过双频测距消除了电离层异常带来的完好性风险，通过多星座增强解决了用户可见星数目不足和几何分布不佳的完好性风险，未来有望满足 I 类精密进近服务需求。但是，同时我们应当看到双频多星座也为下一代星基增强带来了新的挑战。

1）四大核心星座的性能差异带来的挑战

GPS L1 C/A 信号自 20 世纪 90 年代以来已经正常运行数十年，针对它的完好性风险和信号畸变模型，通过常年统计，已完成建模工作。地面监测网络可以开展针对性的完好性监测，从而获得高可靠的测距源。但是 GPS L5 信号、Galileo 系统的 E1C/E5a 信号和北斗卫星导航系统的 B1C/B2a 信号，以及 GLONASS 的新的 L1/L3 码分多址信号都逐步开始在轨服务，完好性风险和信号畸变模型尚需要长时间在轨统计建模。而不同星座的完好性性能差异，也将增加地面监测网设计和完好性风险分配的复杂性。

2）低纬度地区和极地区域带来的挑战

双频测距虽然可以消除电离层风暴带来的完好性风险。但是电离层闪烁造成接收机不能正常工作的风险仍然无法避免，尤其在低纬度和极地电离层闪烁频发区域，SBAS 服务的连续性将会受到影响。在 GNSS 航空终端设计环节如何提高抗电离层闪烁的能力，将会是影响未来 SBAS 全球无缝链接的关键技术之一。

3）ARAIM 给 SBAS 带来的挑战

随着 GNSS 定轨技术和星载原子钟性能提升，导航卫星空间信号精度提升到亚米级，SBAS 通过地面监测网几何定轨实现星历星钟误差的改正效果将不再明显。DFMC SBAS 接口协议去除快变改正数的原因，一方面基于 GPS 卫星 SA（选择可用性）的取消，一方面是基于空间信号精度提升。未来 SBAS 地面监测网络更多的功能将在于实现大范围导航卫星的完好性监测。ARIAM 也将随着导航卫星空间信号精度和完好性性能提升，服务水平逼近 I 类精密进近。如何处理 ARIAM 与 DFMC SBAS 的有机融合将是未来 SBAS 发展的挑战。

4）多星座为机载用户使用带来的挑战

现有单频星基增强都只是对 GPS 单一星座进行增强，用户接收机工作模式单一，服务区域不随用户接收机工作模式变化。未来双频多星座星基增强，将面临随着用户接收机能够接收的星座数目不同，在同一区域不同用户具备不同服务性能的问题。给飞行程序设计、飞行管理计算机导航模式切换等带来更多的选择，增加了未来 DFMC SBAS 航空应用的操作复杂性。

参考文献

[1] SBAS IWG. SBAS L5 DFMC interface control document (issue 1, revision 3)[S]. Dakar: IWG, 2016.

[2] SBAS IWG. Satellite-based augmentation system dual-frequency multi-constellation definition document(version 2.0)[S]. Dakar: IWG, 2016.

[3] FIDALGO J, ODRIOZOLA M, CUETO M, et al. SBAS L1/L5 enhanced ICD for aviation: experimentation results[C]//Proceedings of the 28th International Technical Meeting of the Satellite Division of the Institute of Navigation. Dana Poing: ION, 2015: 1764-1774.

[4] ICAO SARPS. Annex 10: International standards and recommended practices: aeronautical telecommunications[S]. Montreal: ICAO, 2006.

[5] WALTER T, BLANCH J, ENGE P. L1/L5 SBAS MOPS to support multiple constellations[C]//Proceedings of the 25th International Technical Meeting of the Satellite Division of the Institute of Navigation. Newport Beach: ION, 2012: 1287-1297.

[6] Federal Aviation Administration. Global positioning system standard positioning service performance [EB/OL]. [2020-04]. https://www.gps.gov/systems/gps/performance/.

[7] Federal Aviation Administration. Global positioning system wide area augmentation system(WAAS) performance standard [EB/OL]. [2018-10-31]. https://www.gps.gov/systems/augmentations/.

[8] RTCA. Minimum operational performance standards for global positioning system/wide area augmentation system airborne equipment DO-229E[S]. Washington: RTCA, 2016.

第 4 章　双频多星座地基增强技术

4.1 引　　言

GBAS 在位置精确已知的参考站测量伪距值，并利用卫星星历和参考站的已知位置求出伪距计算值（真实值），求出两者之差，称为校正值，然后把它发给用户。GBAS 基于局域差分技术，即在一定距离内与参考站同步测量的用户可利用这些校正值对自己的伪距观测值进行校正，当参考站和用户之间的距离间隔小于 50km 时，差分定位精度可达 1m（95%），随着两者的距离进一步增加，定位精度将相应降低。GBAS 在计算误差校正值的同时，也采用一定的监测技术，监测由于导航卫星故障和 GBAS 地面系统本身故障导致的差分校正值完好性风险，并将计算出的校正值的完好性信息与差分校正值一起发播给用户，为用户提供对卫星导航系统超限误差的报警能力。GBAS 可满足最高到 CAT Ⅲ精密进近的民航运行需求，可作为主用甚至唯一导航系统使用，从而使卫星导航系统替代传统的陆基无线电导航系统成为可能[1-2]。

目前唯一经过认证的 GBAS 系统是 FAA 支持研制的局域增强系统（LAAS）。FAA 于 1996 年正式提出开发 LAAS，并与 Honeywell 公司签订了设备研发合同。2003 年，Honeywell 研制出了 CAT Ⅰ LAAS 地面系统设备。但随后，FAA 发现 LAAS 中存在未解决的完好性问题，因此将 Honeywell 的 LAAS 设备研发合同的状态退回到算法研究。经过 6 年的继续研究和开发，2009 年 9 月 30 日，FAA 完成了对 Honeywell 的 Smartpath™ 4000 设备的系统设计许可。FAA 已将 LAAS 作为下一代空管中飞机引导的核心支撑系统之一和 PNT 服务路线图的组成部分。

利用多导航频率带来的优势，提高现有系统性能以满足Ⅲ类精密进近运行需求，已经成为 GBAS 的主要发展方向。FAA 将首先基于现有成熟技术研发单频 CAT Ⅲ LAAS，然后根据双导航频率的 GPS 星座进展情况，适时开展双频 CAT Ⅲ LAAS 研究，以提高可用性。已在 2019 年完成 CAT Ⅲ LAAS 地面和机载系统原型，2020 年达到 CAT Ⅲ运行能力。EUROCONTROL 已将 GBAS 列入欧洲单一天空空管研究计划（SESAR）核心系统，在数个机场部署了 GBAS 测试系统，并开展了 GBAS 平行进近的研究。EUROCONTROL 将继续支持 GBAS CAT Ⅱ/Ⅲ研究和标准化，与 ICAO NSP 的 CAT Ⅲ子工作组（CSG）、欧洲航空安全组织（EASA）等合作研究如电离层、多星座导航、组合导航等关键技术。

4.2　GBAS 完好性监测的实现

本节以 LAAS 为例，介绍完好性监测的具体实现方式，包括完好性指标的分配和不同故障假设条件下的处理方法。

LAAS 差分校正的基本原理是：地面站的参考接收机观测 GNSS 卫星，获得观测伪距。地面站的参考接收机的天线位置是事先精确测定的，同时地面站根据星历计算出卫星实时位置，因此可以实时计算出参考接收机天线到卫星的真实距离。用参考接收机的观测伪距减去其到卫星的真实距离就可以得到地面站本地的伪距误差，称为差分校正值。地面站将差分校正值发给附近的飞机，由于飞机与地面站间的距离较近（对目前的 LAAS 来说，其服务范围为 23n mile），当飞机与地面站同步观测一颗卫星时，可认为其具有相同的伪距误差。因此，飞机利用接收到的差分校正值修正自身的伪距观测量，就可以消除其中的大部分误差，获得较高的定位精度。

然而，飞机经差分校正后的定位结果也是存在误差的。在极少数情况下，差分校正误差可能会相当大，以至于超过了所要求的告警门限。如果 GNSS 定位误差超过所规定的告警门限（AL），而系统未在规定时间内告警，称为产生了 HMI。为便于讨论，认为定位误差超过了 PL 即为 HMI。实际中误差的大小是不可知的，但可以进行统计估计。因此，LAAS 在进行差分校正的同时，还必须执行完好性监测，判断飞机定位误差的大小是否在允许的告警门限内，并在判断定位误差超过告警门限时进行及时告警，以保证完好性风险，即 HMI 出现的概率足够低，满足民用航空的运行需求。民用航空对卫星导航系统的应用需求极为严格，对完好性风险要求小于 10^{-7} 甚至 10^{-9}，因此，完好性监测要能够对极小概率出现的定位误差进行实时检测。

4.2.1　完好性指标的分配

为了保证完好性需求，LAAS 将全部完好性风险在 3 类假设间进行分配。

（1）所有的参考接收机和测距源均正常工作没有异常，称为 H0 假设。

（2）有且仅有一个参考接收机发生故障，称为 H1 假设。在 H1 假设下，发生的故障可能未被地面子系统立即检测出来，因此影响了广播校正信息的有效性，引起机载系统定位误差。

（3）所有非 H0、H1 情况，称为 H2 假设。H2 失效类型包含如下几种情况。

① 地面系统失效：由于地面子系统处理器的问题导致错误的信息被广播给飞机（如校正值、B 值、σ 项等）；未检测到的多于一个参考接收机观测量的失效（如参考接收机测量值之间的相关性变得异常大，同时不能代表广播项）；VDB 报文的错误或者 CRC 失效。

② 未检测到的测距源失效：GPS 星座失效。

③ 大气和环境状况变化导致失效：对流层参数（如折射率，均值大气高度等）；电离层变量估计；环境状况（如检测影响广播 σ_{pr_gnd} 参数的地面环境变化的失效）。

在 H0 和 H1 假设条件下，认为误差近似符合高斯分布，可对误差的统计特性进行估计，从而计算保护级，其完好性由保护级完好性保证。而在 H2 假设下，定位误差的统计特性将不再符合高斯分布，其实际分布未知，从而无法计算保护级。因此，对此类故障的完好性保证通过故障监测算法进行实时检测并将受影响的观测量从差分校正值的计算过程中排除来实现。

ICAO 对用于 CAT Ⅰ精密进近引导的卫星导航增强系统的空间信号完好性风险要求是不高于 2×10^{-7}/进近。RTCA SC-159 将 LAAS 的该完好性风险需求中的 25% 分配到 H0 和 H1 假设下的保护级完好性，又平均分配在垂直和水平两个方向上。完好性风险需求的 75% 分配给 H2 假设，并在与测距源和地面子系统相关的风险因素间进一步分配。

对 CAT Ⅰ LAAS 完好性风险需求的分配如图 4.1 所示。

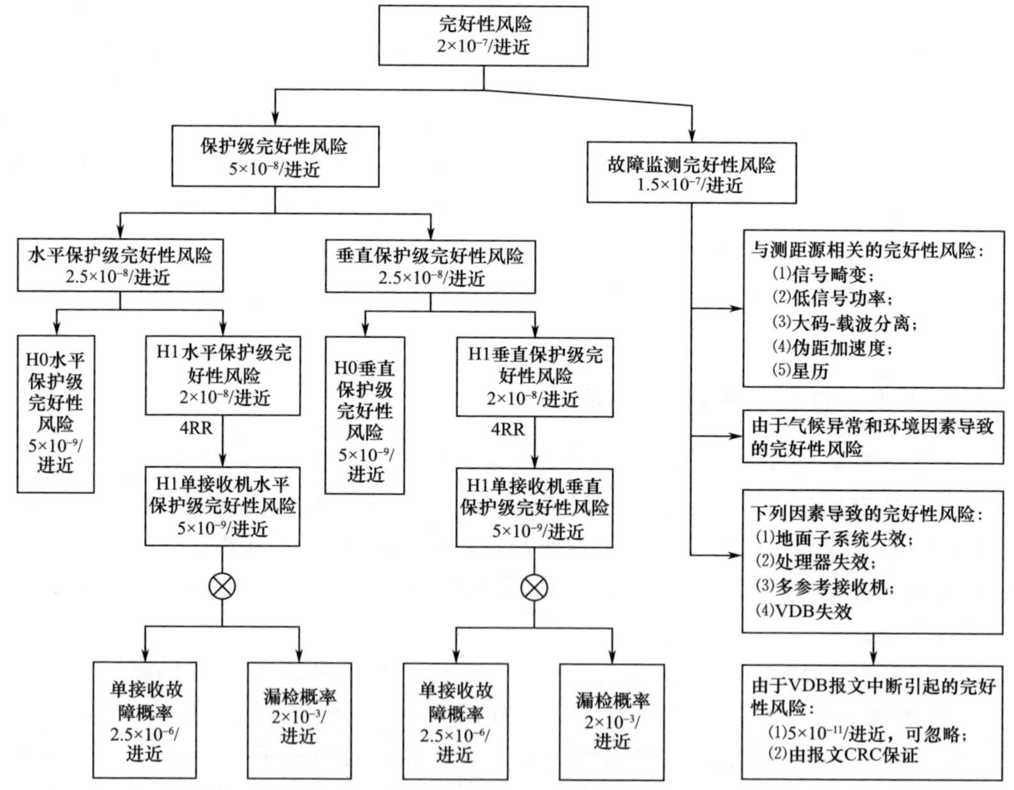

图 4.1 CAT Ⅰ LAAS 完好性风险需求的分配图

4.2.2 保护级完好性

LAAS 分配给 H0 和 H1 假设的完好性风险需求为 5×10^{-8},可表示为

$$P_{req}(HMI)=P_{req}(HMI|H0)P(H0)+P_{req}(HMI|H1)P(H1) \tag{4.1}$$

式中:$P(H0)$为 H0 假设出现的先验概率,$P_{req}(HMI|H0)$为 H0 假设下所允许的产生 HMI 的概率,也称为无故障漏检(FFMD)概率 P_{ffmd},$P(H1)$为 H1 假设出现的先验概率,$P_{req}(HMI|H1)$为 H1 假设下所允许的产生 HMI 的概率,也称为漏检(MD)概率 P_{md}。

由于系统在绝大多数时间内都处于正常工作状态,所以假设 $P(H0)=1$,即

$$P_{req}(HMI)=P_{ffmd}+P_{md}P(H1) \tag{4.2}$$

设 LAAS 地面站包含 M 台参考接收机,则共有 M 种 H1 假设和 1 种 H0 假设,保护级完好性风险需求被平均分配给这 $M+1$ 种情况,即

$$\begin{cases}P_{ffmd}=\dfrac{1}{M+1}P_{req}\ (HMI)\\ P_{md}=\dfrac{M}{M+1}\dfrac{1}{P(H1)}P_{req}\ (HMI)\end{cases} \tag{4.3}$$

这种平均分配的方法比较保守,因为通常 H1 假设条件下定位误差超过告警门限的概率小于 H0 假设条件下的概率。平均分配方法仅符合 H1 和 H0 假设条件下定位误差超过告警门限的概率相等的情况,此时总的保护级完好性风险之和等于保护级风险需求,否则小于保护级风险需求。

参考接收机出现故障的先验概率为 2.5×10^{-6},每个参考接收机出现故障为独立事件,则 M 个参考接收机中有 1 个出现故障的概率为

$$P(H1)=C_M^1\cdot2.5\times10^{-6}=M\cdot2.5\times10^{-6} \tag{4.4}$$

可得

$$P_{req}(HMI)=P_{ffmd}+M\cdot2.5\times10^{-6}\cdot P_{md} \tag{4.5}$$

根据 RTCA SC-159 规定,CAT Ⅰ的 LAAS 地面系统包括 4 个独立的参考接收机,因此 $P_{ffmd}=1\times10^{-8}$,$P_{md}=4\times10^{-3}$。

H0 和 H1 假设下总的完好性风险可表示为

$$P(HMI)=P(HMI|H0)P(H0)+P(HMI|H1)P(H1) \tag{4.6}$$

式中:$P(HMI|H0)$为 H0 假设下产生 HMI 的概率;$P(HMI|H1)$为 H1 假设下产生 HMI 的概率,则有

$$P(HMI)=P(HMI|H0)+M\cdot2.5\times10^{-6}\cdot P(HMI|H1) \tag{4.7}$$

LAAS 地面系统分别计算 H0 和 H1 假设下的保护级 PL_{H0}和 PL_{H1},使其满足

$$\begin{cases}P(NSE>PL_{H0}\mid H0)\leqslant P_{ffmd}\\ P(NSE>PL_{H1}\mid H1)\leqslant P_{md}\end{cases} \tag{4.8}$$

式中:NSE 是导航系统的定位误差。

由于实际中无法确定发生了哪种假设，所以令 $PL = \max\{PL_{H0}, PL_{H1}\}$。则如果 $PL < AL$，便有

$$\begin{cases} P(HMI \mid H0) = P(NSE > AL \mid H0) < P(NSE > PL_{H0} \mid H0) \leqslant P_{ffmd} \\ P(HMI \mid H1) = P(NSE > AL \mid H1) < P(NSE > PL_{H1} \mid H1) \leqslant P_{md} \end{cases} \tag{4.9}$$

因此：

$$\begin{aligned} P(HMI) &= P(HMI \mid H0) + M \cdot 2.5 \times 10^{-6} \cdot P(HMI \mid H1) < \\ &P_{ffmd} + M \cdot 2.5 \times 10^{-6} \cdot P_{md} = \\ &P_{req}(HMI) \end{aligned} \tag{4.10}$$

完好性需求被满足，否则不能保证定位误差超过 AL 的概率小于完好性风险需求。

在 LAAS 中，PL 包括两个参数：垂直方向上的 VPL，以及水平方向上的 HPL。LAAS 的保护级完好性风险需求在水平和垂直保护级完好性间平均分配。即要求

$$\begin{cases} P(NSE > HPL_{H0} \mid H0) \leqslant P_{ffmd}/2 \\ P(NSE > VPL_{H0} \mid H0) \leqslant P_{ffmd}/2 \\ P(NSE > HPL_{H1} \mid H1) \leqslant P_{md}/2 \\ P(NSE > VPL_{H1} \mid H1) \leqslant P_{md}/2 \end{cases} \tag{4.11}$$

为了保证完好性，LAAS 机载系统实时计算 $HPL = \max\{HPL_{H0}, HPL_{H1}\}$ 和 $VPL = \max\{VPL_{H0}, VPL_{H1}\}$，并在 HPL 或 VPL 超过 AL 时向飞行员发出告警。

由于 GPS 的定位几何因子在垂直方向比水平方向上大很多，从而在其他条件同等的情况下，垂直定位误差大于水平定位误差，并且 VAL(10m) 远小于 HAL(40m)。因此，在对系统完好性进行分析时，通常分析 VPL，对于 HPL 的研究可以通过同样的方法类推。

4.2.2.1 H0 保护级的计算

由于参考接收机天线间的距离很近，因此假设其观测到的卫星均相同。设参考接收机数为 M，可见卫星总数为 N，$\rho_{c,m,n}$ 为第 m 个参考接收机观测到的第 n 颗卫星的伪距校正值，有

$$\rho_{c,m,n} = c_n + \varepsilon_{m,n} \tag{4.12}$$

式中：c_n 为参考接收机和机载用户间关于第 n 颗卫星的公共伪距误差，包括星钟误差、星历误差、电离层误差和对流层误差，由于 LAAS 服务范围较小(30n mile)，可认为用户与地面站参考接收机的观测量中的这些误差是相同的；$\varepsilon_{m,n}$ 为伪距校正值误差，主要因素为参考站和用户间的非相关误差，包括热噪声和多(路)径，可用零均值高斯分布来描述：

$$\varepsilon_{m,n} \sim N(0, \sigma_{rr,n}^2) \tag{4.13}$$

式中：$\sigma_{rr,n}$ 是地面估算的第 n 颗卫星的校正误差标准差，是卫星仰角的函数。由于参考接收机天线间的距离与参考接收机天线到卫星的距离相比小到可以忽略，因此认为所有参考接收机对同一颗卫星仰角相同。根据 RTCA 的规定，LAAS 地面站使用

的参考接收机具有相同的观测噪声。因此,不同参考接收机对同一颗卫星的伪距校正值误差的标准差相同,且仅与该卫星仰角相关。

卫星 n 的伪距校正值通过对 M 个参考接收机的校正值平均得到:

$$\rho_{c,n} = \frac{1}{M}\sum_{j=1}^{M}\rho_{c,j,n} = c_n + \frac{1}{M}\sum_{j=1}^{M}\varepsilon_{j,n} \tag{4.14}$$

令 $\varepsilon_{gnd,n} = \frac{1}{M}\sum_{j=1}^{M}\varepsilon_{j,n}$,为地面系统计算的差分校正值的误差,服从零均值的高斯分布:

$$\varepsilon_{gnd,n} \sim N(0,\sigma_{pr\_gnd,n}^2) \tag{4.15}$$

式中:$\sigma_{pr\_gnd,n} = \sqrt{\frac{1}{M}\sigma_{rr,n}^2}$。

地面站将计算出的 c_n 和 $\sigma_{pr\_gnd,n}$ 广播给机载接收机用于差分定位和保护级计算。

机载接收机观测到的第 n 颗卫星的伪距测量值为

$$\rho_{air,n} = r_{air,n} + c_n + \varepsilon_{air,n} \tag{4.16}$$

式中:$r_{air,n}$ 为机载接收机到卫星的真实距离;$\varepsilon_{air,n}$ 为机载接收机误差,可用零均值高斯分布描述:

$$\varepsilon_{air,n} \sim N(0,\sigma_{air,n}^2) \tag{4.17}$$

式中:$\sigma_{air,n}$ 为机载接收机对第 n 颗卫星的观测噪声的标准差,为该卫星仰角的函数。

校正后的伪距测量值为

$$\rho_n = \rho_{air,n} - \rho_{c,n} = r_{air,n} + (\varepsilon_{air,n} - \varepsilon_{gnd,n}) \tag{4.18}$$

机载接收机的差分定位结果为加权最小二乘解:

$$\boldsymbol{X} = (\boldsymbol{G}^T\boldsymbol{W}\boldsymbol{G})^{-1}\boldsymbol{G}^T\boldsymbol{W}\boldsymbol{\rho} \tag{4.19}$$

式中:$\boldsymbol{X} = [x \quad y \quad z \quad b]^T$ 为飞机位置和机载接收机钟差矢量;$\boldsymbol{\rho} = [\rho_1 \cdots \rho_N]^T$ 为机载接收机的观测量矢量;$\boldsymbol{G}$ 为方位余弦矩阵;$\boldsymbol{W}$ 为加权矩阵:

$$\boldsymbol{W}^{-1} = \begin{bmatrix} \sigma_1^2 & \cdots & 0 & \cdots & 0 \\ \vdots & \ddots & \vdots & \iddots & \vdots \\ 0 & \cdots & \sigma_n^2 & \cdots & 0 \\ \vdots & \iddots & \vdots & \ddots & \vdots \\ 0 & \cdots & 0 & \cdots & \sigma_N^2 \end{bmatrix} \tag{4.20}$$

式中:$\sigma_j, j = 1,\cdots,N$,为卫星 j 的伪距差分误差标准差:

$$\sigma_j^2 = \sigma_{pr\_gnd,j}^2 + \sigma_{air,j}^2 + \sigma_{iono,j}^2 + \sigma_{trop,j}^2 \tag{4.21}$$

式中:σ_{iono} 为残余电离层误差标准差;σ_{trop} 为残余对流层误差标准差。

令 $\boldsymbol{S} = (\boldsymbol{G}^T\boldsymbol{W}\boldsymbol{G})^{-1}\boldsymbol{G}^T\boldsymbol{W}$,为从伪距域到定位域的投影矩阵,则根据伪距误差和定位误差的线性模型,垂直定位误差可建模为一个零均值高斯分布,其标准差由 $\boldsymbol{S}$ 确定:

$$\sigma_{\mathrm{V}}^{2} = \sum_{j=1}^{N} s_{\mathrm{V},j}^{2}\sigma_{j}^{2} \tag{4.22}$$

式中：$s_{\mathrm{V},j}$为 $\boldsymbol{S}$ 中第 3 列第 j 行的元素，代表第 j 颗卫星的伪距校正残差到垂直定位误差的投影系数。

因此，H0 假设下的 VPL 可以通过将垂直定位误差概率密度估计至同 P_{ffmd} 相等来计算，即：

$$\mathrm{VPL}_{\mathrm{H0}} = k_{\mathrm{ffmd}}\sigma_{\mathrm{V}} \tag{4.23}$$

式中：$k_{\mathrm{ffmd}} = Q^{-1}(P_{\mathrm{ffmd}}/2)$，称为无故障漏检系数，$Q$ 函数定义为

$$Q(x) = \frac{1}{\sqrt{2\pi}}\int_{x}^{\infty} \mathrm{e}^{-\frac{t^2}{2}}\mathrm{d}t \tag{4.24}$$

图 4.2 中给出了 $\mathrm{VPL}_{\mathrm{H0}}$和垂直定位误差分布之间的数学关系。钟状的曲线表示零均值高斯误差分布。式(4.24)中给出的 Q 函数代表标准高斯分布的误差超出 $\mathrm{VPL}_{\mathrm{H0}}$的尾部的概率，即图 4.2 中给出示意图中的红色区域。

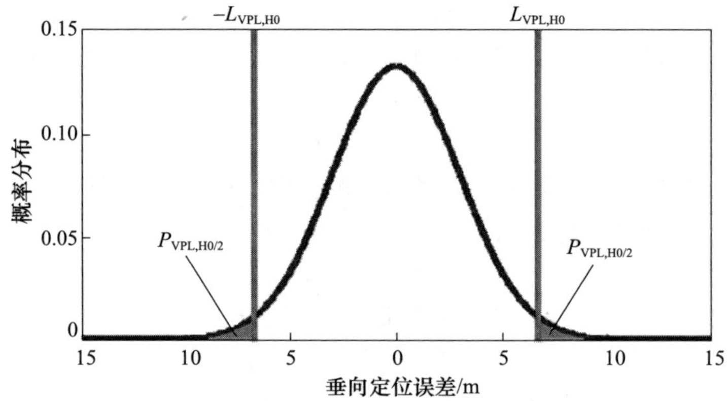

图 4.2　H0 假设条件下的定位误差分布(见彩图)

CAT Ⅰ LAAS 在垂直方向上 H0 的可容许概率为 5×10^{-9}。相应的：

$$k_{\mathrm{ffmd}} = Q^{-1}(5\times10^{-9}/2) = 5.847 \tag{4.25}$$

4.2.2.2　H1 保护级的计算

在 H1 假设下 VPL 的计算可以通过推导 $\mathrm{VPL}_{\mathrm{H0}}$类似的方法来获得，二者之间主要的区别是差分校正值误差的分布不同。在 H0 假设下的误差是零均值高斯分布，而 H1 假设下的误差分布则是有偏的高斯分布，其中的偏差是由于参考接收机的失效导致的。因此，$\mathrm{VPL}_{\mathrm{H1}}$的计算需要考虑到这些偏差。地面站估计每个差分校正值的偏差，同时将这些估计值发送至机载接收机，最后，机载接收机通过这些估计值计算 $\mathrm{VPL}_{\mathrm{H1}}$。

通过将 $\rho_{\mathrm{c},n}$与除第 m 个外的参考接收机的校正值的平均值进行比较，以计算单参考接收机故障导致的定位误差的偏差的估计值，称为 B 值：

$$B_{m,n} = \rho_{c,n} - \frac{1}{M-1}\sum_{\substack{i=1 \\ i \neq m}}^{M} \rho_{c,i,n} \tag{4.26}$$

$B_{m,n}$是参考接收机 m 对卫星 n 的差分校正误差的偏差的最优估计，也符合高斯分布：

$$B_{m,n} \sim N\left(0, \frac{1}{M(M-1)}\sigma^2_{\text{gnd},n}\right) \tag{4.27}$$

地面站针对每个参考接收机计算 $B_{m,n}$，并将其广播给机载接收机，用于计算 VPL_{H1}：

$$\text{VPL}_{\text{H1}} = \max\{\text{VPL}_{\text{H1},i}\} \qquad i = 1, \cdots, M \tag{4.28}$$

$$\text{VPL}_{\text{H1},i} = \left|\sum_{j=1}^{N} s_{\text{V},j} B_{i,j}\right| + k_{\text{md}}\sqrt{\sum_{j=1}^{N} s^2_{\text{V},j}\sigma^2_{\text{H1},j}} \tag{4.29}$$

$$\sigma^2_{\text{H1},i} = \frac{M}{M-1}\sigma^2_{\text{pr\_gnd},i} + \sigma^2_{\text{air},i} + \sigma^2_{\text{iono},i} + \sigma^2_{\text{trop},i} \tag{4.30}$$

式中：$k_{\text{md}} = Q^{-1}(P_{\text{md}}/2) = 2.878$。

实际中不能确定哪个参考接收机出现了故障，因此针对每一个参考接收机出现故障的情况分别进行计算，VPL_{H1} 等于计算出的最大值。若 VPL_{H1} 小于 VAL，用户完好性就可以得到保证。VPL_{H1} 的计算考虑了由于参考接收机的失效导致对特定卫星的差分校正值的误差分布带有偏差，引起差分定位误差也存在偏差。图 4.3 给出了伪距误差偏差到定位误差偏差的投影。

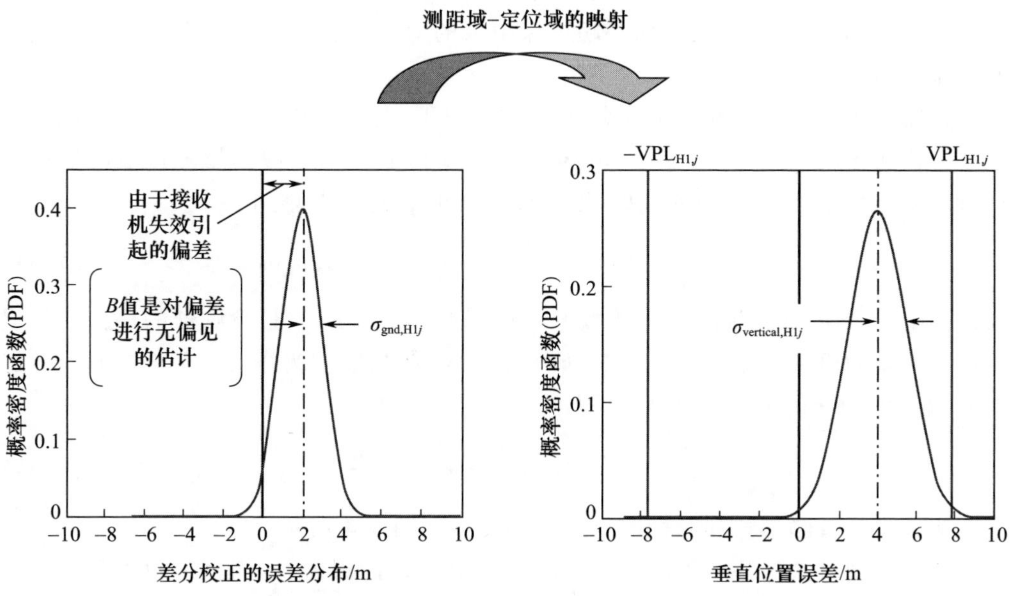

图 4.3　由于单接收机失效引起的偏差分布（见彩图）

4.2.3 故障监测完好性

LAAS H2 情况下完好性风险需求 $P_{req}(HMI|H2)$ 占系统总完好性风险的 75%。该完好性需求进一步分配给包括卫星、传播路径和接收机等导致的故障。故障 i 所分配的完好性风险 $P_{req}(HMI|fault_i)$ 满足以下不等式:

$$P_{req}(HMI|H2) \geqslant \sum_{i=1}^{N_{fault}} P_{req}(HMI|fault_i) \tag{4.31}$$

针对故障 i,LAAS 需要设计检测器消除其引起的威胁,满足以下不等式:

$$P_{req}(HMI|fault_i) \geqslant P_{md|fault,i} P_{E>PL|fault,i} P_{fault,i} \tag{4.32}$$

式中:$P_{fault,i}$ 为每次进近过程中故障 i 出现的先验概率;$P_{E>PL|fault,i}$ 为基于发生故障 i 使得误差超过 PL 的概率,虽然只有当误差超过 PL 且 PL 超过 AL 时才产生 HMI,但此处进行保守假设,认为误差超过 PL 即为 HMI;$P_{md|fault,i}$ 则是在规定的告警时间内故障 i 未被检测出或没有告警的漏检概率。

先验概率的推导主要依据经验数据。历史上的经验数据一般指从 GPS 投入使用以来,发生失效的次数,利用统计得到的次数,同总的进近的次数进行比较,得到发生失效的频数。由于完好性的估计比较保守,会对此频数进行一定的扩大从而保证系统的可用性。

故障会导致地面系统计算出的伪距差分校正误差的概率分布出现偏差,并在经过保护级公式投影到定位域后,转化为定位误差的偏差。对大小为 E_k 的伪距差分校正误差,其导致的垂直定位误差偏差为 $|s_{V,k}E_k|$,而垂直定位误差概率分布函数的形状不变。因此,故障导致定位误差超过保护级的概率可根据定位误差的这个有偏高斯分布模型计算。

在发生故障 i 导致测距源误差为 E_k 的情况下,对应的检测器没有检测出故障的概率为检测器测试统计量(test statistics)小于阈值的概率。假设故障造成的测试统计量产生了大小为 $\eta_i(E_k)$ 的偏离,则漏检概率可以表示如下:

$$P_{md|fault,i}(E_k) = \int_{-\infty}^{\eta_{th,i}} p_{test,i}(x - \eta_i(E_k))\,dx \tag{4.33}$$

式中:$p_{test,i}$ 是测试统计量的无失效概率密度函数(PDF);$\eta_{th,i}$ 是检测器的阈值。假设测试统计量的概率分布可被一个高斯分布包络,其标准差为 $\sigma_{test,i}$,在给定的误差级别下,漏检概率相应的分位数可以写作

$$K_{md|fault,i}(E_k) = \frac{\eta_i(E_k) - \eta_{th,i}}{\sigma_{test,i}} \tag{4.34}$$

测试统计量的偏差和漏检概率之间的关系如图 4.4 所示。

适当的阈值选择是获得所需性能的一个很重要的因素,然而阈值很难通过理论的方法确定。因为,在大部分情况下,理论模型的概率密度函数很难精确到两到三个标准差的范围内。另外,基于常态测试中收集的数据统计出的概率密度曲线同假设

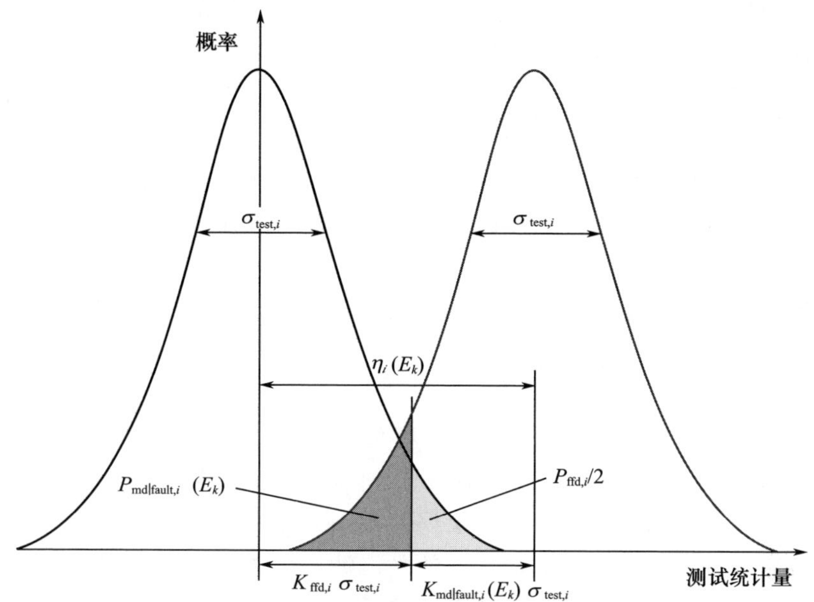

图 4.4　测试统计量偏差和漏检概率的关系(见彩图)

的理论统计分布不特别相近。由于没有可用于理论分析的测试统计量的 PDF 模型,因此很难确定与特定误警率相关的测试统计量阈值。

要解决这些问题,现有做法是从能够包络实际测试统计量概率分布尾部的高斯分布中计算阈值,具体步骤如下。

(1) 首先,在受控条件下的实际情况中采集实测数据样本。如果测试统计量对于所有的接收机阈值一致,则样本来自全部接收机的通道;而如果测试统计量在接收机之间有差异,则需要按单个接收机采集样本。

(2) 采集样本后计算样本的标准差 σ_{elev},一般以 10°为单位采样并以高阶多项式来拟合其他角度时的标准差。这样选择采样点的主要依据是测量值的分布,以及大部分的完好性风险监测都是与卫星仰角无关的。一般来说,在低仰角的时候测量误差会上升,这是由于多径的影响以及电离层、对流层的倾斜因子增大导致的。因此,低仰角情况下的测试统计量有更大的可变性。统计量均值 μ_{elev} 的计算同标准差的计算一致,其中大部分情况下的统计量的均值 μ_{elev} 为零,即使不是零也比较小,尤其是相对于标准差来说。

(3) 从采集的数据点中减去 μ_{elev},然后除以相应角度下的标准差 σ_{elev}。归一化的样本分布在不同的仰角时非常一致,这也可以说明步骤 2 中提出的多项式插值方法的可行性。

(4) 从柱状图中计算归一化的测量值的分布。当每个间隔点统计的样本数量除以总的样本数时,柱状图则转变为离散的,明显的概率密度曲线。

(5) 计算归一化分布的标准差,为了保证连续性,使用零均值,但是带有膨胀标准差的高斯分布来包络实际统计量概率密度分布的尾部。换言之,高斯分布比离散的,明显的概率密度曲线有更大的可能性。此处的标准差膨胀因子 f 需要在包络的过程中保证最小从而保护系统的完好性。

(6) 测试统计量的包络服从有偏高斯分布,即 $X \sim N(\mu_{\text{elev}}, f^2\sigma_{\text{elev}}^2)$,其中 f 的数值大小视所监测的样本情况以及监测的方法而定。极限值可以建模为

$$\eta_{\text{th}} = K_{\text{ffd}} f \sigma_{\text{elev}} \tag{4.35}$$

式中:K_{ffd} 为与无故障告警概率相关的系数。

4.2.4 现有体系架构的不足

现有 LAAS 体系架构中存在以下 3 个不足。

(1) LAAS 使用载波平滑滤波来削弱参考接收机码观测量中的接收机噪声和多径误差。现有单频平滑技术使得电离层误差被引入了平滑滤波过程中,产生与电离层误差时间梯度和滤波时间常数成正比的平滑滤波残差,以及与用户和地面站间距离及电离层空间梯度成正比的差分校正误差,影响了 LAAS 系统精度。

(2) LAAS 地面系统计算校正误差的标准差,并广播给飞机。机载接收机在计算保护级的过程中假设由地面系统导致的校正误差服从零均值高斯分布,并以此计算定位误差的置信上限,即保护级。实际中的误差往往是非零均值或非高斯分布的,导致真实误差大于保护级的概率超过完好性需求。为避免因此产生完好性风险,地面系统将广播的校正误差标准差进行放大。由于误差对完好性影响的机理复杂、可用于误差放大的独立样本数有限,现有方法过于保守而增大了保护级。

(3) 在故障监测过程中,针对每一种故障因素构建了测试统计量。为降低漏检概率,使用高斯分布对真实检测量概率分布进行了保守的放大,使得阈值增大,导致误警概率增加,并对小故障的检测能力下降,从而损失了连续性。

根据 RTCA 标准,用于精密进近的 LAAS 需求如表 4.1 所列。

表 4.1 精密进近 LAAS 需求

类别	精度(95%)		完好性	告警时间	告警门限		连续性	可用性
	水平	垂直			水平	垂直		
CAT Ⅰ	16m	4m	$(1-2\times10^{-7})$/150s	6s	40m	10m	$(1-8\times10^{-6})$/15s	0.99 ~ 0.99999
CAT Ⅲ	5m	2.9m	$(1-1\times10^{-9})$/15s(垂直) $(1-1\times10^{-9})$/30s(水平)	2s	17m	10m	$(1-8\times10^{-6})$/15s	

与 CAT Ⅰ 要求相比,CAT Ⅲ LAAS 精度要求提高,告警时间缩短为原来的 1/3,完好性风险要求降低了 2 个数量级。图 4.5 所示为 CAT Ⅲ LAAS 完好性需

求分配。

基于现有 LAAS 采用的技术的简单扩展已经不能满足 CAT Ⅲ需求。

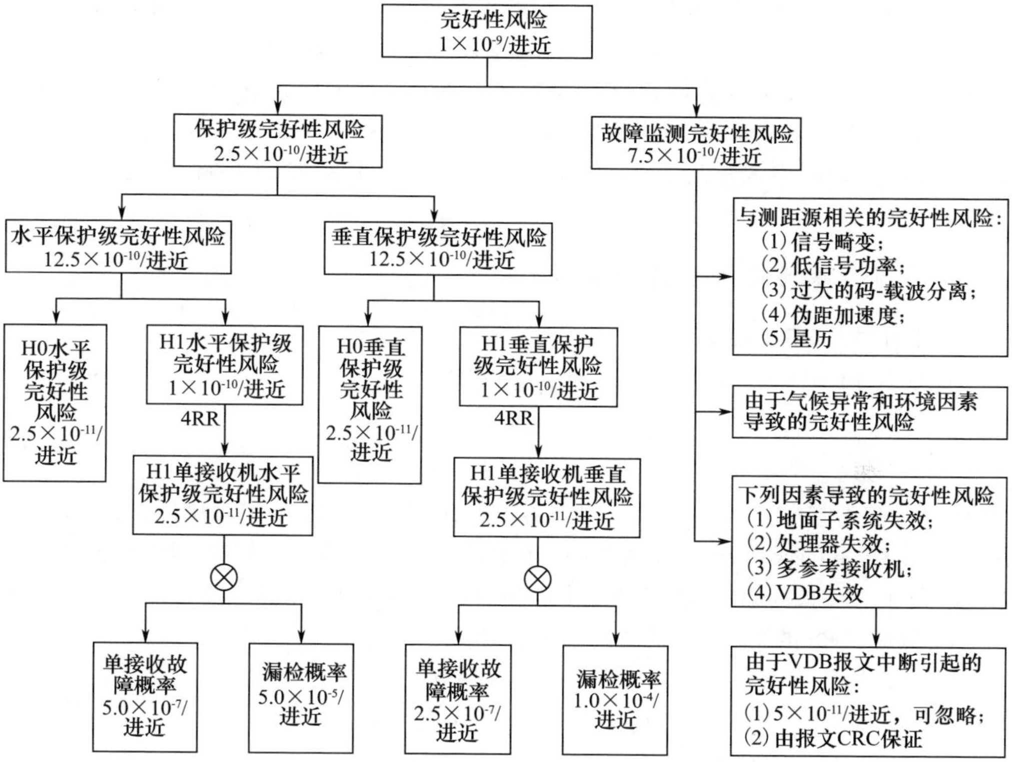

完好性风险
1×10^{-9}/进近

保护级完好性风险
2.5×10^{-10}/进近

故障监测完好性风险
7.5×10^{-10}/进近

水平保护级完好性风险
12.5×10^{-10}/进近

垂直保护级完好性风险
12.5×10^{-10}/进近

与测距源相关的完好性风险：
(1) 信号畸变；
(2) 低信号功率；
(3) 过大的码-载波分离；
(4) 伪距加速度；
(5) 星历

H0水平保护级完好性风险
2.5×10^{-11}/进近

H1水平保护级完好性风险
1×10^{-10}/进近

4RR

H1单接收机水平保护级完好性风险
2.5×10^{-11}/进近

H0垂直保护级完好性
风险
2.5×10^{-11}/进近

H1垂直保护级完好性风险
1×10^{-10}/进近

4RR

H1单接收机垂直保护级完好性风险
2.5×10^{-11}/进近

由于气候异常和环境因素导致的完好性风险

下列因素导致的完好性风险
(1) 地面子系统失效；
(2) 处理器失效；
(3) 多参考接收机；
(4) VDB失效

单接收故障概率
5.0×10^{-7}/进近

漏检概率
5.0×10^{-5}/进近

单接收故障概率
2.5×10^{-7}/进近

漏检概率
1.0×10^{-4}/进近

由于VDB报文中断引起的完好性风险：
(1) 5×10^{-11}/进近，可忽略；
(2) 由报文CRC保证

图 4.5　CAT Ⅲ LAAS 完好性风险分配

4.3　多频观测量载波平滑滤波

在 LAAS 中，多径和接收机噪声导致的测距误差是参考站和用户间的非公共误差，无法通过差分予以消除。目前普遍采用的方法是通过在参考站和用户同时使用载波平滑滤波技术来削弱上述两种误差。载波平滑滤波技术利用载波相位观测量的变化对伪距变化量进行低通滤波，以平均其中的快变误差，提高平滑伪距的精度。由于载波相位的噪声约为码伪距的 1/100，因此可以获得基本无噪的码伪距观测量。现有增强系统都仅利用 GPS L1 频率上的码和载波观测量进行平滑，因此称为单频平滑（SFS）。SFS 存在 2 个主要不足：首先，电离层误差的时间梯度会使平滑滤波器产生附加的滤波残差，其大小与滤波器时间常数成正比；其次，电离层误差的空间梯度也会在用户端引起附加的差分校正误差。这些问题在 SFS 中尚无法解决。

为解决 SFS 的上述问题，Hwang 和 McGraw 等提出两种同时利用 L1 和 L2 频率的码和载波观测量的双频平滑(DFS)方法,分别称为 DFree 和 IFree[3]。DFree 方法可以消除电离层时间梯度的影响,但不能消除电离层空间梯度导致的差分校正残差。IFree 方法可以消除电离层空间梯度导致的差分校正残差和电离层时间梯度导致的差分校正误差,却引入了 L2 观测误差,与 DFree 相比噪声较大[4]。观测量中的噪声对系统误差估计和故障检测影响很大,有效的消除观测噪声可以大幅提高系统性能[5]。因此需要研究如何利用多频率观测量进行实时高精度载波相位平滑滤波,消除电离层时间梯度和空间梯度对平滑滤波的影响,同时降低观测噪声。

4.3.1 滤波模型与假设条件

4.3.1.1 GPS 观测模型

GPS 的 L1 码和载波观测量 ρ_1 和 φ_1 分别为

$$\begin{cases}\rho_1 = R + C + i_1 + n_{\rho1} \\ \varphi_1 = R + C - i_1 + N_1 + n_{\varphi1}\end{cases} \tag{4.36}$$

式中:R 为参考接收机天线到卫星的真实距离;C 为星钟、星历和对流层误差之和,是 ρ_1 和 φ_1 中公共的误差分量;i_1 为 L1 频率上的电离层误差;N_1 为 L1 载波的整周模糊度;$n_{\rho1}$ 和 $n_{\varphi1}$ 分别为码和载波观测量中的接收机噪声和多径误差之和。

类似地,GPS 的 L2 码和载波观测量 ρ_2 和 φ_2 分别为

$$\begin{cases}\rho_2 = R + C + i_2 + n_{\rho2} \\ \varphi_2 = R + C - i_2 + N_2 + n_{\varphi2}\end{cases} \tag{4.37}$$

L1 和 L2 的电离层误差 i_1 和 i_2 可简单建模为

$$\begin{cases}i_1 = \dfrac{K}{f_{\text{L1}}^2} \\ i_2 = \dfrac{K}{f_{\text{L2}}^2}\end{cases} \tag{4.38}$$

式中:$f_{\text{L1}} = 1575.42\text{MHz}$ 和 $f_{\text{L2}} = 1227.6\text{MHz}$,分别为 GPS L1 和 L2 载波频率;$K$ 为常数。可以推导出如下关系:

$$\begin{cases}i_1 - i_2 = \left(1 - \dfrac{f_{\text{L1}}^2}{f_{\text{L2}}^2}\right) i_1 = \alpha i_1 \\ i_2 - i_1 = \left(1 - \dfrac{f_{\text{L2}}^2}{f_{\text{L1}}^2}\right) i_2 = \beta i_2\end{cases} \tag{4.39}$$

式中:$\alpha = -0.647$;$\beta = 0.392$。

4.3.1.2 载波平滑滤波模型

载波平滑滤波过程如图 4.6 所示。

图中:P、Φ 分别代表码、载波观测量;F 是一个一阶、固定增益的低通滤波器,滤波时间常数为 τ;X 为伪码与载波相位观测量之差(CMC)观测量,通过滤波以减小其

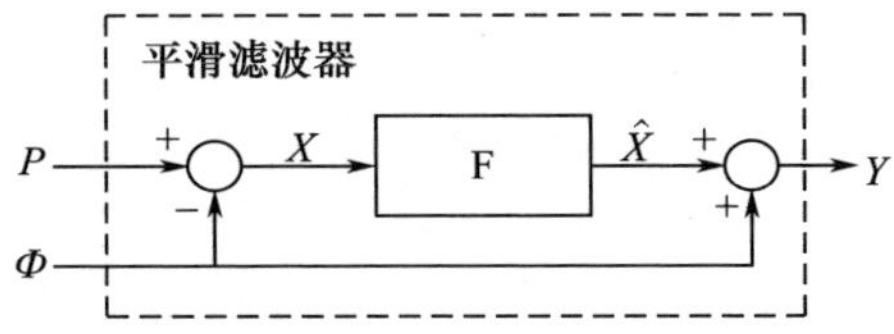

图4.6　载波平滑滤波过程

中的随机噪声；Y 为平滑码伪距。

F 通常用下述方式实现：

$$\hat{X}(k)=\frac{1}{N}X(k)+\frac{N-1}{N}\hat{X}(k-1) \tag{4.40}$$

式中：$N=\tau/T$，T 为测量量间的时间间隔；$\hat{X}(k-1)$ 为上一历元的平滑 CMC。

因此，平滑码伪距为

$$Y(k)=\frac{1}{N}P(k)+\frac{N-1}{N}[Y(k-1)+\Phi(k)+\Phi(k-1)] \tag{4.41}$$

设 P 和 Φ 中噪声的标准差分别为 σ_P 和 σ_Φ，则 X 中噪声的标准差为

$$\sigma_X^2=\sigma_P^2+\sigma_\Phi^2 \tag{4.42}$$

根据式(2.5)，当滤波器达到稳定状态时，$\hat{X}$ 中噪声的标准差为

$$\hat{\sigma}_X^2\left(\frac{1}{N}\right)^2\sigma_X^2+\left(\frac{N-1}{N}\right)^2\hat{\sigma}_X^2 \tag{4.43}$$

可得

$$\hat{\sigma}_X^2=\left(\frac{1}{2N-1}\right)\sigma_X^2 \tag{4.44}$$

平滑码伪距中噪声的标准差为

$$\sigma_Y^2=\hat{\sigma}_X^2+\sigma_\Phi^2=\frac{1}{2N-1}\sigma_P^2+\frac{2N}{2N-1}\sigma_\Phi^2 \tag{4.45}$$

由于 $N>>1$，因此

$$\sigma_Y^2\approx\frac{1}{2N}\sigma_P^2+\sigma_\Phi^2 \tag{4.46}$$

式(4.46)右边的第一部分说明平滑码伪距中的噪声随滤波时间常数的增加而减低。由于 $\sigma_P>>\sigma_\Phi$，因此 $\sigma_Y\approx\sigma_P/\sqrt{2N}$，即，平滑码伪距中的噪声的标准差近似与滤波时间常数的平方根成反比。式(4.46)右边的第二部分说明，平滑码伪距中的噪声并不随滤波时间常数的增加而无限减小，而是存在一个极限。当 $N\to\infty$ 时，$\sigma_Y\approx\sigma_\Phi$。

4.3.1.3　LAAS 差分校正模型

我们使用上标 G 表示地面系统，上标 A 代表机载系统。则 LAAS 的基本差分处理流程可表示为如图 4.7 所示。

LAAS 地面和空中系统均使用平滑滤波器来抑制码伪距观测量噪声。地面系统

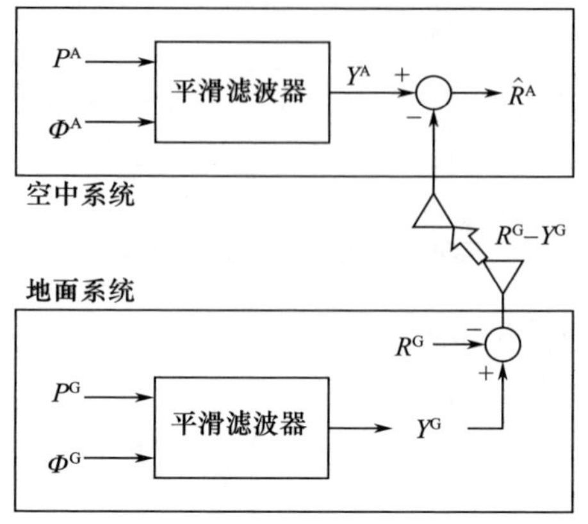

图 4.7　LAAS 差分过程

参考接收机的位置是事先精密测量的。地面系统利用星历计算出每颗卫星的实时位置,进而计算出卫星到参考接收机的真实距离 R^G。基于 Y^A 和 Y^G 的误差具有强相关性的假设,Y^G 与 R^G 之差称为差分校正值,被认为是地面和空中系统的公共误差。因此,机载系统与 GPS 卫星的真实距离的估计值可表示为

$$\hat{R}^A = Y^A - (Y^G - R^G) \tag{4.47}$$

于是,差分校正误差为

$$D = \hat{R}^A - R^A = Y^A - (Y^G - R^G) - R^A = (Y^A - R^A) - (Y^G - R^G) \tag{4.48}$$

4.3.2　单频平滑

SFS 简单地使用 L1 码和载波相位观测量作为平滑滤波器的输入,即

$$\begin{cases} P_S = \rho_1 = R + C + i_1 + n_{\rho 1} \\ \Phi_S = \varphi_1 = R + C - i_1 + N_1 + n_{\varphi 1} \end{cases} \tag{4.49}$$

式中:$n_{\rho 1}$和 $n_{\varphi 1}$的标准差分别为 $\sigma_{\rho 1}$和 $\sigma_{\varphi 1}$。则平滑滤波器的输入和输出分别为

$$\begin{cases} X_S = 2i_1 + \eta_{\rho 1} - N_1 - \eta_{\varphi 1} \\ \hat{X}_S = 2Fi_1 + F\eta_{\rho 1} - N_1 - F\eta_{\varphi 1} \end{cases} \tag{4.50}$$

码和载波观测量中的电离层误差分量大小相等,符号相反,因此电离层误差被引入平滑滤波器。SFS 的平滑码伪距可表示为

$$Y_S = R + C + I + n_S \tag{4.51}$$

式中:$I = (2F - 1)i_1$ 为平滑伪距中的电离层误差分量;$n_S = F\eta_{\rho 1} + (1 - F)\eta_{\varphi 1}$ 为平滑滤波的噪声。

n_S的标准差为

$$\sigma_S^2 \approx \frac{1}{2N}\sigma_{\rho 1}^2 + \sigma_{\phi 1}^2 \tag{4.52}$$

随滤波时间常数的增加，σ_S 降低。当滤波时间常数超过 1000s 时，噪声随滤波时间常数的增加而降低的效果已经不明显了。此外，过长的滤波时间常数导致滤波器进入稳定状态的时间增长，对一颗刚进入接收机视野的卫星，需要经过数十分钟的连续观测才能被 LAAS 使用，这样无疑会降低系统连续性和可用性。

平滑伪距和原始码伪距中电离层误差分量之差，$\Delta I = I - i_1 = 2(F-1)i_1$，为平滑码伪距误差中的电离层分量。由于电离层折射变化速度远低于 SFS 的滤波时间常数，因此，在滤波期间，电离层折射可被近似为一个偏差 I_0加上时间梯度 I_d：

$$i_1(t) = I_0 + I_d \cdot t \tag{4.53}$$

对式(4.53)进行拉普拉斯变换可得到

$$i_1(s) = \frac{I_0}{s} + \frac{I_d}{s^2} \tag{4.54}$$

则由于滤波引入的残余电离层误差为

$$\Delta I = I_1 - i_1 = 2[F(s) - 1]i_1 = \frac{2\tau s}{\tau s + 1} i_1 \tag{4.55}$$

其稳定状态为

$$\Delta I_{ss} = \lim_{s\to 0} s \cdot \left[\frac{2\tau s}{\tau s + 1}\left(\frac{I_0}{s} + \frac{I_d}{s^2}\right)\right] = 2\tau \cdot I_d \tag{4.56}$$

式(4.56)说明平滑滤波器引入了附加的电离层误差，并且误差的大小与滤波时间常数成正比。因此，过长的滤波时间常数使得现有 LAAS 平滑滤波器滤波残差增加。LAAS 的 100s 滤波时间常数的设定是在减小平滑中的噪声和电离层分量之间的一个均衡。

当地面和空中系统均使用 SFS 时，LAAS 的差分误差可表示为

$$D_S = (C^A - C^G) + (I^A - I^G) + (n_S^A - n_S^G) \tag{4.57}$$

式中：$C^A - C^G$ 为地面参考站与机载用户的公共误差之差，近似为 0；$n_s^A - n_s^G$ 为差分校正值的噪声；$I^A - I^G$ 为其中的电离层误差分量，有

$$I^A - I^G = 2(F^A i_1^A - F^G i_1^G) - (i_1^A - i_1^G) \tag{4.58}$$

由于 LAAS 规定地面和机载系统必须使用相同的平滑滤波器，使得 $F^A i_1^A \approx F^G i_1^G$。因此，SFS LAAS 地面和机载系统间的电离层误差空间梯度($i_1^A - i_1^G$)就成为差分校正误差中的电离层分量。Konno 对严重电离层风暴条件下由于电离层导致的 SFS LAAS 差分校正误差进行了研究，最大的伪距校正误差可达 7.6m，当多颗卫星受电离层风暴影响，或可见卫星几何较差时，产生的定位误差也可超过 7m。

4.3.3　双频平滑

未来 GNSS 均为民用设计了多个导航频率。多导航频率观测量的使用将有助于精确估计电离层延迟误差并构建无电离层偏差的平滑滤波器，减轻电离层延迟误差对 GBAS 的影响。Hwang 和 McGraw 等提出了两种 DFS 技术，分别称为 DFree 和 IFree。

DFree 滤波器的输入量为

$$\begin{cases} P_{\mathrm{D}} = \rho_1 = R + C + i_1 + n_{\rho 1} \\ \Phi_{\mathrm{D}} = \phi_1 - \dfrac{2}{\alpha}(\phi_1 - \phi_2) = R + C + i_1 + N_{\mathrm{D}\phi 1} + n_{\mathrm{D}\phi 1} \end{cases} \tag{4.59}$$

式中：$N_{\mathrm{D}\phi 1} = N_1 - \dfrac{2}{\alpha}(N_1 - N_2)$；$n_{\mathrm{D}\phi 1} = n_{\phi 1} - \dfrac{2}{\alpha}(n_{\phi 1} - n_{\phi 2})$为滤波器输入的载波观测量的噪声，其标准差为

$$\sigma_{\mathrm{D}\phi 1}^2 \approx \sigma_{\phi 1}^2 + \left(\frac{2}{\alpha}\right)^2 (\sigma_{\phi 1}^2 + \sigma_{\phi 2}^2) \tag{4.60}$$

则有

$$\begin{cases} X_{\mathrm{D}} = n_{\rho 1} - N_{\mathrm{D}\phi 1} - n_{\mathrm{D}\phi 1} \\ \hat{X}_{\mathrm{D}} = Fn_{\rho 1} - N_{\mathrm{D}\phi 1} - Fn_{\mathrm{D}\phi 1} \end{cases} \tag{4.61}$$

DFree 滤波器的平滑伪距为

$$Y_{\mathrm{D}} = R + C + i_1 + n_{\mathrm{D}} \tag{4.62}$$

其中的滤波噪声为 $n_{\mathrm{D}} = Fn_{\rho 1} + (1 - F)n_{\mathrm{D}\phi 1}$，其标准差为

$$\sigma_{\mathrm{D}}^2 \approx \frac{1}{2N}\sigma_{\rho 1}^2 + \sigma_{\mathrm{D}\phi 1}^2 \tag{4.63}$$

σ_{D} 的大小与 σ_{S} 相近，因为它们都包含相同的码噪声分量。但是，由于 DFree 平滑码伪距中的电离层分量与原始码伪距中相同，即平滑伪距中不存在电离层误差分量，因此，DFree 可以大幅增加滤波时间常数来削弱 σ_{D}，并不会产生附加的与电离层误差时间梯度相关的残差。

基于 DFree 的 LAAS 差分误差为

$$D_{\mathrm{D}} = (C^A - C^G) + (i_1^{\mathrm{A}} - i_1^{\mathrm{G}}) + (n_{\mathrm{D}}^{\mathrm{A}} - n_{\mathrm{D}}^{\mathrm{G}}) \tag{4.64}$$

D_{D} 中仍然包含地面和机载系统间电离层误差空间梯度。但重要的是，DFree 的应用使得地面和机载系统不必再使用相同的滤波器。当由于飞机的机动导致卫星信号失锁时，机载系统不必等到滤波器达到稳定状态就可以继续使用该卫星的平滑伪距进行差分，减少了系统连续性的损失。

IFree 滤波器的输入量为

$$\begin{cases} P_{\mathrm{I}} = \rho_1 - \dfrac{1}{\alpha}(\rho_1 - \rho_2) = R + C + n_{\mathrm{I}\rho 1} \\ \Phi_{\mathrm{I}} = \phi_1 - \dfrac{1}{\alpha}(\phi_1 - \phi_2) = R + C + N_{\mathrm{I}\phi 1} + n_{\mathrm{I}\phi 1} \end{cases} \tag{4.65}$$

式中：$N_{\mathrm{I}\phi 1} = N_1 - \dfrac{1}{\alpha}(N_1 - N_2)$；$n_{\mathrm{I}\rho 1} = n_{\rho 1} - \dfrac{1}{\alpha}(n_{\rho 1} - n_{\rho 2})$为滤波器输入的码观测量中的噪声；$n_{\mathrm{I}\phi 1} = n_{\phi 1} - \dfrac{1}{\alpha}(n_{\phi 1} - n_{\phi 2})$为滤波器输入的载波观测量中的噪声；$n_{\mathrm{I}\rho 1}$ 和 $n_{\mathrm{I}\varphi 1}$ 的标准差分别为

$$\begin{cases}\sigma_{\mathrm{I}\rho1}^2=\left(1-\dfrac{1}{\alpha}\right)^2\sigma_{\rho1}^2+\left(\dfrac{1}{\alpha}\right)^2\sigma_{\rho2}^2\approx6.49\sigma_{\rho1}^2+2.39\sigma_{\rho2}^2\\ \sigma_{\mathrm{I}\phi1}^2=\left(1-\dfrac{1}{\alpha}\right)^2\sigma_{\phi1}^2+\left(\dfrac{1}{\alpha}\right)^2\sigma_{\phi2}^2\approx6.49\sigma_{\phi1}^2+2.39\sigma_{\phi2}^2\end{cases}\tag{4.66}$$

则有

$$\begin{cases}X_{\mathrm{I}}=n_{\mathrm{I}\rho1}-N_{\mathrm{I}\phi1}-n_{\mathrm{I}\phi1}\\ \hat{X}_{\mathrm{I}}=Fn_{\mathrm{I}\rho1}-N_{\mathrm{I}\phi1}-Fn_{\mathrm{I}\phi1}\end{cases}\tag{4.67}$$

其平滑伪距输出为

$$Y_{\mathrm{I}}=R+C+n_{\mathrm{I}}\tag{4.68}$$

式中：$n_{\mathrm{I}}=Fn_{\mathrm{I}\rho1}+(1-F)n_{\mathrm{I}\phi1}$，其标准差为 $\sigma_{\mathrm{I}}^2\approx\frac{1}{2N}\sigma_{\mathrm{I}\rho1}^2+\sigma_{\mathrm{I}\phi1}^2$。假设 $\sigma_{\rho1}\approx\sigma_{\rho2}$，$\sigma_{\varphi1}\approx\sigma_{\varphi2}$，则 $\sigma_{\mathrm{I}\rho1}\approx2.98\sigma_{\rho1}$，$\sigma_{\mathrm{I}\varphi1}\approx2.98\sigma_{\varphi1}$，则 $\sigma_{\mathrm{I}}\approx2.98\sigma_{\mathrm{S}}$。

IFree 的平滑伪距中不包含电离层误差，因此，据此计算出的差分校正值中也不包含电离层误差，这与现有 LAAS 的差分方法不同。然而，通过使用多导航频率的观测量，用户可以估计本地电离层误差。因此，在多频 LAAS 系统中，一个不包含电离层误差的差分校正值可更好地满足用户需要。

基于 IFree 的 LAAS 差分误差为

$$D_{\mathrm{I}}=(C^{\mathrm{A}}-C^{\mathrm{G}})+(n_{\mathrm{I}}^{\mathrm{A}}-n_{\mathrm{I}}^{\mathrm{G}})\tag{4.69}$$

从以上分析中看出，IFree 平滑伪距中完全不包含电离层误差，因此也不存在由于电离层时间梯度导致的滤波残差，并且基于 IFree 的 LAAS 差分误差中也不包含电离层空间梯度误差。IFree 同时消除了电离层时间梯度和空间梯度对 LAAS 的不利影响。然而，由于 IFree 引入了 L2 码观测量噪声，其平滑滤波噪声与 SFS 相比增加了约 3 倍。

4.4 多频卫星导航定位误差包络

在 GBAS 中，地面站实时计算视界内每颗卫星的伪距校正值。同时，地面站假设伪距校正误差服从零均值高斯分布，并估计其标准差 $\sigma_{\mathrm{pr\_gnd}}$。每颗卫星的伪距校正值及校正误差标准差被广播给飞机。飞机假设地面站发送的伪距校正值的误差是零均值高斯分布的，标准差为 $\sigma_{\mathrm{pr\_gnd}}$，以此来计算定位误差的置信上限，即保护级。这种方法有很强的实用性，计算简单并且接收机计算负载小[6]。

但实际中如地面反射多径等引起的误差可能是非高斯的、非零均值的，或者没有足够的数据来验证实际误差是高斯分布的，导致实际误差的标准差超过了 $\sigma_{\mathrm{pr\_gnd}}$ 值，造成潜在的完好性风险。因此，为了补偿假设的误差概率分布与真实误差概率分布之间的差，必须找到一定的方法来处理误差的这些分布特性，以保证保护级的可靠性，并且这个方法不需要误差必须是高斯分布、方差已知的。目前的卫星导航增强系统中普遍使用了一种称为包络的技术[7]，首先根据实际观测值计算误差标准差的估计值 $\sigma_{pr\_gnd\_est}$，然后计算放大因子（inflation factor）k_{inf}：

$$\sigma_{pr\_gnd} = k_{inf} \times \sigma_{pr\_gnd\_est} \tag{4.70}$$

使得计算出的 σ_{pr_gnd} 值能够包络（overbound）实际误差，从而机载接收机根据广播 σ_{pr_gnd} 计算的保护级可以满足完好性需求。

然而，实际中可用于计算误差包络的独立样本数量与误差包络所要保护的风险概率相比极其有限，即使在真实误差满足零均值高斯分布的条件下，也仍然需要考虑由于使用的样本数量有限所带来的不确定性。此外，由于真实误差来源于具有不同标准差的总体分布、处理过程中导致的误差混合和不同参考接收机数据间的相关性等问题，导致真实误差呈现厚尾分布，并且其真实分布未知。现有方法对分布尾进行了保守的假设，并进行了过大的放大，损失了系统的连续性[8]。

4.4.1 误差包络原理

现有误差包络方法的原理基于 RTCA 提出的累积分布函数（CDF）包络原理。通过基于物理原理对真实误差模型进行推导，或基于统计原理对真实误差的分布进行一定的假设，然后根据实际数据进行统计推断的方式推算包络概率分布模型[9]。

RTCA 早先考虑了 PDF 包络。如果

$$p_x(t) \leqslant p_y(t) \qquad \forall t \tag{4.71}$$

那么称 x 的概率分布 p_x 被 y 的概率分布 p_y 包络。然而，根据 PDF 的性质，$p_x(t)$ 和 $p_y(t)$ 的积分都为 1，因此 $p_y(t)$ 不可能对所有 t 都大于 $p_x(t)$。最初，RTCA 考虑将 PDF 包络设定在 $t \leqslant -L\sigma$ 和 $t \geqslant L\sigma$ 的区段内，并研究了 L 所需的大小，建立了假设的误差概率分布，然后通过误差概率分布的卷积和积分确定相应的 L 的值。分析表明，由于使用了大量卷积计算，定位误差概率分布尾部对伪距误差概率分布核的形状和特征均十分敏感。此外，无法对最差情况（worst-case）进行量化，因此不能保证定位域包络。

CDF 包络可以解决上述问题。CDF 包络定义为

$$\begin{cases} \varphi_O(x) \geqslant \varphi_a(x) & x \leqslant 0 \\ \varphi_O(x) \leqslant \varphi_a(x) & x > 0 \end{cases} \tag{4.72}$$

式中：$\varphi_a(x)$ 为随机变量 a 的累积分布函数；$\varphi_O(x)$ 为其包络 O 的累积分布函数。

根据定义，CDF 包络允许不满足 PDF 包络，假如不满足 PDF 包络区间的概率低于更远处的尾部满足 PDF 包络区间的概率。可证明，对任意数量的误差，如果其概率密度函数均是对称和单峰的，则其线性组合可被一个高斯分布包络，该高斯分布的标准差是每个误差的标准差的均方根。由于 GPS 定位模型在估计位置与真实位置间误差足够小的情况下可视为线性模型，因此，只要对每个卫星测距误差计算出具有一定标准差的高斯分布，使其对实际测距误差满足 CDF 包络，依据这些包络标准差计算出的保护级可以包络定位误差。

需要说明的是,误差的单峰和对称性是 CDF 的充分条件,但却不是必要条件。使用标准的测试方法难以保证对称性和严格单峰性。虽然 CDF 包络的证明依赖于这些特性,但这些特性不应决定包络 CDF 的结果。对称性的需求并不是严格必须的。

因此,为保证保护级完好性,LAAS 地面系统根据实际观测数据计算 $\sigma_{pr\_gnd\_est}$,然后计算放大因子 k_{inf},即

$$\sigma_{pr\_gnd} = k_{inf} \times \sigma_{pr\_gnd\_est} \tag{4.73}$$

使得 σ_{pr_gnd}满足对真实误差 CDF 包络的要求。

4.4.1.1　误差包络模型的物理推导

根据信号传播、接收和处理过程的物理描述,可以得出有关真实误差模型的有益信息,用以建立和估计真实误差的标准差,从而尽可能好地描述广播标准差的特性,以保证保护级的有效性。

LAAS 计算完好性过程中假设伪距校正误差服从零均值、正态分布的无故障误差分布,该模型与由于热噪声和漫反射多径导致的参考接收机测距误差一致,但普遍认为地面反射多径和系统参考接收机天线误差不一定是零均值正态分布的。Braasch[10]研究了精密进近和着陆环境中多径误差特性。Brenner[11]基于实验数据研究了漫反射多径的属性。Enge[12]研究了多径误差对码相位观测量的影响,建立了多径引起的码相位误差的包络。Counsel man[13]指出使用3元素垂直阵列天线的抗多径性能比传统地面平面天线好。

Pervan 根据通常的多径和天线增益图样的物理理念,推导天线输出端含有多径的信号[14-16]。该信号模型随后被输入给包括接收机噪声的接收机信号处理模型中。这个时间序列然后被采样和处理,形成误差分布。人们计算了由于接收机噪声、漫反射多径、地面反射多径导致的误差的标准差的均方根。地面反射多径是随环境缓慢变化的,因此,不能仅使用实验数据获得。Sayim[17]利用 FAA 的 LAAS 测试原型(LTP)的数据定义了地面反射多径的季节变化模型,量化和补偿了误差的季节变化影响,并使用实际数据进行了检验,可处理非高斯和非零均值误差。McGraw[18]基于上述研究定义了使用现有接收机/天线技术的伪距误差标准差模型,并被用于 RTCA 的 LAAS 标准[19]。

然而,到目前为止,人们发现很难使用这种模型导出可接受的能够包络真实伪距误差的概率分布模型[20]。

4.4.1.2　误差概率分布的推断

从实际中获得的观测量在 $10^4 \sim 10^5$ 数量级,而 CAT Ⅰ LAAS 的 H0 保护级的漏检概率要求为 5×10^{-9},因此无法从实际数据中直接获得所关心的大分位数误差分布尾的特征。即使误差分布是高斯的,但由于样本数量有限,仍需要放大以获得所需的置信度。此外,考虑接收机技术和接收机天线环境,不同接收机的观测量之间可能存在相关性,实际广播差分校正值是通过对多参考接收机观测量进行平均计算得到

的，Pervan 等研究了在这种过程中完好性风险对观测量相关性的敏感度问题，定义最小可接受放大因子与样本标准差的关系的方法，但仅考虑了热噪声和漫反射多径效应等零均值高斯分布的误差[21-23]。当误差概率分布是高斯分布时，k_{inf}根据自由度为 $N-1$ 的 κ^2 分布计算得出。$N=100$ 时，$k_{inf}\to 1.1$，随 N 增大，k_{inf}迅速降低，并在 $N>2000$时可忽略不计。这是一种理想情况，k_{inf}值也最低。

然而，由于真实误差可能来自具有不同标准差的总体分布，而在进行数据处理时通常需要对数据进行一定的混合，因此导致真实误差呈现厚尾的特性，现有的实际观测数据表明伪距校正误差概率分布核近似为高斯分布，其尾部分布未知，但概率分布远高于高斯。因此必须在计算广播标准差时考虑这种厚尾特性。Shively[24-25]给出了将误差概率分布分成“核”和“尾”两部分进行估计的包络方法，可有效处理误差的厚尾特性。

在计算实际伪距校正误差概率分布时，将其分为“核”和“尾”两部分，包络方法的一般步骤如下[25]。

(1) 根据接收机的实际观测量计算其标准差，σ_{rr_est}。

(2) 选择分析点 $E_L=K_L\times\sigma_{rr\_est}$，作为“核”和“尾”的分界点。

K_L的选择要使得 E_L处的概率密度远大于 $5.847\sigma_{rr_est}$处的概率密度，考虑实际中所能获得的观测量样本数量，通常选择 $K_L=1.96\sim2.58$。

(3) 根据 σ_{rr_est}和对伪距校正误差做出的假设估计其“核”和“尾”的概率分布。

现有观测到数据表明伪距校正误差概率分布核近似于高斯分布，可根据实际观测数据对误差分布核进行估计，并可使用符合度(goodness-of-fit)测试方法，例如对 PDF 的 κ^2 测试和对 CDF 的 Kolmogoroff-Smirnoff(Lilliefors)测试对其进行验证。然而，概率分布尾的实际分布未知，并且实际观测数据中极少包含甚至不包含在所关心的大分位数尾部区域的样本。对概率分布尾的推断稍后详细说明。

(4) 计算通过 M 个参考接收机校正值的平均得到的伪距校正值。假设误差不相关，平均的伪距校正值的 PDF 是 M 个接收机校正值 PDF 的卷积，标准差为 $\sigma_{rr\_est}/\sqrt{M}$。

(5) 计算 k_{inf}，使得 $\sigma_{pr\_gnd}=k_{inf}\times\sigma_{rr\_est}/\sqrt{M}$，可在 $5.847\sigma_{pr_gnd}$点包络实际误差概率分布尾，如果误差是零均值，对称和单峰的，这样就可在定位域提供包络。除非卫星几何导致单卫星决定了伪距域到定位域的转换误差。

目前常用的方法是利用大于 $K_L\sigma_{rr_est}$的尾部样本对误差分布尾进行推断[24]。假设的尾部概率分布有高斯分布、混合高斯分布和拉普拉斯分布。

假设误差在 $K_L\sigma_{rr_est}$以外是高斯的。相当于计算一个高斯分布的 σ 值，使其在 $K_L\sigma_{rr_est}$点处的概率值与实际误差相等。该概率由 N 个样本中 n 个大于 $K_L\sigma_{rr_est}$的样本的概率计算得到。使用二项分布计算置信度门限 P_{T_Conf}，k_{inf}值的选择满足 $P_{T\_Gaussina}(K_L/k_{inf})=P_{T\_Conf}$。这样可以包络大于 $K_L\sigma_{rr_est}$的误差，包括 $5.847\sigma_{rr\_est}$。

由于同一颗卫星的观测样本通常根据方位角和仰角分组，并且不同卫星的数据被组合以获得足够的独立样本。如果所有观测数据都是均值相同的高斯分布，则结果也是高斯分布。但多径误差通常与方位角和仰角相关。如果仰角进行组合，通常会使用每个仰角区的标准差对数据进行正规化。仰角区的标准差估计的不准确会导致非单位标准差的混合高斯分布。即使仅进行方位角组合，也没有足够的数据和理论来进行任何一种正规化。因此实际误差最好使用标准差不同的混合高斯描述。混合高斯分布的标准差可用矩估计。

拉普拉斯分布与高斯分布同属一族分布，选择拉普拉斯分布是因为它随误差增大降低慢，因此更保守。假设在 $E_L = K_L\sigma_{rr\_est}$ 以外是指数分布的：

$$P(E) = g(E_L) \times \exp\left(-\frac{|E - E_L| \times g(E_L)}{P_t(E_L)}\right) \qquad |E| \geqslant E_L \tag{4.74}$$

需要对数据进行假设检验验证，包括使用统计假设测试验证 E_L 处的 PDF 值为高斯值 $g(E_L)$，验证超过 E_L 的尾部的概率为高斯值 $P_t(E_L)$。

在上述工作基础上，Marshall 证明了在仅限制误差 PDF 具有对称性和非增性条件下，其上限形式为一个在中心点的 Dirac delta 函数和一个均匀分布[26]。虽然该分布是一个数学结构，完全不能物理实现，但确实提供了一个小于 Chebyshev 不等式的理论上限。Rife[27] 等提出核心包络（core overabounding）方法处理误差分布与高斯分布相差较大的情况，将误差分为核心和尾部两个区域进行分析，表明误差尾部对Ⅲ类精密进近有显著影响，通过使用高斯核高斯边（GCGS）方法，给出了误差概率分布尾的允许容限，从而消除了厚尾包络的过保守。Braff[20,28] 提出正态反高斯（NIG）分布可被认为是关于尾概率最低上限的合理估计。基于观测的最大误差，Braff 使用统计方法导出可行的放大因子，给出用于估计尾概率模型的一个 NIG 分布族成员，并分析了最差的模型。Shively[29] 提出将卫星测距均值的偏差加入到 LAAS 的广播数据中，仿真证明这样可以满足Ⅱ/Ⅲ类精密进近要求，但其与目前的 LAAS 标准并不符合，限制了其应用。Rife[30-32] 提出使用 Excess-Mass 函数可以有效降低放大因子，以及使用双边包络可以验证定位域完好性，并允许真实误差分布是任意的，改进了早期完好性验证方法对零均值、对称性和单峰性的严格要求。Rife[33,34] 还提出处理时间相关序列时，只要样本存在一个概率分布函数，就可通过线性变换使其球对称，并基于此给出了各种环境下滤波器最差性能模型。Blanch[35,36] 提出了一种在伪距误差被描述为混合高斯分布的情况下计算最优保护级的方法。展示了这种误差的描述方法在描述厚尾分布的同时不损失紧核特性所带来的更多的适应性。使用这种方法利用 WAAS 接收机接收的真实数据对广域增强系统的保护级进行了计算，其结果表明这种方法在不损失完好性的前提下将垂直保护级减少了 50%。然而这种算法极大增加了计算量。

总之，上述现有误差包络方法仍各有缺陷，对误差包络方法的研究仍未完成。为建立有效的模型，需要建立更有效的物理基础。拉普拉斯尾模型导出的放大因子可能过于大。并且,即使使用数万个样本,如果没有可靠的包络方法,则计算出的放大因子也只有有限的置信度。

此外,计算 PL 时需要将 σ_{pr_gnd}表征的伪距误差投影到位置域,导致算法保守,并且异常情况将导致真实误差标准差超出 σ_{pr_gnd}。为保证估计的 σ_{pr_gnd}能以高置信概率包络实际误差,现有算法都对 σ_{pr_gnd}进行了过高的增长,这样损失了连续性。CAT Ⅱ/Ⅲ精密进近应用中降低了告警门限,完好性需求更高(比 CAT Ⅰ高 2 个数量级),上述方法由于太过保守导致 σ_{pr_gnd}值过大而无法满足连续性需求。定位域监测(PDM)的包络算法直接在定位域进行误差监测,大大降低了放大因子,但由于不知道用户在定位计算中究竟使用的是哪几颗卫星的组合,PDM 算法必须对视界内卫星的全部可能组合进行分别计算,超出了实际系统的计算能力和数据链的容量。

4.4.2 基于极值理论的多频卫星导航定位误差包络

基于统计推断的误差包络方法通过对误差尾部概率分布提出假设进而进行统计推断,存在一定主观性。真实误差概率分布尾部的分布特征未知,现在普遍认为其分布在高斯分布和拉普拉斯分布之间。为保证完好性,只能进行保守的估计,牺牲了系统的连续性和可用性。卫星导航增强系统中,对校正误差的包络实际上也是对真实误差的特定概率下的(如对 CAT Ⅰ LAAS 的水平无故障检测概率为 5×10^{-9})极限值特性的研究。

极值理论(EVT)是对统计学中小概率事件的研究。1922 年,L. von Bortkiewicz 研究了正态分布的样本极差,指出了来自正态分布的样本最大值是一个新的随机变量,具有新的分布。1928 年,R. A. Fisher 与 L. H. C. Tippet 共同发表了关于极值分布类型定理,为 EVT 的发展奠定了基础。由于 EVT 在统计学中的独特性质,使其逐渐成为研究热点。20 世纪 80 年代后期以来,EVT 得到了进一步发展,一元极值理论日渐成熟,并在气象、人类寿命、材料强度、洪水、地震等许多领域得到了成功的应用。尤其在金融领域,近年来大量研究使用极值理论分析和处理投资、操作和股市风险等问题。

EVT 通过直接研究极值的概率分布特征,可以更加精确地描述误差极值,并提供理论证明的基础。Azaïs[37]等研究了 EVT 在 EGNOS 系统完好性风险评估中的应用,并得出了可以改善 EGNOS 系统性能的有益结论。本节给出 EVT 在误差包络中的应用。

4.4.2.1 极值统计模型

EVT 核心问题是研究极端事件的概率分布,极端事件是样本中最大或最小值所对应的随机变量,因此,问题就归结为如何求样本中的最大值或最小值随机变量的概率分布,即极值分布。然而,这两个统计量要么依赖于总体分布,要么是退化分布。EVT 就是在总体分布未知的情况下找出最大值或最小值统计量的分布。因为认为真实误差分布是对称的,因此本节只研究最大值的概率分布问题,最小值的概率分布

可通过与最大值类似的方法获得。

定理:(Fisher-Tippett 极值类型定理)设 $X_1, X_2, \cdots, X_n$ 是独立同分布(i. i. d)的随机变量序列,如果存在常数列 $\{a_n>0\}$ 和 $\{b_n\}$,使得

$$\lim_{n\to\infty}\left(\frac{M_n-b_n}{a_n}\leqslant x\right)=H(x)\qquad x\in R \tag{4.75}$$

成立,其中 M_n 是随机变量序列的最大值,$H(x)$ 是非退化分布,则 H 必属于下列 3 种分布类型之一。

$$\text{Ⅰ型分布}:H_1(x)=\exp\{-\mathrm{e}^{-x}\}\qquad -\infty<x<+\infty \tag{4.76}$$

$$\text{Ⅱ型分布}:H_2(x;\alpha)=\begin{cases}0 & x\leqslant 0,\\ \exp\{-x^{-\alpha}\} & x>0,\end{cases}\alpha>0 \tag{4.77}$$

$$\text{Ⅲ型分布}:H_3(x;\alpha)=\begin{cases}\exp\{-(-x^{\alpha})\} & x\leqslant 0,\\ 1 & x>0,\end{cases}\alpha>0 \tag{4.78}$$

称 a_n, b_n 为规范化常数。Ⅰ型分布称为 Gumbel 分布,Ⅱ型分布称为 Fréchet 分布,Ⅲ型分布称为 Weibull 分布,这 3 个分布统称为极值分布(extreme value distribution)。当 $\alpha=1$ 时,$H_2(x;1)$、$H_3(x;1)$ 分别称为标准 Fréchet 分布与标准 Weibull 分布。不论随机变量真实分布(底分布)是什么,其极值的概率分布必属于上面三种之一。

X 的底分布 $F(x)$ 称为 $H(x)$ 的最大吸引域(MDA)。若 $F(x)$ 的尾部以幂函数形式衰退,那么这个分布属于 Frechet 分布的最大吸引域。这一类分布族非常大,它包括 Pareto、Burr、Cauchy、t 分布等。这类分布称为厚尾分布,大多被用来拟合损失数据。落在 Gumbel 分布的最大吸引域内的分布包括正态分布、指数分布、对数分布和 Gamma 分布等,称这类分布为均尾分布。对于本书研究的校正误差包络,所关心的模型都在这一区域。属于 Weibull 分布的最大吸引场被称为薄尾分布,包括均匀分布和 Beta 分布。

3 个分布经过适当变换后的统一形式为

$$H(x;\mu,\sigma,\xi)=\exp\left\{-\left(1+\xi\frac{x-\mu}{\sigma}\right)^{-1/\xi}\right\}\qquad 1+\xi\frac{x-\mu}{\sigma}>0 \tag{4.79}$$

式中:$\mu,\xi\in R,\sigma>0$,μ 为位置参数(location parameter),σ 为尺度参数(scale parameter),ξ 为形状参数(shape parameter);H 为广义极值(GEV)分布。当 $\xi=0$ 时,H 表示极值Ⅰ型分布;当 $\xi>0$ 时,H 表示Ⅱ型极值分布;当 $\xi<0$ 时,H 表示Ⅲ型极值分布。

广义极值分布的概率密度函数为

$$h(x;\mu,\sigma,\xi)=\frac{1}{\sigma}H(x;\mu,\sigma,\xi)\left(1+\xi\frac{x-\mu}{\sigma}\right)^{-(1+1/\xi)}\qquad 1+\xi\frac{x-\mu}{\sigma}>0 \tag{4.80}$$

其 p 分位数为

$$x_p=\mu-\sigma(1-(-\log p))^{-\xi}/\xi \tag{4.81}$$

Gumbel 分布(即 $\xi=0$)的 p 分位数为

$$x_p=\mu-\sigma\log(-\log p) \tag{4.82}$$

4.4.2.2 基于极值理论的误差包络

现有的误差包络方法都基于对误差实际概率分布的先验假设,而实际误差概率分布尾的特征未知,因此必须进行保守的估计。极值理论的优点在于它只研究极端值的分布情况,可以在总体分布未知的情况下,依靠样本数据,得到总体分布中极值的变化性质,具有超越样本的估计能力。将极值理论用于误差包络可以有效提高估计的置信度,并避免使用值得怀疑的各种概率分布假设。

应用极值理论进行统计估计主要有两种方法:区块最大分组法(BMM)和超阈值(POT)法。BMM 对数据进行分组,通常选取一定时间或一定范围内的样本,然后在每组样本中选取最大的一个构成新的极值数据组,并以该数据组进行建模。它对数据要求较多,并且很可能忽略掉一些具有丰富信息的数据,如某区间的次极大值即使大于另一区间的极大值,包含更多的信息,但却被 BMM 忽略,这表明 BMM 模型有效性并不非常充分。

一个有效的处置方法是利用所有超过某一临界值的极值数据建模,即 POT 法。POT 法通过事先设定一个阈值,把所有观测到的超过这一阈值的数据构成数据组,以该数据组作为建模的对象,对数据要求的数量比较少。本书采用 POT 法计算误差包络。

设随机变量 $X_1, X_2, \cdots, X_n$ 是 i. i. d 的,分布函数为 F。现给一较大阈值 u,考虑超过阈值的变量 X_i,其超出量 $X_i - u$ 的分布函数为

$$P(X-u<y \mid X>u)=\frac{P(u<X<u+y)}{P(X>u)}=\frac{F(u+y)-F(u)}{1-F(u)} \tag{4.83}$$

对于足够大的阈值 u,在 $X>u$ 的条件下,超出量 $X-u$ 的渐近分布为广义 Pareto 分布(GPD),或称 GP 分布:

$$G(y;\tilde{\sigma},\xi)=1-(1+\xi y/\tilde{\sigma})^{-1/\xi} \qquad y>0, 1+\xi y/\tilde{\sigma}>0 \tag{4.84}$$

式中:$\tilde{\sigma}=\sigma+\xi(u-\mu)$。

类似于 GEV 分布,如果引入位置参数 μ 和尺度参数 $\sigma>0$,则 GP 分布的分布函数为

$$G(x;\mu,\sigma,\xi)=1-\left(1+\xi\frac{x-\mu}{\sigma}\right)^{-1/\xi} \qquad x\geqslant\mu, 1+\xi\frac{x-\mu}{\sigma}>0 \tag{4.85}$$

如果随机变量序列的最大值 M_n 近似服从 GEV 分布,则其超出特定阈值的量 X_i-u 近似服从 GP 分布,且具有相同的形状参数 ξ。进一步,还可得到超出量 X_i-u 的个数服从 Poisson 分布。因此,对具有任意分布的 i. i. d 随机变量序列,确定一个合适的阈值,找出超出阈值的点 X_i 后,就可以用 GP 拟合,从而确定 GP 分布中的参数估计值,最后得到超阈值模型。

GP 分布的 p 分位数为

$$x_p=\mu-\frac{\sigma}{\xi}(1-(1-p)^{-\xi}) \tag{4.86}$$

当 $\xi=0$ 时，p 分位数为

$$x_p=\mu-\sigma\log(1-p) \tag{4.87}$$

根据 GP 分布定义，位置参数 $\mu=0$ 的二参数 GP 分布尾部为

$$G_T(x;\sigma,\xi)=\begin{cases}(1+\xi x/\sigma)^{-1/\xi} & \xi>0,\quad x\in[\sigma,\infty)\\(1+\xi x/\sigma)^{-1/\xi} & \xi<0,\quad x\in[\sigma,-\sigma/\xi)\\\exp\{-x/\sigma\} & \xi=0,\quad x\in[\sigma,\infty)\end{cases} \tag{4.88}$$

4.4.2.3　POT 法的误差包络步骤

基于极值理论 POT 法的误差包络方法步骤如下。

(1) 将观测样本按升序排列，构成次序统计量 $X_{1,N}\leqslant X_{2,N}\leqslant\cdots\leqslant X_{N,N}$。

(2) 寻找一个阈值 $T=X_{k,N}$，其分布服从 GEV 分布。

阈值的选取不能过小，否则会丧失尾部概率估计的准确性；也不能过大，否则用于参数估计的样本数不足，造成估计结果过大的波动。

(3) 选择 $\Delta X_{k+1,N},\cdots,\Delta X_{N,N}$，有 $\Delta X_{i,N}=X_{i,N}-X_{k,N},i\in[k+1,N]$。

(4) $\Delta X_{k+1,N},\cdots,\Delta X_{N,N}$服从 GP 分布，并估计该 GP 分布的参数。

(5) 对指定的分位数 K，有

$$P(X>K\sigma)\approx\left(1+\xi\frac{(K\sigma-T)}{\sigma}\right)^{-1/\xi}P(X>T) \tag{4.89}$$

式中：$P(X>T)$ 是基于 GEV 分布计算的阈值的概率；$\left(1+\xi\frac{(K\sigma-T)}{\sigma}\right)^{-1/\xi}$ 是大于阈值的样本的超出阈值部分的 GP 分布。

4.4.2.4　阈值的选取

阈值的选取是极值理论应用的一个关键环节，阈值若取得太大，则用来估计尾部分布函数参数的样本就越少，造成参数估计的方差增大，选择较小的阈值虽使得可观测的样本数较大，增加了估计的精度，但会使极值模型受到更多的中心分布的影响，导致有偏或不相合的估计。所以需要找到合适的阈值。

目前，选取阈值的方法主要有图解法（如平均超出量函数（MEF）图法）与计算法（如 Hill 估计法）两大类。MEF 方法简便、直观，其根据线形程度的好坏比较来取舍阈值。因此本书选择 MEF 方法。

对大于阈值 T 的样本 $T_1=X_{k1,N}$，其超出量也服从 GP 分布，形状参数不变，尺度参数有如下关系：

$$\sigma_{T_1}=\sigma_T+\xi(T_1-T) \tag{4.90}$$

于是，对大于阈值 T_1 的超出量的均值，有

$$E(X-T_1\mid X>T)=\frac{\sigma_{T_1}}{1-\xi}=\frac{\sigma_T+\xi(T_1-T)}{1-\xi} \tag{4.91}$$

对给定次序统计量 $X_{1,N}\leqslant X_{2,N}\leqslant\cdots\leqslant X_{N,N}$，MEF 定义为

$$E(u)=\frac{1}{N_u}\sum_{i=1}^{N_u}(X_i-u)\qquad u>0 \tag{4.92}$$

式中：N_u为超过阈值 u 的样本数量；$E(u)$为大于阈值的样本的超出量的数学期望。MEF 图为点$(u,E(u))$构成的曲线。通过选取充分大的 u_0，使得当 $x \geqslant u_0$ 时 $E(x)$为近似正斜率的线性函数，取 u_0 为阈值。

4.4.2.5 分布的参数估计

根据真实数据得到的校正误差概率分布尾处于高斯和拉普拉斯分布之间。因此，本书选择 I 型极值分布用于误差包络。在得到极值统计模型并确定了阈值后，需要对模型参数进行估计，方法包括矩估计法和极大似然估计法等。

由概率论中独立同分布序列大数定律，若总体的期望 μ 有限，则样本均值 $\bar{X}$（样本一阶原点矩）依概率收敛于 μ（总体一阶原点矩）。对于其他阶矩也有类似结果。这表明，当样本容量充分大时，在统计上可以用样本矩估计总体矩。根据这一定律可以导出矩估计法。极值分布的矩估计法主要针对极值 I 型分布，即 Gumbel 分布。

设 $X_1,X_2,\cdots,X_n$ 是 Gumbel 分布的一个随机样本，$\bar{X}$ 和 S^2分别表示样本均值和样本方差，可以算得总体均值和总体方差分别为

$$E(X)=\mu+\sigma\gamma \tag{4.93}$$

$$\mathrm{Va}R(X)=(\pi^2/6)\sigma^2 \tag{4.94}$$

因此，σ 和 μ 的矩估计量为

$$\hat{\sigma}=\frac{\sqrt{6}}{\pi}S\approx 0.7797S \tag{4.95}$$

$$\hat{\mu}=\bar{X}-\gamma\hat{\sigma}\approx\bar{X}-0.45S \tag{4.96}$$

GP 分布的对数似然函数为

$$l(\mu,\sigma,\xi)=-n\log\sigma-\left(1+\frac{1}{\xi}\right)\sum_{i=1}^{n}\log\left[1+\xi\left(\frac{x_i-\mu}{\sigma}\right)\right] \tag{4.97}$$

式中：$1+\xi\left(\frac{x_i+\mu}{\sigma}\right)>0,i=1,\cdots,n$。

分别令$\frac{\partial l}{\partial\mu}=0,\frac{\partial l}{\partial\sigma}=0,\frac{\partial l}{\partial\xi}=0$，可以得出似然方程组，求得 μ、σ 和 ξ 的极大似然估计。一般似然方程组没有解析解，只能通过数值解得到参数的极大似然估计值，如期望最大化（EM）方法。

当 $\xi=0$ 时，GP 分布的对数似然函数为

$$l(\mu,\sigma)=-n\log\sigma-\sum_{i=1}^{n}\left(\frac{x_i-\mu}{\sigma}\right) \tag{4.98}$$

当 $\mu=0$ 时，σ 的极大似然估计为 $\sigma_n=E(X)$

在较大的样本量下，矩量法有较好的统计推断效果。然而，相对于一般样本来讲，极值具有较少的观测数据，如果用较少数据对统计模型中参数进行估计会有较大的偏差。虽然极大似然估计需要满足一定的正则条件，但伪距校正误差概率分布存在厚尾特性，从而满足该正则条件，因此本书选用极大似然估计法。

4.5　多频卫星导航系统故障检测

LAAS的保护级计算了无故障假设(H0)下和单参考接收机故障假设(H1)下的定位误差上限。实际运行环境中存在各种异常状况,将导致真实伪距校正误差标准差超出广播的标准差参数,如当环境变化时导致的多径误差变化,接收机天线故障导致的接收机误差增长等。LAAS要能够检测并处理这些异常状况(故障)。

针对实际中发现的每一种故障,LAAS地面系统中设计了一个完好性监测算法(监测器)。每个监测器检测由实际观测到的信息计算出的检测统计量,如果检测统计量超过事先设定的阈值,则认为存在故障,导致实际误差超过保护级的概率大于规定的风险需求。此时,应根据检测统计量的状态,判断故障的来源,并将受影响的观测量从伪距校正的过程中剔除,以保证系统的总完好性风险。

实际中,完好性监测的过程并不能得到完美满足。一方面,监测算法的阈值必须足够高,以保证在无故障条件下,阈值很少被超过(这是为了保证连续性需求被满足)。另一方面,如果一个故障的出现使检测统计量向阈值方向移动,将以0.5概率被检测是远远不够的,能够被以足够低,从而满足完好性需求的漏检概率(P_{MD})检测到的误差称为最小可检测误差(MDE)。阈值必须足够低以降低MDE,使得误差在增长到影响保护级完好性之前就被检测并排除。若不能找到合适的阈值以同时满足上述两个约束,则有以下两种处理方法。

(1) 提出新的保护级公式,来处理这种误差的潜在影响。

(2) 放大广播的$\sigma_{\text{pr_gnd}}$值,使得保护级可以保护这种误差。

CAT Ⅰ LAAS为处理单参考接收机故障和卫星星历故障分别提出了VPL_{H1}和VPL_E。然而,保护级的量化依赖于对每个失效模式的威胁模型和先验概率的假设,这些威胁模型和相应先验概率的不确定性使得关于其的假设都很保守,增大广播$\sigma_{\text{pr_gnd}}$值降低了系统的连续性。CAT Ⅲ的完好性风险要求是CAT Ⅰ的1/200,使得同时满足完好性和连续性的检测统计量的阈值的空间进一步减小。因此,需要研究新的方法解决上述问题。

为便于推导监测器性能,现有监测器使用高斯分布对检测统计量进行包络,并根据包络的分布模型设计阈值,对包络的保守假设降低了系统性能。因此,本章提出使用混合高斯分布包络实际检测统计量分布,导出了相应的监测器设计并将其推广至CAT Ⅲ。

4.5.1　故障的完好性风险

LAAS用户基于对每个测距源伪距校正误差方差的估计计算垂直和水平定位误差方差的估计值,并据此计算保护级。如第1章中所述,无故障(H0)假设条件下垂直和水平保护级为

$$\mathrm{VPL}_{\mathrm{H0}} = K_{\mathrm{ffmd}}\sigma_{\mathrm{V}} \tag{4.99}$$

$$\mathrm{LPL}_{\mathrm{H0}} = K_{\mathrm{ffmd}}\sigma_{\mathrm{L}} \tag{4.100}$$

式中:σ_{V} 和 σ_{L} 分别为垂直和水平定位误差估计;K_{ffmd} 为 K 因子或系数,用于获得一定的无故障漏检概率 P_{ffmd}。如果任意一个保护级超过告警门限,则导航系统被认为不足以支持精密进近。

保护级完好性风险定义为实际误差超过保护级而保护级没超过告警门限的概率。如在无故障条件下,伪距校正误差可被认为是零均值正态分布随机变量,则保护级完好性风险为 P_{ffmd}。类似地,LAAS 定义了单接收机故障条件下的保护级。

对于每一种导致非 H0 和 H1 情况(即 H2)出现的误差源,LAAS 将其定义为一个故障。对于每一个给定的故障,LAAS 设计有一个检测器,其完好性风险为

$$P_{\mathrm{MI}} = P_{\mathrm{md}\mid\mathrm{fault}} \times P_{E>\mathrm{PL}\mid\mathrm{fault}} \times P_{\mathrm{fault}} \tag{4.101}$$

式中:P_{fault}是故障发生的先验概率;$P_{E>\mathrm{PL}\mid\mathrm{fault}}$是故障出现导致定位误差超过告警门限的概率;$P_{\mathrm{md}\mid\mathrm{fault}}$是对故障的漏检概率。如果所有故障导致的完好性风险之和低于所规定的需求,则认为 H2 完好性风险被满足。

对不同的故障,LAAS 设计有不同的检测器,但通过设计测试统计量和建立阈值以满足完好性风险的基本原理都相同,因此本章不针对每一个故障的检测器分别讨论,而是在一个统一的方法的基础上进行分析。此外,由于 LAAS 对垂直方向误差的要求远比水平方向严格,很少会出现水平方向 PL 被超过而垂直方向 PL 没有被超过的情况。因此,本章以 VPL 为例讨论故障监测的完好性。与 HPL 相关的故障监测完好性可用类似方法得到。

4.5.1.1 误差超过 PL 的概率

给定故障与其导致的完好性风险垂直定位误差超过告警门限的概率的关系如图 4.8所示,图中显示假设一个测距源 k 的故障导致伪距校正误差大小为 E_k时的垂直定位误差分布。

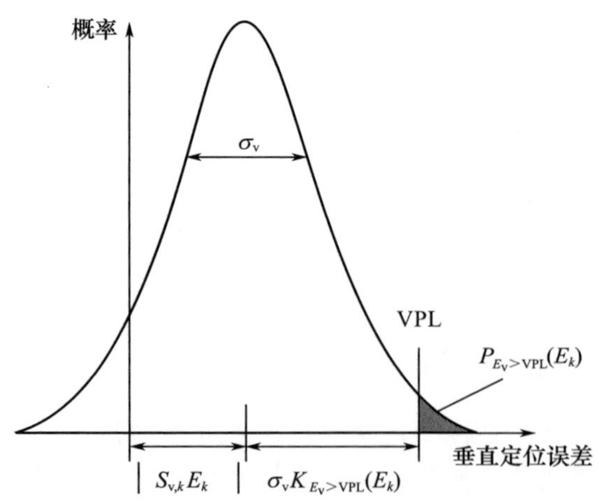

图 4.8 给定测距源 k 故障下的完好性风险

故障对垂直定位误差概率分布的影响为产生一个大小为$|S_{v,k}E_k|$的偏差，其中$S_{v,k}$是与星座几何相关的矩阵元素，其将测距源k的测距误差投影到定位误差的垂直方向。垂直定位误差概率分布在这个偏差周围，按照与无故障垂直定位误差分布相同的方式。描述垂直误差超过 VPL 的概率需要通过垂直定位误差标准差σ_v：

$$\sigma_v = \sqrt{\sum_{i=1}^{n}(S_{v,i}\sigma_i)^2} = \sqrt{\sum_{i=1}^{n}\sigma_{v,i}^2} \tag{4.102}$$

假设垂直定位误差大于 VPL 的概率为$P_{Ev>VPL}(E_k)$，由图4.8可知，相应K因子、误差大小和 VPL 的关系为

$$|S_{v,k}E_k| + K_{E_v>VPL}(E_k)\sigma_v = VPL \tag{4.103}$$

$S_{v,k}$和σ_v都与卫星的几何关系相关。

为确定最大允许误差（MERR），即考虑全部可能卫星几何分布的E_k上限，需要限制垂直定位误差超过 VPL 的概率为P_{MERR}，有

$$P_{E_v>VPL}(E_k) < P_{MERR} \tag{4.104}$$

对给定故障，P_{MERR}通常选为其完好性风险需求$P_{req}(HMI|fault)$与故障的先验概率P_{fault}的商。此时，表示在没有故障监测算法保护的情况下，出现故障且使得超过垂直定位误差超过 PL 的概率小于针对该故障的完好性风险分配，则当真实误差小于 MERR 时，系统完好性可完全由保护级提供。可得

$$|S_{v,k}E_k| + K_{MERR}\sigma_v < K_{ffmd}\sigma_v \tag{4.105}$$

用$\sigma_{v,k}/\sigma_v$替换$|S_{v,k}E_k|$，则有

$$|E_k| < (K_{ffmd} - K_{MERR})\frac{\sigma_v}{\sigma_{v,k}}\sigma_k \tag{4.106}$$

对给定 VPL（固定σ_v），全部误差方差在测距源k和其他测距源间分配，依赖于卫星几何。通过找到在给定 VPL 下使E_k最小限值的$\sigma_{v,k}$（或几何）来确定 MERR。

对一些正常的几何，σ_v对$\sigma_{v,k}$的比值近似为1。保守的假设是设这个比例为1（将所有垂直误差归于测距源k），有

$$MERR = (K_{ffmd} - K_{MERR})\sigma_k \tag{4.107}$$

对给定测距误差，与垂直误差超过 VPL 的概率（单边）相关的K因子，$K_{E_v>VPL}$，可以写成$|E_k|$与 MERR 的比r的函数：

$$K_{E_v>VPL}(r) > (1-r)K_{ffmd} + rK_{MERR} \tag{4.108}$$

随着r趋于0，$K_{E_v>VPL}$接近K_{ffmd}。当r等于1时，$K_{E_v>VPL}$为K_{MERR}。

垂直误差超过 VPL 的全部概率包括两个尾部，可被包络为

$$P_{E_v>VPL}(r) < Q(-K_{E_v>VPL}(r)) + Q(K_{E_v>VPL}(r) - 2K_{ffmd}) \tag{4.109}$$

式(4.109)中第2项仅当r趋于0时才有显著大小。

通常假设 VPL 会在 LPL 之前被超过，但该假设并不一定成立。将垂直误差替换为水平误差，VPL 替换为 LPL，前节中的处理同等有效。此处给出了保守假设，σ_{lat}与$\sigma_{lat,k}$的比率接近1，给定几何的误差限由水平或垂直因素中比例较小的确

定。用于确定 MERR 的假设意味着仅考虑一种误差因素是足够的，并且不失一般性。

4.5.1.2 漏检概率

假设故障的影响导致测试统计量产生大小为 $\eta(E_k)$ 的偏差，故障测试统计量的概率分布的形状与无故障测试统计量的相同，则一个测距源故障的检测器未能检测导致伪距校正误差大小为 E_k 的故障的概率等于该检测器测试统计量小于阈值的概率：

$$P_{\mathrm{md}\mid\mathrm{fault}}(E_k) = \int_{-\infty}^{\eta_{\mathrm{th}}} p_{\mathrm{test}}(x - \eta(E_k))\,\mathrm{d}x \tag{4.110}$$

式中：p_{test} 是测试统计量的无故障概率密度函数，η_{th} 是检测阈值。假设测试统计量的概率分布被一个标准差为 σ_{test} 的高斯分布包络（在 CDF 意义上），则对给定误差等级，与漏检概率相关的分位数因子可写为

$$K_{\mathrm{md}\mid\mathrm{fault}}(E_k) = \frac{\eta(E_k) - \eta_{\mathrm{th}}}{\sigma_{\mathrm{test}}} \tag{4.111}$$

图 4.9 显示了允许的测试统计量阈值的范围。

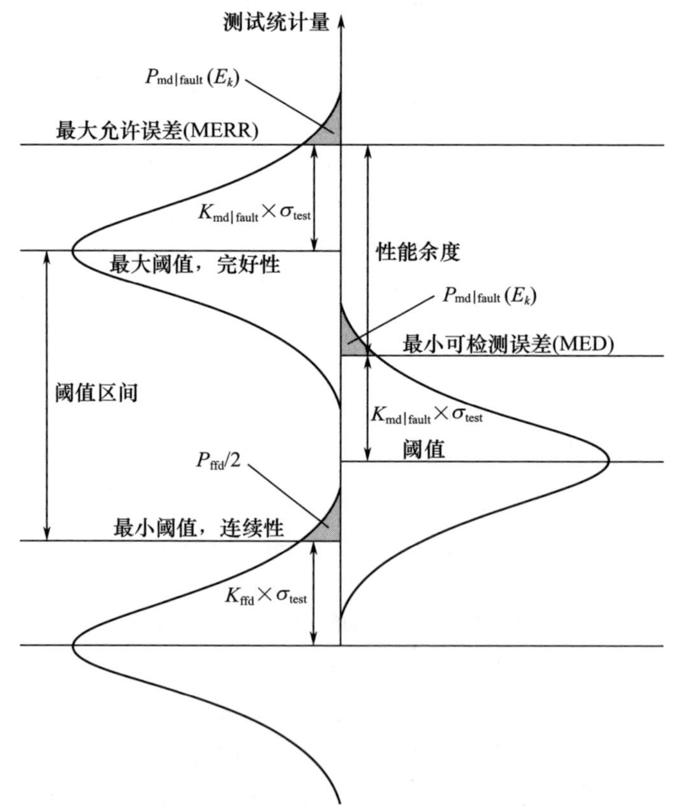

图 4.9　阈值的设定（见彩图）

最小阈值基于给定故障的连续性需求分配。连续性是系统在一个特定的时间间隔内不间断地提供服务的概率。连续性风险分配表达为由于监测器测试统计量超过阈值导致测距源被排除的概率。该概率从无故障检测(下标 ffd)分布计算得到,是指在没有故障的条件下,由于随机测量误差(通常指噪声)导致限值被超过。

因此,图 4.8 中最小阈值定义为

$$\eta_{\mathrm{th,min}} = K_{\mathrm{ffd}} \times \sigma_{\mathrm{test}} \tag{4.112}$$

式中:K_{ffd}为与无故障检测概率相关的因子,基于分配给特定故障监视器的连续性风险配额计算得到。如果阈值小于 $\eta_{\mathrm{th,min}}$,则在无故障条件下,测试统计量超过阈值从而导致告警的概率超过了系统所允许的范围。

最大允许阈值定义为

$$\eta_{\mathrm{th,max}} = \mathrm{MERR} - K_{\mathrm{md|fault}} \times \sigma_{\mathrm{test}} \tag{4.113}$$

小于 MERR 的误差可被保护级保护。如果误差超过了 MERR,则定位误差大于告警门限的概率超过了允许的范围,若这种情况不能被检测器以需要的概率检测,则被认为是安全风险。如果阈值大于 $\eta_{\mathrm{th,max}}$,则故障导致误差大于 MERR 并且这种情况未被检测的概率超过了系统规定的完好性风险需求。

最小和最大允许阈值间的间隔提供在连续性和完好性风险间进行均衡的缓冲区,保护由于测量噪声导致测试统计量被部分抵消而出现的真实误差超过阈值而监测器测试统计量没有超过的情况。

一旦确定阈值,MDE 就给定为

$$\mathrm{MDE} = \eta_{\mathrm{th}} + K_{\mathrm{md|fault}} \times \sigma_{\mathrm{test}} \tag{4.114}$$

MERR 超过 MDE 的总量称为监测器的性能余度:

$$M_{\mathrm{performance}} = \mathrm{MERR} - \mathrm{MDE} \tag{4.115}$$

不同类别故障的检测器共同保证总的测距源完好性风险和连续性需求得到满足。

测试统计量假设故障导致的伪距校正误差和测试统计量偏差间为线性关系:

$$\eta(E_k) \propto E_k \tag{4.116}$$

测试统计量偏差可写为$|E_k|$与 MERR 的比值 r 的函数:

$$\eta(E_k) = r\eta(\mathrm{MERR}) = r\sigma_{\mathrm{test}}(K_{\mathrm{ffd}} + K_{\mathrm{md\_MERR}}) \tag{4.117}$$

式中:$K_{\mathrm{md_MERR}}$是与 $E_k = \mathrm{MERR}$ 时漏检概率相关的 K 因子。因此

$$K_{\mathrm{md}}(r\mathrm{MERR}) = (r-1)K_{\mathrm{ffd}} + rK_{\mathrm{md\_MERR}} \tag{4.118}$$

r 增长到 1,K 增长到 $K_{\mathrm{md\_MERR}}$,表明有 50% 的可能漏检。如果差分误差和测试量偏差的比值是非线性的,K_{md}的表达式可能会更复杂,但该方法依然有效。

4.5.1.3　给定故障下误导信息的概率

给定故障条件下产生未被检测的误导信息($E > \mathrm{PL}$)的概率称为漏保护概率,其为故障导致定位误差超过告警门限的概率和故障未被检测的概率的乘积:

$$P_{\mathrm{MI|fault}} = P_{\mathrm{md|fault}} \times P_{E>\mathrm{PL|fault}} \tag{4.119}$$

随着故障导致的伪距校正误差的增大,其导致定位误差超过告警门限的概率增加,但检测器对故障的漏检概率降低。

对大误差,检测器的漏检概率小,而保护级可提供的对该故障的保护小。对小误差,检测器对消除风险作用小,而几乎全部保护归于保护级。

4.5.1.4 故障的完好性风险

为 H2 假设下的全部故障设计监视器是件复杂的工作。GPS 故障率非常低,故障的样本通常在很长一段时间内只能观测到数个。目前的方法是根据出现故障的次数和 GPS 的全部运行时间来确定故障的先验概率。一次新的故障的出现将很可能导致此故障的先验概率大幅增加。值得庆幸的是,由于监测器的存在,故障监测过程中不用关心先验概率过小(如对 H0 假设下,需要估算 5×10^{-9} 概率出现的误差)的故障。GPS 已经正常运行 20 余年,可以认为值得关注的故障已经都出现过。

另一个问题是如何给每个故障分配合适的风险概率。保守的方法是将全部 H2 完好性风险平均分配给每一种故障源,这也是早期 LAAS 故障监测算法设计中采用的方法。随着对故障先验知识的增多和对故障监测器性能的了解,认为有较大的风险应该分配给信号畸变、电离层相关故障和由于保护级模型不准确带来的完好性风险。表 4.2 总结了现有 LAAS 全部已知故障的先验概率和所分配的完好性风险。

表 4.2 现有 LAAS 全部已知故障的先验概率和所分配的完好性风险

序号	故障因素	P_{fault}	监测算法	$P_{md\mid fault}$	完好性风险
1	信号变形	4.2×10^{-5}	信号质量监测	1×10^{-3}	4.2×10^{-8}
2	低功率	4.2×10^{-5}	信号质量监测	1×10^{-5}	4.2×10^{-10}
3	码-载波分离	4.2×10^{-5}	测量质量监测	1×10^{-4}	4.2×10^{-9}
4	加速度过大	4.2×10^{-5}	测量质量监测	1×10^{-4}	4.2×10^{-9}
5	星历误差	4.2×10^{-5}	数据质量监测	1×10^{-4}	4.2×10^{-9}
6	电离层梯度	1.785×10^{-5}	测量质量监测	1×10^{-3}	1.785×10^{-8}
7	对流层监测	1.015×10^{-5}	方差均值监测	1×10^{-3}	1.015×10^{-8}
8	地面伪距 sigma	1.8×10^{-5}	方差均值监测	1×10^{-3}	1.8×10^{-8}
9	非零均值监测	2.4×10^{-5}	方差均值监测	1×10^{-3}	2.4×10^{-8}
10	sigma 监测	2.4×10^{-5}	方差均值监测	1×10^{-3}	2.4×10^{-8}
11	故障数据排除	1.0×10^{-5}	执行监测	1×10^{-4}	1.0×10^{-9}
总 H2 完好性风险					1.5×10^{-7}

CAT Ⅲ LAAS 的总 H2 完好性风险下降至 1/200,为 7.5×10^{-10},因此,必须研究新的故障监测方法,以满足 CAT Ⅲ的需求。

4.5.2 检测量的混合高斯分布

故障检测过程中,假设测试统计量是符合高斯分布的,并据此计算阈值。然而,实际检测量并非是高斯分布的,所以使用了 CDF 包络方法,利用一个标准差被放大了的高斯分布来包络真实测试统计量概率分布的尾部。当误差的实际分布和高斯分布差别很大时,这种描述方法将使阈值被不必要地放大,从而损失了连续性性能。这尤其发生在误差为厚尾分布的情况下。在信号处理中,混合高斯分布常用于描述厚尾分布。因此,本章提出了使用混合高斯分布描述检测量概率分布。

4.5.2.1 混合高斯分布模型建立

通常情况,测试统计量分布的核和高斯分布很相似,但在尾部明显比高斯要差。实际检测量概率分布尾部的表现和核部的有很大差别。此外,分布的尾部是通过分析和服从最差情况下获得的,这使得分布的尾部离高斯分布很远。如果使用高斯包络逼近,分布在尾部的不确定度迫使这个包络在核部过于保守。

使用混合高斯模型可以更精确描述测试统计量的概率分布,能够同时考虑分布的厚尾和紧核特性。设 z 是反映伪距误差的随机变量,高斯包络的概率密度可以写成如下形式:

$$p(z_i) = p_{0,\sigma_i}(z_i) \tag{4.120}$$

式中:p 的下角反映了均值和标准差;索引 i 表示给定的某一条视线。混合高斯分布表示为 2 个高斯分布的混合:

$$p(z_i) = a_{\text{core}} p_{0,\gamma_{\text{core}}\sigma_i}(z_i) + a_{\text{tail}} p_{0,\gamma_{\text{tail}}\sigma_i}(z_i) \tag{4.121}$$

式中:在服从以下条件的情况下定义了式(4.121)中的 3 个附加参数:最后的结果应该是样本分布的包络,并且在大分位数情况下,它应该是原包络分布的包络。

根据样本对其假设的概率分布参数的估计和检验方法方面已经有大量的优秀研究成果。本章直接利用现有方法,得到的参数选择如下:

$$a_{\text{core}} = 0.975, \quad \gamma_{\text{core}} = 0.3$$
$$a_{\text{tail}} = 0.025, \quad \gamma_{\text{tail}} = 1.5$$

4.5.2.2 混合高斯分布模型的完好性风险计算

在概率分布尾,混合高斯包络迅速下降。此时对应所需无故障检测概率和漏检概率的分位数下降,使得最大阈值上升而最小阈值下降,从而阈值的取值有更大的空间。对 CAT Ⅲ,所需的故障检测完好性风险下降两个数量级,因此最大阈值下降。通过使用混合高斯包络,弥补了部分由于完好性风险下降导致的阈值取值区间的缩小,保证了一定的性能余度。

CAT Ⅲ的 H2 完好性风险为 7.5×10^{-10},考虑保守的分析方法,假设全部风险平均分配给每个故障,则载波平滑码更新监视器对应故障的完好性风险为 $7.5\times10^{-10}/11 = 6.8\times10^{-11}$。故障出现的先验概率并不随完好性风险要求而变化,因此为 4.2×10^{-5}。对应的最大允许漏保护概率为

$$P_{(\mathrm{MI}\mid\mathrm{fault})\_\mathrm{MAX}} = 6.8\times10^{-11}/(4.2\times10^{-5}) = 1.6\times10^{-6} \tag{4.122}$$

则最大允许误差 MERR 为

$$\mathrm{MERR} = (k_{\mathrm{ffmd}} - Q^{-1}(1 - P_{(\mathrm{MI}\mid\mathrm{fault})\_\mathrm{MAX}}))\sigma_k = 2.34\sigma_k \tag{4.123}$$

考虑 CAT Ⅰ条件下的 MERR 为

$$\mathrm{MERR}_{\mathrm{CAT\ I}} = (k_{\mathrm{ffmd\_CAT\ I}} - Q^{-1}(1 - P_{(\mathrm{MI}\mid\mathrm{fault})\_\mathrm{MAX\_CAT\ I}}))\sigma_k = 2.13\sigma_k \tag{4.124}$$

CAT Ⅰ条件下 MERR 比 CAT Ⅲ略大，因为 CAT Ⅲ的保护级对故障的保护余度增大。根据 CAT Ⅰ的故障完好性风险分配，载波平滑码更新监视器的完好性风险不是总完好性风险的主要部分，因此，将 CAT Ⅲ条件下载波平滑码更新监视器的完好性风险降低，从而 MERR 降低。为便于讨论，此处假设对 CAT Ⅰ和 CAT Ⅲ，载波平滑码更新监视器的 MERR 相同。

CAT Ⅲ的连续性风险要求与 CAT Ⅰ相同，假设各种故障彼此独立，连续性风险在各故障间平均分配，则分配给载波平滑码更新监视器的连续性风险为

$$P_{\mathrm{ffd}} = 8\times10^{-6}/11 = 7.23\times10^{-7} \tag{4.125}$$

分别使用高斯包络和混合高斯包络时对应此概率的分位数为 4.818 和 3.620。

最大阈值的选择使得当故障完好性风险完全由监测器保障时也能满足漏保护要求。对载波平滑码更新监视器，CAT Ⅰ的漏保护风险概率为 1×10^{-4}，对 CAT Ⅲ为 1.6×10^{-6}。使用高斯分布对测试统计量进行包络时，对应的分位数分别为 3.719 和 4.6575。使用混合高斯分布进行包络时，对应的分位数分别为 2.387 和 3.448。即，对载波平滑码更新监视器，使用混合高斯分布进行包络时，在 CAT Ⅲ要求下的最大阈值，与使用高斯分布进行包络，在 CAT Ⅰ要求下的最大阈值相当。因此具有同样的性能余度。

4.6 DFMC GBAS 处理流程

实际中，现有 LAAS 的完好性监测分为地面系统和机载系统两部分。

4.6.1 地面处理

以 Stanford GPS Lab 的 LAAS 完好性监测测试床（IMT）为例，LAAS 地面系统的处理包括以下 3 部分功能。

（1）差分处理：对 GNSS 卫星信号进行解码，计算载波平滑伪距，产生伪距校正信息，广播差分信息报文等，同时为后续完好性监测算法提供数据。

（2）完好性监测：对 GNSS 空间信号以及地面设备本身可能出现的异常情况进行监视，保证导航系统的完好性。包括信号质量监测（SQM）、数据质量监测（DQM）、测量质量监测（MQM）、多参考站一致性监测（MRCC）、方差-均值监测（σμ-monitor）和报文监测（MFRT）。

（3）执行监测（EXM）：包含一系列复杂的故障处理逻辑，处理各种完好性监测

算法的结果并采取适当的方法(如隔离)来避免完好性风险。

LAAS 地面系统处理逻辑如图4.10所示。

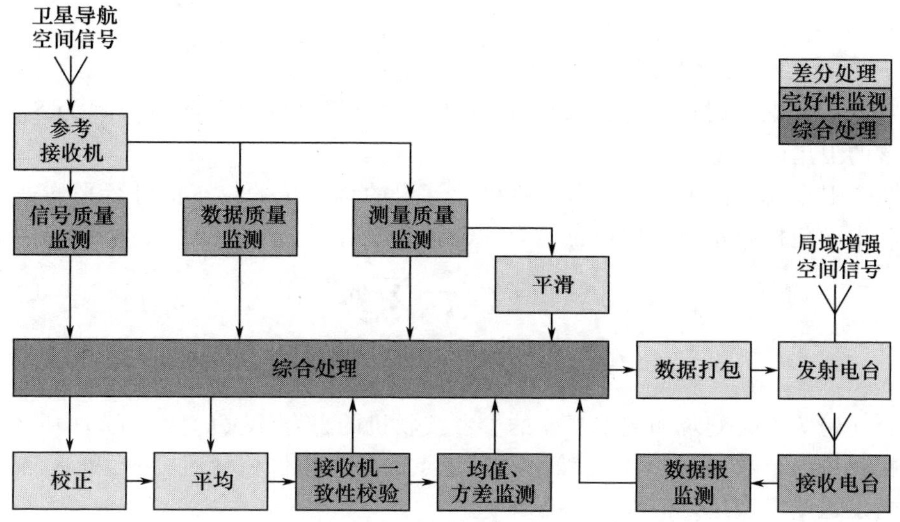

图4.10 LAAS 地面系统处理逻辑(见彩图)

4.6.1.1 平滑

使用载波相位观测量的变化值对码观测量进行平滑可减小码伪距中的快变误差:

$$\rho_{s,m,n}(k)=\frac{1}{N}\rho_{m,n}(k)+\frac{N-1}{N}[\rho_{s,m,n}(k-1)+\varphi_{m,n}(k)-\varphi_{m,n}(k-1)] \quad (4.126)$$

式中:$N=\tau/T$,τ 为平滑滤波时间常数,通常取100s,T 为原始观测量的采样间隔,通常为0.5s;$\rho_{m,n}(k)$ 和 $\varphi_{m,n}(k)$ 分别为 k 时刻接收机 m 对卫星 n 的码和载波相位观测量;$\rho_{s,m,n}(k)$ 为 k 时刻接收机 m 对卫星 n 的平滑(码)伪距。

4.6.1.2 校正

对参考接收机接收到的码伪距及载波相位伪距同已知的真实距离做差分,计算平滑伪距校正值 ρ_{sc} 和载波相位校正值 φ_c:

$$\rho_{sc,m,n}(k)=\rho_{s,m,n}(k)-R_{m,n}(k)+\tau_{m,n}(k) \quad (4.127)$$

$$\varphi_{c,m,n}(k)=\varphi_{m,n}(k)-R_{m,n}(k)+\tau_{m,n}(k)-\varphi_{c,m,n}(0) \quad (4.128)$$

式中:$R_{m,n}$ 是参考接收机天线到卫星的真实距离(基于已知的参考天线位置和广播星历计算得到);$\tau_{m,n}$ 为卫星钟校正。$R_{m,n}$ 和 $\tau_{m,n}$ 使用经 DQM 验证的卫星导航数据计算。

4.6.1.3 平均

对于某一参考接收机收到的所有卫星的观测量之中都含有同样的接收机钟差,因此,将该参考接收机对所有卫星差分校正值进行平均作为其钟差的估计值,并在校正值中减去该估计值以得到不含接收机钟差的校正值。经调整接收机钟差的校正

值为

$$\rho_{sca,m,n}(k) = \rho_{sc,m,n}(k) - \frac{1}{N_m(k)}\sum_{j\in S_m(k)}\rho_{sc,m,j}(k) \tag{4.129}$$

$$\varphi_{ca,m,n}(k) = \varphi_{c,m,n}(k) - \frac{1}{N_m(k)}\sum_{j\in S_m(k)}\varphi_{c,m,j}(k) \tag{4.130}$$

式中：$S_m(k)$代表k时刻参考接收机m观测到的全部卫星的集合；$N_m(k)$为$S_m(k)$中所包含的卫星的数量。

每个卫星校正值由所有参考接收机计算出的该卫星的校正值进行平均得到，以减小其中的随机误差。平均校正值为

$$\rho_{corr,n}(k) = \frac{1}{N_n(k)}\sum_{i\in S_n(k)}\rho_{sca,i,n}(k) \tag{4.131}$$

$$\varphi_{corr,n}(k) = \frac{1}{N_n(k)}\sum_{i\in S_n(k)}(\varphi_{ca,i,n}(k) - \varphi_{ca,i,n}(0)) \tag{4.132}$$

式中：$S_n(k)$为k时刻观测到卫星n的参考接收机的集合；$N_n(k)$为$S_n(k)$中所包含的参考接收机的个数；$\varphi_{ca,i,n}(0)$是第一个测量点的载波相位估计值。ρ_{corr}和φ_{corr}通过数据广播发送给机载用户。

4.6.1.4 SQM

SQM 的目的是检测和识别接收到的 GPS 测距信号中的异常，包括卫星信号异常和本地干扰。SQM 包括三个功能：相关峰监视、信号功率监视和码/载波分歧（CCD）监视。

1）相关峰监视

使用具有不同相关间隔的多相关器的信号质量接收机（SQR），可检测输出的相关峰图是否发生畸变。相关峰监测的统计检测量为

$$\Delta_{\pm offset} = \frac{I_{-offset1} - I_{+offset1}}{2I_{prompt}} - \frac{I_{-offset2} - I_{+offset2}}{2I_{prompt}} \tag{4.133}$$

$$R_{\pm offset} = \frac{(I_{-offset} + I_{+offset})}{2I_{prompt}} \tag{4.134}$$

式中：I_{prompt}为相关时间间隔 0 时相关器的输出，对于正常的 C/A 码该时间对应的为峰值；I_{offset}为相关时间间隔非 0 时的相关器输出，滞后为负，超前为正。

2）信号功率监视，统计检测量为

$$R_{C/N_0,avg,m,n}(k) = \frac{1}{2}(R_{C/N_0,m,n}(k-1) + R_{C/N_0,m,n}(k)) \tag{4.135}$$

式中：$R_{C/N_0,m,n}$为k时刻接收机通道(m,n)的信噪比。如果信噪比过低，接收机将很难从噪声中将信号分离出来，从而产生较大的测距误差。

3）CCD 监视

CCD 监视用于监测电离层风暴并保证码和载波观测量的分歧足够小，检测量为

$$D_{m,n}(k) = \frac{\tau - T}{\tau}D_{m,n}(k-1) + \frac{1}{\tau}(z_{m,n}(k) - z_{m,n}(k-1)) \tag{4.136}$$

式中：$z_{m,n}(k)=\rho_{m,n}(k)-\varphi_{m,n}(k)$，称为码减载波观测量。

4.6.1.5 DQM

卫星的异常机动、广播星历参数计算误差和地面控制站注入校正参数时数据链的故障等原因可能导致较大的卫星星历误差，DQM 分别计算根据两个星历得出的卫星位置之差在卫星轨道的切向、法向和径向方向上的投影，验证卫星导航数据足够可信。

(1) 导航电文更新时，将接收到的新的导航电文同已确认的导航电文相比较。

(2) 卫星刚进入参考接收机跟踪范围时，其上一次接收到的星历有可能是 24h 前的。如果新的星历误差很大，则这种比较方法仍然可以检测出这种失效的情况。

4.6.1.6 MQM

MQM 由 GPS 时钟异常和地面站参考接收机故障导致的阶跃等快变误差，包括接收机锁定时间监测，载波加速-斜坡-阶跃(acceleration-ramp-step)监测和载波平滑码更新(innovation)监测。

(1) 接收机锁定时间监测计算接收机产生的锁定时间的数值微分来判断接收机是否连续地相位锁定。若某一时刻产生失锁则数值微分可能为较大数值或者无穷大，以致超过预先设定的阈值。

(2) 载波加速-斜坡-阶跃监测利用距当前历元最近的 10 个连续时刻的载波相位平均校正值，通过最小二乘法来拟合二次方程，所获得的二次、一次和常数项定义为加速、斜坡以及阶跃，检测载波相位测量上存在脉冲、阶跃或者加速度等快变误差。

(3) 载波平滑码更新监测检测原始伪距测量中的脉冲和阶跃误差，统计检测量为

$$\mathrm{Inno}_{m,n}(k)\equiv\rho_{m,n}(k)-[\rho_{s,m,n}(k-1)+\varphi_{m,n}(k)-\varphi_{m,n}(k-1)] \tag{4.137}$$

4.6.1.7 EXM Ⅰ

EXM Ⅰ用于处理 SQM、DQM、MQM 产生的完好性告警。EXM Ⅰ建立 $\boldsymbol{T}$(跟踪)矩阵(元素为接收机跟踪的卫星)和 $\boldsymbol{D}$(判决)矩阵(元素为 QM 算法告警标志的逻辑或)。矩阵中每个元素代表一个通道。EXM Ⅰ处理以下两种基本情况。

(1) 单卫星在单个参考接收机上产生标记，直接排除该通道的测量值。

(2) 单卫星在多个参考接收机上产生标记，或多卫星在多个参考接收机上产生标记。排除发生问题的接收机或者卫星，尤其是在没有足够的冗余信息来判断哪颗卫星发生故障的前提下，如果剩余的卫星不超过 4 颗，则需要重新启动 LAAS。

在决定了需要排除的观测量后，选择通过 EXM Ⅰ的可见卫星的集合 S_c，选择遵循以下两种原则，如图 4.11 所示。

(1) 如果所有接收机能同时跟踪 4 颗以上卫星，则 S_c 包含所有同时被跟踪的卫星；

(2) 否则 S_c 是被任何两个接收机跟踪的最大卫星集合。

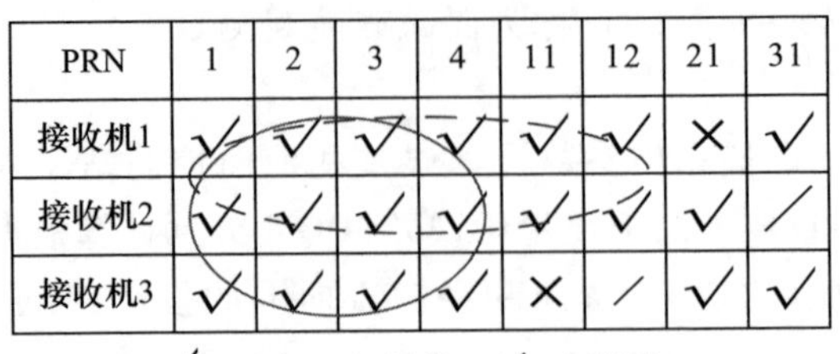

PRN	1	2	3	4	11	12	21	31
接收机1	√	√	√	√	√	√	×	√
接收机2	√	√	√	√	√	√	√	/
接收机3	√	√	√	√	×	/	√	√

√—正常；×—异常；/—未监测。

图 4.11　选择 S_c 的方法示意图(见彩图)

4.6.1.8　MRCC

MRCC 计算 B 值,用于检测卫星的校正值在多接收机间的一致性,以隔离任何一个可能产生异常的接收机或接收机通道故障:

$$B_{\rho,m,n}(k) = \rho_{\mathrm{corr},n}(k) - \frac{1}{M_n(k)-1}\sum_{\substack{i \in S_n(k) \\ i \neq m}} \rho_{\mathrm{sca},i,n}(k) \tag{4.138}$$

$$B_{\rho,m,n}(k) = \rho_{\mathrm{corr},n}(k) - \frac{1}{M_n(k)-1}\sum_{\substack{i \in S_n(k) \\ i \neq m}} \rho_{\mathrm{sca},i,n}(k) \tag{4.139}$$

式中:S_n 为对卫星 n 有效测量的接收机的集合;M_n 为集合 S_n 的成员数。

B 值代表假定接收机 m 失效时伪距误差的估计值。将 B 值同其阈值比较,如果没有 B 值超过阈值,则不用隔离任何信道;如果存在 B 值超过阈值,则找出超出阈值最大的 B_ρ 值和最大的 B_φ 值。如果最大的 B_ρ 值和 B_φ 值不是在同一个信道,则该状态需要送至 EXM Ⅱ 解决;否则,隔离故障通道的观测量,然后利用余下数据重复上述过程。

4.6.1.9　σμ-monitor

用户利用地面站广播的差分校正误差标准差 $\sigma_{\mathrm{gnd},n}$ 来计算保护级。σμ-monitor 用于保证真实伪距校正误差被 $\sigma_{\mathrm{gnd},n}$ 包络。

(1) 标准差(sigma,σ)监测

首先将 B 值规范化处理:

$$B_{\rho\_\mathrm{normal},m,n}(k) = \frac{B_{\rho,m,n}(k) - \mu_{B,\rho,n}(k)}{\sigma_{B,\rho,n}(k)} \tag{4.140}$$

$$\sigma_{B,\rho,n}(k) = \frac{\sigma_{\mathrm{pr\_gnd},n}(k)}{\sqrt{M_n(k)-1}}, \quad \mu_{B,\rho,n}(k) = 0 \tag{4.141}$$

式中:$M_n(k)$ 是 k 时刻接收机的数目,再利用规范化的 B 值求得标准差的估计值:

$$\hat{\sigma}_{B_{\rho\_\mathrm{normal},m,n}}(k) = \sqrt{\frac{1}{k-1}\sum_{i=1}^{k}\left[B_{\rho\_\mathrm{normal},m,n}(k) - \mu_{B_{\rho\_\mathrm{normal},n}}(k)\right]^2} \tag{4.142}$$

理论上 B 值标准化后仍然满足高斯分布,伪距误差校正值的估计 Sigma 经过标准化后满足 κ^2 分布,时间越长,即所取样本数越多,自由度越大,其增长将会越来越

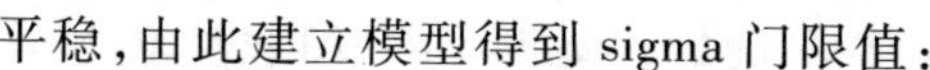

平稳，由此建立模型得到 sigma 门限值：

$$(N(k)-1)\frac{\hat{\sigma}^2_{B_{\rho\_\text{normal},m,n}}(k)}{\sigma^2_{B_{\rho\_\text{normal},n}}(k)} \sim \chi^2\{N(k)-1\} \tag{4.143}$$

(2) 均值(mean, μ)监测

均值估计同样将 B 值作为输入，基本思想同 sigma 估计一致：

$$\hat{\mu}_{B_{\rho\_\text{normal},m,n}}(k) \sim \text{Normal}\left(\mu_{B_{\rho\_\text{normal},m,n}}(k), \frac{\sigma_{B_{\rho\_\text{normal},m,n}}(k)}{\sqrt{N(k)}}\right) \tag{4.144}$$

4.6.1.10 MFRT

MFRT 用于保证计算出的平均伪距校正以及校正率在一定的范围内：

$$\rho_{\text{corr}} < 125\text{m} \tag{4.145}$$

$$R_{\rho_{\text{corr},n}}(k) = \frac{\rho_{\text{corr},n}(k) - \rho_{\text{corr},n}(k-1)}{T} < \pm 0.8\text{m/s} \tag{4.146}$$

4.6.1.11 EXM Ⅱ

一旦校正值、B 值、σ-μ 和 MRCC 标志生成，就开始执行 EXM Ⅱ。EXM Ⅱ处理这些标志，防止错误的测量值发送给用户。为了满足 EXM-Ⅱ所要求的处理时间，IMT 进行 4 次递归处理，重复进行 EXM-Ⅱ隔离 MRCC 失效检测过程，直到放弃或者排除所有失效的测量值。最后，被隔离的接收机或通道的载波平滑滤波器重新启动。

4.6.2 机载处理

4.6.2.1 伪距差分校正

机载接收机的伪距差分校正流程如图 4.12 所示。

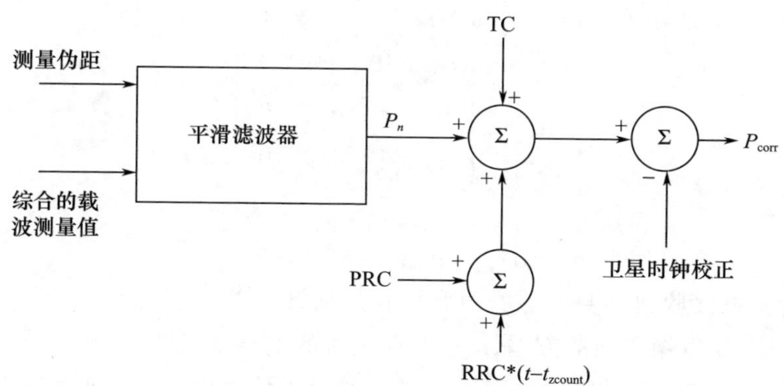

图 4.12 伪距差分校正整体流程

机载接收机使用与地面系统相同的方式对接收的测量值进行载波平滑滤波：

$$\rho_{s,\text{air},n}(k) = \frac{1}{N}\rho_{\text{air},n}(k) + \frac{N-1}{N}[\rho_{s,\text{air},n}(k-1) + (\varphi_{\text{air},n}(k) - \varphi_{\text{air},n}(k-1))] \tag{4.147}$$

式中：$\rho_{\mathrm{air},n}(k)$ 和 $\varphi_{\mathrm{air},n}(k)$ 分别是 k 时刻机载接收机的原始码伪距和载波相位观测量。

校正伪距的计算如下：

$$\rho_{\mathrm{c,air},n}=\rho_{\mathrm{s,air},n}+\rho_{\mathrm{corr},n}+r_{\mathrm{rrc},n}(t-t_{\mathrm{zcount}})+T_{\mathrm{c},n} \tag{4.148}$$

式中：$\rho_{\mathrm{c},n}$是从报文中获得的伪距校正；$r_{\mathrm{rrc},n}$是从报文中获得的钟率校正；t 是当前时间；t_{zcount}是报文中 $\rho_{\mathrm{c},n}$应用时间；$T_{\mathrm{c},n}$是对流层误差校正：

$$T_{\mathrm{c},n}=N_{\mathrm{R}}h_0\frac{10^{-6}}{\sin(\theta_n)}(1-\mathrm{e}^{-\Delta h/h_0}) \tag{4.149}$$

式中：N_{R} 为从 LAAS 地面站上传的报文中获取的折射率；Δh 为机载相对于地面站参考接收机的高度；θ_n 为卫星 n 的仰角；h_0 为从 LAAS 地面站上传的报文中获取的对流层均质大气高度。

4.6.2.2 定位计算

机载接收机位置和钟差都结合线性化的 GPS 测量值模型来估计：

$$\Delta\boldsymbol{y}=\boldsymbol{G}\Delta\boldsymbol{x}+\boldsymbol{\varepsilon} \tag{4.150}$$

式中：$\Delta\boldsymbol{y}$ 为 N 维矢量，包括差分校正的伪距观测量减去基于卫星位置和用户位置计算的预计测距值；$\Delta\boldsymbol{x}$ 为真实四维位置/时钟矢量与四维位置/时钟矢量的相对量；$\boldsymbol{\varepsilon}$ 为 N 维误差矢量；$\boldsymbol{G}$ 为用户接收机几何矩阵，它包含 N 行，其中每行为给定卫星的视线矢量，可写为卫星方位角(Az)和仰角(El)的三角函数形式：

$$\boldsymbol{G}_i=[\,-\cos(\mathbf{El}_i)\cos(\mathbf{Az}_i),\quad -\cos(\mathbf{El}_i)\sin(\mathbf{Az}_i),\quad -\sin(\mathbf{El}_i),\quad 1\,] \tag{4.151}$$

$\Delta\boldsymbol{x}$ 的最小二乘解为

$$\Delta\hat{\boldsymbol{x}}=(\boldsymbol{G}^{\mathrm{T}}\boldsymbol{W}\boldsymbol{G})^{-1}\boldsymbol{G}^{\mathrm{T}}\boldsymbol{W}\Delta\boldsymbol{y}=\boldsymbol{S}\Delta\boldsymbol{y} \tag{4.152}$$

式中：$\boldsymbol{S}=(\boldsymbol{G}^{\mathrm{T}}\boldsymbol{W}\boldsymbol{G})^{-1}\boldsymbol{G}^{\mathrm{T}}\boldsymbol{W}$ 将测距域的信息投影到位置域，$\boldsymbol{W}$ 是度量不同测量性能的协方差矩阵，它的逆矩阵可以表示如下：

$$\boldsymbol{W}^{-1}=\begin{bmatrix}\sigma_1^2 & 0 & \cdots & 0\\ 0 & \sigma_2^2 & \cdots & 0\\ \vdots & \vdots & \ddots & 0\\ 0 & 0 & 0 & \sigma_N^2\end{bmatrix} \tag{4.153}$$

$$\sigma_i^2=\sigma_{\mathrm{air},i}^2+\sigma_{\mathrm{gnd},i}^2+\sigma_{\mathrm{iono},i}^2+\sigma_{\mathrm{trop},i}^2 \tag{4.154}$$

式中：σ_{air}为机载接收机本身的热噪声和多径的估计方差；σ_{gnd}为由地面站对卫星 i 总的(修正后)无故障噪声项的方差；σ_{iono}为校正后的电离层残差的方差；σ_{trop}为校正后的对流层残差的方差。计算 σ_{gnd}、σ_{iono}和 σ_{trop}的必需信息由 LAAS 地面站提供。

4.6.2.3 保护级计算

机载接收机分别计算 H0 和 H1 假设下的 LPL 和 VPL，并有：

$$\mathrm{LPL}=\max\{\mathrm{LPL}_{\mathrm{H0}},\mathrm{LPL}_{\mathrm{H1}}\} \tag{4.155}$$

$$\mathrm{VPL}=\max\{\mathrm{VPL}_{\mathrm{H0}},\mathrm{VPL}_{\mathrm{H1}}\} \tag{4.156}$$

H0 假设下的 LPL 和 VPL 为

$$\mathrm{LPL_{H0}} = K_{\mathrm{ffmd}} \sqrt{\sum_{i=1}^{N} s_{\mathrm{lat},i}^{2} \sigma_{i}^{2}} \tag{4.157}$$

$$\mathrm{VPL_{H0}} = K_{\mathrm{ffmd}} \sqrt{\sum_{i=1}^{N} s_{\mathrm{vert},i}^{2} \sigma_{i}^{2}} \tag{4.158}$$

式中:K_{ffmd}为无故障漏检概率;$s_{\mathrm{lat},i}$和$s_{\mathrm{vert},i}$分别为第 i 个测距源误差在水平和垂直方向上的投影;N 为机载定位使用的测距源的数量。

H1 假设下的 LPL 和 VPL 为

$$\mathrm{LPL_{H1}} = \max\{\mathrm{LPL}_{\mathrm{H1},j}\} \tag{4.159}$$

$$\mathrm{VPL_{H1}} = \max\{\mathrm{VPL}_{\mathrm{H1},j}\} \tag{4.160}$$

式中:j 为地面子系统接收机的序号;$\mathrm{LPL}_{\mathrm{H1},j}$、$\mathrm{VPL}_{\mathrm{H1},j}$的计算如下:

$$\mathrm{LPL}_{\mathrm{H1},j} = |B_{j,\mathrm{lat}}| + K_{\mathrm{md}} \sigma_{\mathrm{lat,H1}} \tag{4.161}$$

$$\mathrm{VPL}_{\mathrm{H1},j} = |B_{j,\mathrm{vert}}| + K_{\mathrm{md}} \sigma_{\mathrm{vert,H1}} \tag{4.162}$$

$$\sigma_{\mathrm{lat\_H1}}^{2} = \sum_{i=1}^{N} s_{\mathrm{lat},i}^{2} \sigma_{i,\mathrm{H1}}^{2} \tag{4.163}$$

$$\sigma_{\mathrm{vert\_H1}}^{2} = \sum_{i=1}^{N} s_{\mathrm{vert},i}^{2} \sigma_{i,\mathrm{H1}}^{2} \tag{4.164}$$

$$\sigma_{i,\mathrm{H1}}^{2} = \frac{M_{i} \sigma_{\mathrm{pr\_gnd},i}^{2}}{M_{i} - 1} + \sigma_{\mathrm{air},i}^{2} + \sigma_{\mathrm{iono},i}^{2} + \sigma_{\mathrm{trop},i}^{2} \tag{4.165}$$

式中:K_{md}为地面子系统存在失效时的漏检系数;M_i为用于计算第 i 颗卫星校正值的接收机数量;$B_{j,\mathrm{lat}}$和$B_{j,\mathrm{vert}}$为

$$B_{j,\mathrm{lat}} = \sum_{i=1}^{N} s_{\mathrm{lat},i} B_{i,j} \tag{4.166}$$

$$B_{j,\mathrm{vert}} = \sum_{i=1}^{N} s_{\mathrm{vert},i} B_{i,j} \tag{4.167}$$

式中:$B_{i,j}$是第 i 颗卫星第 j 个参考接收机的 B 值。

根据 RTCA DO-245A 标准,漏检系数 K_{ffmd}和 K_{md}的选择如表 4.3 所列。

表 4.3 漏检系数

GBAS 服务等级	K_{ffmd}			K_{md}		
	$M_m=2$	$M_m=3$	$M_m=4$	$M_m=2$	$M_m=3$	$M_m=4$
A、B、C	5.762	5.810	5.847	2.935	2.898	2.878
D、E、F	6.9(水平) 6.8(垂直)	7.0(水平) 6.9(垂直)	7.0(水平) 6.9(垂直)	3.9(水平) 3.8(垂直)	3.9(水平) 3.7(垂直)	3.9(水平) 3.7(垂直)
注:$M_m=\max\{M_i\}$						

4.6.3 DFMC GBAS

利用基于双频观测量的平滑滤波、误差包络和故障检测技术,以现有 CAT Ⅰ

LAAS 体系结构为基础,可实现满足 CAT Ⅲ需求的 LAAS。

4.6.3.1 平滑滤波

基于双频观测量的级联双频平滑滤波为

$$\rho_{s,m,n}(k)=\frac{1}{N}\rho_{d,m,n}(k)+\frac{N-1}{N}[\rho_{s,m,n}(k-1)+\varphi_{d,m,n}(k)-\varphi_{d,m,n}(k-1)] \quad (4.168)$$

式中

$$N=\begin{cases}k & k<800\\ 800 & k\geqslant 800\end{cases}$$

$$\rho_{d,m,n}(k)=\rho_{1,m,n}(k)-i_{1\_est,m,n}(k)$$

$$\varphi_{d,m,n}(k)=\varphi_{1,m,n}(k)-\frac{1}{\alpha}(\varphi_{1,m,n}(k)-\varphi_{2,m,n}(k))$$

式中

$$i_{1\_est,m,n}(k)=\frac{1}{\alpha}\left\{\frac{1}{N}\rho_{1-2,m,n}(k)+\frac{N-1}{N}[i_{1\_est,m,n}(k-1)+(\varphi_{1-2,m,n}(k)-\varphi_{1-2,m,n}(k-1))]\right\}$$

$$\rho_{1-2,m,n}(k)=\rho_{1,m,n}(k)-\rho_{2,m,n}(k)$$

$$\varphi_{1-2,m,n}(k)=\varphi_{1,m,n}(k)-\varphi_{2,m,n}(k)$$

产生的双频校正值为

$$\rho_{sc,m,n}(k)=\rho_{s,m,n}(k)-R_{m,n}(k)+\tau_{m,n}(k) \quad (4.169)$$

$$\varphi_{c,m,n}(k)=\varphi_{d,m,n}(k)-R_{m,n}(k)+\tau_{m,n}(k)-\varphi_{c,m,n}(0) \quad (4.170)$$

经调整接收机钟差的校正值为

$$\rho_{sca,m,n}(k)=\rho_{sc,m,n}(k)-\frac{1}{N_m(k)}\sum_{j\in S_m(k)}\rho_{sc,m,j}(k) \quad (4.171)$$

$$\varphi_{ca,m,n}(k)=\varphi_{c,m,n}(k)-\frac{1}{N_m(k)}\sum_{j\in S_m(k)}\varphi_{c,m,j}(k) \quad (4.172)$$

平均校正值为

$$\rho_{corr,n}(k)=\frac{1}{N_n(k)}\sum_{i\in S_n(k)}\rho_{sca,i,n}(k) \quad (4.173)$$

$$\varphi_{corr,n}(k)=\frac{1}{N_n(k)}\sum_{i\in S_n(k)}(\varphi_{ca,i,n}(k)-\varphi_{ca,i,n}(0)) \quad (4.174)$$

机载接收机使用与地面系统相同的方式对接收的测量值进行载波平滑滤波:

$$\rho_{s,air,n}(k)=\frac{1}{N}\rho_{d,air,n}(k)+\frac{N-1}{N}[\rho_{s,air,n}(k-1)+(\phi_{d,air,n}(k)-\phi_{d,air,n}(k-1))] \quad (4.175)$$

式中

$$\rho_{d,air,n}(k)=\rho_{1,air,n}(k)-i_{1\_est,air,n}(k)$$

$$\varphi_{d,air,n}(k)=\varphi_{1,air,n}(k)-\frac{1}{\alpha}(\varphi_{1,air,n}(k)-\varphi_{2,air,n}(k))$$

式中

$$i_{1\_est,air,n}(k)=\frac{1}{\alpha}\left\{\frac{1}{N}\rho_{1-2,air,n}(k)+\frac{N-1}{N}\left[i_{1\_est,air,n}(k-1)+\left(\varphi_{1-2,air,n}(k)-\varphi_{1-2,air,n}(k-1)\right)\right]\right\}$$

$$\rho_{1-2,air,n}(k)=\rho_{1,air,n}(k)-\rho_{2,air,n}(k)$$

$$\varphi_{1-2,air,n}(k)=\varphi_{1,air,n}(k)-\varphi_{2,air,n}(k)$$

校正伪距的计算如下：

$$\rho_{c,air,n}=\rho_{s,air,n}+\rho_{corr,n}+r_{rrc,n}(t-t_{zcount})+T_{c,n} \tag{4.176}$$

4.6.3.2 误差包络

考虑统计不确定性带来的完好性风险，需要使用极值理论对误差样本的标准差进行放大。对 CAT Ⅰ的 SFS LAAS，平均放大因子为1.74，对 CAT Ⅰ的 CDFS LAAS，平均放大因子为1.68；对 CAT Ⅲ的 SFS LAAS，平均放大因子为1.84，对 CAT Ⅲ的 CDFS LAAS，平均放大因子为1.78。

4.6.3.3 故障检测

通过使用混合高斯模型替代现有过于保守的高斯模型可有效扩展可用阈值范围并降低漏保护概率。表4.4是使用4.5.2节论述的混合高斯包络的 CAT Ⅲ条件下全部 LAAS 故障的漏保护概率和相应的完好性风险。

表4.4 混合高斯包络的 CAT Ⅲ条件下全部 LAAS 故障的漏保护概率和相应的完好性风险

序号	故障因素	P_{fault}	监测算法	$P_{MI\mid fault}$	完好性风险
1	信号变形	4.2×10^{-5}	信号质量监测	1.25×10^{-6}	5.25×10^{-11}
2	低功率	4.2×10^{-5}	信号质量监测	1.25×10^{-6}	5.25×10^{-11}
3	码-载波分离	4.2×10^{-5}	测量质量监测	1.25×10^{-6}	5.25×10^{-11}
4	加速度过大	4.2×10^{-5}	测量质量监测	1.25×10^{-6}	5.25×10^{-11}
5	星历误差	4.2×10^{-5}	数据质量监测	5×10^{-7}	2.1×10^{-11}
6	电离层梯度	1.785×10^{-5}	测量质量监测	1.25×10^{-6}	2.231×10^{-11}
7	对流层监测	1.015×10^{-5}	方差均值监测	5×10^{-6}	5.075×10^{-11}
8	地面伪距 Sigma	1.8×10^{-5}	方差均值监测	5×10^{-6}	9×10^{-11}
9	非零均值监测	2.4×10^{-5}	方差均值监测	5×10^{-6}	1.2×10^{-10}
10	Sigma 监测	2.4×10^{-5}	方差均值监测	5×10^{-6}	1.2×10^{-10}
11	故障数据排除	1.0×10^{-5}	执行监测	1×10^{-6}	1.0×10^{-10}
12	总 H2 完好性风险				7.34×10^{-11}

总的故障检测完好性风险满足 CAT Ⅲ的要求。

参考文献

[1] PARKINSON B W, SPILKER J J, AXELRAD P, et al. Global positioning system: theory and applications[M]. Washington DC: AIAA, 1996.

[2] MISRA P, ENGE P. Global positioning system: signals, measurements, and performance [M]. Lincoln: Ganga-Jamuna Press, 2001.

[3] KONNO H, PULLEN S. Evaluation of two types of dual-frequency differential GPS techniques under anomalous ionosphere conditions[C]//ION National Technical Meeting 2006. Monterey, CA: Institute of Navigation, 2006: 735-747.

[4] KONNO H. Design of an aircraft landing system using dual-frequency GNSS[D]. Palo Alto: Stanford University, 2007.

[5] KONNO H, PULLEN S, Rife J, et al. Ionosphere monitoring methodology for hybrid dual-frequency LAAS[C]//ION GNSS 2006. Fort Worth, Texas: ION, 2006: 26-29.

[6] SAYIM I, PERVAN B. Overbounding non-zero mean gaussian ranging error for navigation integrity of LAAS [C]//2nd International Conference on Recent Advances in Space Technologies 2005. Istanbul, Turkey: IEEE, 2005: 404-410.

[7] SAYIM I. Ranging error overbounds for navigation integrity of local area augmentated GPS [D]. Chicago: Illinois Institute of Technology, 2003.

[8] BRAFF R, SHIVELY C. A Method of overbounding ground based augmentation system (GBAS) heavy tail error distributions[J]. The Journal of Navigation, 2005, 58(1): 83-103.

[9] PERVAN B, SAYIM I. Sigma inflation for the local area augmentation of GPS[J]. IEEE Transactions on Aerospace and Electronic Systems, 2001, 37(4): 1301-1311.

[10] BRAASCH M, DIERENDONCK A J. GPS receiver architectures and measurements [J]. Proceedings of the IEEE. 1999, 87(1): 48-64.

[11] BRENNER M, REUTER R, SCHIPPER B. GPS landing system multipath evaluation techniques and results[C]//ION GNSS 98. Nashville, Tennessee: ION, 1998: 999-1008.

[12] ENGE P. Local area augmentation of GPS for the precision approach of aircraft[J]. IEEE transactions Info and Theory, 1999, 87(1): 111-132.

[13] COUNSELMAN C C. Multipath-rejectiong GPS antennas[J]. Proceedings of the IEEE, 1999, 87(1): 86-91.

[14] PERVAN B, PULLEN S, SAYIM I. Sigma estimation, inflation, and monitoring in the LAAS ground system[C]//ION GPS 2000. Salt Lake City, UT: ION, 2000.

[15] SAYIM I, PERVAN B. LAAS ranging error overbound for non-zero mean and non-Gaussian multipath error distributions[C]//56th Annual Meeting of the Institute of Navigation. Portland, Oregon: ION, 2003: 490-499.

[16] SAYIM I, PERVAN B. Overbounding non-zero mean Gaussian ranging error for navigation integrity of LAAS [C]//2nd International Conference on Recent Advances in Space Technologies 2005. Islanbul, Turkey: IEEE, 2005: 404-410.

[17] SAYIM I. Ranging error overbounds for navigation integrity of local area augmented GPS [D]. Illinois:Illinois Institute of Technology,2003.

[18] MCGRAW G,MURPHY T,BRENNER M,et al. Development of the LAAS accuracy models[C]//ION GPS 2000,Salt Lake City,Vtah:ION,2000:1212-1223.

[19] RTCA. Minimum aviation system performance standards for the local area augmentation system (LAAS):DO-245A[S]. Washington DC:RTCA,2004.

[20] BRAFF R,SHIVELY C. A method of overbounding ground based augmentation system (GBAS) heavy tail error distributions[J]. THE JOURNAL OF NAVIGATION,2005,58:83-103.

[21] SAYIM I. Ranging error Overbounds for navigation integrity of local area augmented GPS [D]. Illinois:Illinois Institute of Technology,2003.

[22] PERVAN B, SAYIM I. Issues and results concerning the LAAS σ_{pr_gnd} overbound [C]//IEEE PLANS 2000,San Diego,CA:IEEE,2000:661-671.

[23] PERVAN B,SAYIM I. Sigma inflation for the local area augmentation of GPS[J]. IEEE Transactions on Aerospace and Electronic Systems,2001,37(4):1301-1311.

[24] SHIVELY C A. A comparison of LAAS error bounding concepts [EB/OL]. http://www.caasd.org/library/documents/mp00w0000303.pdf,2000.

[25] SHIVELY C A,BRAFF R. An overbound concept for pseudorange error from the LAAS ground facility[C]//56th Annual Meeting of the Institute of Navigation. San Diego,CA:ION,2000. 661-671.

[26] MARSHALL J. Worst case probability density functions for over-bounding LAAS fault-free errors [EB/OL]. The MITRE Corporation,2003.(目前链接不存在)

[27] RIFE J. Core Overbounding and its implications for LAAS integrity[C]//ION GNSS 2004. Long Beach,CA:ION,2004:2810-2021.

[28] BRAFF R,SHIVELY C. A Method of overbounding ground-based augmentation system (GBAS) heavy tail error distributions[C]//ION GNSS 2004. Long Beach,CA:ION,2004:2797-2809.

[29] SHIVELY C. A proposed method for including the mean in the LAAS correction error bound by inflating the broadcast sigma[EB/OL]. Mitre Memorandum,2000.(目前链接不存在)

[30] RIFE J,WALTER T. Overbounding SBAS and GBAS error distributions with excess-mass functions [C]//International Symposium on GNSS/GPS. Sydney:ION,2004:6-8.

[31] RIFE J, PULLEN S, ENGE P, et al. Paired overbounding for nonideal LAAS and WAAS error distributions[J]. IEEE Transactions on Aerospace and Electronic System, 2006, 42(4): 1386-1395.

[32] RIFE J,PULLEN S. Paired overbounding and application to GPS augmentation[C]//IEEE Position,Location and Navigation Symposium. Monterey. CA:ION,2004:439-446.

[33] RIFE J. Symmetric overbounding of time-correlated errors[C]//ION GNSS 2006. Fort Worth,Texas:ION,2006.

[34] RIFE J,GEBRE-EGZIABHER D. Symmetric overbounding of correlated errors[J]. Navigation,Journal of ION,2007,54(2):109-124.

[35] BLANCH J,WALTER T,ENGE P. Protection level calculation using measurement residuals:theory

and results[C]//ION GNSS 2005. Long Beach,CA:ION,2005.

[36] BLANCH J,WALTER T,ENGE P. Position error bound calculation for GNSS using measurement residuals[J]. IEEE Transactions on Aerospace and Electronic System,2008,44(3):977-984.

[37] AZAÏS J M,GADAT S,LÉVY J C,et al. GNSS integrity achievement by using extreme value theory [C]//ION GNSS 2009. Savannah,Georgia:ION,2009.

第5章 实时精密定位系统理论与方法

5.1 引 言

GNSS 实时定位服务可以归纳为三种模式:标准单点定位(SPP)、相对定位(差分全球卫星导航系统(DGNSS)/实时动态(RTK)测量)和精密单点定位(PPP)。标准单点定位服务是采用 GNSS 广播星历可获取的标准单点定位,精度为米级到 10m 量级。DGNSS/RTK 与 PPP 是两种常用的 GNSS 实时高精度差分定位处理方法,精度可达到厘米到分米量级。其基本原理是使用一个或多个参考站,利用实时差分(RTD)(包括观测值域差分与状态空间域差分)方法,消去或削弱用户定位数据处理时的定位误差(如电离层和对流层延迟误差、卫星钟差和星历误差)的影响,以提高用户定位的精度与可靠性。

GNSS 高精度实时定位算法从最初简单的单站伪距差分、载波相位差分,发展到基于多参考站的载波观测值实时差分(网络 RTK)、基于参考站的 PPP、模糊度固定的精密单点定位(PPP-AR)等。随着差分定位理论和技术方法不断进步与完善,针对不同用户的需求,逐渐形成了几类代表性的 GNSS 高精度实时定位服务系统:广域差分系统、全球(广域)差分精密定位系统、局域差分系统和局域精密定位系统。本章从实时精密定位数据差分处理原理方法、算法模型入手,阐述与归纳 GNSS 实时高精度定位系统的技术原理、系统架构与核心算法。

5.2 实时精密差分定位原理

GNSS 实时精密定位服务系统原理与采用的差分定位原理与算法密切相关,差分算法原理依据模型算法与参数不同,可分为采用状态域表达(SSR)和观测值域表达(OSR)两种差分方法。其中:SSR 方法通过区分各项 GNSS 误差源,对不同的误差项主要误差源(包括卫星轨道误差、卫星钟差、电离层延迟误差、对流层误差等)分别进行改正;OSR 方法不区分具体的误差源,基于误差的时间和空间相关性,对影响定位的各项误差以综合误差的形式进行消除或者模型化。

对于观测值域差分模式 OSR 方法,一般假定误差源对观测值的影响在时间和空间上是线性变化的,但随着距离的增加,轨道误差和大气延迟对观测值的影响的线性规律降低;对于随时空变化大的误差源而言,线性假设只能在很短的时间和很小的空间上成立,所以需要较高密度的参考站。因此,观测值域差分与参考站空间分布的强相关性,导致了定位的性能与参考站距离强相关,使得这类差分模式的作用距离受到限制。而对于状态域差分模式 SSR 方法,各项观测误差进行精确建模与参数改正受参考站距离的影响小,因而能够实现广域甚至全球范围内的同等精度的差分定位服务。

5.2.1 实时精密定位基本模型

5.2.1.1 基础观测值

GNSS 卫星导航的基本观测值包括伪距与载波相位观测值两种,是通过将接收到的卫星信号与接收机自身产生的信号进行匹配对比,通过时间差或相位差处理得到。

1)伪距观测值

将接收机钟产生的伪随机码和导航卫星钟产生的测距码(C/A 码、P 码或 M 码)进行相关运算得到 GNSS 信号从导航卫星到接收机的传输时间,传输时间乘以光速得到伪距观测值。伪距反映的是 GNSS 信号发射时刻的卫星天线相位中心和接收时刻的接收机天线相位中心之间的距离观测。由于卫星钟和接收机钟并不严格同步,且信号在传播过程中受各种误差影响,该测量值不等于卫星和接收机天线之间实际的几何距离,故称其为伪距,也称为码伪距或码观测值。伪距的测量精度取决于码相关的精度,目前伪距观测值的测量噪声约为码元宽度的 1% ~1‰。

2)载波相位观测值

载波相位观测值是指在接收时刻接收的导航卫星信号的相位相对于接收机产生的载波信号相位(即拍频相位)的测量值。载波相位观测量实际是一个累计的载波相位观测结果。接收机开机后,可以对拍频相位的小数部分进行测量,但并不能测得接收机与卫星之间初始的完整载波个数,只能对载波周数变化进行跟踪。一个完整的载波成为一周,载波相位测量中的不确定整周数称为模糊度。载波相位的初始测量包括正确的小数部分和在开始历元的一个任意设置的整周数。目前,电子器件对载波相位测量的精度优于波长的 1%,即载波相位的测量精度优于毫米级。

5.2.1.2 基本观测方程

GNSS 伪距和载波相位的基本观测方程可描述为

$$\begin{cases} P_{r,j}^{s}(i) = \rho_r^s(i) + c \cdot \mathrm{d}t_r(i) - c \cdot \mathrm{d}t^s(i) + m_r^s \cdot \tau_r(i) + \mu_j \cdot \iota_r^s(i) + \\ \qquad b_{r,j}^{\mathrm{G}} - b_j^{\mathrm{G},s} + \xi_j \\ \lambda_j \phi_{r,j}^s(i) = \rho_r^s(i) + c \cdot \mathrm{d}t_r(i) - c \cdot \mathrm{d}t^s(i) + m_r^s \cdot \tau_r(i) - \mu_j \cdot \iota_r^s(i) - \\ \qquad \lambda_j \cdot (N_{r,j}^s - d_{r,j}^{\mathrm{G}} + d_j^{\mathrm{G},s}) + \varepsilon_j \end{cases} \tag{5.1}$$

式中:$\rho_r^s(i) = \sqrt{(x_r(i) - x^s(i))^2 + (y_r(i) - y^s(i))^2 + (z_r(i) - z^s(i))^2}$;下标 r、s、j 分别为接收机序号、卫星序号和观测值频率序号,无量纲;i 为观测历元,无量纲;λ_j 为第 j 个频率的波长,以米(m)为单位;$P_{r,j}^s(i)$ 为伪距观测值,以米(m)为单位;$\phi_{r,j}^s(i)$ 为相位观测值,以周(2π)为单位;$\rho_r^s(i)$ 为接收机与卫星间的几何距离,以米(m)为单位;$\mathrm{d}t_r(i)$ 为接收机钟差,以秒(s)为单位;$\mathrm{d}t^s(i)$ 为卫星钟差,以秒(s)为单位;m_r^s

为对流层投影函数；$\tau_r(i)$ 为天顶方向对流层延迟，以米（m）为单位；$\iota_r^s(i)$ 为第 1 个频率观测值的一阶电离层群延迟，以米（m）为单位；μ_j 为第 j 个频率相对于第 1 个频率的电离层延迟系数 $\mu_j = \lambda_j^2/\lambda_1^2$；$N_{r,j}^s$ 为整周模糊度参数，以周为单位；$b_{r,j}^{\mathrm{G}}$、$b_j^{\mathrm{G},s}$ 分别为接收机和卫星的伪距偏差，与硬件信号通道延迟等相关，以米（m）为单位；$d_{r,j}^{\mathrm{G}}$、$d_j^{\mathrm{G},s}$ 分别为接收机和卫星的相位偏差，与硬件信号通道延迟以及初始相位偏差等相关，以周为单位；ξ_j、ε_j 分别为伪距噪声及其他未模型化的误差和相位噪声及其他未模型化的误差；(x_r, y_r, z_r) 为接收机的三维位置，以米（m）为单位；(x^s, y^s, z^s) 卫星的三维位置，以米（m）为单位；c 为电磁波在真空中的光速，$c = 299792458\mathrm{m/s}$。

伪距和载波相位基本观测方程式（5.1）中涉及的天线相位中心、相对论效应和相位缠绕等误差在观测值中加以模型改正。固体潮、海潮和极潮对地面点的影响以及设站偏差等在接收机的三维位置 (x_r, y_r, z_r) 中加以改正。本书对常用符号作如下约定：$\phi_{r,j}^s(i)$ 表示以周为单位的载波相位观测值，$\Phi_{r,j}^s(i)$ 表示以米为单位的载波相位观测值，浮点模糊度 $\tilde{N}_{r,j}^s = N_{r,j}^s - d_{r,j}^{\mathrm{G}} + d_j^{\mathrm{G},s}$。另外，为简便起见，在不引起混淆的情况下，用于接收机序号、卫星序号和观测值频率序号的脚标 r,s,j，以及观测历元 i 等符号，在下面叙述中会酌情省略，不再另行说明。

5.2.2　状态域差分定位原理

状态域差分对用户定位各项误差进行区分，并采用参考站网观测数据对各项误差模型参数进行估计，得到矢量改正数发送给用户，用户通过单点定位模式进行修正。状态域差分原理如图 5.1 所示，包括服务端状态域差分改正数处理与用户端精密定位处理算法。

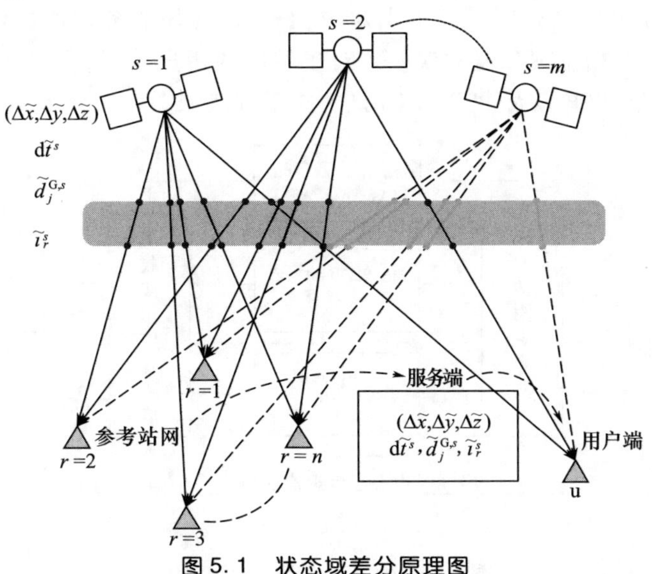

图 5.1　状态域差分原理图

5.2.2.1 服务端算法

状态域差分服务端利用参考站网观测数据计算卫星轨道、卫星钟差、电离层、相位延迟偏差等状态参数，如图5.1所示，可以简化地描述为下式所示：

$$\begin{cases} X(\Delta\tilde{x},\Delta\tilde{y},\Delta\tilde{z}) = F_{\text{orb}}(P_{r,j}^{s},\phi_{r,j}^{s}) \\ X(\mathrm{d}\tilde{t}^{s}) = F_{\text{clk}}(P_{r,j}^{s},\phi_{r,j}^{s}) \\ X(\tilde{d}_{j}^{G,s}) = F_{\text{upd}}(P_{r,j}^{s},\phi_{r,j}^{s}) \\ X(\tilde{\iota}_{r}^{s}) = F_{\text{ion}}(P_{r,j}^{s},\phi_{r,j}^{s}) \end{cases} \tag{5.2}$$

式中：基准网参考站 $r=1,2,\cdots,n$；观测卫星数 $s=1,2,\cdots,m$；载波相位频率 $j=1,2,\cdots,f$。

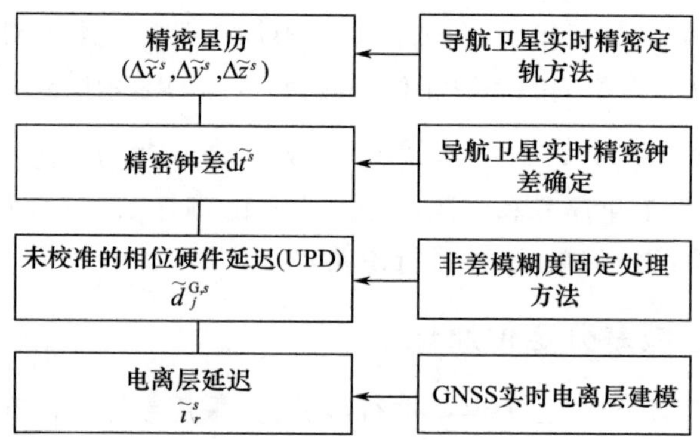

图5.2 服务端SSR产品生成方法

5.2.2.2 用户端算法

状态域差分用户端算法采用单点定位的模式，应用服务端所提供的SSR产品，改正用户端伪距与相位观测值的误差。对于不同的用户应用，可以采用不同SSR产品，比如广域差分、PPP以及PPP-AR用户，应用方法如图5.3所示。

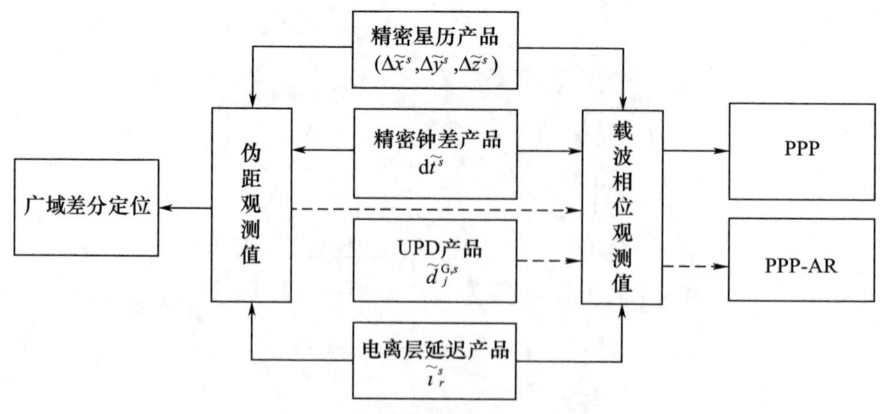

图5.3 用户端SSR产品应用

$$\begin{cases} P^s_{u,j} = \tilde{\rho}^s_u + c \cdot dt_u - c \cdot d\tilde{t}^s + m^s_u \cdot \tau_u + \mu_j \cdot \tilde{\iota}^s_u + b^G_{u,j} - b^{G,s}_j + \xi_j \\ \lambda_j \phi^s_{u,j} = \tilde{\rho}^s_u + c \cdot dt_u - c \cdot d\tilde{t}^s + m^s_u \cdot \tau_u - \mu_j \cdot \tilde{\iota}^s_u - \lambda_j \cdot (N^s_{u,j} - d^G_{u,j} + \tilde{d}^{G,s}_j) + \varepsilon_j \end{cases} \tag{5.3}$$

5.2.3　观测值域差分定位原理

观测值域差分采用参考站网观测数据对各项误差模型参数进行估计，不区分定位中的各项误差，用户端以标量改正数进行修正。观测值域差分原理如图 5.4 所示，包括服务端观测值域差分改正数处理与用户端精密定位处理算法。

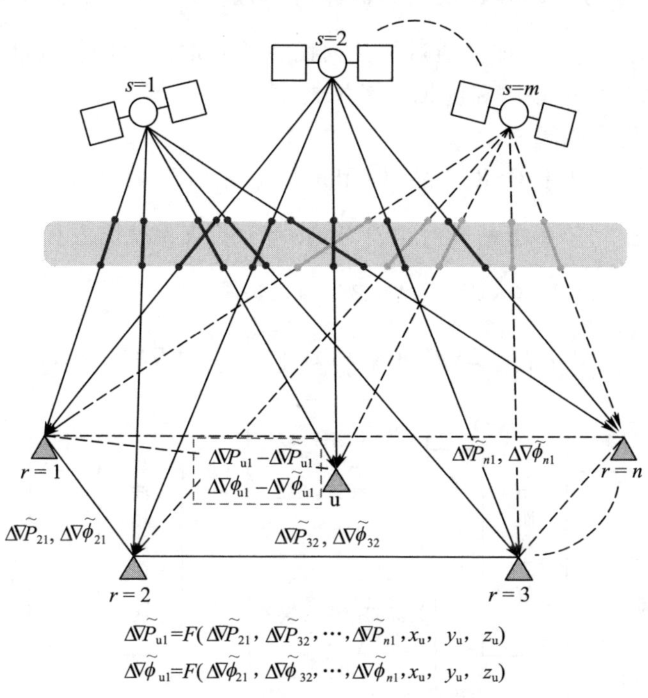

图 5.4　观测值域差分原理图

5.2.3.1　服务端算法

假设选定 $r=1$ 为主参考站，在卫星 p 和 q 之间，参考站 $r=2$ 对主参考站 $r=1$ 组双差观测方程式如下：

$$\begin{cases} \Delta\nabla P^{pq}_{21,j} = \Delta\nabla\rho^{pq}_{21} + m^{pq}_{21} \cdot \Delta\nabla\tau_{21} + \mu_j \cdot \Delta\nabla\iota^{pq}_{21} + \Delta\nabla\xi_j \\ \lambda_j \Delta\nabla\phi^{pq}_{21,j} = \Delta\nabla\rho^{pq}_{21} + m^{pq}_{21} \cdot \Delta\nabla\tau_{21} - \mu_j \cdot \Delta\nabla\iota^{pq}_{21} - \lambda_j \cdot \Delta\nabla N^{pq}_{21,j} + \Delta\nabla\varepsilon_j \end{cases} \tag{5.4}$$

式中：$\Delta\nabla$表示双差运算符，其他符号与式(5.2)相同。

观测值域差分定位的原理是基于站间观测值误差的空间相关性，通过差分的方法，消除在参考站与卫星间完全相同的系统误差，如卫星钟差和接收机钟差，削弱部分系统误差，如卫星轨道误差、电离层和对流层延迟误差。在观测值域差分中，可以将这两类具有与距离相关的误差统一进行处理，称为综合误差。基于式(5.4)，伪距

综合误差 $\Delta\nabla\tilde{P}_{21,j}^{pq}$ 和载波相位综合误差 $\Delta\nabla\tilde{\phi}_{21,j}^{pq}$ 可以分别表示为

$$\begin{cases}\Delta\nabla\tilde{P}_{21,j}^{pq}=\Delta\nabla P_{21,j}^{pq}-\Delta\nabla\rho_{21}^{pq}-\Delta\nabla\xi_j\\ \lambda_j\Delta\nabla\tilde{\phi}_{21,j}^{pq}=\lambda_j\Delta\nabla\phi_{21,j}^{pq}-\Delta\nabla\rho_{21}^{pq}+\lambda_j\cdot\Delta\nabla N_{21,j}^{pq}-\Delta\nabla\varepsilon_j\end{cases}\tag{5.5}$$

同理,图 5.4 中参考站 $r=3$ 相对于参考站 $r=2$ 的观测综合误差为($\Delta\nabla\tilde{P}_{32,j}^{pq}$,$\Delta\nabla\tilde{\phi}_{32,j}^{pq}$),;参考站 $r=n$ 相对于参考站 $r=1$ 的观测综合误差为($\Delta\nabla\tilde{P}_{n1,j}^{pq}$,$\Delta\nabla\tilde{\phi}_{n1,j}^{pq}$)。当参考站网中各参考站的综合误差都估算后,用户站 u 相对于主参考站 $r=1$ 的综合误差($\Delta\nabla\tilde{P}_{u1,j}^{pq}$,$\lambda_j\Delta\nabla\tilde{\phi}_{u1,j}^{pq}$)即可通过相关内插算法获取。常用的内插方法有:偏导数法、线性插值法、条件平差法和虚拟参考站技术。

5.2.3.2 用户端算法

如图 5.5 所示,基于 OSR 产品,即用户站 u 相对于主参考站 $r=1$ 的综合误差($\Delta\nabla\tilde{P}_{u1,j}^{pq}$,$\lambda_j\Delta\nabla\tilde{\phi}_{u1,j}^{pq}$),参考站 u 对主参考站 $r=1$ 的双差观测方程可表示为

$$\begin{cases}\Delta\nabla P_{u1,j}^{pq}=\Delta\nabla\rho_{u1}^{pq}+\Delta\nabla\tilde{P}_{u1,j}^{pq}+\Delta\nabla\xi_j\\ \lambda_j\Delta\nabla\phi_{u1,j}^{pq}=\Delta\nabla\rho_{u1}^{pq}+\lambda_j\Delta\nabla\tilde{\phi}_{u1,j}^{pq}-\lambda_j\cdot\Delta\nabla N_{u1,j}^{pq}+\Delta\nabla\varepsilon_j\end{cases}\tag{5.6}$$

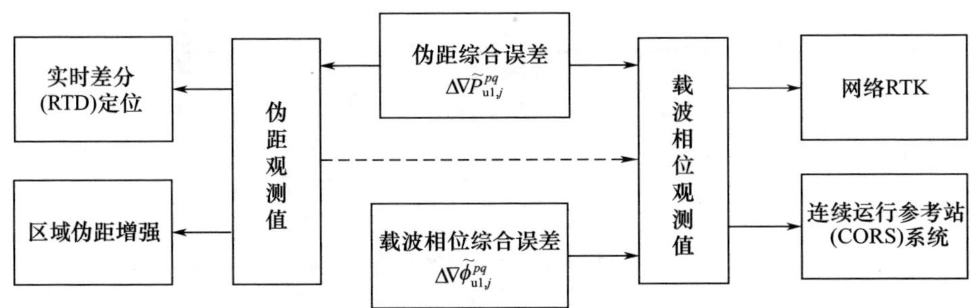

图 5.5 用户端算法原理

5.2.4 观测值域与状态域差分转换

观测值域差分与状态域差分融合是目前 GNSS 实时精密定位的发展趋势,图 5.6 描述了 OSR、SSR 原理及其融合的总体框架。由于 SSR 与标准模型有关,传统的 OSR 所需的 GNSS 观测值可由 SSR 参数进行重构得到,从而实现 SSR 到 OSR 的转换,以兼容 OSR 模式。SSR 到 OSR 的转换可以在服务端或者用户端进行。

基于状态域的差分模式,用户获取广域范围的差分改正数,采用伪距单点定位、载波精密单点定位等算法,形成了广域差分技术、全球(广域)差分精密定位技术。基于观测值域的差分模式,用户获取局域范围的差分改正数,采用伪距双差分、载波相位双差分等用户端算法,形成了 DGNSS 技术、网络 RTK 技术等。基于不同的差分

定位技术，形成了不同类型的差分系统，例如 LAAS、连续运行参考站(CORS)系统、WAAS、全球精密差分定位系统(GDGPS)。

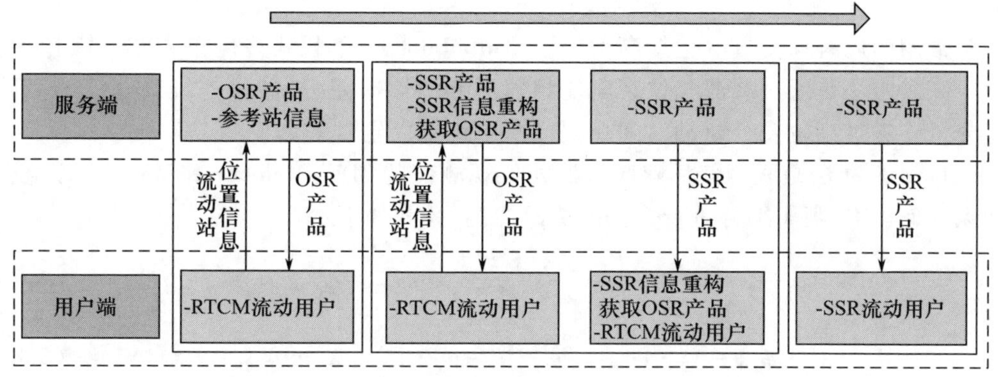

图 5.6 观测值域差分与状态域差分的融合(见彩图)

5.3 状态域差分服务系统算法

状态域差分主要应用于广域范围的实时精密定位服务系统，如：国家、洲际或全球范围的服务，通过提供实时高精度卫星轨道、卫星钟差、电离层等矢量化改正数，用户采用单点定位模式实现高精度定位服务。目前，主要有广域差分增强系统(针对以伪距为主要观测量的导航用户)与全球精密差分定位系统(针对以相位为主要观测量的定位用户)两类不同的服务系统。

5.3.1 广域差分增强系统算法

广域差分增强系统是利用参考站网观测全部可视 GNSS 卫星，将观测数据通过通信链路传送至主控站，主控站对参考站网的观测数据进行实时处理，计算出差分改正数和完好性信息，经格式编排后通过通信链路播发给服务区内的用户。用户利用接收到的广域差分数据，实现高精度的定位导航。

广域差分增强系统处理算法实质上是在主控站将参考站的伪距误差分离为卫星星历、卫星钟差和电离层误差，并生成相应的快变与慢变改正数，用户端利用广域差分改正数修正 GNSS 伪距误差，以提高定位导航性能。该模式下定位精度与用户到参考站的距离无关，因此克服了观测值域差分系统中用户定位精度随用户到参考站的距离增大而衰减的缺点。针对广域差分增强系统的应用需求，在状态域差分原理基础上，需要攻克以下关键算法：参考站数据预处理、接收机钟差处理、卫星星历误差估计、卫星钟差估计和 UDRE 估计[1]。

5.3.1.1 参考站数据预处理

参考站数据预处理通过周跳探测和双频载波相位平滑伪距，把载波平滑伪距中的几何距离、卫星时钟偏差、电离层时延和对流层时延消除掉就得到伪距残差，此时伪距残差包含卫星星历误差、卫星钟差、接收机钟差及伪距残差的噪声。

1）周跳探测方法

常用的周跳探测方法包括高次差法、TurboEdit 法、单频残差检测法等。其中：

高次差法是通过载波相位观测值相邻历元的逐次差分，获取连续观测值的高阶差分量。通过高阶差分量的时间序列判断周跳的发生时刻。

TurboEdit 法是联合使用双频载波相位观测值的 MW（Melbourne-Wubbena）组合和无几何（GF）距离组合进行数据的周跳探测，公式如下：

$$MW_r^s = \frac{\lambda_2 - \lambda_1}{\lambda_1 \cdot \lambda_2} \cdot \frac{\lambda_2 \cdot P_{r,1}^s + \lambda_1 \cdot P_{r,2}^s}{\lambda_1 + \lambda_2} - (\phi_{r,1}^s - \phi_{r,2}^s) = \tilde{N}_{r,1}^s - \tilde{N}_{r,2}^s \tag{5.7}$$

$$GF_r^s = \lambda_1 \cdot \phi_{r,1}^s - \lambda_2 \cdot \phi_{r,2}^s = (\mu_2 \cdot \iota_r^s - \mu_1 \cdot \iota_r^s) + \lambda_1 \cdot \tilde{N}_{r,1}^s - \lambda_2 \cdot \tilde{N}_{r,2}^s \tag{5.8}$$

由于 MW 组合消除了包括卫星轨道、卫星钟差、大气延迟在内的各种系统性误差影响，只保留了整周模糊度以及伪距和相位偏差，所以在未发生周跳情况下较稳定；而 GF 组合会受电离层延迟的影响，但考虑到相邻两个历元电离层延迟具有较强的相关性，历元间差分量也保持了较高的稳定性。因此，通过对 MW 及 GF 组合的随历元变化规律进行分析，可以判断双频载波上周跳发生的时刻。不难看出，若两个频率的载波相位发生大小相同的周跳，则 MW 组合无法探测出周跳，若两个频率的载波相位发生周跳大小满足下式的比例关系，则电离层残差组合无法探测出周跳。TurboEdit 法有效结合了两种观测值组合的优势，避免了利用单一组合在特殊情况下失效的情况，从而得到广泛应用。

$$\frac{\tilde{N}_{r,1}^s}{\tilde{N}_{r,2}^s} = \frac{\lambda_2}{\lambda_1} \tag{5.9}$$

单频残差检测法是直接利用历元间单差原始相位观测值，引入广播星历卫星轨道和钟差，采取类似相对定位的模式进行滤波处理，获取当前历元观测值的验后单位权中误差，并依据观测值残差对单频数据进行周跳探测，观测方程如下：

$$\lambda_j \cdot \delta\phi_{r,j}^s = \delta\rho_r^s - c \cdot \delta dt_r + \delta(m_r^s \cdot \tau_r) - \mu_j \cdot \delta\iota_r^s - \lambda_j \cdot \delta\tilde{N}_{r,j}^s + \Delta\varepsilon \tag{5.10}$$

式中：δ 为历元 $i+1$ 与历元 i 的差分算子。

$$\begin{cases} \delta\phi_{r,j}^s = \phi_{r,j}^s(i+1) - \phi_{r,j}^s(i) \\ \delta\rho_r^s = \rho_r^s(i+1) - \rho_r^s(i) \\ \delta dt_r = dt_r(i+1) - dt_r(i) \\ \delta(m_r^s \cdot \tau_r) = m_r^s \cdot \tau_r(i+1) - m_r^s \cdot \tau_r(i) \\ \delta\iota_r^s = \iota_r^s(i+1) - \iota_r^s(i) \\ \delta\tilde{N}_{r,j}^s = \tilde{N}_{r,j}^s(i+1) - \tilde{N}_{r,j}^s(i) \end{cases} \tag{5.11}$$

在滤波过程中，若无周跳发生，则历元间差分模糊度将为零，同时也认为相邻两个历元对流层延迟和电离层延迟具有较强的相关性，因而通过历元间差分也予以消除。因此，需要估算的参数仅为相邻两个历元的接收机钟差变化量，此时若有周跳发生，必然会导致残差的增大，从而使得验后单位权中误差产生较大的偏差。通过对验后单位权中误差随历元变化的时间序列进行分析，可以判断单个频率上相位观测值周跳发生的时刻。

2）双频载波相位平滑伪距

利用相位观测值对伪距观测值进行平滑是降低参考站伪距数据噪声的有效手段。通常在周跳探测完成之后，利用双频观测值进行伪距观测值的平滑。相位平滑伪距的实质是利用伪距初步确定出相位模糊度，再进行回代以替代原始伪距观测值从而达到改善伪距观测值精度的目的。如下式所示：

$$\begin{cases} \tilde{P}^{s}_{r,1} = \Phi^{s}_{r,1} + \bar{P}^{s}_{r,1} - \bar{\Phi}^{s}_{r,1} + \dfrac{2 \cdot \lambda_1^2}{\lambda_2^2 - \lambda_1^2} \cdot [(\Phi^{s}_{r,1} - \bar{\Phi}^{s}_{r,1}) - (\Phi^{s}_{r,2} - \bar{\Phi}^{s}_{r,2})] \\ \tilde{P}^{s}_{r,2} = \Phi^{s}_{r,2} + \bar{P}^{s}_{r,2} - \bar{\Phi}^{s}_{r,2} + \dfrac{2 \cdot \lambda_2^2}{\lambda_2^2 - \lambda_1^2} \cdot [(\Phi^{s}_{r,1} - \bar{\Phi}^{s}_{r,1}) - (\Phi^{s}_{r,2} - \bar{\Phi}^{s}_{r,2})] \end{cases} \tag{5.12}$$

式中：$\tilde{P}^{s}_{r,1}$与 $\tilde{P}^{s}_{r,2}$为经过相位观测值平滑后的伪距观测值，$\bar{P}^{s}_{r,1}$、$\bar{P}^{s}_{r,2}$、$\bar{\Phi}^{s}_{r,1}$、$\bar{\Phi}^{s}_{r,2}$分别为在无周跳的完整数据弧段内两个频率上伪距和相位观测的平均值，$\Phi_{r,i}$以距离表示，单位为 m。

5.3.1.2　接收机钟差处理

由于伪距残差与卫星、接收机钟差相关，使得伪距残差观测值在不同卫星之间耦合。一种解决方法是将卫星星历误差、卫星钟差与接收机钟差一起整网解算。然而，由于观测值在不同卫星之间相互耦合，必须同时解算所有卫星、所有参考站的所有参数，需要求解一个维数很大的逆矩阵，为了简化算法、提高解算效率，一般在广域差分增强系统处理中，采用如下方法分离伪距残差观测值中的接收机钟差：①对主控站接收机钟差进行滤波处理，用滤波方法解算主控站接收机钟差，为所有参考站提供公共的钟差参考基准；②参考站间时间同步滤波处理，将各参考站伪距残差观测值与主控站观测值时间进行同步，通过参考站之间时间同步滤波算法分离出各参考站的接收机钟差。

5.3.1.3　卫星星历误差处理

广播星历轨道误差处理，一般有几何法和动力法两种方法：动力法定轨精度高、轨道平滑，但轨道动力学复杂、实现比较困难；几何法解算卫星星历误差时，因模型简单、易于实现，但确定的轨道是离散的，预报时间短，因此要采用滤波对轨道进行平滑，并且更新频率要求较高。在广域差分增强系统中处理中，一方面采用的地面参考站一般为洲际分布，而非全球分布，另一方面对精密定轨的精度要求不需要厘米级，通常采用几何定轨方法，解算相对于广播星历的轨道误差改正数。卫星星历误差处理一般采用快照算法,通过地面参考站求解观测时刻的卫星位置,由于估计系统是欠定的,因此需要采用先验信息来消除弱几何观测带来的问题。

5.3.1.4 卫星钟差估计

由于卫星钟差变化随机性强,在差分改正数中属于快变信息,所以常用实时滤波方法对卫星钟差进行参数估计。在卫星钟差随机模型方面,采用二阶高斯-马尔可夫模型模拟卫星钟差参数的随机特性,具体算法详见本章5.3.2.2节。

5.3.1.5 用户差分距离误差估计

与GPS通过广播星历向用户播发用户测距精度类似,广域差分增强系统也向用户播发用户差分距离误差信息,以确定轨道和钟差改正数的有效性。UDRE必须对整个参考网内所有用户都有效,因此必须考虑卫星至参考站之间的视线矢量。通过伪距残差的协方差矩阵、星历估计的协方差矩阵、时钟估计的协方差矩阵,以及协方差传播率,计算UDRE估计值。

5.3.2 全球精密差分定位服务系统算法

全球精密差分定位系统,也称为实时PPP服务系统,是在广域差分增强系统基础上改进和发展起来的,针对载波高精度定位用户需求的定位系统。它提供给用户的改正量,是每颗卫星的轨道误差和卫星钟差误差改正量;电离层延迟改正量一般通过用户站接收机获得的双频观测数据进行改正(双频电离层改正);天顶对流层延迟改正量则借助多余的观测卫星,采用对流层延迟改正模型来计算改正量。用户采用实时PPP方法,定位误差不随用户至参考站的距离增加而增大。全球精密差分定位系统在全球范围内可以达到分米至厘米级的服务精度。系统处理算法包括:卫星精密轨道实时处理、卫星精密钟差实时处理、电离层格网改正处理、相位偏差处理以及用户PPP。

5.3.2.1 卫星精密轨道实时处理

全球精密差分定位系统卫星精密轨道实时处理一般采用动力学方法,利用短时间、准实时、高精度载波相位和伪距观测数据,经精密轨道确定算法来快速修正卫星力模型参数,然后通过轨道数值积分生成预报轨道,以满足实时用户对精密轨道的需求。主要包括精密轨道参数确定和精确轨道预报处理。

1) 地心天球坐标系(GCRS)和地球坐标系(TRS)间的转换

在卫星精密轨道实时处理中,通常需要强约束参考站坐标,并结合轨道动力学模型,估算卫星轨道状态参数。由于参考站坐标往往是在地球坐标系(或地固坐标系)中定义与描述,而卫星轨道状态参数则需要在地心天球坐标系(或惯性坐标系)中定义与描述,因此需要通过一定的算法实现两个坐标系之间的转换,保证参考站坐标和卫星轨道状态参数在统一的坐标系中进行解算。

以[CRS]表示任意时刻某点在地心天球坐标系中的坐标,[TRS]表示该点在地球坐标系中的坐标,则地心天球坐标系和地球坐标系间的转换可表示为

$$[\mathrm{CRS}] = \boldsymbol{Q}(t)\boldsymbol{R}(t)\boldsymbol{W}(t)[\mathrm{TRS}] \tag{5.13}$$

式中：$\boldsymbol{Q}(t)$、$\boldsymbol{R}(t)$、$\boldsymbol{W}(t)$分别为岁差章动转换矩阵、地球自转改正矩阵和极移改正矩阵；时刻 t 的定义如下：

$$t = (\mathrm{TT} - 2000\mathrm{January1d12hTT})\ \mathrm{in\ days}/36525 \tag{5.14}$$

式中：TT 为地球时，其秒长与原子时相同，与国际原子时(TAI)相差 32.184s，如下式。它是连续且均匀的时间系统，是卫星运动方程的时间引数。

$$\mathrm{TT} = \mathrm{TAI} + 32.184\mathrm{s} \tag{5.15}$$

(1) 岁差章动矩阵 $\boldsymbol{Q}(t)$：

$$\boldsymbol{Q}(t) = \begin{bmatrix} 1 & 0 & \delta X \\ 0 & 1 & \delta Y \\ -\delta X & -\delta Y & 1 \end{bmatrix}\begin{bmatrix} 1 - aX^2 & -aXY & X \\ -aXY & 1 - aY^2 & Y \\ -X & -Y & 1 - a(X^2 + Y^2) \end{bmatrix} R_3(s) \tag{5.16}$$

式中

$$\boldsymbol{R}_3(s) = \begin{bmatrix} \cos(s) & -\sin(s) & 0 \\ \sin(s) & \cos(s) & 0 \\ 0 & 0 & 1 \end{bmatrix} \tag{5.17}$$

X,Y 分别是天球中间极(CIP)在 CRS 中的直角坐标；δX 和 δY 是由国际地球自转服务(IERS)机构发布的天极补(celestial pole offsets)；s 为天球中间原点(CIO)在 CIP 赤道上的位置，具体为

$$s(t) = -\int_{t_0}^{t} \frac{X(t)\dot{Y}(t) - Y(t)\dot{X}(t)}{1 + Z(t)}\mathrm{d}t - (\sigma_0 N_0 - \Sigma_0 N_0) \tag{5.18}$$

式中：σ_0 和 Σ_0 分别为 J2000.0 历元时 CIO 的位置和 GCRS 的 X 轴原点的位置；N_0 为 J2000.0 历元赤道和 GCRS 赤道的升交点。

(2) 地球自转矩阵 $\boldsymbol{R}(t)$：

$$\begin{cases} \boldsymbol{R}(t) = \boldsymbol{R}_3(-\mathrm{ERA}) \\ \mathrm{ERA}(T_u) = 2\pi(0.7790572732640 + 1.00273781191135448 T_u) \end{cases} \tag{5.19}$$

式中：ERA 为地球中间原点(TIO)和 CIO 间的地球自转角。T_u 是 t 与 J2000.0 的时间差，即

$$\begin{cases} T_u = (\mathrm{JulianUT1date} - 2451545.0) \\ \mathrm{UT1} = \mathrm{UTC} + (\mathrm{UT1} - \mathrm{UTC}) + \Delta\mathrm{UT1}_{\mathrm{ocean\ tides}} + \Delta\mathrm{UT1}_{\mathrm{libration}} \end{cases} \tag{5.20}$$

式中：UT1 − UTC 可以由 IERS 的公报 BULLETIN A 和 B 获取；$\Delta\mathrm{UT1}_{\mathrm{ocean\ tides}}$是海潮引起的 UT1 的周日和半周日变化，可由《IERS conventions (2010)》的表 8.3a 和表 8.3b 计算得到；$\Delta\mathrm{UT1}_{\mathrm{libration}}$是由日月引力对地球非对称部分引起的，可由《IERS conventions (2010)》的表 5.1b 计算得到。

(3) 极移矩阵 $\boldsymbol{W}(t)$：

$$\boldsymbol{W}(t) = \boldsymbol{R}_3(-s')\boldsymbol{R}_2(x_p)\boldsymbol{R}_1(y_p) \tag{5.21}$$

式中

$$\boldsymbol{R}_1(y_p)=\begin{bmatrix}1 & 0 & 0\\ 0 & \cos(y_p) & -\sin(y_p)\\ 0 & \sin(y_p) & \cos(y_p)\end{bmatrix} \tag{5.22}$$

$$\boldsymbol{R}_2(x_p)=\begin{bmatrix}\cos(x_p) & 0 & \sin(x_p)\\ 0 & 1 & 0\\ -\sin(x_p) & 0 & \cos(x_p)\end{bmatrix} \tag{5.23}$$

式中：x_p, y_p为极移，由 IERS 公报发布的数值加上由海潮引起的极移的周日和周日变化$(\Delta x,\Delta y)_{\text{ocean tides}}$，以及周期小于两天的受迫章动$(\Delta x,\Delta y)_{\text{libration}}$得到：

$$(x_p,y_p)=(x,y)_{\text{IERS}}+(\Delta x,\Delta y)_{\text{ocean tides}}+(\Delta x,\Delta y)_{\text{libration}} \tag{5.24}$$

$(\Delta x,\Delta y)_{\text{ocean tides}}$可由《IERS conventions (2010)》的表 8.2a 和表 8.2b 计算得到；$(\Delta x,\Delta y)_{\text{libration}}$可由《IERS conventions (2010)》的表 5.1a 的 10 个周日和半周日项计算得到；s'为 TIO 在 CIP 赤道上的位置：

$$s'(t)=\frac{1}{2}\int_{t_0}^{t}(x_p\dot{y}_p-\dot{x}_p y_p)\,\mathrm{d}t \tag{5.25}$$

实际计算时，可简化为

$$s'=-47\mu\text{as}\times t \tag{5.26}$$

式中：μas 为微角秒。

2）卫星运动方程和动力学模型

卫星运动的基本理论为二体问题，但卫星在轨真实运动中还会受到各种摄动力影响，这些摄动力可以分为两大类：保守力和非保守力。导航卫星受到的保守力包括地球非球形引力摄动，固体潮和海洋潮汐摄动，地球自转附加摄动，日、月、行星等 N 体引力，相对论效应摄动等，这些引力只与导航卫星的在轨位置有关。导航卫星受到的非保守力包括大气阻力、太阳光压摄动、地球反照光压摄动等。非保守力不仅与卫星的位置有关，还与卫星的速度和几何形状、表面特性等相关。

在惯性坐标系中，根据牛顿第二运动定律，卫星运动方程可表示为

$$\ddot{\boldsymbol{r}}=\boldsymbol{a}_0+\boldsymbol{a}_{\text{NS}}+\boldsymbol{a}_{\text{NB}}+\boldsymbol{a}_{\text{SR}}+\boldsymbol{a}_{\text{ER}}+\boldsymbol{a}_{\text{TD}}+\boldsymbol{a}_{\text{RL}}+\boldsymbol{a}_{\text{OT}} \tag{5.27}$$

式中：$\boldsymbol{r}$ 为卫星在惯性系统中的位置矢量；等式右端为各作用力引起的卫星摄动加速度。该卫星摄动加速度各部分描述如下。

$\boldsymbol{a}_0$：地球中心引力对卫星的引力加速度。

$\boldsymbol{a}_{\text{NS}}$：地球非球形引力摄动。

$\boldsymbol{a}_{\text{NB}}$：日、月、行星对卫星的 N 体摄动。

$\boldsymbol{a}_{\text{SR}}$：太阳光压摄动。

$\boldsymbol{a}_{\text{ER}}$：地球反照辐射摄动。

$\boldsymbol{a}_{\text{TD}}$：地球形变摄动，包括固体潮、海洋潮、大气潮汐摄动。

$\boldsymbol{a}_{RL}$:相对论效应摄动。

$\boldsymbol{a}_{OT}$:其他摄动。

表5.1给出了主要作用力对导航卫星轨道的影响量级

表5.1　主要作用力对导航卫星轨道的影响量级

作用力	量级/(m/s^2)	24h轨道误差
地球中心引力	0.59	—
非球形引力	5×10^{-6}	10000
月球引力	5×10^{-6}	3000
太阳引力	2×10^{-6}	800
太阳光压力	1×10^{-7}	300
地球反照辐射力	1×10^{-9}	3
固体潮汐	1×10^{-9}	3
天线推力	1×10^{-10}	0.3

高精度的动力学模型是精确描述卫星在空间中运动状态的基础。除了太阳光压力,以上各种作用力均有精确的模型可以满足精密定轨的需求。地球反照辐射压力作用原理虽类似于太阳光压力,均与光照强度、星体受照面积和光学属性有关,然而地球反照辐射压力量级远小于太阳光压力,通过一定建模手段也可以达到较高的精度水平。因此,现阶段对GNSS卫星精密定轨精度影响较大的是太阳光压力模型。对太阳光压力的建模通常有以下两种。

第一种为分析型模型,即通过对星体结构建模,并根据光照强度以及卫星的光学属性及材质等因素进行光照的物理分析,从而得到一种具有物理意义的模型。分析型光压模型理论严谨,不过卫星星体结构通常较为复杂,建模往往经过了一定的简化,并且对卫星光学属性及其材质的模拟也往往存在误差,因此分析型光压模型仍需不断进行精化。目前主流的分析型模型包括Box - Wing模型[2]、Cannonball模型[3]、ROCK4和ROCK42模型以及T10、T20、T30系列模型[4]。

第二种为经验型模型,即通过对卫星长期在轨数据的变化特征进行分析之后,选取适当的函数模型进行拟合获得。该模型不具备物理特征,但在数学上可以做到较高精度地描述卫星受照情况。目前在进行GNSS卫星精密轨道确定时基本采用经验型模型,其中以欧洲定轨中心(CODE)开发的扩展CODE轨道模型(ECOM)五参数光压模型最具代表性[5]。该模型以太阳光照方向建立的DYB坐标系为基础,其中D轴为卫星与太阳的连线方向,Y轴为卫星太阳能帆板轴线方向,B轴正交于D轴与Y轴形成右手坐标系,通过3个方向上的经验力参数来模拟太阳光压力的常数项与周期项变化,公式如下:

$$\boldsymbol{a}_{SR}=\boldsymbol{a}_0+D(u)\cdot\boldsymbol{e}_D+Y(u)\cdot\boldsymbol{e}_Y+B(u)\cdot\boldsymbol{e}_B \tag{5.28}$$

式中:$\boldsymbol{a}_0$是由分析型模型(例如ROCK42模型)计算得到的太阳光压先验加速度;

u 为卫星在轨道面上与升交点间的角度，$\boldsymbol{e}_D$、$\boldsymbol{e}_Y$、$\boldsymbol{e}_B$ 分别为 DYB 坐标系 3 个方向在惯性坐标系中的单位矢量；

$$\begin{cases} D(u) = D_0 \\ Y(u) = Y_0 \\ B(u) = B_0 + B_{\text{cu}} \cdot \cos(u) + B_{\text{su}} \cdot \sin(u) \end{cases} \tag{5.29}$$

D_0、Y_0、B_0、B_{cu}、B_{su}分别为模型的常量参数，下标 cu 表示 B_{cu}为函数的余弦分量、su 表示 B_{su}为函数的正弦分量。

3）卫星变分方程

卫星运动方程给出了卫星在空间的受力和运动规律，需要进一步地参数化形成可以用于解算的数学模型。根据卫星动力学可知，卫星受力加速度与卫星位置、卫星速度以及采用的动力学模型有关，因此上述运动方程可以参数化如下式所示：

$$\ddot{\boldsymbol{r}} = \boldsymbol{a}(\boldsymbol{r}, \boldsymbol{v}, \boldsymbol{p}, t) \tag{5.30}$$

式中：$\boldsymbol{v}$ 为卫星在惯性系统中的速度矢量；$\boldsymbol{p}$ 为动力学模型。为了便于运动方程的求解，通常将式(5.30)表示为一阶微分方程形式，并给定微分方程的初值条件，可表示为

$$\begin{cases} \dot{\boldsymbol{X}} = F(\boldsymbol{X}, t) \\ \boldsymbol{X}_{t_0} = \boldsymbol{X}_0 \end{cases} \tag{5.31}$$

式中：$\boldsymbol{X} = (\boldsymbol{r}, \boldsymbol{v}, \boldsymbol{p})$ 为卫星待估轨道状态参数，包括卫星位置矢量、速度矢量和动力学模型参数；$F(*)$为卫星运动方程的右函数（用于计算卫星受力加速度）。

在已知卫星初始条件 $\boldsymbol{X}_0$情况下，通过轨道数值积分得到卫星参考状态 $\boldsymbol{X}^*$，并将式(5.31)在 $\boldsymbol{X}^*$ 处线性化后可得卫星运动方程的线性表达式为

$$\begin{cases} \dot{\boldsymbol{x}} = \dfrac{\partial F}{\partial \boldsymbol{X}^*} \cdot \boldsymbol{x} \\ \boldsymbol{x} = \boldsymbol{X} - \boldsymbol{X}^* \end{cases} \tag{5.32}$$

式中：$\boldsymbol{x}$ 为卫星状态相对初始状态的改正数矢量；等式右边函数相对卫星参考状态的偏导数的具体表达形式为

$$\frac{\partial F}{\partial \boldsymbol{X}^*} = \begin{bmatrix} 0 & \boldsymbol{I} & 0 \\ \dfrac{\partial \ddot{\boldsymbol{r}}}{\partial \boldsymbol{r}^*} & \dfrac{\partial \ddot{\boldsymbol{r}}}{\partial \boldsymbol{v}^*} & \dfrac{\partial \ddot{\boldsymbol{r}}}{\partial \boldsymbol{p}^*} \\ 0 & 0 & 0 \end{bmatrix} \tag{5.33}$$

式中：第一行第一块和第三块为 3×3 零矩阵表示卫星速度与位置和动力参数无关，第三行的三块均为零矩阵表示动力参数与时间无关。式(5.33)的解可表示为

$$\boldsymbol{x}_t = \boldsymbol{\Psi}(t, t_0) \cdot \boldsymbol{x}_0 \tag{5.34}$$

式中：$\boldsymbol{\Psi}(t, t_0)$为状态转移矩阵，意义为某一时刻卫星状态改正数矢量与初始时刻卫星状态改正数矢量间的转换关系，其具体表达形式为

$$\boldsymbol{\Psi}(t,t_0)=\begin{bmatrix}\dfrac{\partial \boldsymbol{r}}{\partial \boldsymbol{r}_0} & \dfrac{\partial \boldsymbol{r}}{\partial \boldsymbol{v}_0} & \dfrac{\partial \boldsymbol{r}}{\partial \boldsymbol{p}_0}\\ \dfrac{\partial \dot{\boldsymbol{r}}}{\partial \boldsymbol{r}_0} & \dfrac{\partial \dot{\boldsymbol{r}}}{\partial \boldsymbol{v}_0} & \dfrac{\partial \dot{\boldsymbol{r}}}{\partial \boldsymbol{p}_0}\\ 0 & 0 & \boldsymbol{I}\end{bmatrix} \tag{5.35}$$

将式(5.34)代入式(5.32),则有

$$\begin{cases}\dot{\boldsymbol{\Psi}}(t,t_0)=\dfrac{\partial F}{\partial \boldsymbol{X}^*}\cdot\boldsymbol{\Psi}(t,t_0)\\ \boldsymbol{\Psi}(t_0,t_0)=\boldsymbol{I}\end{cases} \tag{5.36}$$

由此,对卫星运动状态的求解问题转变为对变分方程的求解。在精密定轨中,是利用数值积分得到不同时刻的卫星状态及相应的偏导数信息,即求解 $\boldsymbol{r}$、$\boldsymbol{v}$、$\dfrac{\partial \boldsymbol{r}}{\partial \boldsymbol{r}_0}$、$\dfrac{\partial \boldsymbol{r}}{\partial \boldsymbol{v}_0}$、$\dfrac{\partial \boldsymbol{r}}{\partial \boldsymbol{p}_0}$、$\dfrac{\partial \dot{\boldsymbol{r}}}{\partial \boldsymbol{r}_0}$、$\dfrac{\partial \dot{\boldsymbol{r}}}{\partial \boldsymbol{v}_0}$、$\dfrac{\partial \dot{\boldsymbol{r}}}{\partial \boldsymbol{p}_0}$这 8 类量。为了提高数值积分效率,数值积分方法一般采用单步法与多步法相结合的算法,轨道积分器起步算法采用 RKF6(7)阶嵌套的 Runge-Kutta-Fehlberg 方法,起步后采用基于 Adams 显式 Adams-Bashfort 公式和隐式 Adams-Moulton 公式的预报校正多步线性积分算法。

4)精密定轨数学描述和实现策略

基于卫星的变分方程,精密定轨的算法原理是:对一个并不精确知道的动力学过程,使用带有随机误差的观测数据,以及不够精确的初始状态求解在某种意义之下卫星运动状态的“最佳”估值。为了实现高精度实时轨道,精密定轨观测值以载波相位为主,一般采用非差模式进行参数估计,以双频无电离层组合作为观测量以消除电离层影响。观测方程中的待解参数为卫星参考时刻状态、力模型参数、地球自转参数、大气参数、参考站坐标、卫星钟差、接收机钟差等。由于载波观测量的使用,模糊度也作为待解参数,增加了处理的复杂度与难度。将观测方程在参考站近似坐标、轨道初始条件与钟差处进行线性展开,双频无电离层组合观测方程则可表示为下式:

$$\begin{cases}vP^s_{r,\mathrm{if}}=-\boldsymbol{\gamma}\cdot\boldsymbol{x}_\mathrm{r}+\boldsymbol{\gamma}\cdot\boldsymbol{\Psi}(t,t_0)\cdot\boldsymbol{x}_0+\boldsymbol{\gamma}\cdot\boldsymbol{\Gamma}(t)\cdot\boldsymbol{x}_\mathrm{erp}+c\cdot\mathrm{d}t_r-\\ \qquad c\cdot\mathrm{d}t^s+m^s_r\cdot\tau_r+b^\mathrm{G}_{\mathrm{r,if}}-b^{\mathrm{G},s}_{\mathrm{if}}+\xi_\mathrm{if}\\ \lambda_\mathrm{if}\cdot v\phi^s_{r,\mathrm{if}}=-\boldsymbol{\gamma}\cdot\boldsymbol{x}_\mathrm{r}+\boldsymbol{\gamma}\cdot\boldsymbol{\Psi}(t,t_0)\cdot\boldsymbol{x}_0+\boldsymbol{\gamma}\cdot\boldsymbol{\Gamma}(t)\cdot\boldsymbol{x}_\mathrm{erp}+c\cdot\mathrm{d}t_r-\\ \qquad c\cdot\mathrm{d}t^s+m^s_r\cdot\tau_r-\lambda_\mathrm{if}\cdot(N^s_{\mathrm{r,if}}-d^\mathrm{G}_{\mathrm{r,if}}+d^{\mathrm{G},s}_{\mathrm{if}})+\varepsilon_\mathrm{if}\end{cases} \tag{5.37}$$

式中:$\boldsymbol{x}_\mathrm{r}$ 为地固系下参考站坐标相对于近似坐标的改正数矢量;$\boldsymbol{\gamma}$ 为站星方向余弦矢量;$\boldsymbol{\Gamma}(t)=\boldsymbol{Q}(t)\boldsymbol{R}(t)\boldsymbol{W}(t)$ 为当前时刻惯性系至地固系的转换矩阵;$\boldsymbol{x}_\mathrm{erp}$ 为地球自转参数(包括极移、日长及其变化速率),$\lambda_\mathrm{if}=\lambda_1$ 为无电离层组合波长。非差无电离层组合观测方程中电离层项被消去,而模糊度以及卫星和接收机端的硬件延迟转换为相应的双频无电离层组合形式。

由上述过程看出,精密定轨的基本方法是:在一个完整的定轨弧段内(例如 24h),

利用轨道变分方程构建动力学参数方程,并在初始轨道与钟差处线性展开构建观测方程,采用最小二乘方法或滤波的方法快速估计所有监控卫星的待估参数,最后通过轨道数值积分器生成精密卫星轨道。精密定轨的输出参数包括:卫星轨道星历参数(轨道六根数(长半轴、偏心率、轨道倾角、升交点赤经、近地点辐角、t_0 时刻平近点角)或者卫星的位置和速度)和力模型参数(包括光压等物理模型参数)以及相关的几何参数(包括参考站坐标、对流层参数、卫星钟差、接收机钟差、载波模糊度等)。精密定轨的数据处理流程如图 5.7 所示。

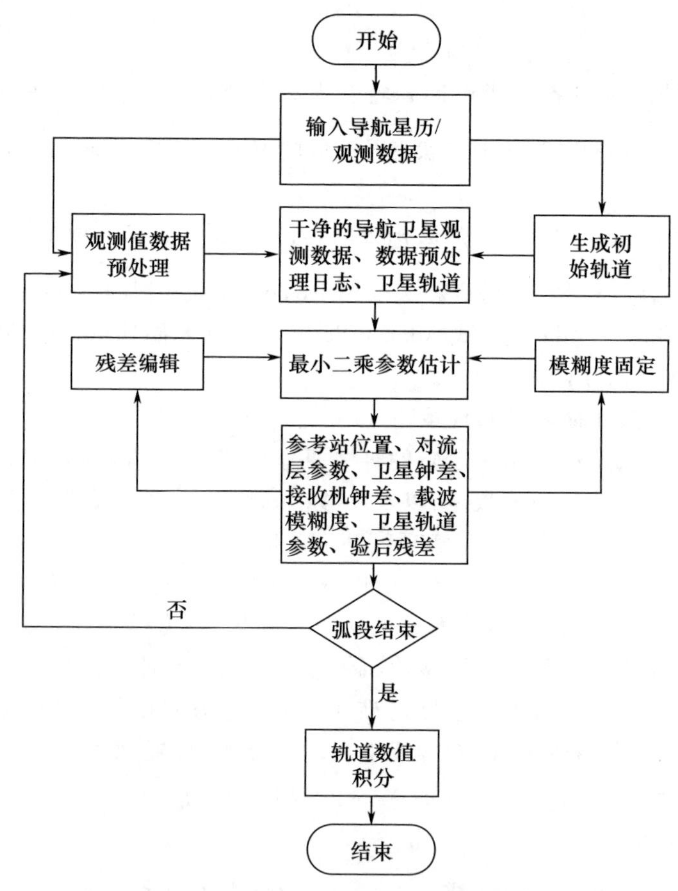

图 5.7　精密定轨数据处理流程

实时轨道数据处理的基本原理和方法是在完整弧段的事后精密定轨基础上,有针对性地选择数据处理策略进行轨道状态参数的实时更新,这里简单介绍滑动窗口法的实时精密定轨模式,即通过建立短弧观测法方程和短弧观测法方程综合两个并行进程实现力模型参数快速修正。短弧法方程进程处理当前短弧时间段上可获得的实时数据,在弧段数据结束后生成包括卫星初始状态、力模型参数、地球自转参数、大气参数、参考站坐标和模糊度参数等的短弧法方程。在短弧法方程建立过程中采用

验后残差编辑的方法进行数据清理，以保证结果的高质量。在当前短弧的法方程生成之后，启动法方程综合进程，与前多个弧段法方程合并形成一个整体法方程，从而求解得出由整个滑动窗口确定的卫星轨道初值和力模型参数等，再利用轨道数值积分器生成较短时间（至少一个滑动窗口 + 滑动处理时间）的预报轨道，如图5.8所示。

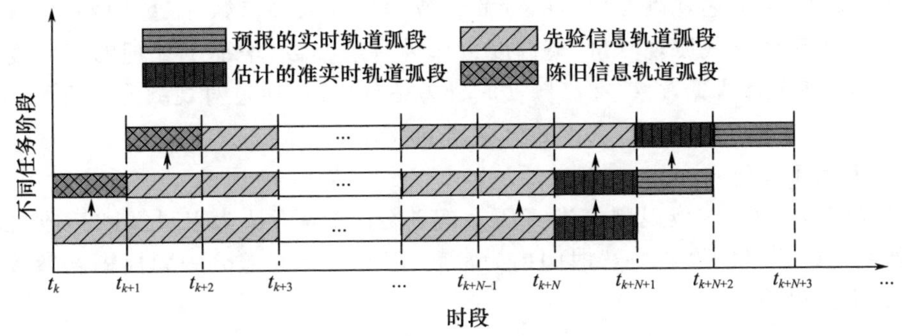

图5.8 滑动窗口实时定轨示意图（见彩图）

5.3.2.2 卫星精密钟差实时处理

卫星精密钟差实时处理是指：利用实时（瞬时1s）高精度载波相位和伪距观测数据，经实时钟差估计算法来快速更新初始钟差的偏差参数，然后通过短期钟差预报算法生成实时卫星钟差，以满足实时用户对卫星钟差的需求。主要包括实时钟差估计和短期钟差预报处理。卫星精密钟差实时处理的基本原理是：通过高斯－马尔可夫过程逼近钟差的变化特性，通过实时参考站的观测数据构建观测方程，以滤波的方式实时每秒处理1次所有监控卫星的钟差和接收机的钟差。

实时高精度卫星精密钟差估计以载波观测值作为主要观测值，并采用非差观测值或历元间差分观测值，主要以双频无电离层组合作为观测量以消除电离层影响。考虑到卫星钟差处理（需要1s处理）与精密轨道处理的更新频率不同，因此需要每秒采样的实时观测数据作为输入。考虑到精密钟差与精密轨道处理的更新频率不同，所以采用与实时轨道处理独立的进程处理，实时精密轨道作为输入值。目前主要有非差无电离层组合方法、历元间差分方法和混合差分方法。

1）非差无电离层组合方法

无电离层组合模型通过对双频观测值进行组合，消去一阶电离层影响（忽略高阶电离层影响），该组合在GNSS高精度数据处理中应用十分广泛，目前IGS所发布的GNSS钟差产品均是基于双频无电离层组合观测值处理获得的，非差无电离层组合的钟差估计观测方程可以表示为

$$\begin{cases} p_{r,\mathrm{if}}^{s}(i) = c \cdot \mathrm{d}t_r(i) - c \cdot \mathrm{d}t^s(i) + m_r^s \cdot \tau_r(i) + b_{r,\mathrm{if}}^{\mathrm{G}} - b_{\mathrm{if}}^{\mathrm{G},s} \\ \phi_{r,\mathrm{if}}^{s}(i) = c \cdot \mathrm{d}t_r(i) - c \cdot \mathrm{d}t^s(i) + m_r^s \cdot \tau_r(i) - \lambda_{\mathrm{if}} \cdot (N_{r,\mathrm{if}}^s - d_{r,\mathrm{if}}^{\mathrm{G}} + d_{\mathrm{if}}^{\mathrm{G},s}) \end{cases} \tag{5.38}$$

由于GNSS观测值是由卫星和接收机钟之间的相对关系确定的，因而GNSS观测值对绝对时间不敏感，基于GNSS观测值也因此无法同时求解所有的卫星和接收机

绝对钟差,要获取绝对钟差还需要引入外部钟差基准。只要保证基准钟的钟差不影响卫星位置的计算精度(优于 10^{-6}s),那么相对钟差和绝对钟差对用户定位结果而言是等价的,即相对钟差的偏差在用户定位模型中可完全被用户接收机钟差吸收,而不影响用户的定位精度。

可以看出,在上述观测方程中的待解参数为包括大气参数、卫星钟差、接收机钟差等,由于采用的是载波观测量,模糊度也作为待解参数,增加了处理的复杂度与难度。为了提高实时估算效率,在高频实时钟差估计中,可通过对观测值进行历元间差分的方式消除大量时不变参数,比如模糊度参数。

2) 历元间差分方法

对式(5.1)中的相位观测值进行历元间差分,通常可认为卫星端和接收机端的相位硬件延迟 $d_{r,j}^{\mathrm{G}}$ 和 $d_j^{\mathrm{G},s}$ 在一段时间内为常数,因此在历元差分中同模糊度参数一同被消除,由此得到

$$\delta v\phi_{r,\mathrm{if}}^{s} = c \cdot \delta \mathrm{d}t_r - c \cdot \delta \mathrm{d}t^s + \delta(m_r^s \cdot \tau_r) \tag{5.39}$$

式中:δ 为历元 $i+1$ 与历元 i 的差分算子。在估计得到各个历元卫星钟差的历元变化值 $\delta \mathrm{d}t^s$ 后,可从广播星历中获取初始时刻的卫星钟差 $\mathrm{d}t^s(0)$,则任意时刻卫星钟差可表示为

$$\mathrm{d}t^s(i) = \mathrm{d}t^s(0) + \sum_{k=1}^{i} \delta \mathrm{d}t^s(k) \tag{5.40}$$

历元间差分方法由于消去了模糊度参数,待估参数少、处理速度快,时效性可满足高频实时钟差估计的需求。但由于卫星初始时刻钟差通常由广播星历提供,偏差较大,使得每颗卫星的钟差各自包含固定的偏差,该偏差将影响伪距单点定位精度以及 PPP 的收敛速度。

3) 混合差分方法

为解决非差无电离层组合方法参数过多、效率低,而历元间差分方法卫星初始时刻钟差偏差大的问题,Ge 等提出了一种混合差分方法,与历元差分方法相似,混合差分方法同样对相位观测方程做历元间差分处理来估算钟差的历元间变化值。但与历元差分方法不同的是,混合差分方法将基于相位历元差分观测估算获得的参数带入伪距观测方程来求解卫星初始时刻钟差,此时伪距观测方程可表示为

$$\tilde{v} P_{r,\mathrm{if}}^{s}(i) = c \cdot \mathrm{d}t_r(i) - c \cdot \mathrm{d}t^s(0) + b_{r,\mathrm{if}}^{\mathrm{G}} - b_{\mathrm{if}}^{\mathrm{G},s} \tag{5.41}$$

式中: $\tilde{v} P_{r,\mathrm{if}}^{s}(i) = vP_{r,\mathrm{if}}^{s}(i) + \sum_{k=1}^{i} \delta \mathrm{d}t^s(k) - m_r^s \cdot \tau_r$,即改正了利用相位历元差分方程解算获得的钟差历元间变化和对流层延迟。由于伪距观测值的噪声相对较大,通常需要利用一段时间的伪距观测值来获取较为准确的初始时刻钟差 $\mathrm{d}t^s(0)$,则任意时刻的卫星钟差同样可用式(5.40)表示。在卫星钟差历元间没有中断的情况下,卫星初始时刻钟差无需重新估计,因此混合差分方法中待估参数及解算效率与历元差分方法基本相当。

4）卫星精密钟差的短期预报

由于服务端钟差计算时刻与用户端定位解算时刻往往具有一定的时延，因此需要通过卫星精密钟差的短期预报外推至用户端时刻。钟差外推方法可表述如下：

$$dt^s(t) = \sum_{i=0}^{m} a_i \cdot (t - t_0)^i + \sum_{j=1}^{n} (b_{sj} \cdot \sin(w_j \cdot t) + b_{cj} \cdot \cos(w_j \cdot t)) + c_k \quad (5.42)$$

式中分别通过多项式拟合项和球谐函数拟合项来模拟卫星钟差的趋势项和周期项，并在最后一项考虑了可能发生的钟跳。

5.3.2.3 电离层格网改正处理

电离层格网改正处理是指：基于GNSS观测数据，利用电离层的色散效应，延迟量大小与频率相关的特性，提取各穿刺点处的电离层延迟，并作格网化模型，供格网覆盖区域内的用户使用，保证单频用户的导航定位精度与完好性需求。

电离层格网改正处理的基本方法是：采用多个频率的GNSS电离层残差组成相位平滑伪距观测值，求取穿刺点沿信号斜路径的电离层延迟，通过全球或区域电离层延迟模型获得穿刺点垂直电子总含量（VTEC）并分离出卫星硬件延迟与接收机硬件延迟。通过曲面拟合法、加权插值法等将穿刺点处VTEC按照一定的经纬度间隔归化到格网点的电离层垂直延迟。由此，电离层格网改正处理包括斜路径电离层延迟获取、垂直电离层延迟建模、硬件延迟偏差处理与电离层格网改正处理4个主要处理过程。

1）斜路径电离层延迟获取

在区域电离层模型建立中，忽略电子密度在垂直方向的分布，假设电离层集中于地球上方某一高度处的无限薄的一个薄层上面。根据卫星参考站坐标计算穿刺点的位置信息，将其转换到地磁日固坐标系下，从GNSS相位平滑（一般采用Hatch滤波平滑）伪距观测值，获取绝对的斜路径电离层延迟信息（包括硬件延迟偏差）。

对于双频GNSS观测数据，采用相位平滑伪距观测量时，每个历元两个不同频率上的相位平滑伪距之差即能解出信号传播方向电子总含量（TEC），其方程如下：

$$P_{GF} = P_1 - P_2 = 40.3 \cdot \left(\frac{1}{f_1^2} - \frac{1}{f_2^2}\right) \cdot TEC + b_{r,12}^{G} - b_{12}^{G,s} + \xi_{GF} \quad (5.43)$$

式中：ξ_{GF}为组合观测值噪声；P_1、P_2 分别为原始伪距观测量和伪距无几何距离组合观测量；$b_{r,12}^{G}$、$b_{12}^{G,s}$分别为对应接收机和卫星端f_1、f_2频率间的伪距偏差，如下式：

$$\begin{cases} b_{r,12}^{G} = b_{r,1}^{G} - b_{r,2}^{G} \\ b_{12}^{G,s} = b_{1}^{G,s} - b_{2}^{G,s} \end{cases} \quad (5.44)$$

2）垂直电离层延迟建模

硬件延迟与电离层延迟都与频率相关，而硬件延迟与空间域（卫星仰角和方位角）无关。利用电离层斜路径延迟存在空间域变化的特性，进行硬件延迟与电离层延迟的分离。通常来说，将电离层假象为单层薄层，对垂直电离层在空间域上进行建模是分离卫星硬件延迟偏差的有效手段,如图 5.9 所示。

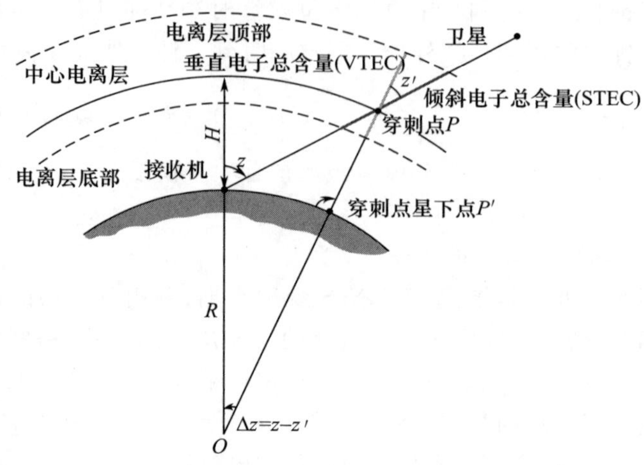

图 5.9 电离层单层模型和穿刺点(见彩图)

首先,需要将倾斜电离层延迟投影至垂直方向,投影函数计算方式如下:

$$M = \frac{1}{\sqrt{1 - \sin^2 z'}} \tag{5.45}$$

式中

$$\sin z' = \frac{R}{R + H}\sin z \tag{5.46}$$

式中:z 为卫星的仰角;R 为地球的平均半径;H 为电离层薄层高度。

然后,进行垂直电离层延迟建模。根据覆盖区域的不同,目前常用的电离层建模方法有全球电离层建模和区域电离层建模两种。在全球实时电离层延迟建模中,有球谐函数模型和全球格网模型两种,其中球谐函数模型是应用最广泛的函数模型之一(CODE、ESCO、WHU 等多家电离层分析中心采用),公式如下:

$$\text{VTEC}(\beta, s) = \sum_{n=0}^{n_{\max}} \sum_{m=0}^{n} \tilde{P}_{nm}(\sin\beta)(\tilde{C}_{nm}\cos(m \cdot s) + \tilde{S}_{nm}\sin(m \cdot s)) \tag{5.47}$$

式中:β 为穿刺点的地磁纬度;$s = \lambda - \lambda_0$ 为穿刺点的日固经度,λ 为穿刺点的经度,λ_0 为太阳的经度;$n_{\max}$ 为球函数展开式的最高阶数;$\tilde{C}_{nm}$、$\tilde{S}_{nm}$ 为待估的球谐系数;$\tilde{P}_{nm} = N_{nm} P_{nm}$ 为 n 阶 m 次标准化缔合勒让德函数,N_{nm} 为标准化因子,P_{nm} 为经典勒让德函数。

N_{nm}、P_{nm} 如下所示:

$$\begin{cases} N_{nm} = \sqrt{\dfrac{(n-m)!(2n+1)(2-\delta_{0m})}{(n+m)!}} \\ P_{nm} = \displaystyle\sum_{m=0}^{n/2} \dfrac{(-1)^m (2n-2m)! x^{n-2m}}{2^n m!(n-m)!(n-2m)!} \end{cases} \tag{5.48}$$

式中:δ_{0m} 为 Kronecker 型 δ 函数。

在区域实时电离层延迟建模中,通常有低阶球谐函数模型、多项式模型、三角级数模型和克里金模型4种,这里介绍其中的三角级数模型,公式如下:

$$\mathrm{VTEC}(\beta^i,h^j) = \sum_{i=0}^{N_1}\sum_{j=0}^{N_2} A_{i,j}\cdot\beta^i\cdot h^j + \sum_{i=1}^{N_3}(A_{i1}\cdot\cos(ih) + A_{i2}\cdot\sin(ih)) \tag{5.49}$$

式中:A_i为三角级数模型待估参数;$\sum_{i=0}^{N_1}\sum_{j=0}^{N_2} A_{i,j}\beta^i h^j$ 为与地方时和纬度相关的因素变化;$\sum_{i=1}^{N_3}(A_{i1}\cos(ih) + A_{i2}\sin(ih))$ 为与地方时有关的周期变化综合影响项。

3)卫星与接收机的硬件延迟分离

由于卫星与接收机硬件延迟互为线性相关,所以需要附加一定的约束条件才能将两者进行分离。通常采用所有卫星硬件延迟之和约束为零的方法,如下式所示。值得说明的是,采用不同的基准方法不会对电离层模型参数造成任何影响。

$$\sum_{s=0}^{n_s} b_{12}^s = 0 \tag{5.50}$$

式中:n_s为所有可用卫星的数量。

4)电离层格网改正处理方法

将落入某个时间段(5min)和格网(分辨力为2°~5°)及其周边的电离层穿刺点(IPP)在某一时刻的电离层延迟估值,通过上述投影函数转换得到电离层垂直延迟估值,利用所有观测值样本,对该薄层进行模型拟合。建立一定时间段和一定空间分辨力的电离层变化格网模型,格网化模型方法包括曲面拟合法与加权插值法。曲面拟合法包括球谐函数、球冠谐函数等。加权插值法为:在有限时间段和格网分辨力下,电离层垂直延迟成线性变化,运用加权最小二乘法把某几个穿刺点电离层垂直延迟归算为格网中点的垂直电离层延迟值。

5.3.2.4 相位偏差产品处理

载波相位观测值包含初始相位偏差以及相位通道信号时延,导致原始相位观测值模糊度不具有整数特性,传统的PPP为浮点解。模糊度整数固定可以有效提高PPP的性能,是近些年全球PPP服务系统处理算法的热点问题。初始相位偏差以及相位通道信号时延通常统称为相位偏差(phase bias),考虑到实际数据处理中,相位偏差的整数部分与整周模糊度完全耦合,仅其小数部分导致模糊度不具备整数特性,因此部分学者也将相位偏差称为非整周偏差(FCB)[6-7]。因此,系统端相位偏差产品处理的关键问题是如何利用区域或全球跟踪网数据获取精确的相位偏差小数部分,使得用户可以恢复非差模糊度的整数特性。

目前,整数模糊度恢复产品处理算法可以分为:整数钟恢复(IRC)模型、去耦合钟差模型(DCM)、未校准的相位硬件延迟/非整周偏差(UPD/FCB)。虽然各种算法采用的改正数定义、模型不尽相同,但基本思路都是服务端利用参考站网观测数据计算能够恢复用户非差模糊度整数特性的改正信息，流动站用户利用这个改正信息实现 PPP 模糊度固定。

1）整数钟恢复模型

在利用无电离层组合相位观测值进行卫星钟差解算时，求解得到的无电离层组合模糊度可以表示为宽巷模糊度和窄巷模糊度之和，公式如下：

$$\lambda_{\mathrm{if}} \cdot \tilde{N}_{r,\mathrm{if}}^{s} = \lambda_{\mathrm{n}} \cdot \tilde{N}_{r,\mathrm{n}}^{s} + \frac{\lambda_1}{\lambda_1 + \lambda_2} \cdot \lambda_{\mathrm{w}} \cdot \tilde{N}_{r,\mathrm{w}}^{s} \tag{5.51}$$

式中：$\tilde{N}_{r,\mathrm{w}}^{s} = \tilde{N}_{r,1}^{s} - \tilde{N}_{r,2}^{s}$表示宽巷模糊度；$\tilde{N}_{r,\mathrm{n}}^{s} = \tilde{N}_{r,1}^{s}$表示窄巷模糊度。两者对应的波长分别为$\lambda_{\mathrm{w}} = \lambda_1 \cdot \lambda_2/(\lambda_2 - \lambda_1)$和$\lambda_{\mathrm{n}} = \dfrac{\lambda_2}{\lambda_1 + \lambda_2}$。值得注意的是，式(5.51)中的宽巷模糊度和窄巷模糊度均受到了相位偏差的影响，因此均不具备整周特性，需要对影响整周特性的小数部分进行剥离才能恢复模糊度的整周特性。

由式(5.7)可求得宽巷模糊度，并将其表示为整数部分和小数部分之和，公式如下：

$$\mathrm{MW}_{r}^{s} = \tilde{N}_{r,1}^{s} - \tilde{N}_{r,2}^{s} = N_{r,\mathrm{w}}^{s} + d_{r,\mathrm{w}}^{s} \tag{5.52}$$

式中：$N_{r,\mathrm{w}}^{s}$为宽巷模糊度的整数部分；$d_{r,\mathrm{w}}^{s} = d_{r,\mathrm{w}} - d_{\mathrm{w}}^{s}$，$d_{r,\mathrm{w}}$和$d_{\mathrm{w}}^{s}$分别为接收机端宽巷 FCB 和卫星端宽巷 FCB。其中对于监测型接收机来说，宽巷能保持一定的稳定性，因此可以假定$d_{r,\mathrm{w}}$和d_{w}^{s}在一天内可以视为固定值。由于$d_{r,\mathrm{w}}$与d_{w}^{s}强线性相关，因此需要引入一定的基准，比如可以引入某个参考站$d_{r,\mathrm{w}} = 0$为基准。考虑到宽巷的波长较长，因此可以通过直接取整方式来分离宽巷模糊度整数部分和小数部分。

将固定后的宽巷模糊度代回至式(5.52)，可以获得窄巷模糊度的实数解，并通过几乎相同的方法固定窄巷模糊度。唯一不同之处在于窄巷 FCB 稳定性较差，这主要是由于窄巷 FCB 受到卫星轨道、钟差以及其他残余误差的影响，使得窄巷 FCB 有局域特征，即在局域内各参考站对同一卫星的窄巷小数部分的一致性较高，能够获取相对高精度的窄巷 FCB，据此一般采用短时间内（如 15min）分段常数的估计策略进行窄巷 FCB 计算。为了获得窄巷模糊度固定解，一个窄巷模糊度被赋予任意整数值，从而得到接收机钟差项的 FCB，又因为单站接收机的接收机钟差保持一致性，所以所有的窄巷模糊度都可以获得整数解。

最后将固定后的宽巷模糊度和窄巷模糊度组成无电离层组合模糊度，并反代回精密钟差估计模型中，则宽巷和窄巷 FCB 会被钟差参数吸收，如下式所示：

$$c \cdot \mathrm{d}\tilde{t}^{s} = c \cdot \mathrm{d}t^{s} + \lambda_{\mathrm{n}} \cdot \left(d_{\mathrm{n}}^{s} + \frac{\lambda_1}{\lambda_2 - \lambda_1} \cdot d_{\mathrm{w}}^{s}\right) \tag{5.53}$$

当用户端利用该钟差进行 PPP 处理时，其所解算的模糊度即具备了整周特性，可以直接通过整周模糊度搜索算法进行非差模糊度的固定。该钟差实际上隐含了模

糊度整周特性基准，故称为整数钟恢复模型。

2）去耦钟模型

去耦钟模型与上述整数钟模型基本类似，不同的是去耦钟模型将伪距和相位上的钟差分开进行估计，即在整数钟的基础上，增加估计了伪距钟，公式如下：

$$\begin{cases} c \cdot \mathrm{d}\tilde{t}_P^s = c \cdot \mathrm{d}t^s + b_{\mathrm{if}}^s \\ c \cdot \mathrm{d}\tilde{t}_\phi^s = c \cdot \mathrm{d}t^s + \lambda_{\mathrm{n}} \cdot \left(d_{\mathrm{n}}^s + \dfrac{\lambda_1}{\lambda_2 - \lambda_1} \cdot d_{\mathrm{w}}^s \right) \end{cases} \tag{5.54}$$

式中：第一个公式为伪距钟；第二个公式为整数钟。在去耦钟模型中，伪距钟和整数钟在非差 GPS 数据处理时进行分别处理，可以减小伪距观测残差中的偏差影响，而且数据处理模型更为严谨。当用户端利用去耦钟产品进行 PPP 处理时，也需要将伪距观测值和相位观测值分别引入伪距钟差和整数钟，以保证与服务端处理的自洽性。

3）未校正相位偏差模型

未校正相位偏差模型通过获取无电离层组合浮点解模糊度、宽巷模糊度 FCB 估计和窄巷模糊度 FCB 估计 3 个步骤完成，其过程与方法同整数钟模型。与整数钟模型区别在于，未校正相位偏差模型在计算卫星钟差产品时与 IGS 等传统钟差算法保持一致，并不固定模糊度，而是直接将宽巷模糊度 FCB 估计和窄巷模糊度 FCB 作为产品播发给用户。用户端在进行 PPP 处理过程中直接利用 FCB 产品对宽巷和窄巷模糊度进行修正，以恢复模糊度整周特性。

5.3.2.5　实时精密单点定位

PPP 是利用精密卫星轨道和卫星钟差，对单台 GNSS 接收机所采集的相位和伪距观测值进行定位解算，获得分米级到毫米级的定位精度。由于 PPP 方法只需要利用高精度星历和钟差即可在全球任何位置进行单站定位，并获得高精度定位结果，被广泛应用于地壳形变监测、精密定轨、精确授时、地震和海啸监测预警等领域。广域精密定位用户终端采用 PPP 方法，从服务系统获取实时的精密轨道与精密钟差等产品。由于 PPP 一般采用非差模式，因此需要对各项误差进行精确的模型改正或建模，除此之外，单站模糊度固定、快速收敛、质量评定等也是 PPP 中的关键问题与算法。

PPP 采用的载波相位观测值是一种没有任何标记的余弦波，接收机中鉴相器的直接相位读数是不足一周的小数部分，接收机无法给出相位观测值的整周部分。利用载波相位观测值进行高精度定位，需要通过整周模糊度固定来确保定位的精度与性能。非差相位观测值的模糊度本身是具有整数特性的，但由于其难以与相位未校准硬件延迟等分离，标准 PPP 处理一般采用模糊度实数解。PPP-AR 是对标准 PPP 进行扩展，通过恢复非差模糊度的整数特性获得 PPP 模糊度固定解，为 PPP 用户提供与 RTK 数据处理模式精度相当的定位结果。

1999 年,Gabor 和 Nerem 提出 PPP 模糊度固定的思想以来,国内外学者相继提出了多种 PPP-AR 算法[6-13]。依据不同的服务端整数模糊度恢复产品处理算法获得的相位偏差改正数,恢复用户不同频率观测值的非差模糊度整数特性,通过整周模糊度固定方法实现 PPP 模糊度固定。

1) PPP 函数模型

(1) 双频无电离层组合 PPP

双频无电离层组合模型即传统的 PPP 模型。同时利用双频伪距和相位观测值,其无电离层组合观测方程为

$$\begin{cases} P_{r,\text{if}}^{s} = \rho_{r}^{s} + c \cdot \mathrm{d}t_{r} - c \cdot \mathrm{d}t^{s} + m_{r}^{s} \cdot \tau_{r} + b_{r,\text{if}} - b_{\text{if}}^{s} + \xi_{\text{if}} \\ \lambda_{\text{if}} \cdot \phi_{r,\text{if}}^{s} = \rho_{r}^{s} + c \cdot \mathrm{d}t_{r} - c \cdot \mathrm{d}t^{s} + m_{r}^{s} \cdot \tau_{r} + \lambda_{\text{if}} \cdot \tilde{N}_{\text{if}} + \varepsilon_{\text{if}} \end{cases} \tag{5.55}$$

PPP 通过引入全球精密差分定位服务系统播发的精密轨道与钟差产品,来实时计算用户的位置矢量、接收机时钟偏差、天顶对流层延迟、浮点模糊度等参数。由于精密钟差产品通常是同时利用伪距和相位的无电离层组合量,所以其值并不等于实际的钟差,而是包含了伪距偏差在内,公式如下:

$$\mathrm{d}\tilde{t}^{s} = \mathrm{d}t^{s} - \frac{b_{\text{if}}^{s}}{c} \tag{5.56}$$

在引入全球精密差分定位服务系统播发的精密轨道与钟差产品后,经过线性化后的误差方程为

$$\begin{cases} vP_{r,\text{if}}^{s} = -\boldsymbol{\gamma} \cdot \boldsymbol{x}_{r} + c \cdot \mathrm{d}\tilde{t}_{r} + m_{r}^{s} \cdot \tau_{r} \\ \lambda_{\text{if}} \cdot v\phi_{r,\text{if}}^{s} = -\boldsymbol{\gamma} \cdot \boldsymbol{x}_{r} + c \cdot \mathrm{d}\tilde{t}_{r} + m_{r}^{s} \cdot \tau_{r} - \lambda_{\text{if}} \cdot \tilde{N}_{r,\text{if}}^{s} \end{cases} \tag{5.57}$$

式中:待估接收机钟差为 $\mathrm{d}\tilde{t}_{r} = \mathrm{d}t_{r} + \frac{b_{r,\text{if}}}{c}$。

(2) 单频 PPP

对于只能接收单频信号的用户,其误差方程为

$$\begin{cases} v\boldsymbol{P}_{r,j}^{s} = -\boldsymbol{\gamma} \cdot \boldsymbol{x}_{r} + c \cdot \mathrm{d}\tilde{t}_{r} + m_{r}^{s} \cdot \tau_{r} \\ \lambda_{j} \cdot v\phi_{r,j}^{s} = -\boldsymbol{\gamma} \cdot \boldsymbol{x}_{r} + c \cdot \mathrm{d}\tilde{t}_{r} + m_{r}^{s} \cdot \tau_{r} - \lambda_{j} \cdot \tilde{N}_{r,j}^{s} \end{cases} \tag{5.58}$$

式中:待估接收机钟差为 $\mathrm{d}\tilde{t}_{r} = \mathrm{d}t_{r} + \frac{b_{r,1}}{c}$。

与双频无电离层组合 PPP 相同,单频用户 PPP 也是通过引入全球精密差分定位服务系统播发的精密轨道与钟差产品,来实时计算用户的位置矢量、接收机时钟偏差、天顶对流层延迟、浮点模糊度等参数。但在构建误差方程时,由于单频信号受电离层影响,因此需要电离层延迟修正。电离层延迟量可以通过服务系统播发的电离层格网改正数进行插值计算获得。此外,由于引入的卫星钟差产品包含了伪距偏差的无电离层组合,与单频上的伪距偏差不匹配,因此需要对钟差产品进行伪距偏差的修正,不同频率的修正方法如下:

$$\begin{cases} \mathrm{d}\tilde{t}_1^s = \mathrm{d}t^s - \dfrac{b_1^s}{c} = \mathrm{d}\tilde{t}^s + \dfrac{\lambda_1^2}{\lambda_2^2 - \lambda_1^2} \cdot \dfrac{b_{12}^s}{c} \\ \mathrm{d}\tilde{t}_2^s = \mathrm{d}t^s - \dfrac{b_2^s}{c} = \mathrm{d}\tilde{t}^s + \dfrac{\lambda_2^2}{\lambda_2^2 - \lambda_1^2} \cdot \dfrac{b_{12}^s}{c} \end{cases} \tag{5.59}$$

2）PPP 随机模型

观测值的随机模型即观测值的方差阵，目前简单且效果较好的定权方法为根据卫星观测值仰角的定权方法，国际上著名 GPS 数据处理软件 BERNESE 软件就是采用此法定权。假设某一卫星 i 的仰角为 e_i，天顶方向消电离层伪距观测值和相位观测值的中误差分别为 $\delta_{0,\mathrm{P}}$ 和 $\delta_{0,\mathrm{L}}$（一般取 $\delta_{0,\mathrm{P}} = \pm 1\mathrm{m}, \delta_{0,\mathrm{L}} = \pm 1\mathrm{cm}$），则卫星 i 的伪距观测值和相位观测值方差为

$$\begin{cases} \delta_{\mathrm{P}}^2(i) = \delta_{0,\mathrm{P}}^2 / \sin^2(e_i) \\ \delta_{\mathrm{L}}^2(i) = \delta_{0,\mathrm{L}}^2 / \sin^2(e_i) \end{cases} \tag{5.60}$$

参数的随机模型描述参数矢量随时间的变化状态，无电离层组合模型参数的随机模型主要包括：用户坐标参数、接收机钟差参数、对流层湿分量的天顶延迟、模糊度参数等。对于动态时变参数通常采用一阶高斯-马尔可夫过程。

3）PPP 模糊度固定

当用户接收到服务端发送的宽、窄巷 FCB 改正数之后，就可以尝试进行非差模糊度固定。由于用户端仍然存在接收机端的硬件延迟偏差的影响，因此需要对非差宽巷模糊度进行星间单差处理，然后利用宽巷 FCB 对星间单差的宽巷模糊度进行修正，恢复宽巷模糊度的整周特性，最后尝试宽巷模糊度的固定。卫星 s 和卫星 k 之间组成星间单差宽巷模糊度固定公式如下：

$$N_{r,\mathrm{w}}^{s,k} = \tilde{N}_{r,\mathrm{w}}^{s,k} - d_{\mathrm{w}}^{s,k} \tag{5.61}$$

式中：$\begin{cases} N_{r,\mathrm{w}}^{s,k} = N_{r,\mathrm{w}}^{s} - N_{r,\mathrm{w}}^{k} \\ \tilde{N}_{r,\mathrm{w}}^{s,k} = \tilde{N}_{r,\mathrm{w}}^{s} - \tilde{N}_{r,\mathrm{w}}^{k} \\ d_{\mathrm{w}}^{s,k} = d_{\mathrm{w}}^{s} - d_{\mathrm{w}}^{k} \end{cases}$，方差为

$$\sigma_{N_{r,\mathrm{w}}^{s,k}}^2 = \frac{\langle [\mathrm{MW}_r^s - \tilde{N}_{r,\mathrm{w}}^s]^2 \rangle}{R_r^s} + \frac{\langle [\mathrm{MW}_r^k - \tilde{N}_{r,\mathrm{w}}^k]^2 \rangle}{R_r^k} + \sigma_{\phi_{\mathrm{w}}^{s,k}}^2 \tag{5.62}$$

式中：R_r^s、R_r^k 表示卫星 s 和 k 分别与用户踪站 r 站星间组合相关的所有宽巷模糊度的数量；[*]表示向最为接近的整数取整；< * >表示求和。宽巷 FCB 有一定的周期性，在 -0.5 ~ +0.5 周之间取值。需要注意的是[*]运算后，取整的结果里面其实包括硬件偏差的整数部分和整周模糊度。

当宽巷模糊度固定后，进一步利用式（5.51）求解窄巷模糊度，公式如下：

$$N_{r,\mathrm{n}}^{s,k} = \tilde{N}_{r,\mathrm{n}}^{s,k} - D_r^{s,k} \tag{5.63}$$

式中

$$\begin{cases} N_{r,\text{n}}^{s,k} = N_{r,\text{n}}^{s} - N_{r,\text{n}}^{k} \\ \widetilde{N}_{r,\text{n}}^{s,k} = \widetilde{N}_{r,\text{n}}^{s} - \widetilde{N}_{r,\text{n}}^{k} \\ D_{r}^{s,k} = \left(d_{\text{n}}^{s} + \dfrac{\lambda_1}{\lambda_2 - \lambda_1} \cdot d_{\text{w}}^{s} \right) - \left(d_{\text{n}}^{k} + \dfrac{\lambda_1}{\lambda_2 - \lambda_1} \cdot d_{\text{w}}^{k} \right) \end{cases}$$

它的方差取决于单位权方差和协因数阵。改正卫星端窄巷 FCB 后,可以采用最小二乘模糊度降相关平差(LAMBDA)方法进行窄巷模糊度固定。

一旦宽巷、窄巷模糊度固定成功,就可以利用式(5.51)获取 PPP 模糊度固定解。窄巷 FCB 的精度是影响 PPP 的固定解的重要因素,因为它们直接用以确定 PPP 无电离层组合模糊度。相对而言,宽巷 FCB 只是用来获得宽巷模糊度的整数解,不对无电离层组合模糊度的固定解有直接的影响,而窄巷模糊度的固定则直接影响最后的无电离层模糊度的估计值,因此窄巷 FCB 的精度对于最终的定位结果的精度至关重要。

对于整数钟或去耦钟模式的 PPP 固定方法,整体上遵循以上步骤,不同在于直接利用该钟差产品即可获得模糊度的整周特性,无需进行 FCB 的修正。

5.4 观测值域差分服务系统算法

观测值域差分主要应用于局域范围内的单参考站、多参考站精密定位服务系统。单参考站差分服务,通过参考站直接把观测数据发送至流动站用户,流动站接收参考站的实时观测数据,采用观测值域差分实现高精度定位。区域多参考站精密定位系统采用一个区域(一个地区、一个城市或一个国家)内的若干个 GNSS CORS,将观测数据通过数据通信链路实时送至数据处理中心,数据处理中心对整个参考站网的数据进行统一处理,实时计算出区域性的误差改正数,将相应的观测数据和误差模型发送给流动站用户,用户站利用这些信息结合自己的位置进行流动站的高精度定位。由于观测值域差分方法本质是基于站间观测值误差的空间相关性,通过差分的方法进行消除与减弱,因此用户的定位性能与参考站之间的距离密切有关。

GNSS 区域高精度增强服务目前以采用 CORS 为主,该系统是基于数据通信网络地、动态连续地,同时也是实时、快速、高精度地获取空间数据和地理特征的现代信息基础设施之一。早期 CORS 大多为区域级、行业级系统,只为特定区域或者特定行业的用户提供服务,并不向公众开放,服务范围和应用领域都很有限,未来将从专业定位服务转向公众化、个性化服务。

5.4.1 RTD 处理方法

RTD 利用伪距观测值进行实时差分定位,其定位精度一般可达到亚米级。RTD 定位一般有两种模式:一是通过参考站获得伪距观测值改正数,并将改正数发送至流

动站,流动站利用改正后的伪距观测值进行定位解算;二是将参考站和流动站的伪距观测值实时发送至解算中心,解算中心利用伪距观测值进行差分解算。

参考站改正数模式将参考站安置在已知坐标点上,将参考站观测的伪距与参考站到卫星的实际距离进行差分,获得在视卫星的伪距观测值改正数,通过通信链路发送给流动站用户。用户将接收的伪距改正数对伪距观测值进行改正,通过单点定位方法进行流动站位置解算。解算中心模式通过参考站和流动站将伪距观测值实时发送到数据解算中心,并建立双差伪距观测方程。利用最小二乘方法获得流动站与参考站的相对距离。由于参考站坐标已知,进而即可获得流动站的定位坐标。其线性化后的数学模型表示为

$$\Delta\nabla P_{21,j}^{pq} = -\boldsymbol{\gamma} \cdot \Delta\boldsymbol{x}_{21} + m_{21}^{pq} \cdot \Delta\nabla\tau_{21} + \mu_j \cdot \Delta\nabla\iota_{21}^{pq} + \Delta\nabla\xi_j \tag{5.64}$$

式中:$\Delta\boldsymbol{x}_{21}$为参考站和流动站之间的位置差矢量。当参考站和流动站距离较近时,往往认为对流层延迟和电离层延迟可以通过双差的方式进行消除,因此只需估算三维位置差矢量参数。

5.4.2　网络 RTK 方法

网络 RTK 方法,又称多参考站 RTK 方法,是在某一区域内建立多个(一般为 3 个或 3 个以上)GNSS 连续运行参考站,对该地区构成网状覆盖,并以这些参考站中的一个或多个为基准,采用观测值域差分的模式对与距离相关的误差进行模型化并生成区域改正信息,实时提供给服务区域内的 GNSS 流动站进行精密定位。网络 RTK 方法相比于单参考站 RTK,可以显著增加流动站与参考站之间的作业距离,并且提高流动站定位的精度与可靠性,是区域精密定位服务系统的主要处理方法。网络 RTK 处理方法重点解决服务端的参考站间的整周模糊度固定、与距离相关的区域误差模型化与参数表达,以及用户端的模糊度固定与快速定位问题。按照所采用的提供给用户的观测值域差分改正数的不同,目前网络 RTK 处理方法主要包括虚拟参考站方法、主辅站方法、区域改正参数方法和综合误差内插法等。

5.4.2.1　虚拟参考站方法

虚拟参考站(VRS)的概念和方法由 Herbert Landau 等提出[14-16],是当前应用最广泛的网络 RTK 技术。通过在流动站附近建立一个物理上并不存在的参考站,称为虚拟参考站,根据其周围参考站的实际观测值以及区域误差改正数,生成该虚拟参考站的观测值,用户通过接收虚拟参考站观测值,采用单参考站 RTK 的方法实现高精度实时定位。该方法本质上使用户可以利用连续运行参考站网络多个参考站所提供的观测信息,采用相应的算法来消除或大幅度削弱与距离相关误差(电离层误差、对流层误差和轨道误差等)造成的影响。VRS 技术中,有两个关键技术:一是流动站误差的计算,二是虚拟观测值的生成。VRS 技术的优势是接收机的兼容性比较好,用户端不需要复杂的计算处理,劣势是需要双向通信链路,数据处理过程需要用户向中心发播概略位置等信息,服务用户数量受限。VRS 方法数学模型为

$$\lambda_j \cdot \Delta\nabla\phi_{21,j}^{pq} = -\boldsymbol{\gamma} \cdot \Delta\boldsymbol{x}_{21} + m_{21}^{pq} \cdot \Delta\nabla\tau_{21} - \mu_j \cdot \Delta\nabla\iota_{21}^{pq} - \lambda_j \cdot \Delta\nabla N_{21,j}^{pq} + \Delta\nabla\varepsilon_j \quad (5.65)$$

式中:$\Delta\nabla\phi_{21,j}^{pq}$为流动站实际观测值与虚拟参考站观测值之间的双差量;$\Delta\boldsymbol{x}_{21}$为流动站相对于虚拟参考站之间的位置差矢量。通过相位观测值之间的双差,有效消除了相位偏差的影响,因此双差模糊度具备整周特性,可以直接用 LAMBDA 方法搜索固定。与 RTD 方法同理,当虚拟参考站和流动站距离较近时,往往认为对流层延迟和电离层延迟可以通过双差的方式进行消除,因此 VRS 方法需要估算位置差矢量和双差模糊度两类参数。

5.4.2.2 主辅站方法

主辅站概念(MAC)由 Euler 等在 2001 年提出[17],应用于 Leica 公司开发的 Spider Net 软件。MAC 模型将参考站网络改正数分成两类:与载波频率密切相关的改正数(比如电离层延迟,称为弥散性(Dispersive)改正数);其他与载波频率没有相关性的改正数(比如轨道改正数、对流层延迟、多径效应等,称为非弥散性(non-dispersive)改正数)。主辅站技术使用单差散射和非散射相位改正数来达到压缩差分信息的目的,提高网络 RTK 的数据传输效率。MAC 技术首先进行参考站网整数模糊度固定,使得参考站之间具有一致的整周模糊度基准,同时计算辅站相对于主站的改正数之差,将这一差值发送给流动站。主辅站技术可以使用单向数据通信和双向数据通信两种方式,单向数据通信方式的主辅站技术称为 MAX 技术,双向数据通信方式下的主辅站技术成为个性化主辅助校正(i-MAX)技术。i-MAX 技术与 VRS 技术类似,流动站需要将概率位置发送给数据处理中心,数据处理中心根据其位置计算流动站的区域改正数,并加到主站观测值中,以标准差分协议格式发播给流动站。

5.4.2.3 区域改正参数方法

区域改正数(FKP)技术,最早由 Wübbena 提出并成功应用于Geo + + 公司的全球卫星导航系统状态监测与表示技术(GNSMART)软件[18]。FKP 技术的原理为:数据处理中心实时估计各个参考站上的非差参数并生成网络解,通过区域参数描述网内电离层和几何信号的空间相关误差,流动站根据这些参数与位置计算误差改正数,从而实现精确定位。FKP 方法的优点在于当参考站受到诸如多径反射或高楼的信号遮挡等影响的时候,自动重新组成 FKP 的平面,单向数据通信降低用户的作业成本和保证用户使用的隐秘性。FKP 方法在德国、荷兰和其他欧洲国家有广泛的应用。FKP 以 RTCM59 格式向 RTK 流动站提供与距离相关的误差分量。FKP 方法中,数据处理程序计算每颗卫星覆盖的区域,并按一定的时间间隔(10s 以内)播发电离层、对流层、轨道等的影响。FKP 中用一个线性的区域多项式表示与位置相关的误差,它的参考面平行于 WGS-84 椭球面,高度为参考站的高程高度[19]。

VRS 和 FKP 的区别在于,FKP 是一种广播模式。Herbert Landau 认为 FKP 的参数是通过参考站之间的残差计算出来的,为了计算这些残差必须使用同一轨道信息和对流层模型,否则难以确定网络 RTK 模糊度。因为参考站经常没有气象设备,因此必须使用标准大气参数计算对流层模型误差,将会影响改正数的精度。

5.4.2.4 综合误差内插法(CBI)

综合误差内插法由武汉大学卫星导航定位技术研究中心提出,其基本思想是在参考站计算改正信息时,不对电离层延迟、对流层延迟等误差进行区分,也不将各参考站所得到的改正信息都发给用户,而是由监控中心统一集中所有参考站观测数据,选择、计算和播发用户的综合误差改正信息。在此基础之上,唐卫明(2006)提出了改进的综合误差内插法,该方法主要分为两个方面:一方面内插 L1 载波相位电离层误差;另一方面对电离层误差之外的误差如对流层模型残差、轨道误差等与信号频率无关的误差进行综合内插。

5.5 差分融合算法与实时服务系统架构

基于状态域差分的 PPP 与基于观测值域差分的网络 RTK 是 GNSS 高精度实时定位服务的两种主要技术。对于局域特定用户,网络 RTK 目前定位能力已经达到很好的水平。但受观测值域差分改正方法的限制,网络 RTK 要求参考站间距一般不超过 70km,服务范围有限。因此通过网络 RTK 方法建设广域的、能够满足大量用户需求的实时服务系统的代价巨大。基于广域(全球)跟踪站网络的 PPP 服务模式,可通过在广域范围内为数不多的实时参考站,建立可提供高精度实时定位的服务系统,能有效弥补网络 RTK 服务系统的上述不足。实时 PPP 能够实现全球范围内同等精度的定位服务,但与网络 RTK 相比也存在定位精度稍差以及初始化时间较长的缺点。

目前,随着实时用户应用的多样化需求,以及 GNSS 实时参考站资源的建设与发展,在一个实时定位服务系统中通常同时包括广域大范围的参考站与区域密集的参考站。因此,如何充分利用广域与区域参考站资源,通过 PPP 与 RTK 算法的融合,解决广域与区域精密定位系统统一融合服务问题,对提升实时系统服务能力至关重要。

5.5.1 PPP-RTK 方法

PPP-RTK 方法结合了 PPP 与 RTK 技术,服务端通过提供非差改正数的方式恢复用户端非差观测值模糊度的整数特性,用户端无需参考站观测数据,实现单点模糊度固定解。PPP-RTK 方法为用户提供与网络 RTK 数据处理模式相一致的定位结果[20]。目前主要有以下两类实现 PPP-RTK 的思路。

(1) 在浮点 PPP 基础上,将影响 PPP 模糊度固定的非差相位的非整数部分作为改正信息,提供给用户实现 PPP 模糊度固定[6-7,9,20]。此类方法需要全球(广域)观测网支持计算全局性参数(包括轨道、钟差等),或者这些参数可以准确获得,卫星钟差与卫星相位偏差是处理中非常重要的改正参数。

(2) 改进双差网络 RTK 方式,在基准一致的条件下,将双差改正参数映射到非差改正数,用户进行非差定位,也称为非差网络 RTK 方法[21]。此类方法在局域范围内无须精密轨道与钟差,其误差改正数是通过双差模糊度整数特性生成综合改正数或者分类综合改正数，实现单站用户模糊度固定。非差网络 RTK 可以理解为一种观测值域的差分定位技术，可以使网络 RTK 的作业方式更加灵活，并且兼容性好，理论上在用户端可以很方便地与 PPP 方法相统一。

上述不同的理论方法本质是等价的，可以转换[21-23]，区别在于基准的选择、改正参数选择，以及是否消电离层处理。通过相似变换估计理论分析可知，上述不同的方法在参考站网服务端和用户端可以相互转换，混合使用。PPP-RTK 的改正数，不仅建立了参考站网服务端和单站用户端之间的模糊度联系，也建立了相应的位置联系，使得单站用户定位实质上成为与参考站网之间的相对定位。

5.5.2 PPP、RTK、PPP-RTK 特征与关系

PPP、RTK 和 PPP-RTK 处理方法，虽然在本质上是等价和可转换的，但 PPP 具有状态域表达、全球性、浮点模糊度的特性，而网络 RTK 具有观测值域表达、局域/区域性、固定解模糊度的特性。融合 PPP-RTK 兼具两者的优点，即具有状态域表达、局域/区域性、固定解模糊度的特性。这几类方法的特征与关系如表 5.2 所列。可以看出，SSR 相对于 OSR 的显著优势在于其可以广播、覆盖范围广、所需带宽小、表达误差小。融合 PPP-RTK 既可以充分利用 PPP 的优势，又可以借助区域参考站网实现快速模糊度固定的高精度定位。

表 5.2 RTK、PPP 和 PPP-RTK 的特征及关系

技术手段	观测值域表达（OSR）				状态域表达（SSR）		
	RTK	网络 RTK			PPP（载波相位）	PPP（伪距）	PPP-RTK
	RS	FKP	MAC	VRS/PRS④			
服务分类①	OSR-CS2	OSR-CS2			SSR-CQ2	SSR-DS1	SSR-CS2
是否可以广播	✓	✓	✓	×	✓	✓	✓
精度	cm 量级	cm 量级	cm 量级	cm 量级	< dm 量级	≈3dm	cm 量级
所需时间②	<5s	<5s	<5s	<5s	约 20min	<1s	<5s 1min③
服务范围	局域	区域			全球	全球/区域	全球/区域
单频	×	×	×	×	×	✓	×
所需带宽	中等	中等	高等	中等	低等	低等	低-中等

① CQ2：基于 2 个频率的约 15min 级的厘米级服务。DS1：基于 1 个频率的秒钟级的分米级服务。CS2：基于 2 个频率的秒钟级的厘米级服务。

② 不考虑多径效应影响。

③ 取决于服务端实时更新的效率。

④ PRS—公共特许服务

5.5.3 广域与区域融合的服务系统架构

GNSS 实时精密定位服务中，融合的 PPP-RTK 技术可以实现全球、大区域、重点区域多层次差分融合处理与兼容服务。广域与区域融合的高精度差分系统以全球

(广域)高精度差分定位为基准框架,实现区域网增强的自由融入与灵活增补,用户采用统一的PPP处理模式,实现全球差分定位与区域增强用户定位的无缝切换。服务端需要实时高精度卫星轨道、钟差、全球电离层延迟、伪距硬件延迟偏差、未校正的相位延迟偏差等产品,在只有全球差分信号服务区域内进行全球高精度差分定位,在有区域增强信号辅助的区域内,用户终端可以附加增强信号实现定位性能(包括精度与初始化时间)的显著提升。

目前实时精密定位系统技术体系主要分3个层次:①标准PPP处理,适用于卫星导航系统服务范围,主要通过广域(全球)分布的实时参考站观测数据,精化卫星轨道、卫星钟差与电离层,用户采用PPP浮点解模式。②PPP-AR,在标准PPP基础上,提供硬件延迟等产品,使得用户的模糊度可以进行固定。③区域增强的PPP定位等,附加综合区域误差改正信息,提升PPP的收敛时间与可靠性等性能,实现与RTK一致的实时定位性能。

广域与区域融合的实时服务系统框架如图5.10所示。

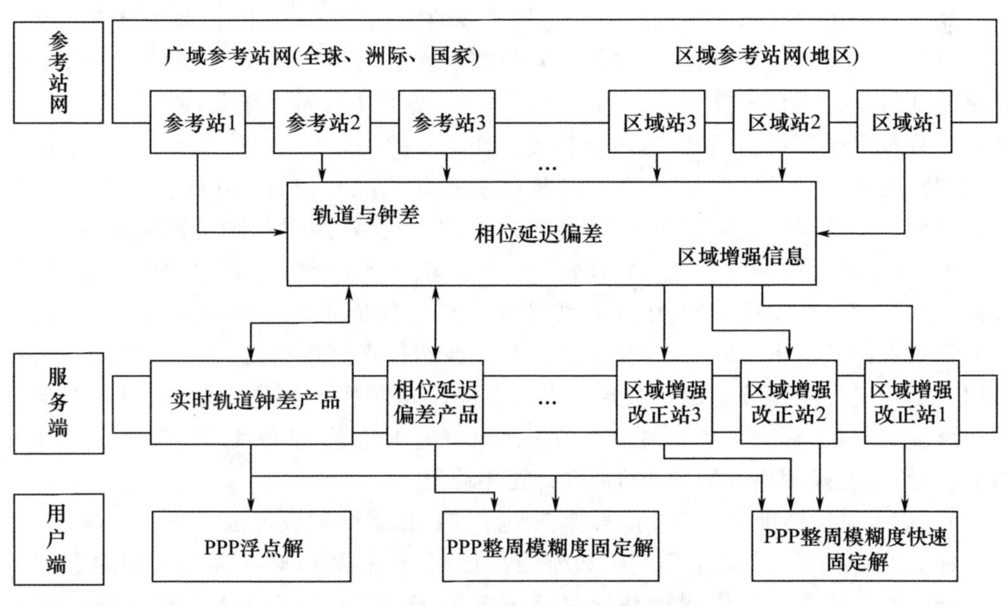

图5.10 广域与区域融合的实时服务系统框架

5.6 多目标自组网的动态精准定位技术

在复杂观测环境下多目标自组网的北斗实时厘米级动动定位过程中,会受周围环境影响导致观测数据周跳频发,而目标的运动状态又难以通过先验模型进行描述,此时双频数据的模糊度解算成功率大大降低,因此,复杂观测环境下北斗实时厘米级动动定位的数据处理成为难题。针对目前问题提出了多目标的自适应组网、动动差分和整网平差策略,发明了基于北斗三频信号的单历元动态模糊度确定的快速解算方法、基于三差解信息的递推卡尔曼滤波算法,提出了基于稳健估计的周跳探测方法,发明了基于惯性辅助的GNSS信号捕获跟踪和数据融合滤波方法。

1）多目标的自适应组网、动动差分和整网平差策略

针对移动目标对距其较近的其他目标间相对位置关系精度需求较高,而对远距离目标精度需求相对较低的特点,首先根据指定距离阈值设定高精度解算目标,并对其采用Delaunay三角形组网技术形成最优的子网划分策略。在利用闭合子网的模糊度传递性对不同基线双差模糊度结果进行检核的同时,减少目标间不必要的基线解算数量,最终通过整网平差确定移动目标与周边其他目标间精确的相对位置关系。对于与移动目标距离相对较远的其他动态目标,则降低对该目标所播发差分数据的处理频率,同时仅采用与该目标间单基线的处理模式来确定相对位置关系。

2）基于三差解信息的递推卡尔曼滤波算法和单历元动态模糊度确定的快速解算方法

针对复杂运动状态下常规动态卡尔曼滤波的状态方程与实际运动情况不一致的问题,提出了基于三差解信息的递推卡尔曼滤波算法,利用三差解求得的基线矢量变化量及其协方差信息来描述载体的运动状态,解决了动态系卡尔曼滤波状态方程中坐标参数难以模型化的问题,适用于各类运动状态的动态定位,提高滤波过程中状态参数的精度水平,加快模糊度的收敛速度。利用北斗三频信号提出了一种快速动态可靠地确定中长基线模糊度的方法,基于几何相关模型,通过增加电离层、对流层参数约束,分三步逐次确定超宽巷模糊度、宽巷模糊度及3个原始频率的模糊度,显著提高了模糊度解算的可靠性,中长基线情况下模糊度固定成功率稳定在90%以上。针对复杂观测环境下,动态载体接收的卫星载波相位观测数据经常存在周跳的问题,提出了基于历元间差分定位及抗差最小二乘估计分析卫星观测值残差来进行周跳探测与修复的方法,解决了单频周跳不易探测及修复的难题,能够100%探测出周跳发生的历元,并对探测出的周跳100%进行正确修复。

3）基于惯性辅助的GNSS信号捕获跟踪和数据融合滤波方法

针对GNSS信号在城市环境中频繁受高楼、天桥等物体遮挡失锁及在动态调节下GNSS接收机载波相位测量精度显著下降的问题,建立了一套完整的惯性辅助GNSS跟踪环的误差传递模型,研制一体化GNSS/惯性导航系统(INS)标量深组合硬件原理样机,实现对GNSS接收机底层卫星信号的捕获、跟踪等性能的提升。同时,通过卡尔曼滤波将GNSS/INS数据进行融合,有效解决了GNSS信号失锁期间GNSS无法提供定位结果的问题。

5.6.1 基于动动差分和自动组网

1）基于北斗卫星导航系统的动动差分定位服务模式

对于车辆、船舶、飞机等编队作业场景,运动目标间的相对位置和相对姿态是人

们关心的主要部分,精度要求较高,而物体本身的绝对位置仅当作参考,精度要求较低。因此,在动动差分定位中,动态参考站并不要求具有精确的已知坐标。如图 5.11所示,在现有常规 RTK 技术的基础上,通过北斗伪距单点定位实时更新参考站近似坐标以降低该误差源对基线解算结果的影响,充分利用北斗三频观测数据实现模糊度快速初始化以及周跳、失锁后的重新初始化,并基于目标间双差模糊度固定解保证动动定位系统的实时厘米级应用服务能力。

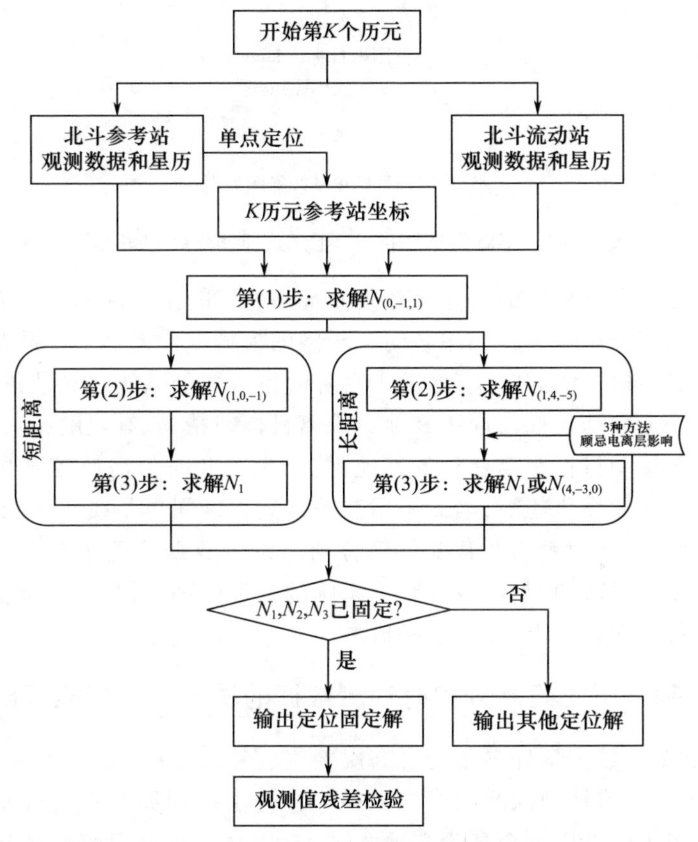

图 5.11　基于北斗三频观测数据的实时动动精密定位流程图

2）不同距离动态目标分类自动组网的解算策略

在移动目标编队行进过程中,既要避免相互碰撞又要协同作业,各移动目标均需实时感知周围其他移动目标与其精确、可靠的相对位置关系。为此,如图 5.12 所示,提出了不同距离动态目标分类自动组网的解算策略。该策略顾及了移动目标与周边近距离目标相对位置关系精度需求较高而对远距离目标相对位置精度需求较低的特性,对待感知目标根据指定的距离阈值进行分类处理。可以在满足不同目标位置关系感知差异性精度需求的同时,提升对近距离目标定位结果的可靠性,并减少系统的整体数据处理负荷,降低装备的实现成本。

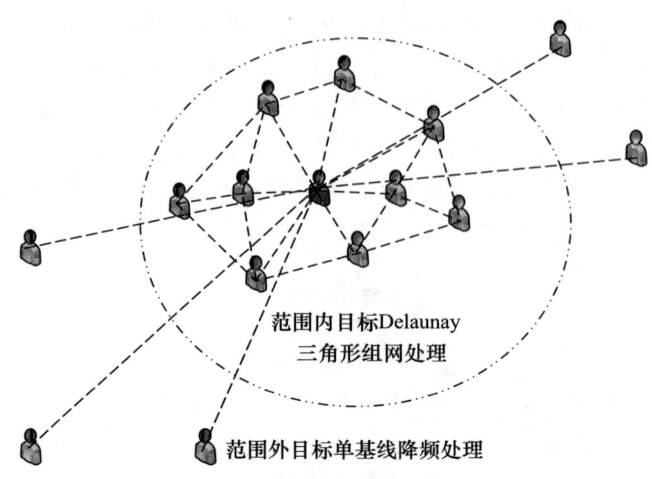

图 5.12　不同距离目标分类自动组网解算(见彩图)

(1) 对于移动目标周边的其他多个近距离目标,采用 Delaunay 三角形组网技术实现最优的子网划分策略。在利用各闭合子网的模糊度传递性对不同基线双差模糊度结果进行可靠性检核的同时,有效减少目标间不必要的基线解算数量,最终通过整网平差的方式确定移动目标与周边其他近距离目标间精确、有效的相对位置关系。

(2) 对于与移动目标距离较远的其他目标,由于此时仅需监控其概略位置关系并分析位置关系间的变化趋势,因此采用与该待定目标间单基线解算的处理模式,同时根据目标属性、相互间距离及其变化趋势动态设定数据处理频率。在保证定位精度和可靠性不显著降低的同时,减少整个系统的数据处理负担,进而降低装备实现过程中对相关设备的性能需求,控制设备成本。

5.6.2　基于历元间差分实时观测数据的抗差最小二乘周跳探测方法

目前,针对单频数据预处理主要有高次差法、多项式拟合法、卡尔曼滤波法、小波变换法、多普勒观测值辅助探测法等。多项式拟合法探测周跳算法的基础是假设观测值随时间的变化可以用一个高阶多项式来表示,这一假设很容易被接收机自身的运动所打破,因此该方法通常不适用于动态定位中周跳的探测。3 阶多项式模型的卡尔曼滤波探测周跳,仅适用于高采样率的观测数据。基于双差的单频单站数据预处理方法,可以有效探测出大部分的周跳观测值,但如果参考卫星的观测值发生周跳,组成双差观测方程时,会把参考卫星的周跳值引入到每一个双差观测值中,这就为确定发生周跳的卫星号带来一定的困难,甚至导致误判;而历元间差分法不受信号频率限制,且可适用于任何运动状态及单站非差数据,结合抗差最小二乘估计,可以很好地进行周跳探测与修复。

1) 探测周跳发生历元

假定目标 i 在历元 t 的位置为参考站 p,在历元 $t+1$ 的位置为流动站 q,组成历

元间单差观测方程如下：

$$\lambda\Delta\varphi = \rho_q^s - \rho_p^s - c\Delta t - \lambda\Delta N + \Delta\epsilon \tag{5.66}$$

式中：$\Delta\varphi$、ρ_p^s、ρ_q^s、Δt、ΔN、$\Delta\epsilon$、c 和 λ 分别为历元间单差观测值、历元 t 的卫地距、历元 $t+1$ 的卫地距、接收机钟变化量、周跳值、观测噪声、光速和载波波长。相邻历元间电离层延迟和对流层延迟的变化量有限，卫星钟变化微小，历元间单差观测值可基本消除电离层、对流层及卫星钟差的影响，故在上式不考虑这些误差。残余的电离层、对流层及卫星钟差被吸收至 $\Delta\epsilon$ 中。

即使相邻历元的观测值都是同一台接收机观测值，历元间单差观测值也消除不了接收机钟差影响，需作为参数估计。假定观测值未发生周跳，则前后历元的整周模糊度相等，可通过历元间单差消除，因此共存在 3 个坐标参数和 1 个接收机钟差参数，如需确定发生周跳的观测值或进行周跳修复，就需保证至少存在 4 颗卫星的观测数据未发生周跳。采用相对定位模式可解出目标 i 在历元 $t+1$ 处的观测值验后单位权中误差。观测值未发生周跳，验后单位权中误差一般在 mm级，如图 5.13(a)所示。如果发生周跳即 ΔN 不为零，则验后单位权中误差会显著增大，如图 5.13(b)所示。因此可根据验后单位权中误差探测发生周跳的历元。

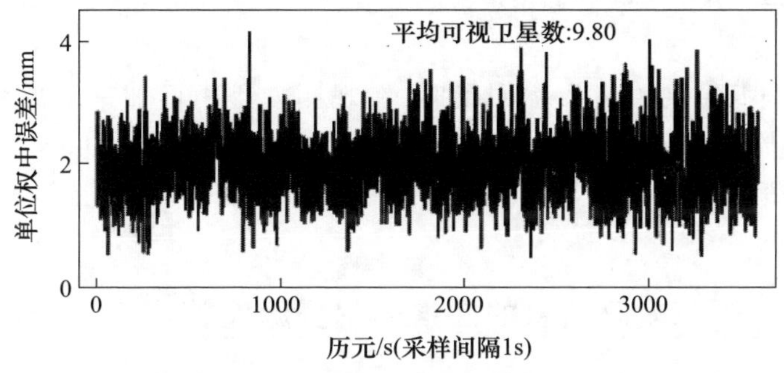

(a) 未发生周跳时验后单位权中误差

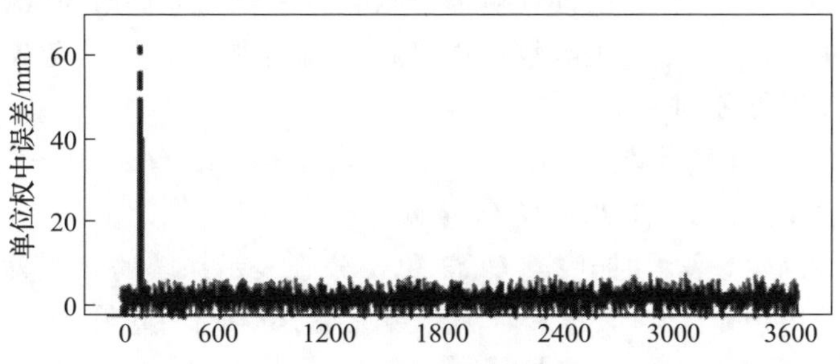

(b) 发生周跳时验后单位权中误差

图 5.13　周跳发生前、后的验后单位权中误差

2）确定周跳发生卫星

在测量数据服从正态分布的情形下，最小二乘估计具有最优统计性质，即它是最优线性无偏估计。但是由于最小二乘具有良好均衡误差的特性，观测值中有粗差出现时，估值必将迁就粗差，因此个别的粗差会对估值产生较大影响，导致估计严重失实，因此这里采用抗差最小二乘法确定发生周跳的异常卫星，等价权函数的选取如下：

$$\bar{P}_i = \begin{cases} P_i & |\check{V}_i| \leqslant k_0 \\ \dfrac{k_0 P_i}{|\check{V}_i|}\left(\dfrac{k_1 - |\check{V}_i|}{k_1 - k_0}\right)^2 & k_0 < |\check{V}_i| \leqslant k_1 \\ 0 & |\check{V}_i| > k_1 \end{cases} \tag{5.67}$$

式中：$\check{V}_i$为标准化残差；P_i采用仰角定权；k_0取 1.0；k_1取 2.5。

采用抗差最小二乘法解算法方程，逐步进行迭代计算，直至前后两次解的坐标差值符合限差要求为止。此时可获得每个观测值的残差 v_i，当标准化残差$|\check{V}_i| = |V_i| / \sqrt{Q_{VV}}$大于某一阈值（这里取 0.05m）时，可确定该观测值有周跳发生。Q_{VV}只与图形结构及观测值的权阵有关，权阵采用先验权即仰角定权。

3）周跳修复

当确定某颗卫星观测值发生周跳时，在观测方程中增加一个周跳值待估参数 ΔN。循环发生周跳的异常卫星，每次循环确定一颗卫星的周跳值，其余发生周跳的异常卫星观测值权降为 0，使其观测值对参数估计不起作用，直至修复所有周跳值，结束循环。

5.6.3 基于三差解信息的递推卡尔曼滤波算法

对于一个离散线性系统，通常会用一个具有随机初始状态的线性差分方程来描述该系统随时间的变化规律，该方程被称为状态方程。与此同时，观测值与系统的状态之间也会存在一定的关系，用函数加以描述则称为观测方程。离散线性系统的状态方程和观测方程可分别表示为

$$\begin{cases} \boldsymbol{X}_k = \boldsymbol{\Phi}_{k,k-1}\boldsymbol{X}_{k-1} + \boldsymbol{\Psi}_{k,k-1}\boldsymbol{U}_{k-1} + \boldsymbol{\Gamma}_{k,k-1}\boldsymbol{\Omega}_{k-1} \\ \boldsymbol{L}_k = \boldsymbol{B}_k\boldsymbol{X}_k + \boldsymbol{G}_k\boldsymbol{U}_k + \boldsymbol{\Delta}_k \end{cases} \tag{5.68}$$

式中：下角标 k 和 $k+1$ 表示时刻；$\boldsymbol{X}$、$\boldsymbol{U}$、$\boldsymbol{\Omega}$ 和 $\boldsymbol{\Delta}$ 分别表示系统的状态矢量、控制（或输入）矢量、动态噪声（或干扰）矢量和观测噪声矢量；$\boldsymbol{\Phi}$、$\boldsymbol{\Psi}$、$\boldsymbol{\Gamma}$、$\boldsymbol{B}$ 和 $\boldsymbol{G}$ 都是随时间变化的系数矩阵；$\boldsymbol{L}$ 为观测矢量或输出矢量。

白噪声情况下完全不相关的离散线性系统具有以下随机模型。

（1）动态噪声和观测噪声都是零均值的高斯白噪声序列，且不同历元相互独立。

（2）动态噪声与观测噪声完全不相关。

（3）系统的初始状态 $\boldsymbol{X}_0$ 是具有正态分布或其他分布的随机变量。

满足以上3点要求的离散线性系统即离散线性系统的卡尔曼滤波。其递推公式可由广义最小二乘原理并采用逐次平差方法导出，如果令 $\boldsymbol{Z}_k=\boldsymbol{G}_k\boldsymbol{U}_k$，则得到的卡尔曼滤波方程如下：

$$\begin{cases}\hat{\boldsymbol{X}}(k/k-1)=\boldsymbol{\Phi}_{k,k-1}\hat{\boldsymbol{X}}(k-1/k-1)+\boldsymbol{\Psi}_{k,k-1}\boldsymbol{U}_{k-1}\\ \boldsymbol{D}_X(k/k-1)=\boldsymbol{\Phi}_{k,k-1}\boldsymbol{D}_X(k-1/k-1)\boldsymbol{\Phi}_{k,k-1}^{\mathrm{T}}+\boldsymbol{\Gamma}_{k,k-1}\boldsymbol{D}_{\Omega}(k-1)\boldsymbol{\Gamma}_{k,k-1}^{\mathrm{T}}\end{cases}\tag{5.69}$$

$$\boldsymbol{J}_k=\boldsymbol{D}_X(k/k-1)\boldsymbol{B}_k^{\mathrm{T}}(\boldsymbol{B}_k\boldsymbol{D}_X(k/k-1)\boldsymbol{B}_k^{\mathrm{T}}+\boldsymbol{D}_{\Delta}(k))^{-1}\tag{5.70}$$

$$\begin{cases}\hat{\boldsymbol{X}}(k/k)=\hat{\boldsymbol{X}}(k/k-1)+\boldsymbol{J}_k(\boldsymbol{L}_k-\boldsymbol{Z}_k-\boldsymbol{B}_k\hat{\boldsymbol{X}}(k/k-1))\\ \boldsymbol{D}_X(k/k)=(\boldsymbol{E}-\boldsymbol{J}_k\boldsymbol{B}_k)\boldsymbol{D}_X(k/k-1)\end{cases}\tag{5.71}$$

以上3个公式分别为卡尔曼滤波的预测公式、卡尔曼滤波的增益矩阵及卡尔曼滤波的滤波公式。

分析卡尔曼滤波方程可以看出，卡尔曼滤波的结果依赖于对该系统状态方程的描述精确程度。在实际情况中，物体群的运动状态并不能简单地由这个常速运动学方程来描述，其运动时候面临启动加速、停止减速等各类复杂状态，加速度也不一定为常数，因此通常情况下采用的常速模型已不再适用，需要重新建立一个合适的函数模型来描述系统随时间的变化规律。

考虑到三差解的结果即载体的位置变化量及其方差，如果将该变化量视为状态方程中的控制矢量，而该变化量与真值的差异视为系统的动态噪声，其方差与位置变化量的方差保持一致，则系统的状态方程和观测方程分别可表示为

$$\begin{cases}\boldsymbol{X}_k=\boldsymbol{X}_{k-1}+\boldsymbol{U}_{k-1}+\boldsymbol{\Omega}_{k-1}\\ \boldsymbol{L}_k=\boldsymbol{B}_k\boldsymbol{X}_k+\boldsymbol{\Delta}_k\end{cases}$$

式中：$\boldsymbol{U}$ 为通过三差解得出的位置变化量 $\Delta\boldsymbol{x}$；Ω_{k-1} 为动态噪声，其方差 $\boldsymbol{D}_{\Omega}$ 即三差坐标解的方差 $\boldsymbol{D}_{\Delta x}$。

如果观测方程中含有伪距和载波相位观测值，则状态矢量 $\boldsymbol{X}=[\boldsymbol{x}\quad \boldsymbol{N}]^{\mathrm{T}}$。相应地，控制矢量、动态噪声及其方差矩阵中的模糊度部分以零值进行扩展，即

$$\begin{bmatrix}\boldsymbol{x}_k\\ \boldsymbol{N}\end{bmatrix}=\begin{bmatrix}\boldsymbol{x}_{k-1}\\ \boldsymbol{N}\end{bmatrix}+\begin{bmatrix}\Delta\boldsymbol{x}_{k-1}\\ \boldsymbol{0}\end{bmatrix}+\begin{bmatrix}\boldsymbol{\Omega}_{k-1}\\ \boldsymbol{0}\end{bmatrix}\qquad \boldsymbol{D}_{\Omega}=\begin{bmatrix}\boldsymbol{D}_{\Delta x} & \boldsymbol{0}\\ \boldsymbol{0} & \boldsymbol{0}\end{bmatrix}\tag{5.72}$$

对应的观测方程则可表示为

$$\begin{bmatrix}\boldsymbol{L}_{P_k}\\ \boldsymbol{L}_{\Phi_k}\end{bmatrix}=\begin{bmatrix}\boldsymbol{B}_k & \boldsymbol{0}\\ \boldsymbol{B}_k & \lambda\boldsymbol{E}\end{bmatrix}\begin{bmatrix}\boldsymbol{x}_k\\ \boldsymbol{N}\end{bmatrix}+\begin{bmatrix}\boldsymbol{\Delta}_{1k}\\ \boldsymbol{\Delta}_{2k}\end{bmatrix}\tag{5.73}$$

基于三差解信息的递推卡尔曼滤波算法如图5.14所示。

该方法利用三差解信息将无规律的载体运动模型转化为简单的位移变化模型，解决了普通动态系统的卡尔曼滤波状态方程中坐标参数难以模型化的问题，

同时利用了模糊度参数不随时间变化的性质，适用面更广。另外，该方法同时采用伪距和相位观测值，提高了滤波过程中状态参数的精度水平，从而加快了模糊度的收敛速度。

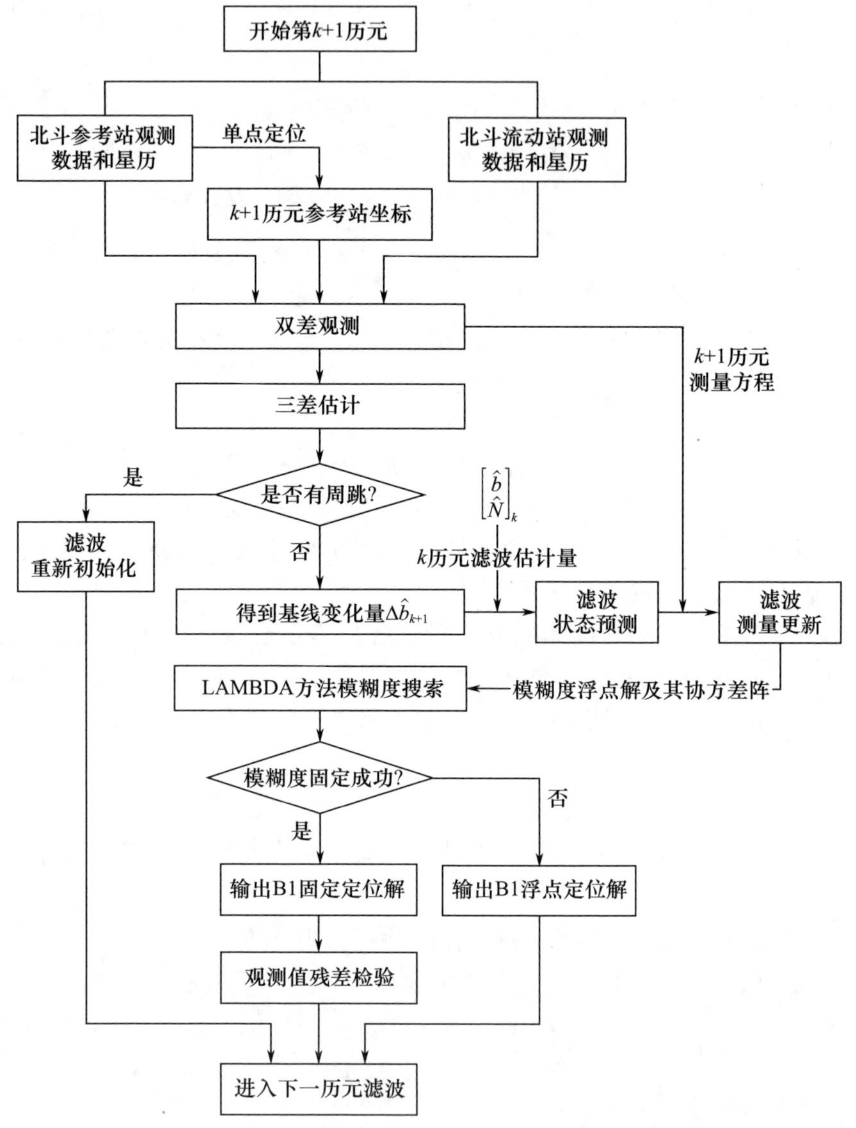

图 5.14 基于三差解信息的递推卡尔曼滤波算法流程图

5.6.4 附加大气约束的北斗三频实时动态模糊度确定方法研究

目前，GNSS 高精度快速动态定位应用非常广泛，其中快速动态模糊度解算是高精度定位的关键。考虑到我国北斗卫星导航系统目前已经开始播发 3 个频率的载波

信号，其中心频率分别为 B1（1561.098MHz），B2（1207.140MHz）和 B3（1268.520MHz）。采用三频载波信号，可以提高模糊度解算的成功率和可靠性，这对于实时精密定位尤为重要。

1）数学模型

任意频率 i 的双差伪距 P 和以距离为单位的载波相位 Φ 的观测方程为

$$\Delta\nabla P_i = \Delta\nabla\rho + \Delta\nabla\delta_{\text{orb}} + \Delta\nabla\delta_{\text{trop}} + \frac{\Delta\nabla K}{f_i^2} + \varepsilon_{\Delta\nabla P_i} \tag{5.74}$$

$$\Delta\nabla\Phi_i = \Delta\nabla\rho + \Delta\nabla\delta_{\text{orb}} + \Delta\nabla\delta_{\text{trop}} - \frac{\Delta\nabla K}{f_i^2} - \lambda_i\Delta\nabla N_i + \varepsilon_{\Delta\nabla\Phi_i} \tag{5.75}$$

式中：$\Delta\nabla$为双差算子；ρ 为卫星到地面接收机的几何距离；δ_{orb}为卫星轨道误差；δ_{trop}为对流层误差；K 为一阶电离层影响；f 为信号频率；λ 为信号波长；N 为整周模糊度；ε 为信号的白噪声。则三频双差伪距、以周及距离为单位的载波相位观测值的线性组合分别表示为

$$\Delta\nabla P_{(i,j,k)} = \frac{i \cdot f_1 \cdot \Delta\nabla P_1 + j \cdot f_2 \cdot \Delta\nabla P_2 + k \cdot f_3 \cdot \Delta\nabla P_3}{i \cdot f_1 + j \cdot f_2 + k \cdot f_3} \tag{5.76}$$

$$\Delta\nabla\varphi_{(i,j,k)} = i \cdot \Delta\nabla\varphi_1 + j \cdot \Delta\nabla\varphi_2 + k \cdot \Delta\nabla\varphi_3 \tag{5.77}$$

$$\Delta\nabla\Phi_{(i,j,k)} = \frac{i \cdot f_1 \cdot \Delta\nabla\Phi_1 + j \cdot f_2 \cdot \Delta\nabla\Phi_2 + k \cdot f_3 \cdot \Delta\nabla\Phi_3}{i \cdot f_1 + j \cdot f_2 + k \cdot f_3} \tag{5.78}$$

式中：(i,j,k)分别为组合系数，可以为任意的整数；P_i 和 Φ_i 分别为频率 f_i 上的伪距和载波相位观测值。

组合观测值的频率为

$$f_{(i,j,k)} = i \cdot f_1 + j \cdot f_2 + k \cdot f_3 \tag{5.79}$$

其对应的波长为

$$\lambda_{(i,j,k)} = \frac{c}{i \cdot f_1 + j \cdot f_2 + k \cdot f_3} \tag{5.80}$$

对应的模糊度为

$$\Delta\nabla N_{(i,j,k)} = i \cdot \Delta\nabla N_1 + j \cdot \Delta\nabla N_2 + k \cdot \Delta\nabla N_3 \tag{5.81}$$

为保证线性组合模糊度的整数特性，组合系数(i,j,k)必须为整数。另外，对于北斗卫星导航系统而言，$f_1 = 1561.098\text{MHz}$，$f_2 = 1207.140\text{MHz}$，$f_3 = 1268.520\text{MHz}$。

线性组合的双差载波相位观测方程为

$$\Delta\nabla\Phi_{(i,j,k)} = \Delta\nabla\rho + \Delta\nabla\delta_{\text{orb}} + \Delta\nabla\delta_{\text{trop}} - \beta_{(i,j,k)}\frac{\Delta\nabla K}{f_1^2} - \lambda_{(i,j,k)}\Delta\nabla N_{(i,j,k)} + \varepsilon_{\Delta\nabla\Phi_{(i,j,k)}} \tag{5.82}$$

式中：各符号的含义同前。

三频动态定位的数学模型可分为基于无几何关系和基于几何关系两种模型。

（1）基于无几何关系模型。

无几何关系模型直接利用码伪距观测值及载波相位观测值，通过组成线性组合

消除或削弱与几何距离相关的参数如卫星到参考站的距离、轨道误差等,来估计相应的模糊度参数。利用上式及对应的伪距观测方程,则无几何关系模型的模糊度可表示为

$$\Delta\nabla P_{(l,m,n)} - \Delta\nabla \boldsymbol{\Phi}_{(i,j,k)} = \lambda_{(i,j,k)} \Delta\nabla N_{(i,j,k)} + [\beta_{(l,m,n)} + \beta_{(i,j,k)}] \frac{\Delta\nabla K}{f_1^2} + \varepsilon_{\Delta\nabla P(l,m,n)} - \varepsilon_{\Delta\nabla \Phi(i,j,k)} \tag{5.83}$$

式中:(l,m,n)和(i,j,k)为不同的整数系数。设

$$\begin{cases} \boldsymbol{P} = [\Delta\nabla P_1 \quad \Delta\nabla P_2 \quad \Delta\nabla P_3]^{\mathrm{T}} \\ \boldsymbol{\Phi} = [\Delta\nabla \boldsymbol{\Phi}_1 \quad \Delta\nabla \boldsymbol{\Phi}_2 \quad \Delta\nabla \boldsymbol{\Phi}_3]^{\mathrm{T}} \end{cases} \tag{5.84}$$

$$\boldsymbol{N} = [\Delta\nabla N_1 \quad \Delta\nabla N_2 \quad \Delta\nabla N_3]^{\mathrm{T}} \tag{5.85}$$

$$\boldsymbol{\Lambda} = \mathrm{diag}(\lambda_1, \lambda_2, \lambda_3) \tag{5.86}$$

$$\tilde{\boldsymbol{\Phi}} = \boldsymbol{\Phi} + \boldsymbol{\Lambda N} \tag{5.87}$$

$$\boldsymbol{Z}_{(i,j,k)} = \frac{1}{if_1 + jf_2 + kf_3} [if_1 \quad jf_2 \quad kf_3] \tag{5.88}$$

则对于无几何关系模型,伪距和相位之间的线性组合及两个载波相位之间的线性组合可以用矩阵形式简写为

$$\Delta\nabla P_{(l,m,n)} - \Delta\nabla \boldsymbol{\Phi}_{(i,j,k)} = [\boldsymbol{Z}_{(l,m,n)} \quad -\boldsymbol{Z}_{(i,j,k)}] \begin{bmatrix} \boldsymbol{P} \\ \boldsymbol{\Phi} \end{bmatrix} \tag{5.89}$$

$$\Delta\nabla \tilde{\boldsymbol{\Phi}}_{(l,m,n)} - \Delta\nabla \boldsymbol{\Phi}_{(i,j,k)} = \boldsymbol{Z}_{(l,m,n)} \boldsymbol{\Phi} + \lambda_{(l,m,n)} \Delta\nabla N_{(l,m,n)} - \boldsymbol{Z}_{(i,j,k)} \boldsymbol{\Phi} \tag{5.90}$$

式中:$N_{(l,m,n)}$为事先已知的某一组合模糊度。

在该模型中,与几何相关的各项误差,如轨道误差、对流层误差和与它们相关的状态参数完全消除,电离层误差一阶项影响亦被消除,因此可以直接通过取整可靠地进行模糊度估计。但是由于该模型中相位的噪声被放大,因此需要花费一定时间的平滑来正确固定$N_{(i,j,k)}$。同时需指出,如果利用两个载波相位观测值之间线性组合解算,则需要事先已知其中一组三频组合的模糊度参数,对先验信息提出了更高的要求,而这一条件一般情况下较难满足。

(2)基于几何关系模型。

基于几何关系的模型采用双差载波相位观测方程,类似于无几何关系模型,基于几何关系的观测值线性组合可以简写成如下形式:

$$\begin{cases} \Delta\nabla P_{(i,j,k)} = \boldsymbol{Z}_{(i,j,k)} \boldsymbol{P} \\ \Delta\nabla \boldsymbol{\Phi}_{(i,j,k)} = \boldsymbol{Z}_{(i,j,k)} \boldsymbol{\Phi} \end{cases} \tag{5.91}$$

式中:各字母的含义同上。

利用上面的方程,无论进行联合解算,还是进行分步骤解算,均可以更容易更可靠地解算相应的模糊度参数。联合解算指将双差伪距及相位观测方程进行整体解

算,获得模糊度的相关信息进行模糊度固定;分步解算模糊度包括使用几何无关模型确定超宽巷模糊度,然后使用几何相关模型确定第二超宽巷模糊度,或使用两个载波观测值确定B1的模糊度。

2)算法实现

国内外很多学者对三频模糊度解算做了大量的研究,并得到了很多经典方法。早在1997年,Forssell等(1997)就开始对三频信号的模糊度解算进行了相关研究,提出了基于三频模糊度的TCAR方法。Vollath等(1998)通过讨论TCAR方法的理论背景及误差源对模糊度解算性能的影响,提出了逐级确定模糊度的方法,利用两个过渡的宽巷频率组合,从码相组合开始,逐步到单个载波相位模糊度的确定,并分析了在不同类型误差条件下TCAR方法的稳健性、性能、可靠性及提高效率的方法。Hatch等(2000)对码伪距及载波相位观测值构建线性组合进行了研究,解释了不同观测值线性组合的优点及问题。Jung(1999)提出了一种利用多频信号解算实时无几何的载波相位模糊度方法,称为CIR(Cascading Integer Resolution),并通过进一步改善提高了该方法的性能。Teunissen等(2002)将以上两种方法(TCAR,CIR)与LAMBDA方法进行了对比,根据各方法进行估计时采用的原理,指出前两种方法因采用基于无几何关系的整数Bootstrapping导致模糊度解算仅适用于无几何关系模型,而采用整数最小二乘的LAMBDA方法还可用于基于几何关系的模型。

后来的学者在此基础上对三频信号的模糊度解算问题做了大量研究,Feng(2008)选择三个最优虚拟信号来削弱电离层的影响,并通过三个步骤逐步从超宽巷到宽巷最后固定窄巷模糊度;此外,Feng等(2008,2009)通过联合基于几何关系的模型和几何约束条件来提高TCAR方法的定位性能,并对大范围观测网络实时数据处理中三频模糊度解算问题进行了研究和总结,给出了几何无关模型和基于几何关系模型的TCAR方法。李博峰等(2008)利用采集的GPS双频观测数据,通过半仿真方法生成第三频率观测值,并用实验来验证了TCAR的性能。

根据以上讨论可以看出,众多学者在理论上对三频信号的整周模糊度问题进行了详细分析与讨论,并给出了仿真结果,但是目前还没有完整的实测数据进行验证和分析。经典的TCAR方法受距离限制,无法进行长基线的模糊度固定;Feng等提出的弱电离层组合的TCAR方法仍需要一定时间处理观测噪声,无法实现快速实时定位。

本算法主要是解决现有技术中双频动态确定模糊度基线距离短且可靠性无法得到保证的问题;利用三频信号提供了一种快速动态可靠地确定中长基线模糊度的方法。

目前研究三频模糊度确定(TCAR)的方法:一类是以直接取整的无几何关系模型为基础的TCAR,它受参考站距离的限制,无法固定中长基线的模糊度;另一类是同时包含无几何关系模型和几何相关模型的弱电离层组合的TCAR方法,在第三步利用宽巷模糊度固定窄巷模糊度时,由于噪声影响较大,需要花费数分钟进行噪声平滑,无法快速确定模糊度。

基于几何相关模型,应用一种新的三频模糊度解算方法,主要是将模型中的电离层延迟参数化,逐级分步确定各组合模糊度,即带电离层参数的分步模糊度确定方法。该方法能快速可靠地固定中长基线模糊度。主要包括以下 3 个步骤。

1)确定超宽巷模糊度 $N_{(0,-1,1)}$

(1)获取数据,计算出超宽巷观测值 $\varphi_{(0,-1,1)}$、宽巷观测值 $\varphi_{(1,-1,0)}$ 及 $\varphi_{(1,0,-1)}$。

(2)利用 B1,B2,B3 的伪距观测值与超宽巷观测值组成联合方程,方程未知参数仅为基线坐标及超宽巷模糊度。联合观测方程的形式如下式所示:

$$\begin{bmatrix} l_{P_1} \\ l_{P_2} \\ l_{P_3} \\ l_{\text{EWL}} \end{bmatrix} = \begin{bmatrix} \boldsymbol{B} & \boldsymbol{0} \\ \boldsymbol{B} & \boldsymbol{0} \\ \boldsymbol{B} & \boldsymbol{0} \\ \boldsymbol{B} & \boldsymbol{I}\cdot\lambda_{\text{EWL}} \end{bmatrix} \begin{bmatrix} \boldsymbol{a} \\ \boldsymbol{b} \end{bmatrix} + \begin{bmatrix} v_{P_1} \\ v_{P_2} \\ v_{P_3} \\ v_{\text{EWL}} \end{bmatrix} \tag{5.92}$$

式中:l_{P_1}、l_{P_2}、l_{P_3}和 l_{EWL}分别为载波 B1、B2 和 B3 上的伪距与几何距离之差、以米为单位的超宽巷观测值与几何距离之差;$\boldsymbol{B}$ 为北斗观测值的系数矩阵;$\boldsymbol{I}$ 为单位矩阵;λ_{EWL} 为超宽巷观测值的波长;$\boldsymbol{a}$ 为基线矢量;$\boldsymbol{b}$ 为模糊度矢量;v_{P_1}、v_{P_2}、v_{P_3}和 v_{EWL}分别为载波 B1、B2、B3 上的伪距改正数、超宽巷观测值改正数。

(3)通过最小二乘平差计算出超宽巷模糊度的浮点解,利用 LAMBDA 方法进行搜索,得到模糊度组及相应的固定解中次小与最小后验方差比(ratio)值,确定出超宽巷模糊度。

将利用 LAMBDA 方法搜索得到的模糊度组代入超宽巷观测值的观测方程,计算出残差的平方和 $\boldsymbol{V}^{\text{T}}\boldsymbol{P}\boldsymbol{V}$。超宽巷模糊度确定成功的判断标准是

$$\begin{cases} \text{ratio} > M \\ \boldsymbol{V}^{\text{T}}\boldsymbol{P}\boldsymbol{V} = \min \end{cases} \tag{5.93}$$

式中:M 为一个定义的正数,一般大于 2.0;$\boldsymbol{V}$ 为残差;$\boldsymbol{V}^{\text{T}}$为 $\boldsymbol{V}$ 矩阵的转置;$\boldsymbol{P}$ 为模型中的观测值权矩阵;min 为最小值。

2)确定两个宽巷模糊度 $N_{(1,-1,0)}$ 和 $N_{(1,0,-1)}$

(1)利用第一步中确定的超宽巷模糊度 $N_{(0,-1,1)}$,恢复出超宽巷观测值。

(2)利用上述恢复后的超宽巷观测值与宽巷观测值 $\varphi_{(1,-1,0)}$ 组成联合方程,方程未知参数为基线坐标及宽巷模糊度 $N_{(1,-1,0)}$;联合观测方程的形式如下式所示:

$$\begin{bmatrix} l_{\text{EWL}} \\ l_{\text{WL12}} \end{bmatrix} = \begin{bmatrix} \boldsymbol{B} & \boldsymbol{0} \\ \boldsymbol{B} & \boldsymbol{I}\cdot\lambda_{\text{WL12}} \end{bmatrix} \begin{bmatrix} \boldsymbol{a} \\ \boldsymbol{b} \end{bmatrix} + \begin{bmatrix} v_{\text{EWL}} \\ v_{\text{WL12}} \end{bmatrix} \tag{5.94}$$

式中:l_{EWL}和 l_{WL12}分别为以米为单位的超宽巷观测值及宽巷 $\varphi_{(1,-1,0)}$ 观测值与几何距离之差;$\boldsymbol{B}$ 为北斗观测值的系数矩阵;$\boldsymbol{I}$ 为单位阵;λ_{WL12} 为宽巷 $\varphi_{(1,-1,0)}$ 观测值的波长;$\boldsymbol{a}$ 为基线矢量;$\boldsymbol{b}$ 为模糊度矢量;v_{EWL} 和 v_{WL12} 分别为超宽巷观测值的改正数及宽巷 $\varphi_{(1,-1,0)}$ 观测值的改正数。

(3) 通过最小二乘平差计算出宽巷模糊度 $N_{(1,-1,0)}$ 的浮点解，利用 LAMBDA 方法进行搜索，得到模糊度组及相应的 ratio 值，确定出宽巷模糊度 $N_{(1,-1,0)}$；宽巷模糊度确定的方法同第一步。

(4) 根据超宽巷模糊度 $N_{(0,-1,1)}$ 与宽巷模糊度 $N_{(1,-1,0)}$、$N_{(1,0,-1)}$ 的线性关系，利用第一步得到的超宽巷模糊度 $N_{(0,-1,1)}$ 及上述确定的宽巷模糊度 $N_{(1,-1,0)}$，直接确定另一宽巷模糊度 $N_{(1,0,-1)}$。具体计算公式如下：

$$N_{(1,0,-1)} = N_{(1,-1,0)} - N_{(0,-1,1)} \tag{5.95}$$

3）确定 3 个原始频率的模糊度 N_1、N_2 和 N_3

(1) 利用上一步中确定的宽巷模糊度 $N_{(1,-1,0)}$ 和 $N_{(1,0,-1)}$，恢复出对应的宽巷观测值；

(2) 利用上述恢复后的两组宽巷观测值 $\varphi_{(1,-1,0)}$ 及 $\varphi_{(1,0,-1)}$，与 B1 的相位观测值 φ_1 组成联合方程，方程未知参数为基线坐标、B1 的模糊度 N_1 及 B1 的一阶电离层延迟；联合观测方程的形式如下式所示：

$$\begin{bmatrix} l_{\mathrm{WL12}} \\ l_{\mathrm{WL13}} \\ l_1 \end{bmatrix} = \begin{bmatrix} \boldsymbol{B} & \boldsymbol{0} & \boldsymbol{I} \cdot f_1/f_2 \\ \boldsymbol{B} & \boldsymbol{0} & \boldsymbol{I} \cdot f_1/f_3 \\ \boldsymbol{B} & \boldsymbol{I} \cdot \lambda_1 & -\boldsymbol{I} \end{bmatrix} \begin{bmatrix} \boldsymbol{a} \\ \boldsymbol{b} \\ \boldsymbol{c} \end{bmatrix} + \begin{bmatrix} v_{\mathrm{WL12}} \\ v_{\mathrm{WL13}} \\ v_1 \end{bmatrix} \tag{5.96}$$

式中：l_{WL12}、l_{WL13} 和 l_1 分别为以米为单位的宽巷观测值 $\varphi_{(1,-1,0)}$、$\varphi_{(1,0,-1)}$ 及原始观测值 φ_1 与几何距离之差；$\boldsymbol{B}$ 为北斗观测值的系数矩阵；$\boldsymbol{I}$ 为单位阵；$\boldsymbol{\lambda}_1$ 为 B1 信号的波长；f_1、f_2 和 f_3 分别为 B1、B2 和 B3 信号的频率；$\boldsymbol{a}$ 为基线矢量；$\boldsymbol{b}$ 为模糊度矢量；$\boldsymbol{c}$ 为 B1 信号的一阶电离层延迟；v_{WL12}、v_{WL13} 和 v_1 分别为宽巷观测值 $\varphi_{(1,-1,0)}$、$\varphi_{(1,0,-1)}$ 的改正数及原始观测值 φ_1 的改正数。

(3) 通过最小二乘平差计算出原始模糊度 N_1 的浮点解，利用 LAMBDA 方法进行搜索，得到模糊度组及相应的 ratio 值，确定出 B1 频率模糊度 N_1。

(4) 根据宽巷模糊度 $N_{(1,-1,0)}$、$N_{(1,0,-1)}$ 与各原始频率模糊度的线性关系，利用第二步得到的宽巷模糊度 $N_{(1,-1,0)}$、$N_{(1,0,-1)}$ 及上述确定的 B1 频率模糊度 N_1，直接确定另两组原始频率的模糊度 N_2 及 N_3。具体计算公式如下：

$$\begin{cases} N_2 = N_1 - N_{(1,-1,0)} \\ N_3 = N_1 - N_{(1,0,-1)} \end{cases} \tag{5.97}$$

最后利用 N_1 和 N_2、N_3 的线性约束关系，同时结合残差的平方和，验证模糊度解算的正确性。具体标准如下：

$$\begin{cases} \mathrm{ratio} > M \\ \boldsymbol{V}^{\mathrm{T}}\boldsymbol{P}\boldsymbol{V} = \min \\ (kN_i + b) - N_1 < \delta(i = 2,3) \end{cases} \tag{5.98}$$

式中：第三个不等式左边为 N_2、N_3 与 N_1 之间的线性关系；δ 为一个给定的正数限差，范围是 0.1 ~ 0.5；k 和 b 为常数。

本算法具有如下优点。

（1）整个模糊度确定过程分成 3 个步骤，每个步骤均采用几何相关模型（geometry-based mode），并用 LAMBDA 方法对每个步骤的浮点模糊度进行搜索，增加了模糊度确定的可靠性。

（2）每一步均利用了上一步得到的解算结果恢复出高精度的相位观测值（第一步利用了初始伪距观测值），增加了观测值的数量，进一步保证了模糊度确定的可靠性。

（3）在确定原始频率模糊度的数学模型中，引入了电离层延迟参数，能够快速可靠固定中长基线的模糊度。

（4）充分利用了长距离模糊度动态快速确定的各种条件，加快了模糊度搜索。

附有大气约束的北斗三频实时动态模糊度解算算法如图 5.15 所示。

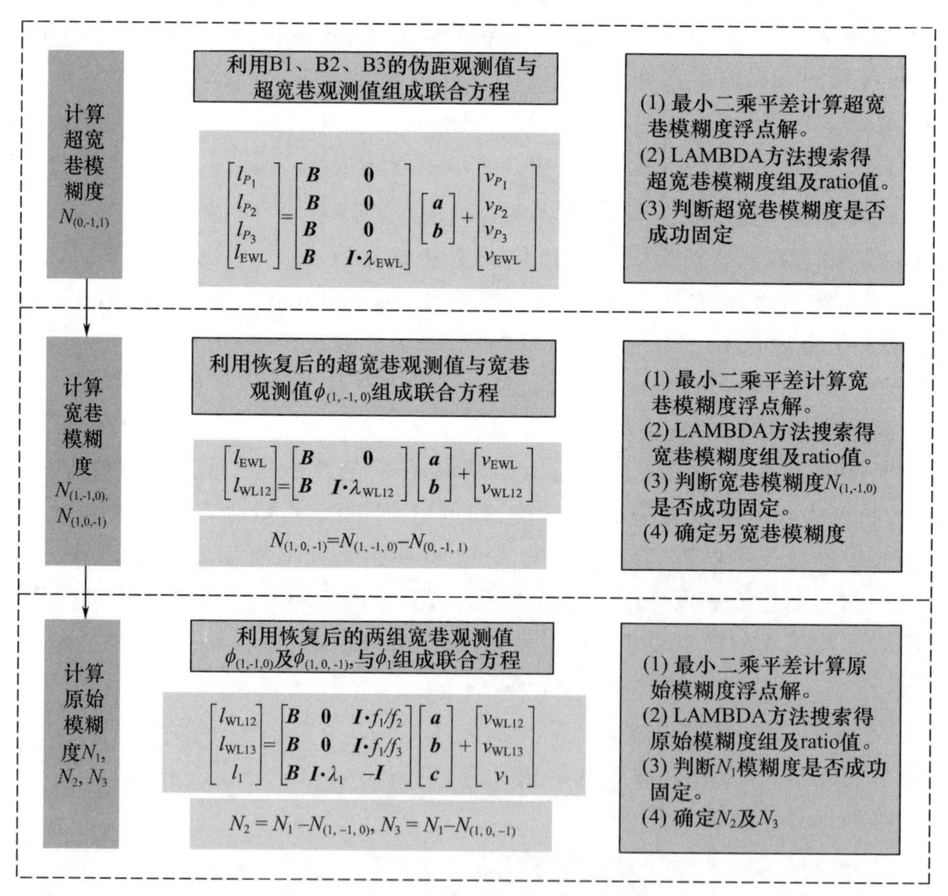

图 5.15　附有大气约束的北斗三频实时动态模糊度解算算法流程（见彩图）

针对目前各种 GNSS 实时精密定位系统理论与方法，本章通过状态域差分与观测值域差分两种模式对伪距差分、单站载波相位差分、基于多参考站的 RTK、PPP 等差分技术进行了归纳说明。状态域差分方面，重点给出了适用于广域或全球的实时 PPP 服务系统理论与算法；观测值域差分方面，重点给出了适用于区域高精度定位的网络 RTK 处理理论算法；同时，随着 GNSS 实时高精度处理技术的发展，状态域差分与观测值域差分相互融合（包括服务端的算法、用户端的算法以及差分产品格式）成为新的发展趋势，本章讨论了观测值域与状态域差分融合算法以及 PPP-RTK 技术，并对 PPP、RTK、PPP-RTK 技术的特征与关系进行了分析与比较；在以上讨论基础上，提出广域与区域融合的实时定位服务系统架构。

参考文献

[1] TSAI Y. Wide area differential operation of the global positioning system: ephemeris and clock algorithms[D]. Stanford University, CA: 1999.

[2] MARSHALL J A, LUTHCKE S B. Modeling radiation forces acting on TOPEX/Poseidon for precision orbit determination[J]. Journal of Spacecraft & Rockets, 1994, 31(1): 99-105.

[3] TAPLEY B D, SCHUTZ B E, RIES J, et al. Orbit determination requirements for TOPEX[C]//Proceedings of the AAS/AIAA Astrodynamics Conference, Kalispell MT Aug. 10-13, 1987. San Diego, CA: Univelt. Inc, 1988: 321-338.

[4] FLIEGEL H F, GALLINI T E, SWIFT E R. Global positioning system radiation force model for geodetic applications[J]. Journal of Geophysical Research Solid Earth, 1992, 97(B1): 559-568.

[5] SPRINGER T A, BEUTLER G, ROTHACHER M. A new solar radiation pressure model for GPS [J]. GPS Solutions, 1999, 2(3): 50-62.

[6] GE M, GENDT G, et al. Resolution of GPS carrier-phase ambiguities in precise point positioning (PPP) with daily observations[J]. Journal of Geodesy, 2008, 82 (7): 389-399.

[7] GENG J, C SHI, et al. Improving the estimation of fractional-cycle biases for ambiguity resolution in precise point positioning[J]. Journal of Geodesy, 2012, 86 (8): 579-589.

[8] LAURICHESSE D, MERCIER F. Integer ambiguity resolution on undifferenced GPS phase measurements and its application to PPP and satellite precise obit determination[J]. Navigation, 2009, 56 (2): 135-149.

[9] COLLINS P, LAHAYE F, HEROUX P, et al. Precise point positioning with ambiguity resolution using the decoupled clock model[C]//Proceedings of the 21st International Technical Meeting of the Satellite Division of The Institute of Navigation (ION GNSS 2008). Savannah, GA: ION, 2008: 1315-1322.

[10] MERVART, L, LUKES Z, et al. Precise point positioning with ambiguity resolution in real-time [C]//Proceedings of ION GNSS. Savannah, GA: ION, 2008.

[11] BERTIGER W, DESAI S D, et al. Single receiver phase ambiguity resolution with GPS data [J]. Journal of Geodesy, 2010, 84 (5): 327-337.

[12] TEUNISSEN P J, ODIJK D, et al. PPP-RTK: results of CORS network-based PPP with integer ambiguity resolution[J]. Aeronaut Astronaut Aviat Ser, 2010, A, 42 (4): 223-230.

[13] Lannes A, Prieur J L. Calibration of the clock-phase biases of GNSS networks: the closure-ambiguity

approach[J]. Journal of Geodesy,2013,87(8):709-731.

[14] VOLLATH U,BUECHERL A,LANDAU H,et al. Multi-base RTK positioning using virtual reference stations[C]//Proceeding of 13th International Technical Meeting of Satellite Division of US Institute Navigation,Salt Lake City,2000:123-131.

[15] LANDAU H,VOLLATH U,CHEN X. Virtual reference station systems[J]. Journal of Global Positioning Systems,2002,1(2):137-143.

[16] JANSSEN V. A comparison of the VRS and the MAC principles for network RTK[C]//IGNSS Symposium Proceedings,December 1-3,2009,Surfers Paradise QLD:UNSW,2009:1-13.

[17] HANS-JÜRGEN E,KEENAN R,ZEBHAUSER B,et al. Study of a simplified approach in utilizing information from permanent reference station arrays[J]. European Journal of Cancer Prevention, 2001,7 Suppl 2(2):S11-7.

[18] WÜBBENA G,BAGGE A,SCHMITZ M. RTK networks based on Geo++® GNSMART-concepts, implementation,results[J]. ION,2001:368-378.

[19] WÜBBENA G. RTCM message Type59-FKP for transmission of FKP version1.0,Geo++ White Paper Nr. [M/OL]. [2002-01]www. geopp. de/download/geopp – rtcmfkp59. pdf.

[20] SHI J,GAO Y. A comparison of three PPP integer ambiguity resolution methods[J]. GPS Solutions, 2014,18(4):519-528.

[21] WÜBBENA G,SCHMITZ M,BAGGE A. PPP-RTK:precise point positioning using state-space representation in RTK networks[C]. Proceedings of ION GNSS 18th International Technical Meeting of the Satellite Division. Fairfax:ION,2005:2584-2594.

[22] TEUNISSEN P J G,KHODABANDEH A. Review and principles of PPP-RTK methods[J]. Journal of Geodesy,2015,89(3):217-240.

[23] ODIJK D,ZHANG B,et al. On the estimability of parameters in undifferenced,uncombined GNSS network and PPP-RTK user models by means of $$ \mathcal {S} $$ S-system theory [J]. Journal of Geodesy,2016,90(1):15-44.

第6章　卫星导航技术的民航新应用

6.1 引　　言

卫星导航技术在民航运行中的应用主要体现在航空器定位、飞行导航与系统授时等方面。在飞行导航应用方面,由于卫星导航系统具有全球性、全天候、高精度、连续三维导航的能力,不但可为地形复杂地区或海洋区域的航空飞行提供常规的导航服务,还可为繁忙航路、繁忙机场终端区、进离场起降等提供精准的 PBN 导航服务,支撑空中交通的高密度安全运行。在航空器定位应用方面,目前国际民航广泛推广的 ADS-B 技术,其监视数据就来源于机载定位数据,卫星导航系统的精密定位能力可为空中飞行监视、机场场面滑行监视、空管飞行校验空间基准等提供不同级别的应用服务。在系统授时方面,卫星导航系统高精度时频基准,可为民航不同业务信息系统、同一业务信息系统不同应用单位之间的同步运行提供统一的时间基准,如机载航电系统与管制自动化系统之间的时间同步、不同管制单位之间管制自动化系统的时间同步,以及多点定位系统不同站点之间的时间同步等。因此,卫星导航技术已经逐步应用并融入民航的整个运行系统中。

本章将重点结合民航飞行校验系统的精密定位和空中交通四维航迹运行的全程导航两类新需求,介绍卫星导航技术的应用情况,分别从新应用的概念、卫星导航应用需求、关键技术以及应用发展等方面进行阐述。

6.2 航空系统组块升级计划

中国民用航空局规范类文件《中国民航航空系统组块升级(ASBU)发展与实施策略》(IB-TM-2015-002)指出:ASBU 提出了一整套系统工程化的方法,旨在为未来15 年全球空中航行系统的发展提供指导,为各国航行技术革新提供指南,促进全球空中交通持续、稳定、快速发展。

6.2.1 背景

为了在全球范围内推进新一代空中交通管理系统,ICAO 基于《全球空中航行计划》,借鉴复杂项目实施中的常用方法,提出了 ASBU,用工程化的方法指导全球空中交通管理系统的规划与实施。ASBU 将运行概念划分成为一系列可衡量的运行效能改进,这些运行效能改进可以灵活组合,分阶段实施。各个国家和地区在全球统一的框架下,可根据自身需要引入和实施所需的运行能力改进,这将直接提升全球空中交通管理系统的安全水平和运行效率。未来空中交通管理系统的发展,将依据ICAO《全球空中航行计划》,采用ASBU方法规划和实施。在这一背景下,需要我们充分研究ASBU的规划实施策略、框架和方法论,结合我国民航空中交通系统的现状和发展需求,形成我国新一代空中交通管理系统发展和实施策略,推动更加安全、便捷、高效、绿色的现代化空中航行系统的建立。

ASBU目前侧重于对导航增强系统的升级,包括ABAS,GBAS和SBAS。其中ABAS是目前最广泛使用的增强系统,包括GNSS与INS/气压垂直导航(Baro-VNAV)的组合,ABAS在很大程度上支持PBN的实施,但其性能不如SBAS和GBAS理想,特别是在民航进近和着陆阶段。SBAS也可支持PBN的实现,可用于CAT Ⅰ类精密进近的所有飞行阶段,目前共有3个SBAS通过了PBN业务认证,分别是北美的WAAS(包括美国、加拿大和墨西哥),欧洲的EGNOS和日本的多功能卫星(星基)增强系统(MSAS)。GBAS则可用于CAT Ⅰ类进近和着陆阶段,目前在世界各地都有认证系统,包括美国、澳大利亚、德国和西班牙等。此外,FAA计划将主要导航方式从航线结构转变为PBN,目标是提高系统的精度、可用性、完好性和连续性等,导航最低运行网络(NAVMON)项目计划将传统的含967个VOR的运行网络过渡到大约含500个VOR的最小运行网络,这是将导航方式升级到下一代的必要升级之一。

6.2.2 ABAS升级计划

ABAS升级的主要目的是使用Baro-VNAV和其他终端及航路导航,以支持非精密进近和垂直引导进近。升级后的ABAS可以支持除了最小标准LPV/LP的RNP APCH以外所有的PBN导航规范。此外还需要特定的ABAS配置升级来支持特殊需要授权RNP进近程序(RNP AR APCH)。

ABAS升级目前正处于准备实施阶段,实施要素包括操作程序升级、机载系统升级、空间系统基础设施升级以及飞机驾驶员培训升级。

6.2.3 SBAS升级计划

SBAS升级的主要目的是在所有飞行阶段都支持PBN,并与ABAS相比,在所有飞行阶段都拥有更好的导航精度、完好性和可用性,以及在垂直引导阶段拥有更好的导航精度和完好性。升级后SBAS支持所有PBN导航规范,包括低至LPV或LP最小值250英尺(APV-Ⅰ性能)或200英尺/550m(Ⅰ类性能)的性能,SBAS升级的部署重点是RNP APCH。

SBAS升级目前正处于准备实施阶段,实施要素包括操作程序升级、机载系统升级、地面系统基础设施升级、空间系统基础设施升级以及飞机驾驶员培训升级。

6.2.4　GBAS 升级计划

GBAS 升级的目的是支持在特定机场的精密进近和着陆(一个系统可以支持多条跑道)。升级后 GBAS 可以提供 GAST-C 类服务,支持 CAT Ⅰ类进近。并可以使用 GBAS 定位服务来支持终端区域中的 PBN(RNAV 1 和 RNP 1 操作),从而提高进近过程中卫星导航的精度、完好性和可用性。

GBAS 升级目前正处于准备实施阶段,实施要素包括操作程序升级、机载系统升级、地面系统基础设施升级、空间系统基础设施升级以及飞机驾驶员培训升级。

此外,在 GBAS 的基础上,ASBU 提出了扩展 GBAS 升级的要求。扩展 GBAS 升级的目的是加强电离层监测以及增强 VDB 接收机的性能,以提供支持在特定机场的精密进近和着陆操作,特别是使用 GAST-C 和 GAST-D 服务支持 CAT Ⅱ和 CAT Ⅲ类进近,提高进近服务的精度、完好性和可用性。扩展 GBAS 目前正处于标准化阶段,实施要素与 GBAS 相同。

6.2.5　导航最低运行网络

NAVMON 的升级目的是通过增加基于卫星的导航系统和进程的部署来调整传统的导航设备网络,以保证导航的必要性能水平,以及适配飞机在机载设备存在不匹配的国家飞机运行。升级后 NAVMON 为了更有效地利用频谱,允许通过定义地面导航设备的最小网络来合理化地面常规基础设施。NAVMON 增加了提供导航备份的能力,定义这一要素需要空域用户和飞机运营商的协商和协议。应通过引入新的导航功能再次讨论最小运行网络,且随着实现常规基础设施的合理化,地面常规导航系统设施开始减少,而基于卫星的导航系统的设施开始增加。

NAVMON 升级目前处于准备实施阶段,实施要素的主要内容是减少现有地面网络 VOR,需要空域用户咨询和研究。

6.2.6　双频多星座增强系统升级

目前,民航正引进新的核心星座和新信号(欧洲 Galileo 导航系统和中国北斗卫星导航系统),并支持双频导航信号。包括美国 GPS 和俄罗斯 GLONASS 在内,未来每个星座均向民航用户提供至少两个频率的导航信号,未来的全球卫星导航系统将呈现多个星座共同运行的局面,使用 DFMC 信号将大大提高导航性能。

目前,包括 GBAS、SBAS 和 ABAS 在内的 DFMC 机载设备正逐步发展和部署中,还有支持更健壮的导航的其他技术发展可能已经成熟,并在一些区域得到部署。作为对增强导航的改进的一部分,为支持广泛的无人机系统(UAS)部署而开发的技术也正逐步得到采用。

DFMC GBAS 升级的目的是提供双频和多星座的附加增强信息,具有更高健壮性且不易受大气传播扰动的影响,支持世界各地的 CAT Ⅰ,Ⅱ,Ⅲ GBAS 着陆操作,目前正处于验证阶段;DFMC SBAS 升级的目的是增加可用性并扩大覆盖范围,力争通过减少对地面站的需求来降低成本,将更具健壮性,支持更广泛区域的着陆服务,包括支持 CAT Ⅰ,甚至是 CAT Ⅱ 自动着陆,目前处于验证阶段;DFMC ABAS 升级的目的是使用双频和多星座附加信号,水平(2D)增强的 ABAS 导航服务将使用 Block Ⅱ 信号,垂直(3D)增强的 ABAS 导航服务将使用 Block Ⅲ信号,DFMC ABAS 将会使用额外的导航信号以及 ARAIM,目前也处于验证阶段。随着 DFMC 机载装备在大多数机载设备上的部署,必须有更具健壮性的备份技术,这样才能在全球卫星导航系统不可用期间进行操作。为了提高导航能力的可靠性,将采用更先进的传感器融合,以提高操作自主权(即减少对外部或单线程系统和服务的依赖)。

此外,当新技术减少对全球卫星导航系统信号的依赖时,常规导航设备的其他优化还会继续下去。全球卫星导航系统网络安全所需的新支持技术将在 ASBU 升级时间内继续部署(例如,用于加密全球卫星导航系统信号认证系统的密钥管理和分发系统),GNSS 反欺骗技术也将继续规范和部署。

6.3 卫星导航技术在飞行校验中的应用

6.3.1 飞行校验及系统

6.3.1.1 飞行校验概念

飞行校验概念是在 19 世纪 20 年代早期伴随着用于航空邮政的航路系统一起出现的,负责监视观察由灯光信标组成的空中航线,为引导邮政飞机安全飞行提供支持。随着航空业各个方向的飞速发展,飞行校验的工作内容、方式、装备、标准、组织架构也因应需求在不断发展丰富,一直是航空飞行安全的重要保障方法。当前飞行校验已成为机场开放和航路运行的最基本前提之一,是保证通信、导航、雷达等设施设备符合航班正常运营要求的必要手段,是保障飞行安全和旅客生命、人民财产安全的重要环节,也是新机型、新机载设备或地面服务系统测试验证的有效手段。

具体而言,飞行校验是指为保证飞行安全,使用装有专门校验设备的飞行校验飞机,按照飞行校验的有关标准、规范,检查、校准和评估各种航空通信、导航、监视设备的空间信号质量、容限,并依据检查、校准和评估结果出具飞行校验报告的过程。除了具体设备层面,如单个地面导航台站,飞行校验概念还包括对航空通信、导航、监视系统层面的整体检查评估,比如 GBAS、GNSS 的性能和功能检查验证[1]。此外,飞行程序校验也是其重要组成部分,飞行程序校验是对各类飞行程序的可飞性、障碍物信息和地形特征、导航信号覆盖性和导航数据完整性进行验证和评估,并依据验证和评估的结果出具飞行校验报告的过程[2-3]。

1) 飞行校验对象

民航飞行校验的对象主要如下。

（1）仪表着陆系统。

（2）甚高频全向信标。

（3）测距仪。

（4）无方向性信标。

（5）指点信标。

（6）雷达。

（7）广播式自动相关监视。

（8）跑道灯光系统。

（9）甚高频通信及数据链。

（10）仪表飞行程序。

（11）基于性能导航。

（12）全球卫星导航系统（GNSS）（如 GPS、BDS 等）。

除此之外，随着航空新技术的发展，新技术应用也逐渐成为飞行校验工作的一部分，如四维航迹运行技术和卫星导航着陆系统（GLS，亦即 GBAS）。军用航空同样也需要通过飞行校验方法来保障飞行安全，其校验目标除雷达、通信、灯光、信标之外，还包括微波着陆系统和塔康，以及其他专用通信导航监视设备。

2）飞行校验类型及周期

飞行校验分为投产校验、监视性校验、定期校验、特殊校验4类[1]。

（1）投产校验是指校验对象新建、迁建或更新后，为获取校验对象全部技术参数和信息而进行的飞行校验。

（2）监视性校验是指投产校验后的符合性飞行校验，或者民航局、地区管理局认为其他必要的情况下，对运行中的校验对象进行的不定期飞行校验。

（3）定期校验是指为确定校验对象是否符合技术标准和满足持续运行要求，按照规定的校验周期对运行中的校验对象所进行的飞行校验。

（4）特殊校验是指在出现飞行事故、设备大修及重大调整或升级、设备长期停用、设备或信号不正常等特殊情况时，对校验对象受影响部分进行有针对性的飞行校验。

其中投产、监视性及定期校验是日常飞行校验工作的主要内容，我国民航对典型导航设备飞行校验周期的主要规定如下[1]。

（1）仪表着陆系统定期校验周期为180天；投产校验后90天内执行一次监视性校验。

（2）全向信标、无方向信标、单独安装的测距仪和航向信标，在承担进近导航功能时，定期校验周期为540天；投产校验后270天内执行一次监视性校验。

（3）全向信标、无方向信标、单独安装的测距仪，在承担航路航线导航功能时，定期校验周期为1080天；投产校验后540天内执行一次监视性校验。

（4）测距仪、指点信标与其他导航设备配合使用时，与该导航设备同周期校验。

6.3.1.2 飞行校验系统

飞行校验基本的原理是利用对安装校验设备的校验飞机自身的精确定位,对采集到的空间导航信号与此时飞机位置所应具备的理想信号进行对比分析,获得校验评估数据,并依据相关标准,判断被校验设备是否符合安全运行要求;若不符合要求,则通过校准和调整被校验设备,使其空间信号最终满足运行规范并得到最佳化(图6.1)。

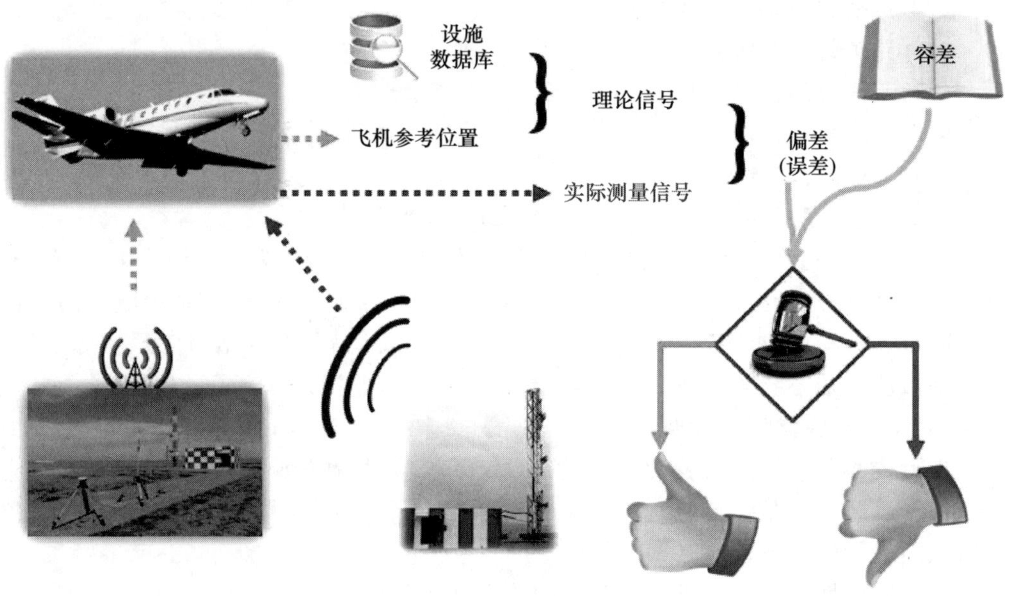

图6.1 飞行校验原理(见彩图)

依据飞行校验的基本原理,国际民航组织在飞行校验指导文件(Doc 8071)中描述了如图6.2所示的飞行校验设备系统框图[1]。

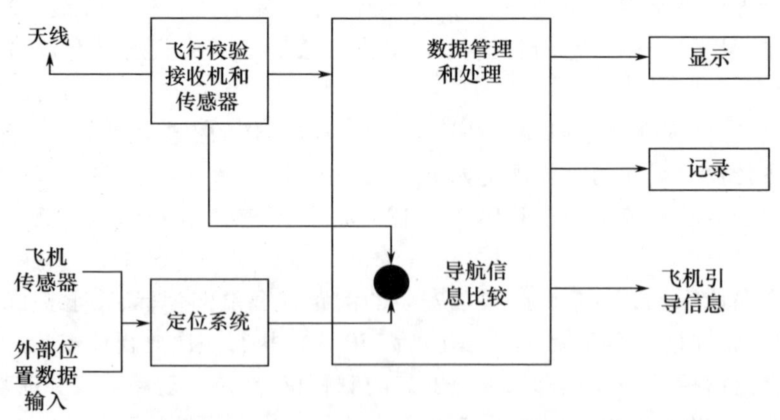

图6.2 ICAO飞行校验设备系统框图

系统主要包括：

1）飞行校验接收机及配套天线

校验接收机与配套天线接收通信、导航、监视信号，输出标准导航信息（如距离、角度等）及校验专用信息（如信号强度、调制度等）。

2）定位系统

定位系统为校验系统提供参考位置数据，用于评估被校验通信、导航、监视设施的精度。定位数据来源包括专用外部位置源及机载航电设备。

3）数据管理和处理单元

校验接收机输出的标准导航信息及校验专用信息，与定位系统提供的位置数据在数据管理和处理单元中进行综合处理、比对分析，用于被校验设备的功能性能评估。数据管理和处理单元还具备基础数据（如机场信息、台站信息等）和校验数据的管理功能。

4）数据显示及记录单元

数据显示及记录单元用于显示校验过程各类信息及评估结果数据，输出校验评估报告，并记录原始数据和结果数据。

除此以外，飞行校验设备系统还需要配备标校设备，定期对校验接收机进行标定，以确保其本身精度水平可满足校验任务需要。

各飞行校验生产厂家均按照以上指导性架构，根据具体用户需求设计制造各类飞行校验系统。图6.3和图6.4为我国自主研制并已在我国民航校验机构大量装机使用的协同飞行校验系统（CFIS）。

图6.3　CFIS Ⅰ飞行校验系统（见彩图）

图6.4　CFIS Ⅱ飞行校验系统（见彩图）

CFIS系列飞行校验系统遵循ICAO Doc 8071系列空管设施飞行测试标准，并兼容FAA 8200飞行校验手册和我国民航相关校验规则。整机设备符合美国联邦航空管理局补充型号合格证(STC)和我国民航局补充型号认可证(VSTC)适航认证要求,累计装备中国民用航空飞行校验中心12架校验飞机,已广泛应用于我国民航的飞行校验工作中。校验工作范围包括我国内地全部民用机场,我国香港、澳门机场,以及南海新建岛礁机场。

6.3.2 飞行校验系统中的位置基准

6.3.2.1 飞行校验位置基准精度要求

如前文所述,飞行校验过程中需要获取精确的飞机位置作为参考,用于计算理论空间信号数据,从而与实测数据进行比较分析,用于评估被校验设备的性能。因此位置基准是飞行校验中的关键基础数据,其精度直接影响校验结果的准确性和可信性。在实际应用中,位置基准的精度应至少是被测参数容差的五倍。

以仪表着陆系统为例,其对飞行校验位置基准的最低精度要求如表6.1所列[3]。

表6.1 仪表着陆系统对飞行校验位置基准的最低精度要求

测量项		Ⅰ类精密进近		Ⅱ类精密进近		Ⅲ类精密进近	
		约束点	精度	约束点	精度	约束点	精度
角度	航向	C	0.02°,0.06°(见表注)	T	0.0058°,0.0173°(见表注)	D	0.0058°,0.0173°(见表注)
	下滑	C	0.0091θ	T	0.0055θ	D	0.0055θ
距离			0.19 km(0.1n mile)		0.19 km(0.1n mile)		0.19km(0.1n mile)
航迹方向:航向		C	2.17m	T	0.61m	D	0.33m
垂直方向:下滑		C	0.27m	T	0.083m	T	0.083m

注:① 考虑不同跑道长度,此处按照极端情况下航向扇区边界值(2°和6°)进行计算。
② θ为下滑角度

6.3.2.2 飞行校验中的位置基准设备

飞行校验系统中的位置基准设备随着技术发展经过了多次更新换代。早期飞行校验主要是采用人工操作的光学经纬仪(图6.5)。这种方式的缺点是受能见度、气流及操作员能力的影响较大。便携式激光和红外自动跟踪式经纬仪,以及全站仪部分解决了以上问题,但成本较高,设备笨重,对操作人员要求较高,并且这种方式存在两大局限性:一是不能满足飞机高动态飞行,特别是不利气象条件下精确自动连续跟踪测量,二是机上校验员无法实时连续获取高精度飞机基准数据,不能在线完成精确评估,必须完成飞行后再进行数据处理。随后飞行校验系统逐渐采用机载惯性单元和其他飞机传感器组合获取所需位置数据。这种方式虽然一定程度上克服了以上问题,但其精度有限,难以满足作为校验基准的基本要求(至少优于被校验对象容差5倍的精度)。

图6.5 20世纪70年代人工光学经纬仪用于仪表着陆系统校验[4]

卫星导航系统的出现,为飞行校验提供了更佳选择。首先卫星导航系统可持续提供高达厘米级精度的位置数据,可满足目前全部空管导航设备校验需要,提高了空管设备校验准确性和可信性;而且这种方式设备简单、操作便捷、效率高,大幅降低了地面工作人员的负担、天气对校验的影响,以及对操作员能力的要求;同时,卫星导航定位设备价格相对于其他定位设备有很好的价格优势,而且可靠性高,真正物美价廉。

目前基于卫星导航的位置基准设备包括GPS,差分GPS,WAAS以及各类组合系统,如GPS/INS,GPS/INS/高度表/照相机等广泛应用在不同厂商的飞行校验系统,其中GNSS RTK技术应用最为广泛,各飞行校验机构均把GNSS RTK设备作为主要或备用位置基准。飞行校验中应用的GNSS RTK地面基准站如图6.6所示。

图6.6 飞行校验中应用的GNSS RTK地面基准站(见彩图)

6.3.3 卫星导航的应用模式

当前飞行校验系统中应用最广泛的时空基准获取方法是通过 GPS 接收机以及基于 GPS 的 RTK 高精度差分技术。在甚高频全向信标、测距仪、无方向信标等对基准精度要求不高的校验科目中，GPS 接收机输出的位置数据精度（米级）即可满足要求；而对于仪表着陆系统校验，特别是下滑结构、下滑角、跑道入口高度等的评估检查则需要基于载波相位的 GPS RTK 技术提供厘米级精度的位置数据才能满足要求。

GPS 及 GPS RTK 技术在飞行校验中的应用模式如图 6.7 所示。

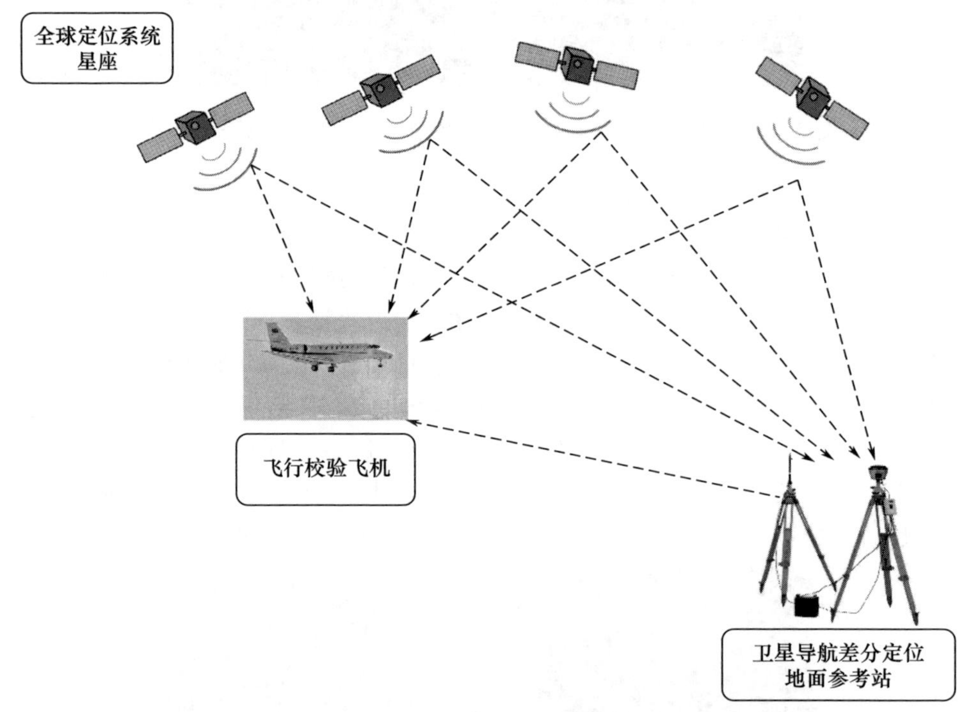

图 6.7 GPS 及 GPS RTK 技术在飞行校验中的应用（见彩图）

校验飞机安装具备 RTK 差分定位能力的 GPS 接收机，在甚高频全向信标、测距仪等校验过程中，直接以 GPS 接收机输出的单点定位数据作为校验评估基准。在仪表着陆系统校验中，则采用 GPS RTK 差分定位方法。实现 GPS RTK 差分定位既需要机载具有差分定位能力的接收机，还需要 RTK 地面站，以及地空差分数据链，其主要工作过程描述如下。

（1）校验机组首先在机场参考点或者机场范围内其他已知测绘点架设 GPS RTK 地面站（通常包括 GPS RTK 接收机及天线，差分数据广播电台及天线）。

（2）校验飞行过程中校验飞机的 GPS 接收机和 GPS RTK 地面站同时接收视野

范围内的 GPS 导航卫星信号。

(3) GPS RTK 地面站计算差分改正数据并与地面站获取的载波相位观测量一并通过差分数据电台向外播发。

(4) 校验飞机机载差分数据电台接收 GPS RTK 地面站播发的数据,并发送给机载 GPS 接收机。

(5) 机载 GPS 接收机以改正数修正自身观测量,并与接收到的 GPS RTK 地面站载波相位观测量进行求差解算,从而获得厘米级甚至毫米级精度的定位数据。

(6) 机载飞行校验系统应用高精度位置数据,完成所需校验评估。

虽然在飞行校验应用中,GPS 及其 RTK 技术相比其他方法具有很好的便利性、经济性和精度等优势,但同时也存在以下问题。

(1) 近年来国内机场终端区 GPS 信号,特别是民用的 L1 频段,时常被有意或无意干扰,严重影响飞行校验的可靠性、精度和效率,甚至飞行安全。据报道,国外机场也同样存在 GPS 信号受到干扰,导致航班延误等问题。

(2) 同时,GPS 本身虽然具备很高的可靠性,但也并不是百分之百可靠,也会因系统设计缺陷或技术问题,致使数据精度降低甚至无法使用,比如 2016 年 1 月 25 日至 26 日,15 颗 GPS 卫星播发了错误的时间参数,导致大量,特别是用于授时的 GPS 接收机输出错误数据;2019 年 4 月 6 日开始的 GPS 周翻问题也导致很多 GPS 接收机工作出现问题。

(3) 而且如前文所述,单独应用 GPS 还存在诸如由空间天气引起的电离层延迟,电离层闪烁现象(例如电离层不规则),由几何结构差或地形/障碍物遮挡导致的精度降低,甚至信号丢失等缺陷。

(4) 另外,GPS 作为美国军方运营的卫星导航系统,存在因政治或军事因素而突然关闭或故意降低精度(如 GPS 之前的有选择可用性技术(SA)),甚至有恶意置入错误信息的可能性。而飞行校验作为机场基础通信导航监视设施的主要检查评估技术,在保障国家航空战略安全层面具有重要意义。飞行校验工作中过度依赖 GPS,在特殊时期将具有严重的潜在风险。

而 DFMC GNSS 技术引入的多个频段,多个核心星座可有效缓解或解决以上问题。

(1) 首先多星座引入更多频段的信号,在其中一个频点的信号受到干扰时可以切换到其他频点继续工作,比如 GPS L1 频段受到干扰时,可以用 BDS 的 B2 频点信号进行定位,继续飞行校验工作。

(2) 多个独立卫星导航系统,可有效在其中一个出现系统性故障时,保障有效定位数据的持续输出,不会对飞行校验工作造成影响。

(3) 多星座系统大幅增加有效可视卫星数目,改善几何结构,并且 BDS 采用更适合中国区域的电离层模型和空间模型,可降低因电离层和空间天气造成的影响。

(4) 采用多星座,我们可以 BDS 为主要参考,有效防范 GPS 关闭或故意引入错误信息,对飞行校验造成的危害。

因此在飞行校验中,可应用双频多星座 GNSS 及其载波相位 RTK 差分技术来增强参考位置基准的健壮性、可靠性和安全性。以 GPS 与 BDS 组成的多星座卫星导航系统为例,双频多星座 GNSS 在飞行校验中的具体应用方式如图 6.8 所示。

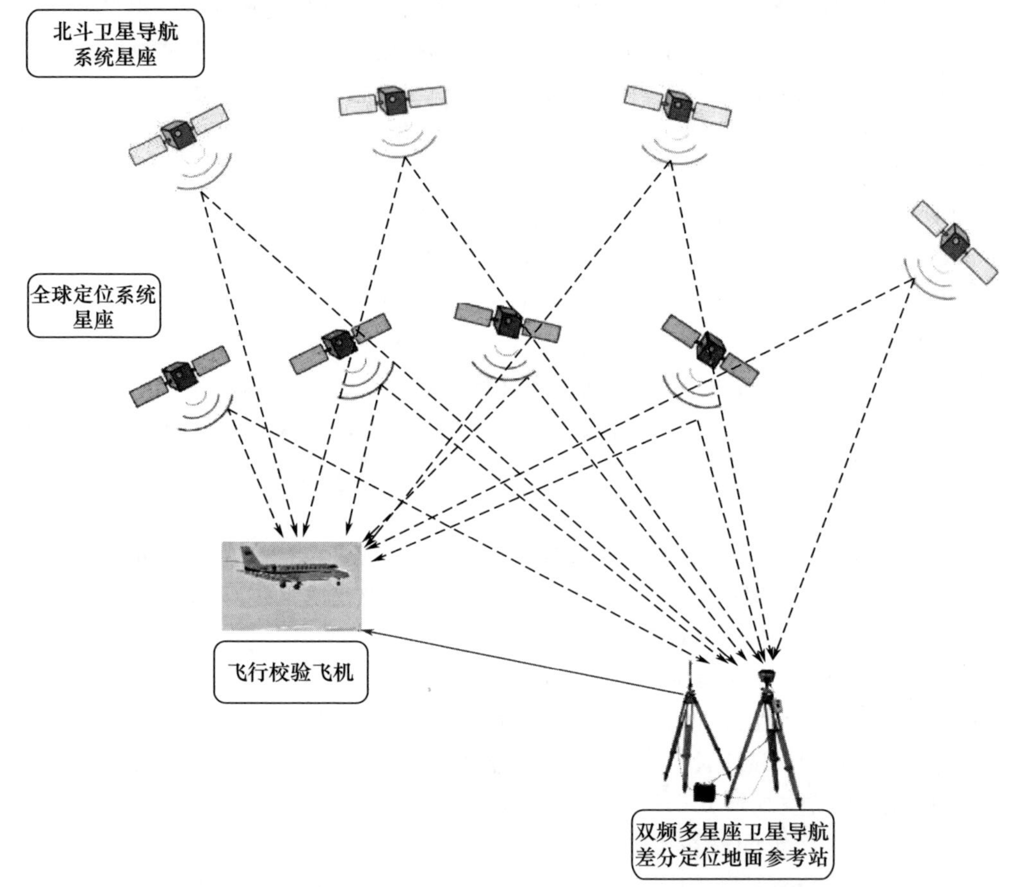

图 6.8 DFMC GNSS 及其 RTK 技术在飞行校验中的应用(见彩图)

校验飞机安装具备多频多星座信号处理及 RTK 差分定位能力的 GNSS 接收机,在甚高频全向信标、测距仪、仪表着陆系统等校验过程中,分别采用双频多星座 GNSS 接收机输出的单点定位数据或双频多星座 GNSS RTK 差分定位数据作为校验评估基准。差分地面站相应配备具备多频多星座处理能力及其差分改正数生成能力的双频多星座 GNSS RTK 接收机。此方案充分利用多频多星座导航卫星信号,保障飞行校验系统在不同环境下的工作能力。其主要工作过程描述如下。

(1) 地面架设双频多星座 GNSS RTK 地面台站后,校验飞行过程中校验飞机的双频多星座 GNSS 接收机和双频多星座 GNSS RTK 地面站同时接收视野范围内的多

频多星座导航卫星信号。

（2）双频多星座 GNSS RTK 地面站计算差分改正数据并与地面站获取的载波相位观测量，一并通过差分数据电台向外播发。

（3）校验飞机机载差分数据电台接收双频多星座 GNSS RTK 地面站播发的数据，并发送给机载双频多星座 GNSS 接收机。

（4）机载双频多星座 GNSS 接收机以改正数修正自身观测量，并与接收到的双频多星座 GNSS RTK 地面站载波相位观测量进行求差解算，从而获得厘米级甚至毫米级精度的定位数据。

（5）机载飞行校验系统在校验评估中应用高精度位置数据。

（6）当某一个频段或某个星座导航卫星不可用时，可无缝切换到其他可用的频段或星座，从而保证飞行校验工作的连续性。

6.3.4　在校验新技术中的应用

卫星导航业已逐渐取代光学经纬仪和全站仪，成为传统飞行校验科目的主要参考位置基准，如仪表着陆系统、甚高频全向信标、测距仪、无方向性信标、指点信标、雷达、跑道灯光系统、甚高频通信及数据链、仪表飞行程序等。相较于传统空管技术，航空新技术则直接或间接与卫星导航密不可分，如下。

（1）卫星着陆系统（如 GBAS 等）。

（2）GNSS 星基增强系统（SBAS）。

（3）广播式自动相关监视（ADS-B）。

（4）基于性能的导航（PBN）。

在航空新技术的飞行校验和验证过程中，基于卫星导航的位置基准则是最佳，甚至是唯一选项。

6.3.4.1　GBAS 飞行校验

1）GBAS 飞行校验内容

GBAS 飞行校验的主要内容如下。

（1）甚高频数据广播覆盖。

GBAS 服务范围由地基 VDB 天线的射频信号覆盖和所广播的差分校正数据的最大有效范围决定。VDB 的信号强度需要足以确保最大有效范围内的飞行器可以可靠地连续接收差分数据广播。依赖 VDB 发射机的输出功率、VDB 天线类型、飞行器高度和 VDB 天线位置的设计，VDB 射频信号覆盖范围能够延伸 100～200n mile。但为了有效使用 GBAS 差分数据校正位置/速度/时间信息，飞行器必须在最大有效服务范围内。GBAS 飞行校验的重要内容之一就是验证最大有效服务范围内 VDB 的信号覆盖情况。

（2）GBAS 数据完好性。

检查 GBAS FAS 数据和飞行程序设计数据，确保在数据传输和使用过程中没有数据更改或错误。

(3) GBAS 系统导航精度。

参考仪表着陆程序飞行，检查 GBAS 在精密进近和着陆过程中的定位精度，GBAS 以类仪表着陆系统的仪表形式提供给飞行器显示和导航信号，同时为用户提供适当的系统性能通告，如告警和警旗，其导航精度指标应和对应的仪表着陆系统精密进近类别保持一致。

(4) 卫星导航定位系统信号质量。

GBAS 校验过程中需要对 GNSS 的信号质量进行监测和记录，主要校验参数包括：HDOP、垂直精度衰减因子(VDOP)、水平完好性限制(HIL)、品质因子(FOM)、追踪的卫星个数、信噪比(SNR)等。校验记录中还应体现时间、架次、设备、RAIM 预测等信息。

(5) 无线电频谱监测。

当卫星导航定位系统参数显示有可能被干扰时，需要对 1559 ~ 1595MHz 射频频谱进行频谱监测，同时也需对 VDB 使用的频段进行干扰监测。

(6) VDB 天线极化信号检查。

VDB 天线同时发送水平极化和垂直极化的信号，在校验过程中需要对两种极化信号都进行全面检查。

(7) 程序设计质量。

评估基于 GBAS 设计的飞行程序的可飞行性和超障检查。

2) GBAS 飞行校验方法

(1) VDB 覆盖。

VDB 覆盖飞行校验的基本原理是将 VDB 发送功率设定在射频功率告警点，按照预定路径飞行或滑行(取决于是基于设备，还是程序，或者场面的覆盖检查)过程中监测 VDB 信号强度，同时基于 GNSS RTK 技术精确跟踪飞机位置，在 VDB 信号强度小于门限或者消失时记录当前位置，与设计的最大有效覆盖范围比较，或者在最大有效覆盖范围边界处记录 VDB 信号强度，检查是否符合要求。

(2) GBAS 数据完好性。

对 GBAS FAS 数据进行 CRC 校验，并与飞行程序设计数据进行比对，检查航向和下滑结构、入口高度和实际着陆入口点或虚拟跑道入口点等数据是否与设计数据吻合，以确保没有数据改变和错误发生。飞行程序检查的航段包括终端区路径、起始、中间以及复飞进近航段，从而确定其满足程序设计需求。

(3) GBAS 导航精度。

GBAS 导航精度的校验原理与传统仪表着陆系统类似，在校验飞行过程中，把 GBAS 输出的导航数据与“理想”数据进行比较，然后判断是否在容差范围内。不同的是 GBAS 校验过程中对基准数据连续性和精度要求高，经纬仪和全站仪无法使用，基于卫星导航的位置基准是目前的最佳选项。

(4) 卫星导航定位系统信号质量。

为检查不同卫星导航信号覆盖情况下 GBAS 的信号质量,应在连续 24h 内以 3h 为间隔完成 8 次进近;若测试分为数天进行,则可分散到多天完成,每次测试所涵盖时间段应不相同,详细记录不同时间段内不同架次飞行的结果。在此过程中,基于卫星导航的位置基准不仅提供精确时间和位置信息,同时也记录同样的卫星信息及信号质量数据,作为机载 GBAS 设备检查的项目之一。

(5) 无线电频谱监测。

当卫星导航定位系统参数显示有可能被干扰时,需要对 1559 ~ 1595MHz 射频频谱进行频谱监测。若 VDB 差分数据丢失则表明可能存在干扰、多径或者甚高频发送屏蔽,需要监测 VDB 频点 ± 100kHz 的频谱;若确认频谱异常或疑似异常,则应记录下当前的精确位置和时间,以备后续处理。

(6) VDB 天线极化信号检查。

针对水平极化和垂直极化信号的检查,可以通过改变飞行器横滚姿态进行极化飞行,以检查不同极化方式信号的变化。

(7) 程序设计评估。

在校验飞行过程中,有飞行员评估程序的可飞行性,并观察障碍,若有异常则通知校验员记录可疑超障设计的位置和时间。

6.3.4.2　SBAS 飞行校验

SBAS 的飞行校验内容和 GBAS 类似,包括 FAS 数据、DOP、完好性(HPL、VPL)、信号质量(GNSS 卫星及 SBAS 卫星)、程序可飞行性、超障碍评估、信号覆盖等[5]。

飞行校验方法也与 GBAS 类似,整个过程中需采用基于卫星导航的位置基准提供高精度时间和空间数据。所不同的是,SBAS 不受地面站最大有效覆盖范围限制,可应用于整个航路,超出差分站作业范围情况下,可采用星基实时差分卫星导航定位技术,或者基于预测的卫星导航定位方法,以及卫星导航后处理工具获得高精度位置数据,实现对 SBAS 的校验评估。

6.3.4.3　ADS-B 飞行校验

1) ADS-B[6]

ADS-B 是利用空地、空空数据通信完成交通监视和飞行信息传递的一种监视技术。监视数据可来自不同的机载数据源(例如水平位置、气压高度、ATC 应答机控制面板等)。ADS-B 包括地面站和机载设备两部分。机载 ADS-B 应用功能可分为发送(OUT)和接收(IN)两类。

ADS-B OUT 是指航空器向外发送信息。机载发射机以一定周期发送航空器的各种信息,包括航空器识别码、位置、高度、速度、方向和升降率等。OUT 是机载 ADS-B设备的基本功能,需要具备充分的监视数据提供能力、报文处理(编码和生成)能力、报文发送能力。只要相关机载电子设备正确安装且正常运行,ADS-B OUT 系统一般无需驾驶员干预即可自动工作。

ADS-B IN 是指航空器接收其他航空器发送的 ADS-B OUT 信息或地面服务设施发送的信息，为驾驶员提供运行支持。ADS-B IN 的一个典型应用是驾驶员通过驾驶舱交通信息显示(CDTI)设备获知其他航空器的运行状况，从而提高驾驶员的空中交通情景意识。

2）飞行校验内容

ADS-B 系统飞行校验评估的科目主要如下。

覆盖范围：ADS-B 地面站信号实际覆盖区(或顶空盲区)与预期覆盖区(或顶空盲区)之间的差异；地面站实际作用距离。

精度：ADS-B 监视的位置、方位和高度、速度信息完整性及数据精度，编解码准确性计算精度。

3）飞行校验方法

ADS-B 的飞行校验评估方法如下。

(1) 覆盖范围。

① 校验原理：校验飞机在飞行过程中记录 ADS-B 信号消失点与出现点位置信息(源自 GNSS RTK 位置基准)，与预期覆盖区边缘点比较，可以得到覆盖区误差。

② 校验飞行方法：飞机以一定高度(比如 2100m，根据 ADS-B 设计性能确定)通过 ADS-B 天线飞行，记录飞机消失点和出现点位置信息，然后分别爬升到其他高度做类似测试，可以得到不同高度层顶空盲区；飞机在不同高度，向背离 ADS-B 台站的不同方向飞行，直到飞机消失，记录每次消失点位置信息，得到 ADS-B 覆盖范围，与预期范围比较。

(2) 精度。

① 校验原理：比对 ADS-B 地面站收到的飞机升降速率、位置、方位和高度、速度信息与机载校验系统 GNSS RTK 位置基准提供的编码前信息、CDTI 数据，以及高精度参考时空信息，分析其数据精度是否符合要求。检查 ADS-B 地面站对 ADS-B 下行数据中 C 模式编码、航班呼号、24 位地址码处理的正确性，以此分析 ADS-B 地面站正确地识别航空器的身份，同时确保数据准确下传的能力。

②校验飞行方法：飞机在 ADS-B 覆盖范围内飞行中，间歇性做不同速率的上升和下降。飞行完成后比对 ADS-B 监视数据和飞机的飞行管理系统(FMS)记录数据、GNSS 观测数据以及 GNSS RTK 位置基准数据，得到精度信息。

6.3.4.4 PBN 飞行校验[7]

1）基于性能导航

随着以 GPS 为代表的星基导航系统在民航领域的广泛应用，PBN 作为一种有效提高空域利用率，增强飞行运行安全性的先进技术在各国民航领域得到飞速发展。PBN 飞行校验的目的在于验证按照 PBN 运行设计的飞行程序。一个完整的 PBN 飞行程序包括航路段、终端航路段、圆周机动区域、等待航线、标准离场程序、标准进场

航路、标准仪表进近程序(包括初始进近和最终进近以及复飞段)。

2）飞行校验内容

PBN飞行校验的主要内容如下。

(1) 程序设计导航数据正确性检查。

检查飞行程序设计数据的一致性和完整性,避免因数据传输错误或设计失误导致飞行程序出现问题。

(2) 干扰信号检查。

检查飞行过程中通信及卫星导航信号是否受到干扰。

(3) 导航设施满足度。

导航设施满足度是指评估程序设计采用的导航系统如GPS、测距仪、BDS等,性能是否满足相应PBN等级对导航系统的要求,以及覆盖是否满足飞行程序所涉及区域。

(4) 超障设计检验。

检验程序设计中的各个航段超障设计是否安全。

(5) 机场标识和跑道灯光。

通过实际飞行确认机场跑道标识和灯光符合飞行需要。

(6) 通信和雷达覆盖验证。

通过实际飞行,检验各个航段的地空通信及雷达覆盖情况。

(7) 复飞点定位精度。

评估在程序设计的复飞点位置、导航设施提供的位置数据精度。

(8) 程序设计其他性能。

如机动区域设计安全性、程序的可读性、易用性等。

3）飞行校验方法

PBN飞行程序校验的基本原理是以高精度的时空参考数据为基准(如基于卫星导航的RTK技术),在校验飞机按照设计的飞行程序飞行的完整过程中采集位置数据,评估导航系统性能,分析空间导航信号质量,观察相关标识和障碍物,并由飞行员体验飞行舒适性,最后综合所有结果对飞行程序的综合质量进行评价。具体方法如下。

(1) 程序设计导航数据正确性检查。

把程序设计中的航路点数据输入飞行校验系统或飞行管理系统,生成飞行路径,比对飞行程序图表中航路点之间的方位、距离等信息是否正确。

(2) 干扰信号检查。

在执行飞行校验之前要通过GNSS RAIM预测程序模块,确定所飞路线和时间内RAIM是可用的。

飞行过程中注意观察并记录FMS的RAIM告警指示,同时观察导航指示是否为GNSS,有无出现导航方式切换的情况,若有,则记录下校验系统中GNSS RTK设备输出的时间和位置。

校验系统记录并实时显示来自 FMS 和校验 GNSS 接收机的 HIL 数据，以及和飞行程序的相应航段 GNSS 完好性门限的比较关系。

对于地空通信，实时监测其信号质量，出现信号丢失或信号强度突变时，记录下校验系统中 GNSS RTK 设备输出的时间和位置。

(3) 导航设施满足度。

导航设施满足度验证通过在按照程序飞行过程中，采集校验（GNSS，测距仪等）接收机数据和飞行管理计算机中的导航信息，生成导航系统误差评估数据，与当前航段所要求的 PBN 等级中对导航系统误差的分量指标进行比较，判断是否满足需要。同时监测导航设施信号质量，如信号强度、信噪比、连续性等。

(4) 超障设计检验。

校验飞机按照飞行程序中的最低飞行高度（最终进近阶段，在最低飞行高度以下 100 英尺飞行）完成程序飞行，飞行员通过目视观察，识别标注的障碍物，确认标注是否正确，并基于校验系统的位置基准记录可疑信息（包括标注障碍物信息错误，新的障碍物经纬位置）。

(5) 机场标识和跑道灯光。

在按照所设计 PBN 程序飞行中，结合 GNSS RTK 提供的精确飞机位置，判断跑道灯光是否符合要求，并观察机场其他标识是否符合飞行需要。

(6) 通信和雷达覆盖验证。

检查整个飞行过程中，VHF 地空通信信号质量是否满足要求，同时记录飞机精确位置并与地面雷达记录的跟踪数据进行对比，评估其跟踪精度和覆盖区域是否满足程序设计的要求。

(7) 复飞点定位精度。

记录飞机输出的复飞点定位数据，校验系统记录的精确位置数据，通过对比评估复飞点定位精度。

(8) 程序设计其他性能。

按照程序执行圆周机动，验证机动区域是否安全，特别要评估对于将要采用此程序的机型是否安全。通过使用飞行程序，飞行员判断其设计是否简洁、易懂。程序航图的复杂性降到了最低，以适应飞行员记忆能力。飞行员认为工作负荷是否可以接受。

6.4 卫星导航系统在四维航迹运行中的应用

6.4.1 基于四维航迹的运行概念

随着全球民航运输量的持续增长，空管系统作为保障空中飞行安全、维护空中交

通秩序的核心基础设施,面临着巨大的挑战。传统的空中交通运行采用的是基于空域扇区的分区管控方式,管制员只能在所管制扇区内且航空器当前位置已知的情况下做出战术管制决策;对于流量密集的复杂空域,该方式已经暴露出其局限性,主要体现在管制员只能侧重于保持当前单架飞机间的间隔,而无法对飞机流做出全局的战略安排,容易造成空中交通拥堵。如何提升空管系统保障能力、提升空中交通运行效率,是长期以来全球民航界面临的共同课题。而综合利用各种信息技术、全面改进空管运行方式,成为攻克这一课题的首选途径。基于航迹的运行(TBO)概念正是近10余年来国际民航界提出的一套系统级解决方案。

TBO运行概念早期来源于国际民航组织2005年发布的第一版《全球空管运行概念》(Doc 9854文件)。《全球空管运行概念》中描述了未来全球空管的运行理念:"空管将考虑到所有飞行阶段内有人操控或无人操控航空器的飞行航迹,并对该航迹与其他航迹或危险间的相互影响实施控制,以便在可能情况下与空域用户申请的飞行航迹保持最小的偏离,实现全局最佳结果"。随后,在美国下一代航空运输系统计划(NextGen)[8]和SESAR[9]中,TBO的运行概念得以进一步明确,成为欧美两大计划的核心运行理念之一。国际民航组织ICAO在第十二次全球航行大会发布的ASBU中[10-11],将TBO作为提升高效航迹这一关键性能的核心手段。

与传统基于空域扇区的运行不同,TBO是以对航空器全生命周期的四维航迹(4DT)为基础,在空管、航空公司、航空器等相关方之间实时共享和动态维护航迹动态信息,实现多方协同决策和航迹协商。所谓4DT是由一连串的点连接而成的飞行路径,每个点在四个维度上(空间和时间)都有一定的精度要求,并以此描述飞行的运行过程。4DT的航路点上赋予"可控到达时间",空管运行中各相关方高度协同,确保航空器运行全程"可控、可达"[12]。TBO与传统空管运行的区别如表6.2所列。

表6.2 TBO与传统空管运行方式的区别

运行方式	传统——基于空域扇区的运行	未来——基于航迹的运行
飞行	航空公司向空管部门提交飞行计划	航空公司与空管部门共享和协商航迹
	航空器必须沿着事先划设的固定航路飞行	航空器可根据实际情况自主选取最优化航迹
	航空器之间完全相对独立	航空器之间实现航迹共享,提高飞行员情景意识
空管	规划阶段和执行阶段相对分离	规划和执行过程通过航迹管理实现一体化
	对空指挥通过话音发布指令	对空指挥利用数据链,修改并上传航迹数据
	对航空器飞行意图的可预测性低	精确掌握航空器飞行意图,有助于流量预测
	空管具有一定自动化水平	数字化的航迹管理使得空管的自动化水平大大提高
	管制员负责监视航空器是否按着指令飞行	由自动化系统负责监视航空器航迹的一致性
	由空管单位提供间隔服务	条件允许时,由航空器自主保持间隔

综上,与现行运行方式相比,TBO有以下几个突出特点。

（1）精细化。由于引入四维航迹，一方面空域资源的使用和管理由传统的航路、高度层或时刻等单一维度转变为四维时空间资源的综合维度，使得未来空管系统对空域资源的使用和管理更为精细化；另一方面，TBO 中强调航空器飞行过程的定时可控到达，到达时间窗口可达到 ±10 秒的级别，相对于传统的运行，空中交通管理的时间分辨率大大提升。

（2）协同化。协同决策是 TBO 运行概念的核心理念，其协同主要体现在以下几个方面：①运行协同，即参与航班航迹管理与维护的各相关方通过协同的信息环境进行协同决策；②信息协同，即构建综合飞行与流量、气象、情报等各类信息的协同信息环境；③系统协同，即地面系统、地空系统的协同，特别是利用数据链技术实现地面空管系统与机载空管航空电子系统的协同。

（3）可预知。由于信息的高度协同与共享，地面空管系统可以获取到航空器机载飞行管理系统计算的未来飞行 4DT，进而可以预知指定空域内未来的运行态势，大大提高空管系统情景态势感知的能力，便于提前开展流量管理的工作，消除潜在交通拥堵和飞行冲突。

6.4.2 支撑 TBO 的关键技术

TBO 的实现是一项业务覆盖面广、技术综合性强的复杂系统工程，不仅需要四维航迹管理、协同流量管理、管制自动化等运行技术与系统升级改造，还需要高性能导航、机载四维飞行管理、地空数据链通信、协同信息环境等信息技术的综合应用与强有力支撑。

1）高性能导航技术

四维航迹的精细化运行对航空器全阶段飞行过程中的每个航路点在时空间四个维度都有一定的精度要求，这就需要航空器具备高性能的导航能力。卫星导航则为航空器全阶段的精准飞行提供了有效的手段。对于航路飞行，卫星导航可充分满足四维航迹飞行中航路点空间精度的要求，卫星导航的应用重点需要解决完好性的问题，具备接收机自主完好性监测能力的 ARAIM 技术可为其应用提供技术保证。对于机场起降飞行，高效的四维航迹运行还需要更高精度导航能力的支持，因而可应用双频双星座的星基增强或地基增强技术，提升飞行安全和效率。

2）实现定时精准引导的机载飞行管理系统

基于航迹运行的实现需要空中和地面紧密协同工作，飞机的 FMS 必须能够提供面向定时到达的飞行引导能力。该系统将飞行计划和航迹预测结合，利用支撑航迹运行的导航数据库，结合飞机当前飞行状态（飞机实时重量、气象信息等）进行四维航迹计算，并且通过飞行系统误差实时评估进行航迹运行自检验，在满足所需到达时间（RTA）的约束条件下，实现可定时到达的精准飞行引导。系统除了上述自身功能外，还应具备和自动飞行系统、电子飞行仪表系统、导航传感器、飞行人员互相共享航迹信息的功能，从而可以支持基于航迹的运行要求。

3）空地数据链通信系统

数字化是实现协同化、自动化的基础。基于航迹的运行意味着飞机的飞行意图和管制员的交通管理措施都将以数字化信息的方式表达；同时，与传统的空管运行相比，基于航迹的运行要求空地之间共享的信息更为丰富，同时具备更高的实时性与可靠性。空地之间除了要共享航行情报、飞行状态、管制指令等常规信息外，还需要交互气象、四维动态航迹、交通态势等多元化的空中交通环境信息，支持管制员-驾驶员数据链通信（CPDLC）、合同式自动相关监视（ADS-C）等空管应用服务。美国航空无线电技术委员会和欧洲民用航空设备组织已共同制定出面向 TBO 的新一代空地通信数据链服务的需求，并将其命名为四维航迹数据链（4DTRAD）。

4）空管协同信息环境

空管协同信息环境是实现 TBO 大范围全面运行的前提。全系统信息管理系统（SWIM）利用通信网络和计算机技术，在全系统范围内实现飞行、流量、航行情报、航空气象等信息的共享，并保证信息的安全，是构建空管协同信息环境、实现四维航迹信息全生命周期管理的关键。

5）四维航迹管理的决策支持手段

对空中交通四维航迹的高效管理是 TBO 提升空管运行效能的核心。四维航迹的管理应覆盖航班的全生命周期，应与空域管理、流量管理、管制指挥等融为一体，以提升空中交通运行的可预测性、最大化空中交通运行效能为目标。实现四维航迹的高效管理必须依赖于高效的决策支持工具的支持，包括中长期飞行冲突探测与解脱系统、自主间隔保持系统、航班进离港管理系统、四维航迹网络化管理系统等。

6）四维高分辨力的数值气象预报技术

气象是影响四维航迹运行准确性和可靠性的重要因素。四维航迹运行必然要求实现四维数值气象预报。结合世界区域预报系统（WAFS）的格点预报数据、航空气象资料下传与转发（AMDAR）等多源气象数据，进行同化处理，构建四维数值气象预报模型，可有效提高气象预报的时间和空间分辨力，进而满足飞机 FMS 四维航迹准确计算对气象数据的要求。

6.4.3　国内外发展进展

尽管国际民航业界对 TBO 的运行概念和发展方向有了相对统一的认识，美国、欧洲、国际民航组织也先后提出了 TBO 的发展路线图，然而 TBO 具体实施的运行程序、技术规范、指导标准等尚未成熟，TBO 的运行概念离实际应用还有相当长的距离。近年来，欧洲航行安全组织和美国联邦航空管理局都在积极地逐步组织开展与 TBO 相关的试验验证，寻求适合本地区或本国实际运行特点的解决方案。

1）美国

为验证 TBO 中飞机飞行管理系统使用所需到达时间 RTA 能力，美国联邦航空管理局于 2011 年 11 月 30 日至 2011 年 12 月 22 日在西雅图塔科马国际机场进行了大批次的 TBO 飞行试验(图 6.9),选取阿拉斯加航空公司 833 架次配备通用电气公司 U10.7 版本 FMS 的波音 737NG 航班,对其中 595 架次做了 RTA 试验验证[13]。

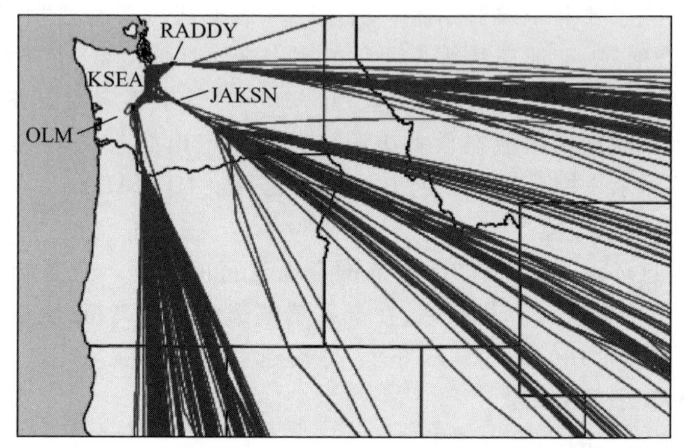

图 6.9 西雅图塔科马国际机场 TBO 试验飞行航迹图(见彩图)

飞行试验中,飞机在距离终端区 200 ~250n mile 时,先接收来自地面管制系统的预测风速、飞行限制等信息,并由飞行管理系统计算出一条带 RTA 时间窗(最小刻度为 min)的 4D 航迹信息,并发送给地面管制系统。终端区进近管制中心的管制员利用飞行状态增强监视系统监视飞机 RTA 执行的准备状态,并利用交通流管理辅助系统对进入终端区的飞机进行排队,并为 RTA 执行准备就绪的飞机分配 RTA。机组人员手动输入来自管制员的 RTA 指令,若飞机无法按照所分配的 RTA 飞行,则通知管制员进行多次协商,直至满足条件为止。

飞行试验结果表明,有 575 架次(96.6%)飞机可在 30s 的时间窗下按时到达指定下降点,RTA 的引入可有效并准确地预测和控制航迹。通过这些试验飞行,也进一步理顺了 RTA 分配的实施过程,同时验证了 RTA 支持空中交通流量管理工具的实用性和可操作性。

2)欧洲

SESAR 中将 TBO 的实施分为两个阶段,第一阶段是初始四维航迹运行(I-4D),第二个阶段是全面四维航迹运行(full 4D)。I-4D 重点解决的是航空器自身实现 4DT 飞行引导和航空器与地面空地数字化协同的问题,I-4D 是实现 Full 4D 的前提。在 SESAR 的支持下,空客公司联合马斯特里赫特高空管制中心以及美国霍尼韦尔、法国泰雷兹、西班牙英德拉等航电与空管设备厂商,研发并升级了面向 TBO 的机载航电设备、地面空管设备,进行了技术与运行验证,于 2012 年 2 月 10 日使用空客 A320 测试飞机完成了全球首次 I-4D 的航班飞行[14]。

测试飞机从图卢兹起飞,经停哥本哈根再飞往斯德哥尔摩。当飞机距离目标机

场大概 200n mile 的时候，空管部门发起一个航迹协商，通过空管部门和航空器之间的数据链路协商得到一条 3D 航迹，这条 3D 航迹经过进近管制中心确认后加上到达时间，形成一条 4D 航迹。空地一旦达成 4D 航迹协议，飞机 FMS 就可以计算一个到达指定下降点、包含最大最小时间范围的预计到达时间(ETA)，并发送到地面管制系统，而地面管制系统通过飞机自己计算的到达时间和 4D 航迹信息预测当前空域状态是否满足飞机飞行需求，同时利用进场管理系统为飞机分配所需到达时间 RTA，并发送给飞机。飞机的 FMS 按照 RTA 的要求引导飞机按照优化的航迹飞抵指定的下降点。通过机载飞行管理系统和地面管制系统的航迹动态协商，实现了空地协同的飞行与管制。

I-4D 的空地航迹协商示意图如图 6.10 所示。

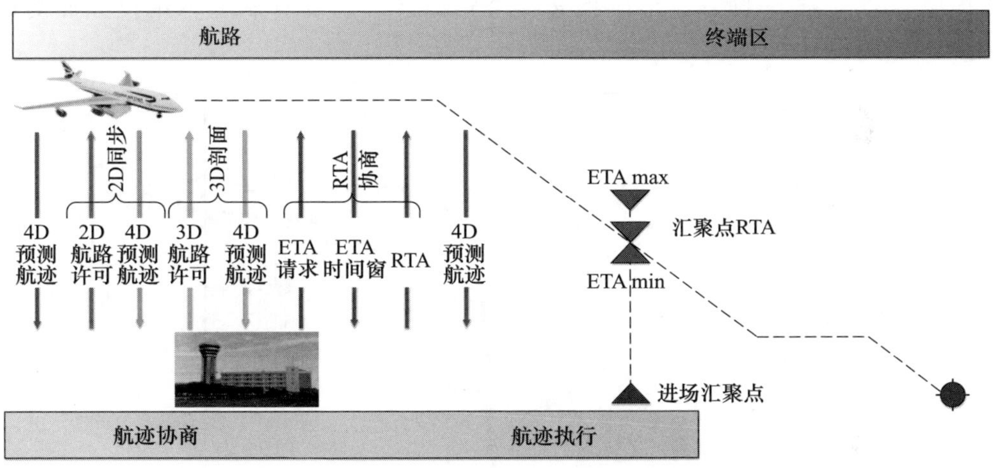

图 6.10　I-4D 的空地航迹协商示意图(见彩图)

I-4D 飞行试验中的系统改进与升级包括：①A320 测试飞机机载航电部分，升级座舱显示系统，为机组人员提供 I-4D 运行过程的显示信息；升级 FMS，具备 RTA 引导能力并可输出飞行引导数据，升级一套使用 ADS-C 和 CPDLC 进行空地数据链路的收发；②对于地面系统部分，相对应的需要一套支持 ADS-C 和 CPDLC 的数据链通信系统，一套具备飞行冲突探测能力的决策支持系统。飞行试验结果表明，利用上述系统飞机到达指定下降点的时间精度可控制在正负 10s 以内。

继 2012 年进行首次 I-4D 飞行测试之后，2014 年 3 月空客 A320 测试飞机又进行了第二次 I-4D 飞行测试。此次最新航迹飞行测试的起点为法国图卢兹，飞行路线为图卢兹—哥本哈根—斯德哥尔摩，去程采用霍尼韦尔公司的 FMS，回程采用泰雷兹公司的 FMS。第二次飞行测试进一步证实，空中与地面之间共享航迹信息可以提高飞行操纵的安全性和效率，确定飞机飞行剖面。此次飞行测试确认了 I-4D 在提高安全性和环境绩效方面的重要作用，同时能够减少燃油消耗、提高飞行可预测性和整体空中交通网络的效率。

3）中国

为在新一轮空管技术升级中占据主动、提升我国空管新技术自主创新能力，2015年6月国家科技部批复启动“空中交通航迹运行技术与验证”国家科技支撑计划项目。该项目针对I-4D中的地空数字化协同管制、航空器精准定时到达等核心要素，开展关键技术研究、设备系统的自主研制，并利用民航飞机开展飞行试验验证。项目由民航数据通信有限责任公司牵头，联合了北京航空航天大学、南方航空公司等单位共同承担。项目历经3年多的研究与攻关，突破了地空航空电信网（ATN）、数字化协同管制、机载四维飞行引导等方面的关键技术，研制了ATN数据链处理系统、I-4D管制自动化系统、机载四维飞行引导设备等系列系统设备。为充分验证I-4D的技术系统能力和管制运行程序，项目团队联合法国空客公司、与美国罗克韦尔柯林斯公司以及国内的管制运行单位开展测试验证工作。

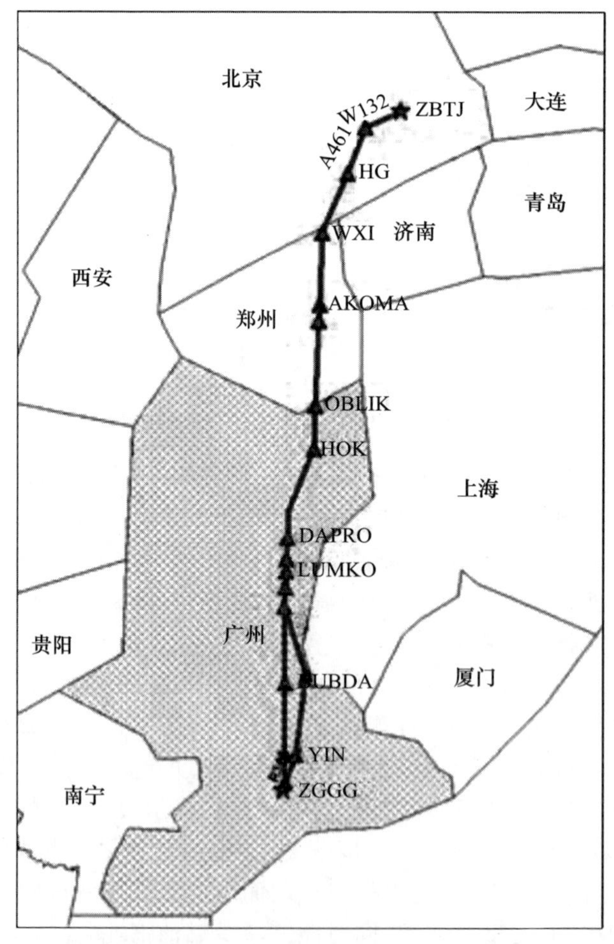

图6.11　I-4D试验飞行航线（图中英文字符为沿线机场、航路点代码）

2019 年 3 月 20 日，在民航局空中交通管理局的组织下，中国民航开展了首次初始四维航迹试验飞行。试验飞行由天津滨海机场飞至广州白云机场，再返回天津，飞行航线如图 6.11 所示，途经 6 大管制单位、12 个管制扇区，全程 3800 多 km。试验飞机为空客 A320 飞机，具备四维航迹飞行管理(4D FMS)能力和 ATN B2 的通信能力；地面 I-4D 管制自动化系统安装于广州空中交通管制中心；甚高频模式 2 数据链通信地面站沿试验航线安装部署，飞机与地面管制试验系统之间实现了符合 ATN B2 协议的全程数据通信。试验飞行充分验证了 I-4D 运行中的空地数字化协同管制、空地四维航迹共享等能力，并在试验飞行过程中的 3 个航路点进行了航空器定时到达能力的测试，3 个点的 RTA 时间偏差均控制在 5s 以内，实现定时定点的准确到达控制，试验飞行取得圆满成功。

初始四维航迹运行是迈向 TBO 远景目标的第一步，本次试验的成功也仅仅是一个开始，推动 TBO 运行概念中国化、技术装备国产化、核心技术研发自主化还有很长的路要走，需要在新技术试验、广域信息管理标准化等方面持续加大力度，不断改进方式方法，攻克技术难题，进而实现预期目标。中国民航计划按照国际民航组织的倡议，继续推进未来基于航迹运行的新概念与新技术的研究与应用工作。

参考文献

[1] 中国民用航空局．民用航空通信导航监视设备飞行校验管理规则[J]．中华人民共和国国务院公报，2016(21)：44－49.

[2] THE FEDERAL AVIATION ADMINISTRATION. united states standard flight inspection manual [M]. Washington DC，FAA，2015.

[3] Internationai Civil Aviation Organizaiton. Manual on testing of radio navigation aids[M]. Montreal：ICAO，2018.

[4] PHIL V. Airways survey in the DC－3 and F. 27 era[EB/OL](2019－03－20)[2020-06-05]. http://www. airwaysmuseum. com/DC3% 20ILS% 20calibration. htm.

[5] MUSMANN F. SBAS and its roles in flight inspection[R]. Braunschweig：Aerodata AG，2014.

[6] 中国民用航空局．使用 1090 兆赫扩展电文广播式自动相关监视的运行批准指南(修订稿)：AC-91-FS/AA-2010-14[S]. 2017：7.

[7] 欧阳霆．GPS RNP 运行程序的飞行校验方法[J]．中国民用航空，2013(7)：41-42.

[8] SESAR Consortium. European ATM master plan[M/OL]//The Roadmap for Sustainable Air Traffic Management. Brussels，Belgium：SESAR，2012：1-100. https://doi. org/doi：10. 2829/512525.

[9] Federal Aviation Administration. NextGen implementation plan[R]. Washington DC：FAA，2012.

[10] 中国民用航空局空管行业管理办公室．中国民航航空系统组块升级(ASBU)发展与实施策略[EB/OL]．(2015－01－13)[2020－06－05]. http://www. caac. gov. cn/XXGK/XXGK/GFXWJ/201511/P020151103347462655101. pdf.

[11] ICAO. The aviation system block upgrades－the framework for global harmonization [EB/OL].

(2016-07)[2020-06-05]https://www.icao.int/airnavigation/Documents/ASBU_2016-FINAL.pdf.

[12] 李黎.下一代空管系统的核心理念:基于四维航迹的运行[J].中国民用航空,2015(8):18-20.

[13] BALAKRISHNA M,WYNNYK C,et al. 2011 trajectory based operations flight trials[C]//The 10th USA/Europe Air Traffic Management Research and Development Seminar,June 2013. Chicago,Illinois:FAA,2013.

[14] MUTUEL L H,NERIP,et al. Initial 4D trajectory management concept[C]//The 10th USA/Europe Air Traffic Management Research and Development Seminar:June 2013.

缩 略 语

4DT	4 Dimensional Trajectory	四维航迹
4DTRAD	4D Trajectory Data link	四维航迹数据链
AAI	Airports Authority of India	印度民航局
AAIM	Aircraft Autonomous Integrity Monitoring	飞机自主完好性监测
ABAS	Aircraft Based Augmentation System	空基增强系统
ACAS	Airborne Collision Avoidance System	机载防撞系统
ADS-B	Autonomous Dependent Surveillance-Broadcast	广播式自动相关监视
ADS-C	Automatic Dependent Surveillance-Contract	合同式自动相关监视
ADT	Autonomous Distress Tracking	自主遇险跟踪
AeroMACS	Aeronautical Mobile Airport Communications System	航空移动机场通信系统
AIP	Aeronautical Information Publication	航空资料汇编
AL	Alert Limit	告警门限
AMDAR	Aircraft Meteorological Data Relay	航空气象资料下传与转发
ANSP	Air Navigation Service Provider	空中航行服务提供商
AOPA	Aircraft Owners and Pilots Association	飞机拥有者与飞行员协会
APCH	Approach	进近
APL	Applied Physics Laboratory	应用物理实验室
APNT	Alternative Position, Navigation, and Timing	备份定位、导航和授时
APV	Approach with Vertical Guidance	垂直引导进近
ARAIM	Advanced Receiver Autonomous Integrity Monitoring	先进接收机自主完好性监测
ARAIM SG	ARAIM Subgroup	ARAIM 子工作组
ARINC	Aeronautical Radio Inc.	航空无线电通信公司(美国爱瑞克公司)
ARNS	Aviation Radio Navigation Service	航空无线电导航业务
ASBU	Aviation System Block Upgrades	航空系统组块升级
ASECNA	Agence Pour la Sécurité de la Navigation Aérienne en Afrique et à Madagascar	非洲及马达加斯加航空安全管理局
ASQF	Application Specific Qualification Facility	专用应用认证工具
ATA	Air Transport Association of America	美国航空运输协会
ATC	Air Traffic Control	空中交通管制
ATM	Air Traffic Management	空中交通管理

ATN	Aeronautical Telecommunication Network	航空电信网
BDCS	BeiDou Coordinate System	北斗坐标系
BDS	BeiDou Navigation Satellite System	北斗卫星导航系统
BDSBAS	BeiDou Satellite Based Augmentation System	北斗星基增强系统
BMM	Block Maxima Method	区块最大分组法
BOC	Binary Offset Carrier	二进制偏移载波
BSA	Broadcast Service Area	播发服务区
CAA	Civil Aviation Authority	民用航空管理局
CAA - UK	Civil Aviation Authority - United Kingdom	英国民用航空管理局
CAT Ⅰ	Category Ⅰ of Precision Approach	Ⅰ类精密进近
CBI	Combined Bias Interpolation	综合误差内插法
CCD	Code Carrier Divergence	码/载波分歧
CCF	Central Control Facilities	中心控制设施
CDF	Cumulative Distribution Function	累积分布函数
CDMA	Code Division Multiple Access	码分多址
CDTI	Cockpit Display of Traffic Information	驾驶舱交通信息显示(设备)
CFIS	Collaborative Flight Inspection System	协同飞行校验系统
CGCS2000	China Geodetic Coordinate System 2000	2000 中国大地坐标系
CIO	Celestial Intermediate Origin	天球中间原点
CIP	Celestial Intermediate Pole	天球中间极
CMC	Code - Minus - Carrier	伪码与载波相位观测量之差
CNS/ATM	Communication, Navigation, Surveillance / Air Traffic Management	通信、导航、监视/空中交通管理
CODE	Center for Orbit Determination in Europe	欧洲定轨中心
CONOPS	Concept of Operations	运行概念
CORS	Continuously Operating Reference Station	连续运行参考站
CPDLC	Controller - Pilot Data Link Communications	管制员-驾驶员数据链通信
CPF	Central Processing Facilities	中心处理设施
CRC	Cyclic Redundancy Check	循环冗余校验
CS	Commercial Services	商业服务
CSA	Channel of Standard Accuracy	标准精度通道
CSG	CAT Ⅲ Sub - Group	CAT Ⅲ子工作组
CSP	Constellation Service Provider	星座服务提供者
CTSO	China Civil Aviation Technical Standard Order	中国民用航空技术标准规定
CWAAS	Canada Wide Area Augmentation System	加拿大广域增强系统
DAL	Design Assurance Line	设计保障准则
DAL - B	Design Assurance Level B	设计保障准则 B

DAL-C	Design Assurance Level C	设计保障准则 C
DCM	Decoupled Clock Model	去耦合钟差模型
DF	Dual-Frequency	双频
DFMC	Dual Frequency Multi-Constellation	双频多星座
DFRECI	Dual-Frequency Range Error Change Indicator	双频测距误差变化指数
DFREI	Dual-Frequency Ranging Error Indicator	双频测距误差指数
DFS	Dual Frequency Smoothing	双频平滑
DGAC/STNA	Dirección General de Aeronáutica Civil/ Service Technique de la Navigation Aérienne	法国民航局/航空技术局
DGCA	Directorate General of Civil Aviation	民用航空管理总局
DGNSS	Differential GNSS	差分全球卫星导航系统
DME	Distance Measure Equipment	测距仪
DOP	Dilution of Precision	精度衰减因子
DQM	Data Quality Monitoring	数据质量监测
EASA	European Aviation Safety Agency	欧洲航空安全组织
EC	European Commission	欧盟委员会
ECEF	Earth Center Earth Fixed	地心地固(坐标系)
ECOM	Extended CODE Orbit Model	扩展 CODE 轨道模型
EGNOS	European Geostationary Navigation Overlay Service	欧洲静地轨道卫星导航重叠服务
EM	Expection Maximum	期望最大化
EMT	Effective Monitoring Threshold	有效监测阈值
EOP/EOPP	Earth Orientation Parameters/Prediction	地球定向参数/参数预测
ESA	European Space Agency	欧洲空间局
ETA	Estimated Time of Arrival	预计到达时间
ETSO	European Technical Standard Order	欧洲技术标准规定
EU	European Union	欧盟
EUROCAE	European Organisation for Civil Aviation Equipment	欧洲民用航空设备组织
EUROCONTROL	European Organization for the Safety of Air Navigation	欧洲航空安全组织
EVT	Extreme Value Theory	极值理论
EXM	Executive Monitoring	执行监测
FAA	Federal Aviation Administration	美国联邦航空管理局
FAS	Final Approach Segment	最后进近航段
FCB	Fractional Cycle Bias	非整周偏差

FD	Fault Detection	故障检测
FDE	Fault Detection & Exclusion	故障检测与排除
FDMA	Frequency Division Multiple Access	频分多址
FFMD	Fault Free Missed Detect	无故障漏检
FKP	Flächen Korrektur Parameter	区域改正数
FMS	Flight Management System	飞行管理系统
FOC	Full Operational Capability	完全运行能力
FOM	Figure of Merit	品质因子
FOP	Final Operational Phase	最终运行阶段
Full 4D	Full 4 Dimensional Trajectory	全面四维航迹运行
GAGAN	GPS-Aided GEO Augmented Navigation	GPS 辅助型地球静止轨道卫星增强导航
GAST	GBAS Approach Service Type	GBAS 进近服务类型
GBAS	Ground Based Augmentation System	地基增强系统
GCGS	Gaussian Core with Gaussian Sidelobe	高斯核高斯边
GCRS	Geocentric Celestial Reference System	地心天球坐标系
GDGPS	Global Differential GPS	全球精密差分定位系统
GEAS	GNSS Evolutionary Architecture Study	GNSS 进化结构研究
GEO	Geostationary Earth Orbit	地球静止轨道
GEV	Generalized Extreme Value	广义极值
GF	Geometry-Free	无几何
GIC	GNSS Integrity Channel	GNSS 完好性通道
GIVE	Grid-point-Ionosphere Vertical Delay Error	格网点电离层垂直延迟改正数误差
GLONASS	Global Navigation Satellite System	(俄罗斯)全球卫星导航系统
GLS	GNSS Landing System	卫星导航着陆系统
GMS	Ground Monitoring Station	地面监测站
GNSMART	GNSS State Monitoring and Representation Technique	全球卫星导航系统状态监测与表示技术
GNSS	Global Navigation Satellite System	全球卫星导航系统
GPD	Generalized Pareto Distribution	广义 Pareto 分布
GPS	Global Positioning System	全球定位系统
GPS SPS	Global Positioning System Standard Positioning Service	GPS 标准定位服务
GPS SPS-PS	Global Positioning System Standard Positioning Service Performance Standard	GPS 标准定位服务性能标准

GPWS	Ground Proximity Warning System	近地告警系统
GRAS	Ground Based Regional Augmentation System	地基区域增强系统
GUS	Ground Uplink Stations	地面上行注入站
H-ARAIM	Horizontal-Advanced Receiver Autonomous Integrity Monitoring	水平先进接收机自主完好性监测
HAL	Horizontal Alert Limit	水平告警门限
HDOP	Horizontal Dilution of Precision	水平精度衰减因子
HIL	Horizontal Integrity Limit	水平完好性限制
HMI	Threat Misleading Information	危险误导信息
HPE	Horizontal Position Error	水平位置误差
HPL	Horizontal Protection Level	水平保护级
I-4D	Initial 4 Dimensional Trajectory	初始四维航迹运行
IAP	Instrument Approach Procedure	仪表进近程序
ICAO	International Civil Aviation Organisation	国际民航组织
ICD	Interface Control Document	接口控制文件
ICRF	International Celestial Reference Frame	国际天体参考框架
ID	Identity	身份(地址)
IEP	Initial Experimental Phase	初步试验阶段
IERS	International Earth Rotation Service	国际地球自转服务(机构)
IFB	Inter-Frequency Bias	频间偏差
IGS	International GNSS Service	国际 GNSS 服务
IGSO	Inclined Geosynchronous Orbit	倾斜地球同步轨道
ILS	Instrument Landing System	仪表着陆系统
IMT	Integrity Monitor Testbed	完好性监测测试床
IMO	International Maritime Organization	国际海事组织
INLUS	Indian Land Uplink Station	印度地面注入站
INMCC	Indian Master Control Centre	印度主控中心
INRES	Indian Reference Station	印度监测站
INS	Inertial Navigation System	惯性导航系统
IOC	Initial Operation Capability	初始运行能力
IOD	Issue of Data	数据版本号或期号
IODN	IOD Navigation	卫星导航系统数据版本号
IODP	IOD PRN Mask	PRN 掩码数据版本号
IOV	In Orbit Validation	在轨验证
IPP	Ionospheric Pierce Point	电离层穿刺点

IRC	Integer Recovery Clock	整数钟恢复(模型)
IRNSS	Indian Regional Navigation Satellite System	印度区域卫星导航系统
IRS	Inertial Reference System	惯性基准系统
IS	Ionospheric Scintillation	电离层闪烁
ISM	Integrity Support Message	完好性支持电文
ISMG	ISM Generator	ISM 生成器
ISRO	Indian Space Research Organization	印度空间研究组织
ITRF	International Terrestrial Reference Frame,	国际地球参考框架
ITU	International Telecommunication Union	国际电信联盟
IWG	International Interoperability Working Group	国际兼容互操作工作组
i-MAX	Individualized Master-Auxiliary Corrections	个性化主辅助校正
JCAB	Japanese Civil Aviation Bureau	日本民航局
JPO	Joint Program Office	联合项目办公室
KASS	Korean Augmentation Satellite System	韩国增强卫星系统
LAAS	Local Area Augmentation System	局域增强系统
LAL	Lateral Alert Limit	侧向告警门限
LAMBDA	Least-Squares Ambiguity Decorrelation Adjustment	最小二乘模糊度降相关平差
LDACS	L-Band Digital Aeronautical Communications System	L 频段数字航空通信系统
LEB	Lateral Error Bound	侧向误差容限
LEO	Low Earth Orbit	低地球轨道
LNAV	Lateral Navigation	水平导航
LP	Localizer Performance	航向定位性能
LPL	Lateral Protection Level	侧向保护级
LPV	Localizer Performance with Vertical Guidance	带垂直引导的航向定位性能
LTP	LAAS Test Prototype	LAAS 测试原型
MAC	Master Auxiliary Concept	主辅站概念
MCC	Master Control Center	主控中心
MCS	Master Control Station	主控站
MD	Missed Detect	漏检
MDA	Maximum Domain of Attraction	最大吸引域
MDE	Minimum Detectable Error	最小可检测误差
MEF	Mean Excess Function	平均超出量函数(图法)
MEO	Medium Earth Orbit	中圆地球轨道
MERR	Maximum Error	最大允许误差
MFRT	Message Field Range Test	报文监测

MHSS	Multiple Hypothesis Solution Separation	多假设解分离
MLS	Microwave Landing System	微波着陆系统
MMR	Multimode Receiver	多模接收机
MOPS	Minimum Operating Performance Standard	最低运行性能标准
MQM	Measurement Quality Monitoring	测量质量监测
MRCC	Multiple Reference Consistency Check	多参考站一致性监测
MRS	Monitor and Ranging Station	监测量测站
MS	Main Station	主站
MSAS	Multi-Functional Satellite Augmentation System	多功能卫星(星基)增强系统
MTSAT	Multi-Functional Transport Satellite	多功能传输卫星
N/A	Not Available	不适用
NAS	National Airspace System	国家空域系统
NATS	National Air Traffic Services	全国空中交通服务
NAVMON	Navigation Minimal Operating Networks	导航最低运行网络
NAVSTAR	Navigation Satellite Timing and Ranging	导航卫星定时和测距
NDB	Non-Directional Beacon	无方向信标
NextGen	Next Generation Air Transportation System	下一代航空运输系统计划
NIG	Normal Inverse Gaussian	正态反高斯
NLES	Navigation Land Earth Station	导航地面站
NNSS	Navy Navigation Satellite System	海军卫星导航系统
NOTAM	Notice to Airmen	航行通告
NPA	Non-Precision Approach	非精密进近
NRL	Naval Research Lab	海军研究实验室
NSE	Navigation System Error	导航系统误差
NSP	Navigation Specialist Penal	导航专家组
NSTB	National Satellite Test Bed	国家卫星测试平台
OBAD	Old But Active Data	陈旧但仍然有效的数据
OCC	Operational Control Center	运行控制中心
ODTS	Orbit Determination and Time Synchronization	精密定轨与时间同步
OS	Open Service	开放服务
OSR	Observation Space Representation	观测值域表达
PA	Precision Approach	精密进近
PACF	Performance Assessment and Checkout Facility	性能评估和检验设施
PBN	Performance Based Navigation	基于性能的导航
PBNSG	Performance Based Navigation Study Group	基于性能的导航研究组

PDF	Probability Density Function	概率密度函数
PDM	Position Domain Monitoring	定位域监测
PDOP	Position Dilution of Precision	位置精度衰减因子
PHMI	Probability of Hazardous Misleading Information	危险误导信息概率
PL	Protection Level	保护级
PNT	Positioning, Navigation and Timing	定位、导航与授时
POT	Pick over Threshold	超阈值(法)
PPP	Precise Point Positioning	精密单点定位
PPP-AR	Precise Point Positioning with Ambiguity Resolution	模糊度固定的精密单点定位
PPS	Precision Positioning Service	精密定位服务
PRN	Pseudo Random Noise	伪随机噪声
PRS	Public Regulated Service	公共特许服务
PVT	Position, Velocity and Time	位置、速度和时间
QZSS	Quasi-Zenith Satellite System	准天顶卫星系统
RAIM	Receiver Autonomous Integrity Monitoring	接收机自主完好性监测
RDSS	Radio Determination Satellite Service	卫星无线电测定业务
RF	Radio Frequency	射频
RFI	Radio Frequency Interference	射频干扰
RHCP	Right-Handed Circularly Polarization	右旋圆极化
RIMS	Ranging and Integrity Monitoring Station	测距与完好性监测站
RMS	Root Mean Square	均方根
RNAV	Area Navigation	区域导航
RNP	Required Navigation Performance	所需导航性能
RNSS	Radio Navigation Satellite Service	卫星无线电导航业务
RRAIM	Relative Receiver Autonomous Integrity Monitoring	相对接收机自主完好性监测
RSS	Root Sum Square	和的平方根
RTA	Required Time of Arrival	所需到达时间
RTCA	Radio Technical Commission for Aeronautics	航空无线电技术委员会
RTD	Real Time Differential	实时差分
RTK	Real-Time Kinematic	实时动态
SA	Selective Availability	选择可用性
SAR	Search and Rescue	搜寻与援救
SARPs	Standards and Recommended Practices	标准与建议措施
SBAS	Satellite Based Augmentation System	星基增强系统
SC	Special Committee	特别委员会

SCC	System Control Center	系统控制中心
SDCM	System for Differential Correction and Monitoring	差分校正和监测系统
SESAR	Single European Sky ATM Research	欧洲单一天空空管研究计划
SF	Single-Frequency	单频
SFS	Single Frequency Smoothing	单频平滑
SG	Study Group	研究组
SIS	Signal in Space	空间信号
SNR	Signal-Noise Ratio	信噪比
SOL	Safety of Life	生命安全
SPC	Service Performance Commitments	服务性能承诺
SPP	Standard Point Positioning	标准单点定位
SPS	Standard Positioning Service	标准定位服务
SPS PS	Standard Positioning Service Performance Standard	标准定位服务性能标准
SQM	Signal Quality Monitoring	信号质量监测
SQR	Signal Quality Receiver	信号质量接收机
SSR	State Space Representation	状态域表达
STC	Supplement Type Certificate	补充型号合格证
STEC	Slant Total Electron Content	倾斜电子总含量
SV	Space Vehicle	空间飞行器
SVN	Space Vehicle Number	空间飞行器编号
SWIM	System Wide Information Management	全系统信息管理系统
TAI	International Atomic Time	国际原子时
TAWS	Terrain Avoidance Warning System	地形回避预警系统
TBC	To Be Confirmed	待确认
TBO	Trajectory Based Operation	基于航迹的运行
TCN	Terrestrial Communication Network	陆地通信网络
TDS	Technology Demonstration System	技术演示系统
TEC	Total Electron Content	电子总含量
TIA	Time-to-ISM-Alert	ISM 告警时间
TIO	Terrestrial Intermediate Origin	地球中间原点
TRS	Terrestrial Reference System	地球坐标系
TSG	Technical Specialist Group	技术专家工作组
TSO	Technical Standard Order	技术标准规定
TT&C	Telemetry,Track and Command	遥测、跟踪和指挥
TTA	Time-to-Alert	告警时间

UAS	Unmanned Aircraft System	无人机系统
UDRE	User Differential Range Error	用户差分距离误差
UIRE	User Ionospheric Ranging Error	用户电离层测距误差
UPD/FCB	Uncalibrated Phase Delays/ Fractional Cycle Bias	未校准的相位硬件延迟/非整周偏差
URA	User Range Accuracy	用户测距精度
URA/SISA	User Range Accuracy/Signal-in-Space Accuracy	用户测距精度/空间信号精度
URAE	User Range Acceleration Error	用户测加速度误差
URRE	User Range Rate Error	用户测速误差
USO	Un-Scheduled Outages	非计划中断
UTC	Coordinated Universal Time	协调世界时
V-ARAIM	Vertical-Advanced Receiver Autonomous Integrity Monitoring	垂直先进接收机自主完好性监测
VAL	Vertical Alert Limit	垂直告警门限
VDB	Very High Frequency Data Broadcast	甚高频数据广播
VDL-2	Very High Frequency Data Link Mode 2	甚高频数据链模式 2
VDOP	Vertical Dilution of Precision	垂直精度衰减因子
VEB	Vertical Error Bound	垂直误差容限
VHF	Very High Frequency	甚高频
VNAV	Vertical Navigation	垂直导航
VOR	VHF Omnidirectional Range	甚高频全向信标
VPE	Vertical Position Error	垂直定位误差
VPL	Vertical Protection Level	垂直保护级
VRS	Virtual Reference Station	虚拟参考站
VSTC	Validation of Supplement Type Certificate	补充型号认可证
VTEC	Vertical Total Electron Content	垂直电子总含量
WAAS	Wide Area Augmentation System	广域增强系统
WAFS	World Area Forecast System	世界区域预报系统
WG	Working Group	工作组
WG-C	Working Group C	工作组 C
WGS-84	World Geodetic System 1984	1984 世界大地坐标系
WMS	Wide-Area Master Station	广域主控站
WRS	Wide-Area Reference Station	广域监测站